U0274441

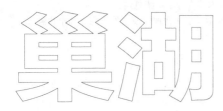

# 西湖湾内负荷污染与控制

范成新　冯慕华　华祖林　刘　成　等/著

中国环境出版集团·北京

## 内容简介

富营养湖泊的重污染水域大多位于接纳入流的河口和迎风向湖湾区。本书以巢湖西部湖区汇流湖湾为研究对象，针对湖湾的藻源性和泥源性内负荷，重点研究巢湖内负荷形成及影响的一般特征、巢湖入流水域水动力特性与致黑物等水环境模拟、西湖湾水华蓝藻的生长和底泥污染及内负荷特征，继而依托在湖湾开展的示范工程，对研发示范且具有较高实用性的底泥翻耕镇压控污控藻技术、藻类漂移与柔性拦挡技术、藻体高效收集与浓缩技术，以及针对内负荷控制的底泥多目标疏浚技术和滨岸基底适生性修复技术等进行了系统总结。

本书可供生态环境工程、水污染治理、环境地球化学、环境生物学、水文物理学及自然资源、林草和流域管理等领域的科研技术人员、管理人员及大专院校师生阅读和参考。

**图书在版编目（CIP）数据**

巢湖西湖湾内负荷污染与控制/范成新等著. —北京：中国环境出版集团，2022.5
ISBN 978-7-5111-5049-3

Ⅰ．①巢… Ⅱ．①范… Ⅲ．①巢湖—环境负荷—污染防治 Ⅳ．①X524

中国版本图书馆 CIP 数据核字（2022）第 026348 号

| | | |
|---|---|---|
| 出 版 人 | 武德凯 | |
| 责任编辑 | 丁莞歆 | |
| 责任校对 | 薄军霞 | |
| 封面设计 | 宋　瑞 | |

出版发行　中国环境出版集团
　　　　　（100062　北京市东城区广渠门内大街 16 号）
　　　　　网　　址：http://www.cesp.com.cn
　　　　　电子邮箱：bjgl@cesp.com.cn
　　　　　联系电话：010-67112765（编辑管理部）
　　　　　　　　　　010-67147349（第四分社）
　　　　　发行热线：010-67125803，010-67113405（传真）
印　　刷　北京中科印刷有限公司
经　　销　各地新华书店
版　　次　2022 年 5 月第 1 版
印　　次　2022 年 5 月第 1 次印刷
开　　本　787×1092　1/16
印　　张　19.5
字　　数　500 千字
定　　价　99.00 元

【版权所有。未经许可，请勿翻印、转载，违者必究。】
如有缺页、破损、倒装等印装质量问题，请寄回本集团更换

**中国环境出版集团郑重承诺：**
中国环境出版集团合作的印刷单位、材料单位均具有中国环境标志产品认证；
中国环境出版集团所有图书"禁塑"。

# 撰写人员

（以姓氏笔画为序）

王玉琳　尹洪斌　包先明　冯慕华　华祖林　刘　成

刘国峰　纪　磊　李文朝　何　伟　余居华　汪　靓

沈　明　张平究　张　雷　陈丙法　范成新　范　帆

尚丽霞　周麒麟　柯　凡　段洪涛　徐宪根

# 前　言

　　巢湖是长江中下游五大淡水湖之一，也是我国进入富营养状态的首个大型湖泊。20 世纪 80 年代中期，由于环境基础设施滞后于城市的快速发展，污水通过巢湖西部的主要河流大量排放入湖，西部湖区就常出现藻类水华暴发的现象，湖周围的湿地面积减少、水土流失严重，以营养物质为主的污染物入湖量增加，致使巢湖特别是其西湖湾的水污染程度不断加深。"八五"至"十一五"期间，国家和地方为改善巢湖水环境投入巨大，但巢湖的污染问题仍十分突出，环境治理和保护的压力非常大，形势依然严峻。2011 年，巢湖在行政区划大调整后成为合肥市的城市内湖，合肥市以体制机制创新、顶层科学设计、模式探索和技术集成作为理念突破，开启了巢湖"十二五"时期的水污染防治、环湖生态保护与修复综合治理进程，为巢湖水环境污染和治理技术的研究及工程示范提供了强有力的项目和配套保障。

　　藻类聚集和底泥沉积被认为是湖泊水体中最主要的潜在污染内负荷。以富营养化为水污染主要特征的迎风湖湾是一类非常容易形成藻类聚集的湖区，长期和大量接纳陆源入流悬浮颗粒物的湖湾区域经多年的沉降和沉积会形成底泥。由于藻体的腐败和底泥的释放是湖泊的主要内负荷，湖湾往往就成了湖泊受影响最重的水域。以巢湖西湖区和南淝河、十五里河、塘西河入流河口为主要研究对象，以这 3 条河道河口南部 12 km$^2$ 湖湾水域为技术工程示范区，"十二五"期间国家水专项"巢湖重污染汇流湾区污染控制技术与工程示范"（2012ZX07103-005）课题针对藻类、底泥和黑臭等内负荷及末端污染问题，研究了巢湖西湖湾生态环境和入流水域水动力特征，模拟了湖湾致黑物等水环境，重点研究了西湖湾水华蓝藻生长、底泥内源污染等内负荷特征，研发出具有较高实用性的底泥翻耕镇压控污控藻技术、藻类漂移与柔性拦挡技术、藻体高效收集与浓缩技术，以及针对内负荷控制的底泥多目标疏浚技术和滨岸基底适生性修复技术等。通过近 5 年的理论研究和技术研发，建立了治理重污染湖湾内负荷的实用性系列技术、工艺和方法。由于受本书内容系统性要求的限制，课题在巢湖西湖湾开展的其他研究和技术示范（泥藻草资源化、黑臭河口曝气、速生植物控养等）未能列入，但相关成果已经或将会以其他形式公开和发表。

湖泊治理方面的研究已有很多，如蓝藻灾害、水体富营养化、底泥污染等，但从内负荷角度对治理技术进行系统总结的还比较少。另外，湖湾往往是一个大中型湖泊污染最为严重的区域之一，以往的湖泊研究成果都普遍涉及全湖性分析，重点问题并不突出。湖湾的半封闭特点使其与开阔水域和河口区在地理学上有明显的差异，因此本书以巢湖西湖湾为例，剖析重污染湖湾的问题及原因，重点关注与之对应的内负荷控制技术原理和工艺，力求为读者提供新颖的环保治理理念。本书介绍了湖泊内负荷概念，着重从湖湾内负荷形成机制、单一内负荷治理原理、湖湾区泥藻内负荷治理综合分析和技术工艺总结方面切入，使读者能够较为深刻地了解我国重污染湖湾区域内负荷治理的难点、方法和途径。

本书由"巢湖重污染汇流湾区污染控制技术与工程示范"课题部分参加人员撰写，具体完成情况如下：第1章由范成新、张雷、华祖林、包先明、纪磊撰写；第2章由华祖林、汪靓撰写；第3章由华祖林、汪靓、王玉琳撰写；第4章由冯慕华、范帆、徐宪根、李文朝撰写；第5章由刘成、范成新撰写；第6章由范成新、周麒麟、何伟、刘成撰写；第7章由段洪涛、华祖林、冯慕华、柯凡、沈明撰写；第8章由冯慕华、尚丽霞、陈丙法、李文朝、柯凡撰写；第9章由刘成、尹洪斌、张雷、范成新撰写；第10章由范成新、余居华、刘国峰、张平究、包先明撰写。全书由范成新统稿。

本书能够顺利出版要感谢国家水专项领导小组、安徽省生态环境厅、安徽省巢湖管理局、合肥市水务局及中国科学院南京地理与湖泊研究所湖泊与环境国家重点实验室、河海大学水科学研究院的大力支持，此外特别感谢徐福留教授合作提供的有机污染物分析资料、吴立教授提供的古聚落原图，以及陈开宁研究员对部分章节提出的宝贵意见。

由于作者水平有限，研究积累和技术效果的观察时间尚有不足，对书中涉及诸多问题的认识还不够深入，难免存在不妥之处，恳请读者给予指正。

作 者

2021 年 7 月

# 目 录

# 第1章　巢湖入流湖湾地理环境特征及内负荷

## 1.1　入流湖湾内负荷形成及影响的一般性特征

### 1.1.1　入流湖湾的自然地理特征

"湾"是一个形声字，其本意是指河水弯曲处，当用于海洋、湖泊等水体或水面时，则指海岸、湖岸凹入陆地的水域，是海洋或湖泊的突出部分（gulf 或 bay）。"湖湾"与"海湾"一样均是常用地理名词，其含义多借用后者的描述。湖湾被认为是一片三面环陆的湖泊，另一面为湖水，能够形成一个相对封闭而独立于湖体的水域，如我国的太湖梅梁湖、贡湖及滇池的草海、福保湾等。湖湾有多种形态[1]，如 U 形、圆弧形等（图 1-1），通常以湾口附近两个对应角的连线作为湖湾最外部的分界线。湾顶为深入大陆的最远处，湾口是指与湖湾外开阔区相通的地方。由于湖湾内波能辐散、风浪扰动小、水体相对平静，因此湖湾区域是人类从事湖泊经济活动及发展旅游业的主要水域。

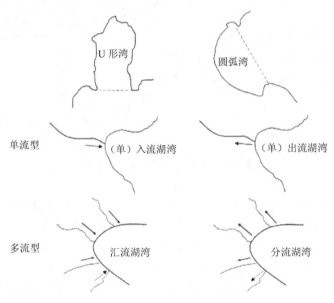

**图 1-1　湖湾的一般类型**

湖湾的形成一般都与湖水或泥沙的运动作用有关：一是由于伸向湖泊的岸带岩性软硬程度不同，软弱岩层不断遭到侵蚀而向陆地凹进，坚硬部分向湖凸出成岬角，逐渐形成了湖湾；二是当沿岸泥沙纵向运动沉积形成沙嘴时，湖岸带一侧因被遮挡而呈凹形水域；三是当湖面上升时，湖水进入陆地，岸线变曲折，凹进的部分即成湖湾。湖湾由于两侧岸线对风浪路径的阻碍，在湾内易形成波影区，使波浪的能量降低。对于尺度较大的湖泊，沉积物在湾顶沉积形成湖滩；当运移沉积物的能量不足时，还可在湾口、湾中形成拦湾坝或浅滩。例如，草海原本是滇池的一个湖湾，由于盘龙江、东白沙河等河流携带来大量泥沙，其水力方向（西南）与盛行风的东北向湖流形成对抗作用，从而产生低能量区，在草海南面的湾口堆积形成一拦湾坝（海埂）。

由于受河流水量、泥沙的汇聚与分散等输送作用影响的差异，湖湾还可分为入流湖湾和出流湖湾。根据出入流数量的多寡可分为单流型和多流型，还可细分为单入流湖湾、单出流湖湾、汇流湖湾和分流湖湾（图 1-1）。

我国的地形地貌特点基本决定了我国入流湖湾在湖泊的分布位置。我国地势的特点是西高东低，呈三级阶梯分布：位于第一级阶梯上的地形区主要有青藏高原和柴达木盆地的昆仑山脉、喜马拉雅山脉和横断山脉，位于第二级阶梯上的地形区主要有黄土高原、内蒙古高原、云贵高原、塔里木盆地、准噶尔盆地、四川盆地，位于第三级阶梯上的地形区主要有东北平原、华北平原和长江中下游平原。这种自西向东呈阶梯状的地势分布对气候的影响是有利于海洋上的湿润气流深入内陆形成降水，对河流的影响则是使大部分河流自西向东流（图 1-2）。

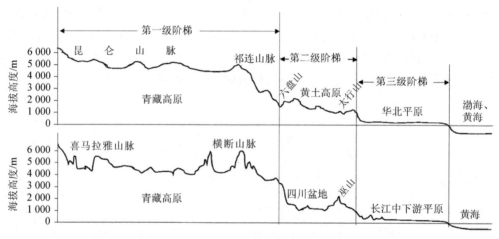

**图 1-2　我国三级阶梯地势示意图**

在我国三级阶梯上均有大量的湖泊分布，其中分布在二级阶梯和三级阶梯上的湖泊来水主要以地表径流补给为主。西高东低的地势特点不仅使我国河流主要呈自西向东流，而且使二级阶梯和三级阶梯上的湖泊主要通过西部（也包括西北部和西南部）湖岸接纳入流水体。因此，当接纳水体的湖区具有湖湾特征时，该入流湖湾多数位于湖泊的西部或西北/西南部，如巢湖西湖湾、太湖竺山湾、洪泽湖成子湖（湾）、龙感湖西湖湖湾等。在一些微地形复杂和平原水网地区，一些湖湾也可能并非从西部或西北/西南部接纳水体，河流也可能从北部或南部（东部除外）方向流入，如滇池福保湾、太湖梅梁湾、邛海北湾等。

我国大部分地区处于季风区域，其中东部（如长江中下游地区）主要受东南季风影响，西南部（如云贵高原地区）主要受西南暖流控制，这样因湖湾口所对方向的不同，湾内水体受到的季风影响也就存在很大差别（图 1-3）。在东南地区，对于湾口朝向东南/南/西南的迎风湖湾, 水体在盛行风影响下会受到频繁扰动, 上浮到表层的藻类可能会发生湾内聚集; 对于湾口朝向西北/北/东北的背风湖湾, 其受盛行风的影响较小, 水体相对平静。受三级阶梯大地貌格局或局部断陷构造地形的控制, 我国不少湖泊的入湖湖湾开口朝向偏东南或偏西南, 特别是对于浅水和生产力高的迎风湖湾, 其生态环境 (如藻类聚集、水体浑浊程度等) 受盛行风的影响一般都较大。例如, 长江中下游地区及云贵高原地区的湖泊, 其入流湖湾开口普遍与地区盛行风具有正对或偏迎风向的分布特征。因此, 湖湾所受的环境影响, 除与是否有入流 (或接纳陆源物质输入) 有关外, 还会受到风情状况等影响。

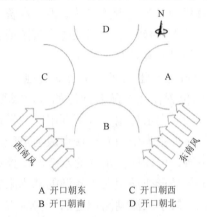

A 开口朝东　　　C 开口朝西<br>B 开口朝南　　　D 开口朝北

**图 1-3　我国季风区主要风向及湖湾开口风向与其关系示意图**

## 1.1.2　入流湖湾的社会经济特征

一个健康发展城镇的社会经济状况与其所处的自然地理位置有很大关系, 其中与水的关系居首。水以润泽万物、滋养生灵的特性孕育了人类, 也孕育了人类的文明, 世界四大文明古国都因水而兴、因水而盛, 择水而居已经成为自古以来人类居住的首要选择。考古学家发现, 远古中国人选择居址往往是背山面水、坐北朝南, 有在河流边的, 也有在台地上的 (图 1-4)。这样的地点可以获得充分的阳光照射, 遮蔽冬季寒冷的北风, 且便于取水和采猎食物, 也可避免水患, 而夏季南风经过山体又可带来降雨, 有利于植物生长, 也有利于农业发展和水土保持。因此, 中国 "风水" 的起因是人类为了更好生活的实际需要。

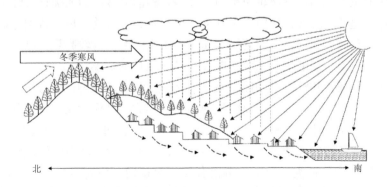

**图 1-4　背山面水、坐北朝南的中国理想居所示意图**

　　古人曰：山北水南为阴，山南水北为阳。背山面水和坐北朝南是安置居所的理想位置。我国疆域均位于北半球，最北端位于黑龙江省漠河附近（北纬53°33′），北回归线（约在北纬23.5°）自西向东穿过我国的云南省、广西壮族自治区、广东省和台湾地区，因此一年内绝大部分国土上和时间段内的阳光都是来自南方向或偏南方向。另外，我国西高东低的地势迫使河流东流，因此古人追求的"背山面水"和"坐北朝南"的居住理念使我国很多城市坐落于河湖的北岸或西岸，具有"阳"的位置特征。

　　水是人类及一切生物赖以生存的必不可少的物质基础，同时也是工农业生产、社会经济发展和生态环境改善不可替代的极为宝贵的自然资源。水资源的状况直接影响经济社会发展和人民生活质量。由于对洪水和暴涨水位调控能力有限或无能为力，古人对水怀着既依赖又敬畏的心理。依据朴素的风水观选择"背山面水"和"坐北朝南"的位置来建宅，还要考虑为避水患应将宅（或村落）建在河湖岸边的台地上。通过对湖泊流域人口的聚落遗址分析，古村落聚集区的位置往往会随着河流的改道或湖泊面积的扩大或缩小而不断移动[2]。当水患不再成为威胁，而水资源又方便利用时，畅通的水（陆）交通使人口聚集，足够的发展空间使邻水村落扩张为城镇乃至城市成为可能。由于入流湖湾承载着湖泊来水，其滨岸区处于河流的下游，可以提供足够的水资源支撑和保障，湖湾区往往成为人口聚集度高的区域。人口的聚集是形成城镇人力资源的基本来源，是城镇工农业生产、社会经济发展的基本保证。因此，居于入流湖湾周边的一些城市，其工农业生产、社会经济普遍较为发达，或可成为地区的重要城市，如滇池草海北部的昆明市、太湖北部的无锡市、巢湖西部的合肥市等。

### 1.1.3　入流湖湾的生态环境特征

　　流域是分水线所包围的集水区，具有自己独特的地质地貌单元，因而也具有与流域水文、地质等相应的元素背景。由于流域内和流域外社会经济活动的需求具有差异，流域间和流域内的物质流（实际可视为元素流）成为影响元素聚集度变化的主要驱动力。当那些被使用或利用过的物质作为废物被抛弃后，水作为载体或溶解液会将它们带入小溪、河流乃至流域地势最为低洼的水体——湖泊。湖湾因承接来水而成为最先受到来自异域废弃物影响的湖泊水域，当污染物质进入湖湾时就会给湖湾水体水质和生态系统带来环境压力和不利影响。在工业革命以前，人们对水土等自然环境的改造（如筑坝、开垦）能力较弱，因人口聚集而产生的生活废弃物单位数量还较少，湖泊流域内的人类社会经济活动强度总体还相对较低。随着近现代流域内人类社会、工农业、经济的发展，特别是矿物资源的使用和利用，环境有效性元素在空间范围（如地面集水区）具有较高聚集度，使其成为环境污染物，进而对原本平衡的生态系统不断产生潜移默化的影响。

　　出入湖河口是河流和湖泊之间能量流动与物质交换过程强烈的过渡区域，生态系统相对脆弱和敏感。受水动力影响，河口区域通常会积累大量陆源污染物，易导致水质恶化。由于优越的地理位置，河口地区也会受到当地社会经济发展的影响，受人类活动干扰严重。在自然水体流入的无污染或低污染影响湖湾，其接纳的是含有相对清洁泥沙的水体，岸坡形态自然，水生生物的种类、数量和群落分布相对稳定，生物多样性一般较高，水体和沉积物质量处于良性状态（附图1-a）。人类活动造成输入湖湾的入流水体污染，沉降的泥沙因携带来自流域的污染物而使湖湾底泥污染物含量增加，进入轻度甚至中度污染状态

（附图1-b）；以大型水生植物和底栖生物为代表的水生生物可能会出现数量减少和生物多样性下降的生态退化状态，但由于以营养物质为主的污染物含量逐步增加，有可能使湖湾滋生一定量的藻类（附图1-b），甚至在一定时间和空间形成藻类水华，影响浮游动物和鱼类等生物种群的变化。虽然从清水稳定状态到中度污染状态可能需要相对漫长的过程，但人类活动无疑将会大大加快其进程。

### 1.1.4　入流湖湾的内负荷及其影响

对于水环境而言，人类活动为湖泊带来的最大影响是物质的输入。一切物质都是由元素组成的，流域水体中的元素（如磷等）主要来自流域的本底，但流域内人的生产和消费等活动会增加物质的产生量和向湖泊等低洼水体的输出量。对于湖湾等接纳水体而言，包括河道入流、降水等在内的来自外部输入的物质（一般以元素表示）的量，即外负荷（external load）。与外负荷相对应，湖泊内部还普遍存在着内负荷（internal load）。外负荷一般都来自人类的生产生活过程及主要活动空间（陆地），通过水体的流动（河道、排放口等）和下落（如降雨）进入湖泊，主要完成方式是物质的宏观输送；内负荷则发生于水体内部，主要完成方式是物质的转化和扩散迁移，一般不易为人类感受得知。因此，湖泊水体实际往往因承受着来自内、外两种负荷的双重环境压力（附图 1-c）而发生环境质量和营养程度的改变。

湖泊内负荷的概念源于 20 世纪六七十年代的内源磷负荷（Internal Phosphorus Load，IPL）。Larsen 等通过质量守恒模型（Mass Balance Equations）发现，美国明尼苏达州的 Shagawa 湖夏季水体磷浓度显著增加，增速平均为 1 μg P/L，初级生产力也随之以较大幅度增加[3]，再用质量守恒模型估算对初级生产力产生影响的那部分磷，进而发现其为产生于湖泊内部的内源磷负荷（1979 年）。"内负荷"一词在我国最早出现于 20 世纪 80 年代中期，沈晓鲤于 1985 年 4 月在国外参加了国际湖泊污染与恢复会议（Inlernational Congress on Lakes Pollution and Recovery）后，在《环境科学》杂志上重点对湖泊污染控制的特点进行了介绍，并首次采用了"内负荷"一词[4]。当时该文指出"内负荷主要是认为来自湖泊底泥"，并也以磷为例指出内负荷就是从底泥中释放出的营养物质的量，并提示"外负荷改变后就会带来内负荷变化，不少湖泊在外负荷的磷削减之后由底泥继续向水中输送磷"，有些湖泊在去除外负荷后，内负荷还有可能达到与外负荷相同甚至大几倍的程度。

湖泊是陆地地形上相对最低洼的蓄水区，因此也是陆上水体沉积物（俗称底泥）堆积的重要场所。湖泊形成后，来自流域风化、侵蚀且以矿物质为主的外部（细颗粒）物质，在水力的推移、牵引等作用下向湖盆填充，进入湖泊后一般大部分经沉积形成湖泊沉积底泥。自然湖泊的沉积物是湖泊集水域内一切来源物质的汇，为净化水体和消除污染物起到积极的调节作用。由于人类活动的影响，与沉积物直接接触的受污染水体因不断接纳超过其净化能力的污染物量，并通过吸附、包夹及物理、化学和生物的沉积，使沉积物特别是其上层具有一定的污染特征。沉积物是湖泊生态与环境系统中最重要的组成部分之一，是水圈、岩石圈和生物圈交互作用的活跃圈层，既对外界水气生物质具有容纳、储存能力，又使底泥成为湖泊中与水体接触面积最大的一类介质。沉积物的表层及近表层是湖泊中积极参与物质迁移转化的主要场所之一，在一定的物理、化学和生物条件下，物质通过迁移转化作用往往会表现出特有的环境和生态效应。其中，储存于沉积物中不同种类和数量的污染物通过在环境中的暴露，特别是自由态物质在沉积物—水界面的释放形成沉积物内源，给湖泊水体施以"泥源性"内负荷（附图 1-c）。

狭义的泥源性内负荷形成机制必然涉及（污染性）物质在沉积物—水界面的迁移扩散。沉积物—水界面既是物质的交换区，又是接纳湖体新近沉降物的最主要场所，这些沉降物不仅变更着沉积物—水界面的形态和结构，而且不断改变着界面附近的物理、化学及生物学性质。沉积物—水界面是湖泊内生物作用最为活跃的场所之一，细菌和酶等微生物在界面处通过好氧（有时甚至是缺氧和厌氧）分解和转化着表层有机碎屑和有机质，为界面附近提供无机物。湖泊沉积物—水界面具有阻碍各类物质在沉积物与上覆水体之间迁移扩散的功能，这使界面两边的溶解性离子（如 $NH_4^+$、$PO_4^{3-}$、$Fe^{2+}$）、气体（如 $O_2$、$CH_4$）等含量及相关的理化性质出现突变。对于浅水湖泊，沉积物—水界面还是水流、波浪等能量的主要耗散地，受湍流间歇性扰动等影响，界面的形态和结构不断处于破坏—重建之中。一切影响沉积物—水界面的物理、化学和生物过程，都会对湖泊界面的物质迁移转化及生物地球化学循环产生影响，沉积物—水界面过程是湖泊内源污染和生态系统物质循环中不可忽视的研究内容。实际上，从底泥角度而言，来自泥源的内负荷与人们熟知的底泥内源并无差别。沉积物内负荷主要受间隙水与上覆水浓度梯度、风浪等水动力扰动（再悬浮）、底栖生物扰动等所产生的物理作用，有机质降解或微生物作用所形成的低氧或缺氧环境，以及植物代谢引起的酸碱度（pH）变化和根系泌氧等生物地球化学等作用过程的影响，使营养物质从沉积物进入上覆水体。影响沉积物内负荷的因素主要包括沉积物结构及组成（如有机质含量、沉积物粒度），沉积物—水界面的物理、化学特征［如溶解氧（DO）、pH、氧化还原电位（Eh）、温度、光照、水动力条件］及沉积物着生生物（如植物、底栖藻类等）的种类和数量等。此外，底栖动物、鱼类也会因觅食、匍行、营穴等，通过改变沉积物层的物理结构和化学性质而影响沉积物—水界面的物质交换。

沉积物—水界面释放通量是最常见和最直观的内负荷指标。但随着实验手段的开发和研究的深入，内负荷指标的内涵、评价参数及量化方法等也得到了拓展[5]。表征指标主要包括沉积物释放通量、目标污染物形态、释放潜能等。黎睿以磷为对象，曾绘制出湖泊磷内负荷潜能和量的概念关系[6]（图 1-5）。释放潜能概念的引入使内负荷的内涵得到一定程度的充实和丰富。沉积物中营养物质的含量一般不能有效预测其潜在的供磷能力，但其赋存形态则是一个评价沉积物内负荷的重要参数[7]。在对营养物质释放的研究中，人们关注到微生物和有机物对有机态氮和磷在沉积物—水界面的迁移转化行为具有非常重要的驱动作用。湖泊有机态营养物质利用与微生物、酶和浮游生物等的协同关系，在低含量水平下刺激微生物胞外酶来分解有机营养物质，以为藻类等浮游生物生长提供足够的无机营养物质，如在蓝藻暴发前沉积物活性磷含量较高，蓝藻的暴发明显促进了沉积物中的游离态活性磷被利用[8]。

内负荷对湖泊污染的影响一般会小于外源污染，但在不同的时间和空间上，湖泊的内负荷对水污染贡献的影响不可忽视[9]。据研究，太湖沉积物氮、磷释放所产生的泥源性内负荷量约占太湖外源负荷量的 1/4[10, 11]，主要发生在局部湖区和春夏季。滇池沉积物—水界面氨氮（$NH_4^+$-N）扩散通量的分布范围为 12.73～59.74 mg/（$m^2$·d），全湖年均 $NH_4^+$-N 释放量为 3 305.04 t [12]。另外，国内外大量的实例证明，当外源污染受到控制后，内源污染的影响将会不断加剧，沉积物释放氮、磷的速率会不断加快，导致上覆水长期处于富营养化水平[13]。由于湖泊富营养化的普遍性问题相对突出，有关泥源性的氮、磷营养性内负荷受到人们的更多关注[14]，实际上除营养性内负荷污染外，有关重金属和持久性有机污染物（POPs）在沉积物—水界面的释放所产生的泥源性内负荷也是湖泊污染控制的重要内容[15]，内负荷的发生过程、影响因素和潜力估算等会涉及内负荷机理问题，因此更加复杂。

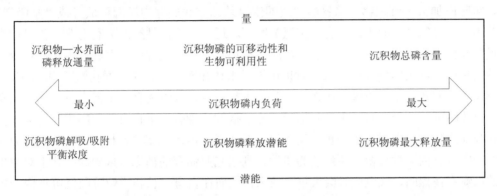

图 1-5　沉积物磷内负荷潜能和量大小的概念关系[6]（作者有修改）

除沉积物（底泥）外，湖体内部还有一定程度的生物质体。湖泊中有浮游植物（藻类）、浮游动物、底栖动物、鱼类、大型水生植物（水草）和微生物等，生产力高的湖泊还会有大量的藻类或水草。这些生物体由于竞争、生命周期或周围环境的影响等而死亡，形成的生物质体存在于湖体内。在活性状态时，生物体一般不对水质产生污染性影响（藻体分泌藻毒素等除外），其合适的生物种群和数量是健康的湖泊水生态系统所必需的。但当生物体死亡后，通过微生物等生物作用逐步由残体降解为小分子有机物乃至无机营养物质等成分，使生物体内的元素释放进入水体，从而形成"生源性"内负荷（生物内源）。在富营养化湖泊中，以藻类生物质体形成的内负荷最为常见（附图 1-c），这种内负荷也称藻源性内负荷，可用化学需氧量（COD）、总氮（TN）、总磷（TP）等进行衡量和估算[16]。通常内负荷是指单位时间湖内产生的超出健康水生态系统需要的营养或其他物质的量，因此，藻源性内负荷为超过健康水生态系统结构需求的过剩藻类生物量及其代谢量[17]，即健康湖泊系统额外增殖的优势藻对水体内负荷的增加值。健康湖泊生态系统中外源输入的氮、磷等营养元素在浮游藻类利用、沉积物沉降与吸附、水生植物与微生物利用，以及进入大气等物质循环间的比例，总体而言是处于动态平衡的，但在高生产力湖泊或湖区，过度繁殖的藻类（或水华）会破坏水生生态系统的物质和能量交换平衡，在一定气象条件的推波助澜下，严重时甚至可引发生态灾变，加重湖泊内负荷。

实际上，除泥源性和藻源性内负荷外，大型水生植物死亡、湖内投饵、围网养殖、湖面旅游等产生的污染物会直接进入水体，因此也被视为湖泊的内负荷[18]。大型水生植物在生长过程中往往会大量吸收水体和沉积物中的氮、磷等营养盐，从而大大缓解水体富营养化进程，但当其进入生命周期最后的死亡阶段，会因残体分解而向水体释放出原来吸收进入体内的营养物质，从而对水体产生草源性内负荷影响。另外，湖面围网养殖产生的剩余饵料和水产品（如鱼类）的排泄物，旅游、航运等船只上人员的生活污水、固体废物、含油废物的排放和泄漏等也会对水体形成污染性负荷，但这些内负荷的产生主要还是管理上的问题，加强环境管理和维护将会使其得到控制和改善。涉及湖泊内负荷的研究和控制，一般而言多是指泥源性内负荷和藻源性内负荷。

在一定条件下，底泥和生物体内的营养物质可作为相互供给源共同促进湖泊内负荷的提升，甚至泥源性和藻源性内负荷可相互转换，如在藻类生长旺盛期，其所需的可利用营养盐（磷或氮）仅依靠入湖河口等外源往往"远水不解近渴"，氮、磷供给会出现严重不足，短时内加大了沉积物—水界面两边的浓度差。湖底底泥中源源释放（或"泵吸"）出的营养性污染物（一般为活性态磷和氮）则可就近、直接提供给藻类利用[19]，为形成更大规模的藻体聚集提供物质储备，从而在浮游植物异常增殖过程中使泥源性内负荷转变为藻源性内负荷。藻类即使在活体状态时也可能对水体释放营养物质。据孔繁翔团队的研究，微囊藻在光照条件下吸收磷，而在黑暗条件下释放磷，吸收磷有利于促进自身的生长和增殖，释放磷则不利于自身的生长和增殖。为了抵御这种有碍于自身发展的生理现象，微囊藻在长期进化过程中形成了一种抗逆机制，即在细胞内形成聚磷颗粒。例如，铜绿微囊藻在黑暗中以其内源性可溶态磷酸盐为磷源，利用光照储存的糖原合成聚磷。处于对数生长期的微囊藻在黑暗、低电位时会大量释放磷，从而在自身生长和增殖阶段就可形成一定强度的藻源性内负荷。

但是，藻源性内负荷的大量出现还主要是在藻类死亡、腐败和分解阶段[20]。有研究表明，微囊藻水华通过强烈的光合作用可在短期内降低水体中 COD、TN、TP 等的含量。随着藻类的衰亡沉积在底泥中，在微生物的分解后会重新释放入湖体，成为湖泊内源污染物。另外，藻类通过沉降还会转化为底泥中的营养性污染物，形成泥源性内负荷。在太湖等一些高生产力藻类易聚湖泊中，夏秋季常常可见沉积物表层有数毫米至数厘米厚度的藻席覆盖，在国外一些水域甚至在沉积物表层 6～7 cm 都可发现大量活性藻体[21, 22]。以蛋白质、多糖和似腐殖物质为主的水华微囊藻胞外聚合物与以无机矿物为主具有高吸附性的沉积物叠合和混杂，会使藻体形成物理损伤、窒息乃至死亡分解，加速藻体无机化并成为沉积物的一部分。这些由藻体转化来的无机物连同未能及时转化的有机物，一部分直接成为泥源性内负荷；另一部分在后期沉积物的早期成岩作用下，经环境与生物地球化学过程继续形成潜在性内负荷。在一些重污染湖区，藻体和水草等生物质在局部湖区的长时间堆积还会出现一种被称为湖泛（black bloom）黑臭的突发性和极端性污染现象。室内模拟表明[20]，该现象从藻体聚集开始到发生仅需要 5 天左右，底泥强烈地参与了发生过程。参与或诱发湖泛发生的主要是表层底泥，突发过程中沉积物通过界面向系统提供了发生湖泛的关键性物质（$Fe^{2+}$和$\sum S^{2-}$）来源，并形成藻源性的溶解性氮、磷及有机物的大量释放[23]。

湖泊中的泥源性和藻源性内负荷归根结底是由外源输入造成的（附图 1），控制底泥内负荷污染也是改善湖泊水体水质、促使水生态系统良性化的重要途径之一。但由于湖泊内负荷的形成与过程关系更为密切，一般具有隐蔽性和潜伏性，特别是具有整块水域（如河口区、湖湾区、沿岸区等）的"面污染"特征。另外，一些蓝藻细胞内具有气泡（伪空泡），在适当的生长条件（如高营养盐、较低风速等）下可使藻体快速繁殖、漂浮，并随风迁移，尤其易在下风向湖湾沿岸边聚集形成高密度藻类水华，因此控制湖泊内负荷污染的技术方法往往完全不同于对外源污染的控制。湖泊内负荷发生的物质基础（泥、藻）就在湖体内部，内负荷的形成场所主要位于水层的上、下两个界面（沉积物—水界面和水—气界面）或其附近（附图 1-c），因此对内负荷基础物质的去除或对污染过程的控制需要采用或建立独特的污染控制方法和技术。

　　湖泊内负荷控制有原位和异位之分。以泥源性内负荷控制为例，原位修复是指在沉积物污染的水底发生地直接采用物理、化学及生物等手段来消除和控制沉积物对水体和生物构成的污染行为；异位修复是指通过疏浚和运输等方式将污染沉积物移出水体，于陆上搁置后再实施物理、化学和生物等手段进行修复。由于出水后的沉积物修复技术与对污染土壤的修复相近，可被归入土壤修复范畴，因此通常所指的污染沉积物控制和修复主要指水下沉积物的原位控制，其控制技术主要包括物理、化学和生物三类。物理方法主要包括材料覆盖、水下充氧、环保疏浚、基底修复等。其中，材料覆盖即通过自然的或合成的覆盖材料将沉积物与上覆水体隔离，以达到阻止沉积物中的污染物质向上覆水体迁移或扩散的目的，同时可起到一定的基底修复功效；水下充氧即在接近沉积物表层处对水体压注氧气或空气，以保持水体和沉积物表层处于一定程度的富氧状态，从而抑制某些在厌氧或缺氧环境下易产生污染物释放的沉积物对水体产生的影响；环保疏浚即通过外力将水体中的污染沉积物去除，该技术曾是航道加深、水库及湖泊扩容的重要手段，自 20 世纪 60 年代末以来被广泛应用于各类沉积物的污染控制和修复。化学方法主要包括化学沉淀、化学胶结、氧化剂注射等。其中，化学沉淀方法针对表层沉积物中特定的污染物，通过向水体中加入一定量的可溶盐类或其他矿物材料与之反应形成难溶盐沉淀，从而起到钝化作用，以控制污染物向上覆水体释放；化学胶结方法是在沉积物表层外加胶结材料，利用所产生的化学反应形成与混凝土相似的固化层，以控制沉积物中污染物的化学活性和物理移动性；氧化剂注射是将液态或流态氧化性药剂注射于沉积物表层，通过提高 Eh 来间接抑制目标污染物在沉积物中的活性含量水平。生物方法主要包括植物修复、微生物降解等。其中，植物修复是指利用绿色植物来吸收、降解、转移、容纳或转化沉积物中的污染物；微生物降解是指沉积物中的有机污染物经微生物分解减少有害成分，降低环境危害。此外，在对泥源性内负荷进行控制的同时，通过生物修复对在沉积物上着生的生物群落进行恢复，可以提高湖泊水生态系统的良性水平。

　　藻源性内负荷控制的传统方法主要是采用对水面的藻类聚集区进行人力或机械打捞的物理方法，以及基于鱼食藻（一般为蓝藻）的鱼类放养和渔业调控技术，如研发具有高效、低耗特点的蓝藻导藻和捞藻技术，以实现局部水域（如饮用水水源地、景观游览区等）应急、满足快速除藻需要，从而削减藻源内负荷，控制水体富营养化程度。但随着科技的进步和对治理效果要求的提高，控制技术有向着藻体时空分布预警[24]、藻类聚集量估算[25]、藻源性内负荷估算[16]、越冬藻源复苏[26]、沉降藻体控制[27]、出水藻体的后期处置[28]和资源化利用[29]等前后两端延伸的趋势。另外，还有一些尚在实验室或中小试验阶段的控藻技术也处于研究中，如化感物质除藻、黏土除藻、明矾浆除藻、紫外线或超声波除藻、水利工程控藻等，因生态风险问题、效果的持续性或成本等各种缺陷，并或尚未得到实际应用和推广，其中也有一些受人们固有观念和主观认识上的影响。

## 1.2　巢湖西湖湾自然地理和社会经济特征

### 1.2.1　巢湖西湖湾自然地理特征

　　巢湖位于长江中下游地区、安徽省中部的江淮丘陵地带，西接大别山山脉，北依江淮分水岭，东北邻滁河流域，东南濒临长江，处于东经 117°17′～117°52′、北纬 31°25′～31°43′，是我国长江中下游著名的五大淡水湖之一，面积约为 780 km²。

巢湖流域属北亚热带温润性季风气候区，控制区域的大气环流以西风环流及亚热带环流为主。流域气候总体呈季风显著、四季分明、气候温和、雨量适中、热量条件丰富、无霜期长的特点。巢湖流域多年（1981—2010 年）平均气温为 16.1℃，平均无霜期为 232 天，气温年较差在 25℃以上。流域年平均日照为 1 817 小时，太阳辐射量高值区位于流域西南部和南部，低值区位于流域北部和东部。流域多年平均风速为 2.4 m/s，平均降水量为 1 117 mm，平均蒸发量为 1 014 mm。降水量分布特点为南高北低，南部及西南部山丘区降水量较高，北部及东部平原区降水量较低。巢湖流域多年平均地表水资源量为 57.3 亿 m³，主要包括巢湖及流域内的河流、水库、湖泊等。

巢湖流域位于华北板块和扬子板块交接区、张八岭（隆起）造山带和大别造山带的转折地带，郯庐断裂和滁河断裂分别穿过湖区（图 1-6），学术界基本认为巢湖属断陷湖泊成因形成。我国东部华北板块和扬子板块的拼接产生于中—晚三叠世，在拼接带形成了大别地块及张八岭的隆起[30]。距今约 1.95 亿年前后的三叠纪末的印支运动会聚，拼合形成了现代的安徽大陆。在印支运动以后的燕山运动期间，整个侏罗纪、白垩纪（约 1.96 亿～0.8 亿年前）巢湖流域以垂直断陷为特征，安徽省的西界到巢湖一带沉积了厚度达数千米的侏罗白垩系地层。喜马拉雅期，从第三纪开始巢湖一带进一步断陷，沿着一组北东走向和另一组北西走向的断裂、断陷，大别山北麓的流水在这里受阻形成断陷湖。大约是第三纪末至第四纪初（约 500 万～350 万年前），湖泊面积较大。更新世晚期至全新世（距今约 1.5 万年起），大量泥沙入湖，湖水面积不断缩小，最终形成现代的巢湖。

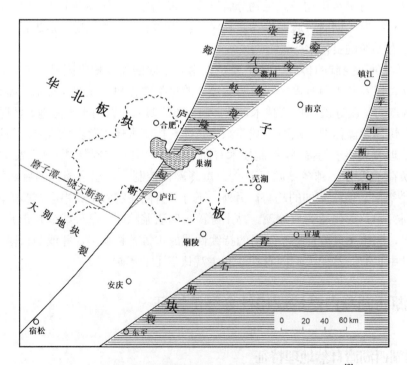

**图 1-6 巢湖流域所处板块拼接区的断裂带与隆起带分布[2]**

巢湖及其流域地貌的主要轮廓是由中生代燕山运动和新生代喜玛拉雅运动所造成的。由于处于几个次级单元的交汇地带，各单元均有独立而又彼此影响的发展过程。巢湖及其流域主要有三种地貌，在各自的地貌形态上反映出明显的区域性差异。

第一种是滨湖地貌，西—北—东具有不同的剥蚀区域。①西部剥蚀垄丘阶地区。区境包括撮镇—槐林一线以西地区，地质构造位于江淮台坪和北淮阳台槽褶皱带结合部位，也就是前述两个板块的汇聚部位。自印支运动以后，区境发生显著沉降，形成了典型的断裂地堑盆地。区内第四纪堆积厚度一般为 15～20 m，岩性单一，为晚更新世黄土堆积。近期地表受拱曲掀斜运动的影响和水流的冲刷形成岗冲交错、起伏不平的波状平原。区内水系短小，下切较深，河流与阶地向湖区呈显著倾斜。入湖河口三角洲圩口地区，全新世以来表现了显著沉降，地面高度为 7～9 m。②北部剥蚀丘陵阶地区。这一地区包括柘皋河以西至撮镇一带。地质构造位于张八岭台拱范围，受台拱两侧郯（城）庐（江）深断裂带的控制，龙泉山及其周围的丘陵成为东北—西南走向的地垒型构造。丘陵顶高一二百米，由于在第四纪末遭受了强烈的风化和剥蚀，由变质岩组成的山坡切割强烈、沟壑密且峻，剥夷物质堆积于坡麓。由于近期掀升、河流侵蚀，形成高度分别为 20～50 m 的阶地。区境在中下更新世时期处在上升剥蚀阶段，现代焖炀一带仍有掀升迹象，地面剥蚀作用仍在继续进行。③东部构造剥蚀低山区。区境包括柘皋—槐林一线以东地区。地质构造位于下扬子台坳。由于受三叠纪末印支运动以来历次构造运动的影响而形成今日海拔三四百米的山岭。其中，银屏山一带有较好的石灰岩溶蚀地貌，其岭坡普遍发育有二级阶地，20 m 一级分布不广，发育较好的是 50 m 左右一级。它是中晚更新世纪发育于砂页岩基础上，经湖水长期浸蚀而成的湖相砾石阶地或石质阶地。

第二种是湖岸地貌。巢湖湖岸由于浸水的影响，岩嘴伸入湖中成半岛，洼地凹入内陆形成湖湾。巢湖湖岸按其形态结构的不同可以分为以下类型：①石质湖岸，指岩嘴伸入湖中的湖岸，岸壁一般较短，受风浪淘蚀发育有浪蚀穴，如中庙嘴、汪家嘴、槐林嘴、红石嘴、青龙嘴、黑石嘴、龟山嘴等；②砂土质湖岸，这类湖岸由于土质疏松、透水性强，一般经湖流和波浪的短期冲刷可形成宽阔的浅滩，使岸线日趋稳定，巢湖多数湖岸属于此种类型；③黏土质湖岸，其岸线平直少湾，属稳定型，主要分布在焖炀河口以南至芦席嘴、下派河南部一带。另外，下派河至新河口一带属一段沼泽湖岸。

第三种是湖盆地形。巢湖形成初期，湖盆下沉趋势显著，形成过岬湾和曲折型湖岸。现代地图上 10 m 等高线即商代古巢湖的湖岸轮廓，湖泊面积达 2 000 多 km²，白湖及包括无为洲在内的广大滨湖地区当时也属巢湖水域。之后，随着区域性降温，原先在巢湖市（原巢县）城关附近的大沼泽窦湖等逐步消亡。据史料记载，仅宋代以前的 200 多年间，湖泊面积就缩小了 1/5。今日的湖盆自然形态已被人类活动所改造，然而在老三角洲圩区的河口仍然不断生长着的三角洲，使湖盆日渐淤浅。

巢湖湖底平坦，平均底坡为 0.96%，高程变化在 5～10 m，岸线曲折，岬湾相间。湖盆地势西北高、东南低，向东南倾斜，深水区集中在东部，高程为 5 m；西部湖床较东部浅，高程一般在 5.5 m 以上。入湖河口普遍发育了水下三角洲，尤以杭埠河一带最为显著，现今各河口仍不断淤塞。据计算，每年约有 200 万 m³ 泥沙淤积在巢湖。建闸和围垦等人为活动加剧了巢湖的淤积。巢湖建闸后进入一个新的发展阶段，原有广大面积的滩地沉淹湖底，输入泥沙的蓄积增多。另外，据现有资料的分析和航空相片的解译，1955—1979

年，杭埠河口三角洲围垦区的总面积约有 62 km$^2$。除上述地段外，因围垦等活动，湖区其他地段的沿岸也有不同程度的变化。25 年来岸线向湖区推进的最大水平幅度在 80～100 m，湖盆的淤塞出现了加剧趋势。

巢湖地区的地形受我国阶梯地势的影响，流域地势总体呈西高东低、中部低洼、向长江倾斜的特点，主要地貌单元为山地、丘陵和平原。整体上看，巢湖流域呈现由内向外明显的湖体—平原—丘陵—山地地貌类型分布特征，三种地貌面积比例各约占 1/3。流域总面积为 13 486 km$^2$，占安徽省总面积的 9.6%。巢湖流域共有出、入湖大小河流 33 条，分属 7 个水系，呈聚拢状汇入巢湖（图 1-6）。主要入湖河流有杭埠河、南淝河、派河、兆河、十五里河、白石天河、双桥河、柘皋河，其中杭埠河入湖水量最大，其次为南淝河，分别占入湖径流量的 36.5%、19.0%。位于东部的裕溪河与长江相连，是巢湖唯一的出湖河流。

现今的巢湖湖盆形态相对简单，形状如鸟的巢穴，东部和西部各有一个湖湾，其中东部为出流湖湾，西部为入流湖湾（简称西半湖或西湖湾）。实际上，原湖湾所在的杭埠河、南淝河、柘皋河及裕溪河的沿湖河口三角洲圩田在人们未围垦之前为巢湖四大湖湾，后经河川泥沙的淤积形成河口三角洲或湖泊滩地。广义的巢湖西湖湾是指北岸的中庙与南岸的白山镇北突出尖岬的连线以西水域，但习惯上将南淝河口东面的施口与派河南面的下派河连线以西的水域称为西湖湾，或巢湖入流湖湾。该入流湖湾主要接纳南淝河、十五里河、塘西河和派河 4 条河流。

## 1.2.2 巢湖西湖湾社会经济特征

巢湖位于北纬 31°25′～31°43′、北回归线以北约 8°（900 km$^2$ 左右）距离，符合古人坐北朝南的居所安置区域。流入其西湖湾的主要河流——派河和南淝河，基本沿着西及西北向东南注入巢湖。该流域位于两个重要的造山带——大别造山带和张八岭造山带的转折地带，因而湖的西部和西北部有多座海拔数百米的丘陵和山地，也使背山面水安置聚落成为可能。古聚落是一种具有一定空间并延续一定时间的文化单位，其构成要素包括各种类型的房屋、防卫设施、经济设施和墓地等。5 500 年前，巢湖流域开始迅速出现较多的新石器时代聚落遗址，主要分布于肥西、庐江和含山等地[31]。其中，国家重点文物保护单位凌家滩遗址是 5 300 多年前的一个繁华古聚落遗迹，其玉石器制作技术与太湖流域的崧泽晚期和良渚文化有着密切联系（附图 2 [2]）。

依据 GIS 手段对巢湖流域新石器中晚期至汉代 226 处聚落遗址时空变化特征进行分析[2]，巢湖西部聚落遗址随着时代和人类文明的推进，从高海拔逐渐向低海拔地区转移并向湖泊靠近，遵从着"择水而居"的居住地选择原则。中全新世以来，巢湖流域的气候由温暖湿润向温和干燥发展，导致湖泊收缩、水位下降和人类生活的范围扩展。各时期聚落遗址呈西多东少的分布格局，新石器中晚期聚落遗址主要分布在巢湖西湖岸的杭埠—丰乐河流域中下游、派河流域和庐江县一带，以及东北岸的柘皋河流域。但汉代聚落遗址分布与商周时期相比（附图 2），原先密集分布于柘皋河流域的 14 处遗址全部消失，而在江淮分水岭南麓的南淝河中上游地区遗址数量却猛然增加了 20 处。这说明流域东部极易受河道摆动和洪涝灾害的影响，而西部受影响相对较小。经过数千年由聚落—村镇—城市的逐步发展，巢湖流域人口急剧增加。目前，巢湖流域的集水区范围包括合肥城区、巢湖、肥东、肥西、庐江、舒城、无为、含山、和县 9 个市区和县，分属合肥市、芜湖市和马鞍山市，其中紧邻巢湖西湖湾的合肥市城区，相较于其他人口聚焦区域发展得最为迅速。

合肥市，简称庐，古称庐州、庐阳，居于巢湖西北部。作为一座水城，合肥市也是一个择水而居发展起来的城市。"蜀山湆水"是合肥市的形象代表，老百姓世代生活起居、捕鱼捉虾、饮水灌溉都离不开水体。合肥市的名称由来与湆水有关。安徽省境内共有 4 条湆河，即东湆河、南湆河、西湆河和北湆河。从水文地理归属上，东、西、北湆河都流入淮河，属于淮河流域；南湆河注入巢湖，属长江流域。东湆河即湆水（又称肥水），源出江、淮分水岭北侧，东与池河、窑河流域为界，西邻淠河流域，北抵淮河。董铺以上为东、西双干河道，其中西干为主源，称东湆河。河道全长为 152 km，流域面积为 4 200 km$^2$。历史上著名的湆水之战即发生于此（寿县八公山下瓦埠湖一带）。东晋时期谢安率八万军队大胜苻坚的八十万前秦部队，成为中国战争史上以少胜多、以弱胜强的典型案例之一。南湆河古代称其"施水"，公元 1191 年，南宋落魄才子姜夔在合肥赤阑桥上写下一首脍炙人口的《鹧鸪天·元夕所有梦》："肥水东流无尽期，当初不合种相思。……谁教岁岁红莲夜，两处沉吟各自知。"

合肥之名正是因为南湆河（施水）和东湆河（肥水）相交而得名。按《尔雅》释义："归异出同"曰湆，这是湆水得名的依据。合的意思是汇合，肥的意思是同源而流向各异，后来指湆河。而合肥的地名是"合湆"的简写。北魏郦道元《水经注》云：夏水暴涨，施（今南湆河）合于肥（今东湆河），故曰合肥。合肥之名的含义是同源而流向各异的这两条河在涨水时能够汇合。合肥城因在春秋时期作为长江淮河之间的物资中转站而产生，当时长江支流南湆河就在城边，淮河支流东湆河的源头就在合肥城西北 20 km 以外。合肥正是在长江与淮河两大水系距离最近的地方而逐渐兴盛的。西汉司马迁所著《史记·货殖列传》记载，"合肥受南北潮，皮革鲍木输会也。"意思是，合肥作为长江淮河两大流域水运的节点，是南北皮革、咸鱼、木材的转运站。在当时大运河未开通、邗沟经常淤塞的情况下，地处长江、淮河两大水系运输节点的位置使合肥成为《货殖列传》中记载的全国 18 个商业都会之一。《史记》里记载的当时的大都会，东南地区只有寿春（安徽寿县）、吴（苏州）、番禺（广州）和合肥。

合肥市早有金斗河和九曲水"二水穿城"之说，但作为一座运输节点的水城，能承载市域物资转运并带动城市发展的河流却是南湆河。南湆河正源为董铺水库上游河道北源右支，最初形成地表水流的源头部分，为江淮分水岭东南侧的肥西和长丰两县交界区域的肥西县高刘镇岗北村何老家西北侧的红石桥。自江淮分水岭流出，南湆河向东南至夏大郢进入董铺水库，于大杨店南出库后穿亳州路桥经合肥市区左纳四里河、板桥河来水，穿屯溪路桥至和尚口左纳二十埠河来水，至三汊河左纳店埠河来水，折西南流于施口注入巢湖。南湆河全长约 70 km，支流众多，流域总面积为 1 640 km$^2$，河面较为宽阔，可常年通航。南湆河自古是合肥的黄金水道，旧时因物力有限、陆路交通不发达，自然的河流和湖泊（巢湖）便成为天然的运输通道。合肥及周边大部分的竹木，多是走长江，经巢湖，再从南湆河水上运入合肥城，如上好的江西木、江南的毛竹等，经江过巢湖入南湆河后运达合肥木滩街。周边巢湖的石灰、砖瓦及农产品、普通百姓生产生活的物资等，也经巢湖湖西和南湆河运到合肥。在水上运输没有机械化之前，人们会借助季风气候行船。春夏季节多起东南风，船工会将各种物资借风扬帆运到合肥；而秋冬季节多起西北风，商贾们又会把合肥及周边的土特产运往外地。其中，巢湖和南湆河都是必经之地，因此当时常见木船竞渡、白帆高挂的忙碌景象。另外，自汉代以来人类的聚落遗址就密集分布于南湆河左右两岸

（附图 3），说明巢湖西岸的先人很早就生活在南淝河流域。可以说南淝河孕育了合肥市及其周边的文明与发展，承载过合肥人太多的历史和梦想。从一定意义上来说，南淝河是合肥大地的动脉，世世代代地滋润着合肥大地、哺育着合肥人民，是合肥人类文明发展的摇篮，具有合肥"母亲河"的特征和地位。

合肥市是我国唯一一个滨湖的省会城市，是中国东部地区重要的中心城市，全国重要的科研、教育基地和综合交通枢纽，皖江城市带的核心城市。全市下辖 4 个区、4 个县、1 个县级市，总面积为 11 408.48 km²。2015 年，建成区面积为 403 km²，城镇化率为 70.4%。随着城市的扩张，滨临巢湖的东南部地区已逐步成为合肥市城区的一部分（俗称滨湖区）。据 2017 年安徽省和合肥市统计年鉴，以及 2016—2017 年流域各县（市、区）国民经济和社会发展统计公报，2017 年巢湖流域所涉县（市、区，不含岳西县）常住人口总计 1 211.40 万人，占安徽省人口的 19.37%。其中，邻近西湖湾的合肥市人口为 796.50 万人（辖县、市、区），占流域所涉行政区总人口的 65.75%。巢湖流域所涉县（市、区，不含岳西县）2017 年地区生产总值总计为 8 705.1 亿元，占安徽省生产总值的 31.6%。合肥市所辖各县（市、区）地区生产总值为 7 213.5 亿元，占流域总体的比重为 82.9%。其中，第一产业增加值为 433.5 亿元、第二产业增加值为 4 383.7 亿元、第三产业增加值为 3 887.9 亿元，三次产业结构比为 5.0：50.4：44.7。流域内地区生产总值增长较快，与 2016 年相比，2017 年增幅达 14.94%（图 1-7）。流域内所涉县（市、区）2017 年人均地区生产总值为 7.19 万元，高于安徽全省的平均水平 4.40 万元。与 2016 年相比，人均地区生产总值增长 0.81 万元，增幅为 12.7%。主要分布在西湖湾的合肥市，人均地区生产总值达 9.06 万元，远高于巢湖流域平均水平。

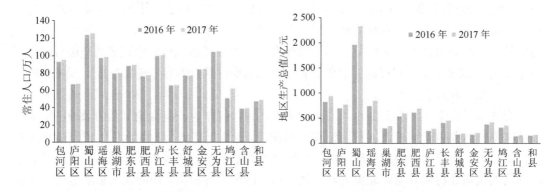

图 1-7　巢湖流域各县（市、区）人口及地区生产总值（2016—2017 年）

## 1.3　巢湖及其西湖湾生态环境特征

巢湖东西长 54.5 km、南北宽 21 km，岸线总长 181.8 km，面积约为 769 km²，平均水深 2.7 m，总蓄水量为 20.7 亿 m³。年均入湖水量为 34.9 亿 m³，年均出湖水量为 30 亿 m³，年均换水周期约为 168 天。

### 1.3.1　巢湖水生生物分布及群落结构

水环境中的污染物对环境的影响可以通过浮游生物群落结构的变化得以部分显示。浮游植物是水生态系统中的初级生产者，是整个水生态系统中物质循环和能量流动的基础。它对水体营养状态的变化能迅速做出响应。由于浮游植物的群落结构与其生活水域的水质状况密切相关，在不同营养状态的水体中分布着不同群落结构的浮游植物，故其群落结构能够综合、真实地反映水体生态环境状况。浮游动物作为水生环境中食物链的重要组成部分，其种类组成与数量变化与其他水生生物（如浮游藻类、捕食性鱼类、底栖动物等）有密切的关系，同时浮游动物还受水环境本身物理、化学因素的制约。因此，水体中浮游生物的群落生态特征可以反映出水体的不同营养状态。大型底栖无脊椎动物是水生态系统重要的生态类群，它们既是鱼类的天然食物资源，又在调节水生态系统的物质循环和能量流动中发挥着重要的作用。底栖动物对环境变化反应敏感，当水体受到污染时，其群落结构及多样性也会发生改变，因此底栖动物种类和群落特征已作为环境评价指标在湖泊水质监测中得到广泛应用。

**1. 浮游植物**

通过 2013 年 3 月、6 月、9 月和 12 月对巢湖浮游植物的 4 次季节性调查，采集到 6 门 27 科 56 属 118 种浮游植物。巢湖浮游植物的夏季优势种为铜绿微囊藻（*Microcystis aeruginosa*）、单角盘星藻（*Tetrastrum hastiferum*）、卵形隐藻（*Cryptomonas ovata*）、广缘小环藻（*Cyclotella bodanica*）、颗粒直链藻（*Melosira granulata*）、单棘四星藻（*Tetrastrum hastiferum*）和水华鱼腥藻（*Anabaena flos-aquae*）；秋季优势种为铜绿微囊藻、卵形隐藻、啮蚀隐藻（*Cryptomonas erosa*）、螺旋鱼腥藻（*Ababaena spiroides*）和颗粒直链藻（图 1-8）。通常巢湖夏秋季节铜绿微囊藻占据绝对优势。

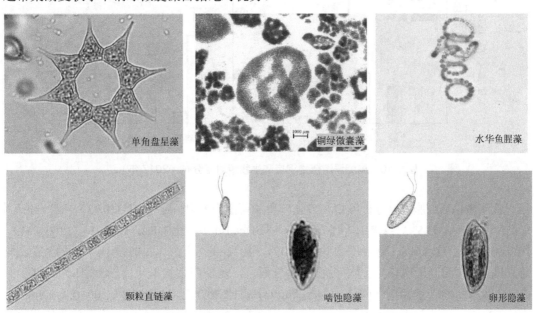

单角盘星藻　　铜绿微囊藻　　水华鱼腥藻

颗粒直链藻　　啮蚀隐藻　　卵形隐藻

**图 1-8　巢湖常见浮游植物种类**

从种类组成的季节性动态来看，水温较高的 6 月与 9 月，浮游植物的种类均较为多样；水温较低的 12 月与 3 月，种类组成的多样性大幅降低（附录 1）。从浮游植物生物密度的季节变化分析可知，水温较高的 9 月其平均生物密度最大，为（34.20±8.88）×$10^7$ cells/L，而水温较低的 12 月平均生物密度最小，为（13.74±7.44）×$10^7$ cells/L，不及 9 月的一半（图 1-9）。经 ANOVA 分析，浮游植物平均生物密度的季节性变化显著[$F_{0.05(3,60)}=2.81, p<0.05$]，经 Duncan 法多重比较后发现，6 月与 9 月之间无显著差异，12 月与 3 月之间无显著差异，但温度较高的 6 月和 9 月与温度较低的 12 月和 3 月之间存在显著差异（图 1-9）。2017 年秋季，巢湖西半湖的浮游植物密度［（96.0±33.8）×$10^6$ cells/L］明显高于夏季［（38.1±4.82）×$10^6$ cells/L］。在湖区分布上，2017 年夏秋季西半湖的藻密度均大于东半湖；在生物量上，东半湖夏季出现了高于西半湖的情况，但秋季西半湖仍然明显高于东半湖（图 1-10）。

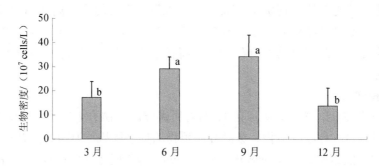

图 1-9　巢湖浮游植物生物密度季节变化（2013 年）

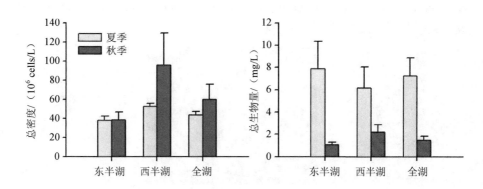

图 1-10　巢湖浮游植物密度和生物量时空分布（2017 年）

从浮游植物细胞密度分析可知，2017 年巢湖蓝藻门细胞密度［（48.3±0.93）×$10^6$ cells/L］最高，占比高达 93.5%，绿藻门［（1.76±0.19）×$10^6$ cells/L］占比 3.4%，硅藻门［（1.07±0.34）×$10^6$ cells/L］占比 2.1%，隐藻门［（0.51±0.09）×$10^6$ cells/L］占比 1.0%，西半湖的蓝藻门群落密度明显高于东半湖；就浮游植物生物量而言，蓝藻门生物量［（1.54±0.15）mg/L］最高，占比 35.1%，绿藻门［（1.32±0.42）mg/L］占比 30.0%，硅藻门［（1.00±0.49）mg/L］占比 22.8%，隐藻门［（0.48±0.08）mg/L］占比 11.1%，西半湖蓝藻门与隐藻门生物量高于东半湖，而绿藻门与硅藻门生物量低于东半湖（图 1-11）。香农-威纳（Shannon-Weiner）指数分析表明，西半湖多样性指数（夏季 0.811±0.266，秋季 0.128±0.048）明显低于东半湖（夏季 1.230±0.170，秋季 0.278±0.109）。

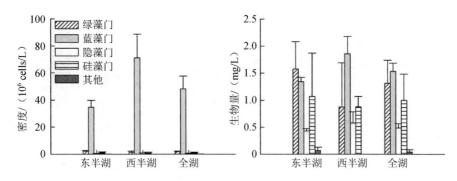

图 1-11　巢湖浮游植物群落密度和生物量（2017 年）

浮游植物种类组成与其生物密度之所以出现季节性变化，与其所栖息的环境因子的季节性变化是密不可分的。环境因子的季节性变化主要分为 3 种类型：物理条件（如光照强度、温度等）、化学条件（如营养物质、水质、毒素等）和生物因素（如竞争、摄食）。在冬季，尽管巢湖水体中营养物质的浓度升高，但由于水温低、光照强度低和日照短等因素，浮游植物的生物量和生产力不高；夏季情况正好相反，高水温、高光照强度和长日照等因素使绿藻和蓝藻等类群迅速生长，特别是在富营养化程度较高的巢湖西湖湾，常会导致水华的产生。

**2. 浮游动物**

在 2013 年 3 月、6 月、9 月和 12 月对巢湖浮游动物的 4 次季节性调查中，采集到轮虫 9 科 13 属 24 种，浮游甲壳动物 2 亚纲 4 目 11 科 22 属 32 种。2017 年夏季和秋季，共鉴定到原生动物 7 属 10 种（占比 23.2%）、轮虫 11 属 18 种（占比 41.9%）、枝角类 6 属 7 种（占比 16.3%）、桡足类 6 属 8 种（占比 18.6%）。巢湖夏季原生动物优势种依次为球砂壳虫（*Difflugia globulosa*）和王氏似铃壳虫（*Tintinnopsis wangi*），轮虫优势种依次为矩形龟甲轮虫（*Keratella quadrata*）和广布多肢轮虫（*Polyarthra vulgaris*），枝角类优势种依次为长额象鼻溞（*Bosmina longirostris*）、方形网纹溞（*Ceriodaphnia quadrangula*）、裸腹溞（*Moina* sp.）和短尾秀体溞（*Diaphanosoma brachyurum*），桡足类优势种为剑水蚤桡足幼体；秋季原生动物优势种为侠盗虫（*Strobilidium* sp.），轮虫优势种同夏季，枝角类优势种依次为长额象鼻溞、圆形盘肠溞（*Chydorus sphaericus*）和角突网纹溞（*Ceriodaphnia cornuta*），桡足类优势种依次为剑水蚤桡足幼体、哲水蚤桡足幼体和汤匙华哲水蚤（*Sinocalanus dorrii*）。

从种类组成的季节性动态来看，与藻类相似，水温较高的夏季和秋季种类均较为多样，而水温较低的 12 月与 3 月多样性均明显降低（附录 2）。从生物密度分析，轮虫在温度最高的 6 月平均密度最高，为（975±298.5）ind./L，3 月平均密度最低，为（123.5±54.5）ind./L；浮游甲壳动物在 9 月平均生物密度最高［（0.447±0.279）ind./L］，温度较低的 12 月和 3 月平均生物密度较低（图 1-12）。ANOVA 分析表明，轮虫和浮游甲壳动物的平均生物密度的季节性变化均显著（$p < 0.05$）。

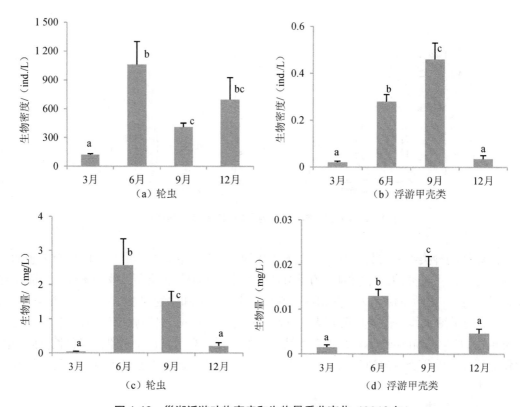

图 1-12　巢湖浮游动物密度和生物量季节变化（2013 年）

从巢湖浮游动物生物量的季节性动态来看，除轮虫 9 月的生物量比 12 月大外，总体与生物密度的相对关系未变。巢湖轮虫 6 月平均生物量最大，为（2.57±2.77）mg/L，3 月平均生物量最小，为（0.037±0.004）mg/L（图 1-12）。浮游甲壳动物 9 月平均生物量最大，为（0.019±0.011）mg/L，3 月平均生物量最小，为（0.001±0.002）mg/L。巢湖轮虫和浮游甲壳动物平均生物量的季节性变化显著（$p < 0.05$）。适宜的温度、光照、溶解氧和营养状况等理化条件可为浮游生物提供良好的生长与繁殖条件，但随着水体富营养化程度的增加，浮游动物种类会呈下降趋势。浮游植物密度和生物量的季节性变化通过捕食关系影响着浮游动物群落的结构和密度，食物的不同及大型浮游甲壳动物的竞争抑制作用是产生巢湖不同湖区轮虫群落结构不同的重要原因。

通过比较湖区分布，2017 年浮游动物总密度在空间上东半湖［夏季（1 453±815）ind./L、秋季（347±191）ind./L］高于西半湖［夏季（974±334）ind./L、秋季（273±57）ind./L］，总生物量在空间上差异不大［西半湖夏季（2.21±0.345）mg/L、秋季（0.755±0.159）mg/L；东半湖夏季（2.04±0.604）mg/L、秋季（0.748±0.165）mg/L］，但在时间（季节）上则是夏季［（2.11±0.380）mg/L］明显高于秋季［（0.751±0.112）mg/L］（图 1-13）。

在生物密度上，2017 年原生动物密度［（441±239）ind./L］最高，占比 55.3%；轮虫［（218±64）ind./L］占比 27.4%；桡足类［（99±16）ind./L］占比 12.4%；枝角类密度最低［（39±5）ind./L］，占比 4.9%。东半湖原生动物与轮虫密度明显高于西半湖，而桡足类西半湖高于东半湖。生物量方面，由于枝角类和桡足类个体较大，其生物量相对较高。其中，枝角类生物量［（0.77±0.31）mg/L］最高，占比 54.1%；桡足类［（0.37±0.16）mg/L］占比

26.0%；轮虫 [（0.26±0.22）mg/L] 占比 18.4%；原生动物生物量最低 [（0.022±0.034）mg/L]，占比 1.54%。东半湖原生动物和轮虫生物量高于西半湖，而枝角类和桡足类生物量低于西半湖（图 1-14）。西半湖浮游动物的香农-威纳多样性指数 [夏季（1.49±0.506）、秋季（1.32±0.029）] 略高于东半湖 [夏季（1.38±0.247）、秋季（1.01±0.202）]，全湖的夏季多样性（1.42±0.223）高于秋季（1.12±0.134）。

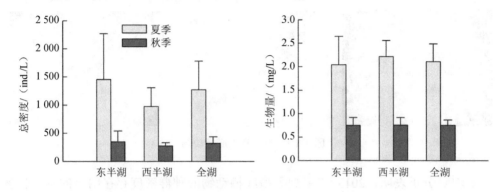

图 1-13　巢湖浮游动物密度和生物量时空分布（2017 年）

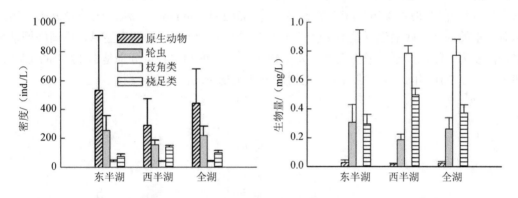

图 1-14　巢湖浮游动物不同类群密度和生物量的空间变动（2017 年）

### 3. 大型底栖动物

在 2013 年 3 月、6 月、9 月和 12 月对巢湖大型底栖动物的 4 次季节性调查中，采集到 7 科 16 属 16 种底栖动物（附录 3）。从种类组成来看，6 月与 9 月种类均较为多样，12 月种类组成的多样性有一定程度的降低。2017 年，夏秋季鉴定到巢湖大型底栖动物 17 种，隶属 3 门 6 纲 7 科。其中，寡毛类 2 科 7 种（占比 41.2%），摇蚊科幼虫 6 种（占比 35.3%），软体动物、多毛类、蛭纲、端足类各 1 种（各占比 5.9%）。巢湖年度优势种总体为寡毛类霍甫水丝蚓（*Limnodrilus hoffmeisteri*）、正颤蚓（*Tubifex tubifex*）、多毛管水蚓（*Aulodrilus pluriseta*）和摇蚊幼虫菱跗摇蚊（*Clinotanypus* sp.）等（图 1-15）。夏季优势种依次为霍甫水丝蚓、菱跗摇蚊（*Clinotanypus* sp.）、羽摇蚊（*Chironomus plumosus*）、寡鳃齿吻沙蚕（*Nephtys oligobranchira*）、多毛管水蚓（*Aulodrilus pluriseta*）和厚唇嫩丝蚓（*Teneridrilus mastix*）；秋季优势种依次为正颤蚓、红裸须摇蚊（*Propsilocerus akamusi*）、霍甫水丝蚓、厚唇嫩丝蚓（*Teneridrilus mastix*）、小摇蚊（*Microchironomus* sp.）、菱跗摇蚊和多毛管水蚓。

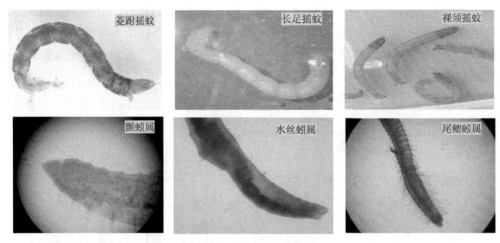

图 1-15　巢湖常见底栖动物

ANOVA 分析表明，2013 年巢湖大型底栖动物的种群密度存在明显的季节性变化 [$F_{0.05(3, 60)}$=3.12，$p<0.05$]，最小值为 3 月的（940±180）ind./m$^2$（图 1-16）。但 2017 年底栖动物密度有了较大幅度的下降，西半湖夏季 [（346±111）ind./m$^2$] 高于冬季 [（304±94）ind./m$^2$]；东半湖夏季 [（448±95）ind./m$^2$] 高于冬季 [（336±71）ind./m$^2$]。从湖区差异分析，污染相对严重的西半湖底栖生物量数量较低（图 1-17）。但 2018 年的调查显示，巢湖底栖动物平均密度为 645 ind./m$^2$，平均生物量为 1.49 g/m$^2$，密度和生物量分别是 2017 年的 1.77 倍和 1.21 倍。2018 年，西半湖的底栖生物密度和生物量均高于东半湖。

图 1-16　巢湖大型底栖动物密度与生物量季节性变化（2013 年）

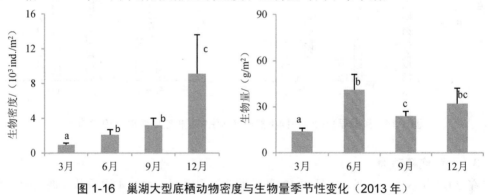

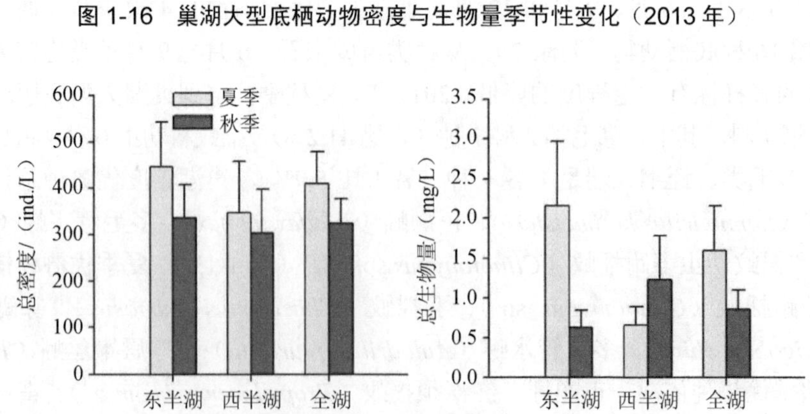

图 1-17　巢湖底栖动物密度和生物量时空分布（2017 年）

不同种群的生物密度在巢湖底部的分布差异较大。寡毛类 [（183±31）ind./m²] 占比高达 49.9%，水生昆虫 [（152±29）ind./m²] 占比 41.4%，软体动物 [（3±2）ind./m²] 占比仅为 0.8%。巢湖西半湖水生昆虫密度略高于东半湖；寡毛类则是东半湖密度高于西半湖。生物量方面，水生昆虫 [（1.03±0.29）g/m²] 占据绝对优势，占比高达 84.4%；寡毛类 [（0.083±0.015）g/m²] 占比 6.8%；软体动物 [（0.002±0.001）g/m²] 仅占 0.2%。东西半湖相比较，东半湖水生昆虫生物量明显高于西半湖，污染指示种的寡毛类生物量则是西半湖高于东半湖（图 1-18）。

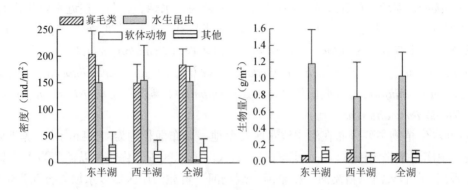

图 1-18　巢湖底栖动物不同类群密度和生物量的空间变动（2017 年）

2017 年，巢湖底栖动物的香农-威纳多样性指数反映，东半湖的夏秋季多样性指数 [夏季（1.43±0.203）、秋季（1.69±0.131）] 均高于西半湖 [夏季（1.22±0.296）、秋季（1.50±0.119）]。但秋季（1.62±0.094）普遍高于夏季（1.35±0.160）（图 1-19）。底栖动物的物种数量和分布格局受非生物因子（如底质类型、水温、水深理化性质、污染程度等）与生物因子（如竞争、捕食、寄主、生物干扰等）众多环境因子的综合影响与制约，这些因子的季节性变化进而导致底栖动物群落组成在不同季节间存在差异。有研究表明，底栖动物的生物密度最高值可以出现在秋冬季，也可以出现在春夏季，这种季节上的差异既与不同类群的生活史特征密切相关，也可由沉积物性质、水体动力环境等因素决定。

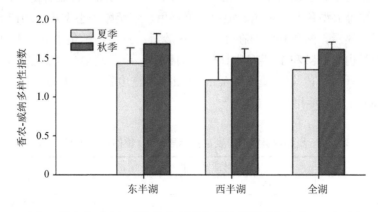

图 1-19　巢湖大型底栖动物香农-威纳多样性指数时空变动（2017 年）

### 4．大型水生植物

巢湖全湖水生植物 11 科 13 属 16 种（附录 4）。其中，挺水植物有芦苇（*Phragmites australis*）、水烛（*Typha angustifolia*）、香蒲（*Typha orientalis*）、荻（*Triarrhena sacchariflora*）、腺柳（*Salix chaenomeloides*）、水芹（*Oenanthe javanica*）、菰（*Zizania latifolia*），沉水植物有竹叶眼子菜（*Potamogeton malaianus*）、菹草（*Potamogeton crispus*）、穗状狐尾藻（*Myriophyllum spicatum*）、轮叶黑藻（*Hydrilla verticillata*），浮叶植物有荇菜（*Nymphoides peltata*）、菱（*Trapa bispinosa*）、野菱（*Trpa incisa*），漂浮植物有喜旱莲子草（*Alternanthera philoxeroides*）、浮萍（*Lemna minor*）。优势种为芦苇、水烛、香蒲。在近水堤岸内有数量丰富的湿地生物，其优势种为芦苇、水烛、香蒲与荻。其他常见种有一年蓬（*Erigeron annuus*）、一枝黄花（*Solidago decurrens*）、狗牙根（*Cynodon dactylon*）、垂柳（*Salix babylonica*）、长芒稗（*Echinochloa caudata*）、虉草（*Phalaris arundinacea*）、酸模叶蓼（*Polygonum lapathifolium*）、刺酸模（*Rumex maritimus*）、蒌蒿（*Artemisia selengensis*）、牛鞭草（*Hemarthria altissima*）等。

巢湖水生植物主要分布在沿岸浅水区及湿地，分布面积约为 7.3 km²，占巢湖面积的 0.96%。中庙—南淝河—派河—杭埠河—白石天河沿岸区域的优势种以芦苇为主，其次为水烛、香蒲；白石天河—裕溪河—柘皋河—炯炀河—黄麓沿岸区域以水烛与香蒲为优势种，其中裕溪河与双桥河区域以菱较为常见。常见优势种夏季生物量见表 1-1。

表 1-1　巢湖主要植物生物量　　　　　　　　　　　　　　　　　　　单位：kg/m²

| 芦苇 | 香蒲 | 喜旱莲子草 | 荻 | 菱 | 竹叶眼子菜 | 荇菜 | 苔草 | 虉草 | 蒌蒿 |
|------|------|------------|-----|-----|------------|------|------|------|------|
| 24.9 | 5.2 | 6.4 | 1.6 | 5.7 | 5.6 | 0.9 | 2.8 | 1.9 | 5.6 |

注：统计值为植物成规模出现区域内的平均生物量。

### 5．鱼类

2017 年，巢湖共发现鱼类 7 目 12 科 48 种（附录 5），其中鲤科 30 种，占鱼类总种数的 62.5%。据鱼类相对重要性指数（IRI）统计，短颌鲚（俗称毛鱼）是巢湖重要性最高的鱼类，其在数量与质量上均占据最大比例（表 1-2）；其他优势种还有鲢鱼、鲤鱼、鲫鱼、鳙鱼、翘嘴红鲌等大型鱼及大银鱼、鳡鱼、黄颡鱼、红鳍鲌等小型鱼。2017 年巢湖鱼类的优势年龄组调查显示，鲢鱼和鳙鱼在 1+ 和 2+ 龄组；鲤鱼与鲫鱼中 0 龄和 1+龄鱼的数量占比较大，鲌类也为 0 龄和 1+龄鱼占比较高的种类；中、高龄鱼比例较小，鱼类小型化、低龄化的特征显著。2017 年，巢湖鱼类 Margalef 丰富度指数为 4.96，香农-威纳多样性指数为 2.73，Pielou 均匀度指数为 0.66。

表 1-2　巢湖鱼类相对重要性指标居前 10 位的种类（2017 年）

| 种类 | 相对重要性指标 | | 平均体重/（g/尾） |
|------|------|------|------|
| | 位次 | IRI | |
| 短颌鲚 | 1 | 76.32 | 14.38±1.25 |
| 鲢鱼 | 2 | 11.59 | 1 546.26±20.17 |
| 鲫鱼 | 3 | 8.94 | 110.35±28.02 |
| 鲤鱼 | 4 | 9.14 | 512.31±39.50 |

| 种类 | 相对重要性指标 | | 平均体重/（g/尾） |
| --- | --- | --- | --- |
| | 位次 | IRI | |
| 鳙鱼 | 5 | 6.22 | 2 941.98±148.90 |
| 大银鱼 | 6 | 5.90 | 12.88±2.41 |
| 鱵鱼 | 7 | 7.28 | 3.79±1.62 |
| 翘嘴红鲌 | 8 | 6.02 | 415±34.18 |
| 黄颡鱼 | 9 | 4.22 | 92.47±15.81 |
| 红鳍鲌 | 10 | 2.41 | 44.36±8.04 |

2017 年，巢湖渔业总产量为 13 106 t，其中虾类、银鱼与名特类水产品占比 25.8%，毛鱼占比 50.2%，大鱼占比 24.1%。渔业总产量较 2016 年下降 48.1%（表 1-3）。

表 1-3　2017 年巢湖渔业分类产量年度对比

| 分类 | 青虾 | 白虾 | 银鱼 | 面鱼 | 毛鱼 | 大鱼 | 名特 | 合计 |
| --- | --- | --- | --- | --- | --- | --- | --- | --- |
| 2016 年产量/t | 1 685 | 2 409 | 678 | 41 | 15 735 | 4 637 | 61 | 25 246 |
| 2017 年产量/t | 1 196 | 1 620 | 485 | 26 | 6 575 | 3 155 | 49 | 13 106 |
| 增减/% | −29.0 | −32.8 | −28.5 | −36.6 | −58.2 | −32.0 | −19.7 | −48.1 |

注：名特指鲌、鳜鱼、鲶鱼、黄颡鱼等，大鱼指鲢鱼、鳙鱼、鳊鱼、鲤鱼等。

### 1.3.2　巢湖入流湖湾外源污染特征

#### 1. 入湖河道水量及西部水资源

巢湖是安徽省社会经济发展的命脉，也是我国中部发展中地区富营养化湖泊的典型代表。巢湖流域目前具有社会和经济的持续发展受资源型与水质型缺水制约，水环境保护对氮、磷排放要求较高等特点，巢湖是巢湖市区唯一的饮用水水源，也是合肥市的重要饮用水水源之一，巢湖水资源和水环境状况是合肥市、巢湖市及周边城镇与农村居民生活进步和经济发展的命脉，是安徽省社会经济可持续发展的基础。根据湖泊的功能，巢湖全湖可划分为西部渔业水源保护区、塘西饮用水水源保护区、中庙旅游水源保护区、东部渔业水源保护区和巢湖市饮用水水源保护区。

巢湖流域年均地表水资源量为 53.6 亿 m³，主要包括巢湖及流域内的河流、水库、湖泊等。巢湖东西长 54.5 km，南北宽 21 km，岸线总长 181.8 km，面积为 769.55 km²，总蓄水量为 20.7 亿 m³。巢湖闸上年均入湖水量为 34.9 亿 m³，年均出湖水量为 30 亿 m³，年均换水周期约为 168 天。入湖水量来源主要为巢湖闸上游的流域输入。巢湖多年平均水位为 8.37 m，年平均最高水位为 9.81 m，最低水位为 7.35 m，平均变幅为 2.46 m。2013 年年初，巢湖水位为 9.65 m，年末水位为 8.97 m，全年平均水位为 8.99 m。1—6 月水位较往年平均水位偏高，7—9 月较往年平均水位偏低，10—12 月又比往年偏高；最高水位为 9.68 m，最低水位为 8.67 m（图 1-20）。2013 年，巢湖年初蓄水量为 29.83 亿 m³，年末蓄水量为 24.62 亿 m³。对 2016—2017 年巢湖水位变化的分析表明，1—6 月水位变化总体不大，高水位基本出现在 7—8 月。其中，2016 年 7 月中上旬，水位超过 12 m（图 1-21）。2017 年，巢湖最高水位为 9.54 m（1 月 10 日），接近 2013 年和 2014 年的最高水位。

图 1-20    2012—2013 年巢湖水位过程线

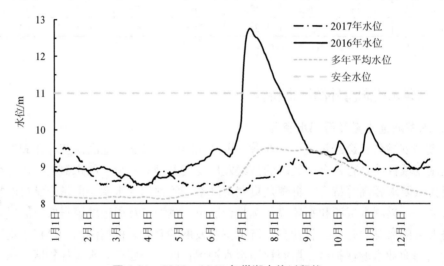

图 1-21    2016—2017 年巢湖水位过程线

巢湖流域总面积为 13 350 km², 由巢湖与其出水河流裕溪河之间的闸门分为两个部分, 巢湖闸以上区域面积为 9 131 km², 闸以下面积为 4 219 km²。巢湖流域内共有大小河流 33 条, 分属 7 个水系, 呈放射状汇入或流出巢湖。但主要出入河流有 9 条, 即杭埠河—丰乐河、南淝河、派河、十五里河、店埠河、柘皋河、兆河、白石天河和裕溪河, 主要入湖河道杭埠河—丰乐河、南淝河、派河、白石天河 4 条河流占流域集水区径流量的 90% 以上, 其中杭埠河—丰乐河是注入巢湖水量最大的河流, 其次为南淝河、白石天河, 这 3 条河的径流量分别占总径流量的 65.1%、10.9% 和 9.4%。巢湖流域内各水系补给以降水为主, 巢湖的水量和水位主要受河流来水和长江水位自然控制和闸门的人为控制。湖泊东部的裕溪河是巢湖唯一的入江通道。巢湖流域共有出、入湖大小河流 33 条。

据环巢湖主要河道水量统计 (安徽省巢湖管理局, 2014), 2013 年主要河道入巢湖水量约为 20.9 亿 m³ (表 1-4), 其中流入西湖湾的南淝河、十五里河和派河分别为 4.02 亿 m³、

0.251 亿 m³ 和 1.53 亿 m³ 。2013 年，巢湖流域平均降水量为 882.5 mm，其中汛前 1—4 月的降水量为 174.0 mm，汛期 5—9 月的降水量为 665.6 mm，汛后 10—12 月的降水量为 42.9 mm，较 2012 年同期分别减少 14%～70%（表 1-5）。

表 1-4　2013 年巢湖主要入湖河道及其水量

| 河名 | 南淝河 | 十五里河 | 派河 | 杭埠河 | 白石天河 | 兆河 | 柘皋河 | 双桥河 | 合计 |
|---|---|---|---|---|---|---|---|---|---|
| 河长/km | 67 | 31 | 67 | 142 | 44 | 33 | 40 | 4.8 | — |
| 流域面积/km² | 1 544 | 96.3 | 586 | 4 249 | 590 | 625 | 517 | 21.9 | — |
| 年水量/亿 m³ | 4.02 | 0.251 | 1.53 | 11.1 | 1.54 | 1.01 | 1.35 | 0.077 | 20.9 |

表 1-5　2012—2013 年巢湖流域降水量　　　　　　　　单位：mm

| 地区 | 合肥市 | 肥东县 | 肥西县 | 巢湖市 | 庐江县 | 舒城县 | 无为县 | 流域平均 |
|---|---|---|---|---|---|---|---|---|
| 2012 年 | 666.8 | 898.9 | 860.2 | 1 072.5 | 1071 | 1 097.5 | 1 105.8 | 967.5 |
| 2013 年 | 814.9 | 873.8 | 791.8 | 798.0 | 1 012.3 | 945.2 | 923.5 | 882.5 |
| 多年平均 | 1 000.8 | 959.4 | 986.6 | 1 124.5 | 1 262.9 | 1 100.6 | 1 241.8 | 1 096.7 |

### 2. 入湖河道水污染特征

入湖河道水质的优劣是接纳水体水质的直接影响因素。2008 年，巢湖主要出入湖河道水质程度显示出差异，除出湖河道裕溪河外，9 条入湖河道的水质从Ⅲ类到劣Ⅴ类。其中，进入巢湖西半湖的南淝河、十五里河、派河、杭埠河水质多为劣Ⅴ类和Ⅴ类，白石山河为Ⅳ类水质；从南面流入中部湖区的兆河水质主要为Ⅲ类；流入东湖区的柘皋河、双桥河分别为Ⅲ类和Ⅴ类水质。整体而言，流入西湖湾的水质类别基本处于劣Ⅴ类，明显劣于其他湖区，这也是引起西湖湾水质恶化、导致蓝藻水华频发的重要原因。巢湖西湖湾的入流河道自北向南有南淝河、十五里河、塘西河和派河，其中南淝河和派河是 2 条水量较大的河流。实际上，就 2000—2007 年的水质状况结果而言，南淝河、十五里河和派河（包括塘西河）这几条流入西湖湾的主干河流，水质均处于Ⅴ类或劣Ⅴ类（表 1-6），有些支流（如派河的岳小河、五老堰河等）的水质也处于劣Ⅴ类。上述受污染的入湖主干流和支流水体均最终流入巢湖，使西湖湾承受着巨大的外部重污染水体长期输入的压力。

表 1-6　2000—2007 年巢湖环湖河流水质状况

| 河流名称 | 年份 | | | | | | | |
|---|---|---|---|---|---|---|---|---|
| | 2000 | 2001 | 2002 | 2003 | 2004 | 2005 | 2006 | 2007 |
| 南淝河 | 劣Ⅴ | 劣Ⅴ | 劣Ⅴ | 劣Ⅴ | 劣Ⅴ | Ⅴ | Ⅴ | 劣Ⅴ |
| 十五里河 | 劣Ⅴ | 劣Ⅴ | 劣Ⅴ | 劣Ⅴ | 劣Ⅴ | 劣Ⅴ | 劣Ⅴ | 劣Ⅴ |
| 派河 | 劣Ⅴ | 劣Ⅴ | 劣Ⅴ | 劣Ⅴ | 劣Ⅴ | 劣Ⅴ | 劣Ⅴ | 劣Ⅴ |
| 杭埠河 | Ⅳ | Ⅱ | Ⅲ | Ⅲ | Ⅳ | Ⅳ | Ⅱ | Ⅳ |
| 白石天河 | Ⅳ | Ⅲ | Ⅳ | Ⅲ | Ⅳ | Ⅲ | Ⅳ | Ⅳ |
| 兆河 | Ⅲ | Ⅲ | Ⅲ | Ⅲ | Ⅳ | Ⅳ | Ⅳ | Ⅳ |
| 柘皋河 | Ⅲ | Ⅲ | Ⅳ | Ⅲ | Ⅲ | Ⅳ | Ⅲ | Ⅲ |
| 双桥河 | 劣Ⅴ | 劣Ⅴ | 劣Ⅴ | 劣Ⅴ | 劣Ⅴ | 劣Ⅴ | 劣Ⅴ | 劣Ⅴ |
| 裕溪河 | Ⅳ | Ⅲ | Ⅲ | Ⅳ | Ⅱ | Ⅳ | Ⅲ | Ⅳ |

巢湖东湖湾主要通过裕溪河出流，性质上属出流湖湾，因此西湖湾是巢湖唯一接纳入湖性质河流的湖湾。在所有入湖河流中，南淝河、十五里河和派河对巢湖 TN 和 TP 的贡献最大，是导致西湖湾蓝藻水华乃至全湖水质恶化的主要原因。虽然 2000 年以来巢湖主要入湖河流水质的污染程度和分布状况略有变化，但 2007—2017 年，西湖湾遭受南淝河、十五里河等入湖污染水体的影响有一定程度的减轻，但河道污染性质并没有改变（附图 3）。据《巢湖健康体征白皮书（2017）》，2017 年巢湖主要环湖河流总体水质状况为中度污染，在 19 个断面中，Ⅰ～Ⅱ水质断面数量为 4 个，占监测断面总数的 21%；Ⅲ类水质断面数量为 9 个，占 48%；Ⅳ类水质断面数量为 1 个，占 5%；劣Ⅴ类水质断面数量为 5 个，占 26%（表 1-7）。其中，几个重度污染的断面均位于西湖湾入流河道的南淝河、十五里河与派河，主要污染物依次为 $NH_4^+$-N、TP、COD、五日生化需氧量（$BOD_5$）。

表 1-7　2013—2017 年巢湖环湖河流水质状况

| 河流 | | 断面名称 | 2013 年 | 2014 年 | 2015 年 | 2016 年 | 2017 年 | 2017 年主要污染指标 |
|---|---|---|---|---|---|---|---|---|
| 入湖 | 南淝河 | 西新庄 | Ⅳ | Ⅳ | Ⅲ | Ⅲ | Ⅲ | — |
| | | 店埠河内 1.5 km | 劣Ⅴ | 劣Ⅴ | 劣Ⅴ | 劣Ⅴ | 劣Ⅴ | $NH_4^+$-N（劣Ⅴ），TP、COD（Ⅴ） |
| | | 板桥码头 | 劣Ⅴ | 劣Ⅴ | 劣Ⅴ | 劣Ⅴ | 劣Ⅴ | $NH_4^+$-N、TP（劣Ⅴ）、COD（Ⅴ） |
| | | 施口 | 劣Ⅴ | 劣Ⅴ | 劣Ⅴ | 劣Ⅴ | 劣Ⅴ | $NH_4^+$-N（劣Ⅴ）、TP（Ⅴ）、COD（Ⅳ） |
| | 十五里河 | 希望桥 | 劣Ⅴ | 劣Ⅴ | 劣Ⅴ | 劣Ⅴ | 劣Ⅴ | $NH_4^+$-N、TP（劣Ⅴ）、COD（Ⅳ） |
| | 派河 | 肥西化肥厂下 | 劣Ⅴ | 劣Ⅴ | 劣Ⅴ | 劣Ⅴ | 劣Ⅴ | $NH_4^+$-N（劣Ⅴ），TP、$BOD_5$（Ⅳ） |
| | 杭埠河 | 丰乐河三河镇大桥 | Ⅲ | Ⅲ | Ⅲ | Ⅲ | Ⅲ | — |
| | | 三河镇新大桥 | Ⅲ | Ⅲ | Ⅲ | Ⅲ | Ⅱ | — |
| | | 河口大桥 | Ⅱ | Ⅲ | Ⅲ | Ⅱ | Ⅱ | — |
| | | 北闸渡口 | Ⅱ | Ⅲ | Ⅱ | Ⅲ | Ⅱ | — |
| | 白石天河 | 石堆渡口 | Ⅲ | Ⅲ | Ⅲ | Ⅲ | Ⅲ | — |
| | 兆河 | 庐江缺口 | Ⅲ | Ⅲ | Ⅲ | Ⅲ | Ⅲ | — |
| | | 入湖口渡口 | Ⅲ | Ⅲ | Ⅲ | Ⅱ | Ⅱ | — |
| | 双桥河 | 入湖口 | 劣Ⅴ | Ⅳ | 劣Ⅴ | 劣Ⅴ | Ⅳ | $NH_4^+$-N（Ⅳ） |
| | 柘皋河 | 柘皋大桥 | Ⅲ | Ⅲ | Ⅲ | Ⅲ | Ⅲ | — |
| | | 青台山大桥 | Ⅲ | Ⅲ | Ⅲ | Ⅲ | Ⅲ | — |
| 出湖 | 裕溪河 | 裕溪口 | Ⅱ | Ⅱ | Ⅱ | Ⅱ | Ⅱ | — |
| | | 三胜大队 | Ⅲ | Ⅱ | Ⅲ | Ⅲ | Ⅲ | — |
| | | 运漕镇 | Ⅱ | Ⅲ | Ⅲ | Ⅲ | Ⅲ | — |

### 3. 入湖河道污染物量

据《安徽省环境统计年鉴》，南淝河除丰水期外，基本上无环境用水（生态需水）水源补给，地表水径流量小，河流生态系统始终不能处于良性发展状态。主要污染源是合肥市工矿企业排放的工业废水和大量的城市生活污水。合肥市大部分工矿企业均集中在南淝河下游两岸，污染较大的企业有合肥电厂、化工厂、电镀厂、安纺总厂、合钢公司等。南淝河集中纳入了合肥市 90% 以上的工业废水和生活污水，成为合肥市工业废水和生活污水的"排水沟"。据推算，南淝河每年接纳工业废水 1.04 亿 t、生活污水 0.35 亿 t，这些工业污废水大部分未经处理直接排放，达标排放率仅为 2.5%。在"十五""十一五"期间，合肥市相继建成了几座城市污水处理厂：望塘污水处理厂一期工程，日处理废水能力为 8 万 t，年削减 COD 2 133 t、TP 43 t、TN 588 t；王小郢污水处理厂二期工程，日处理废水能力为 15 万 t，一、二期合计日处理废水能力为 30 万 t。这些污水处理厂的建成大大削减了污染物的排放量。十五里河流量较小，全程长度为 27.1 km，由于上游无来水，河道本身弯曲狭窄，自净能力很差，长期以来水质污染严重。其主要污染源是合肥市西南片的工业废水和城市生活污水，主要工业污染源为合肥四方化肥集团，污染几乎覆盖十五里河中段的全部范围，其中 2003 年造成十五里河 $NH_4^+$-N 污染极其严重。通过工业废水与王小郢污水处理厂的全部接入及再处理，水质恶化得到一定程度的遏制。派河主要污染源是肥西上派镇工业废水和生活污水。派河流经肥西，汇入巢湖。"十五"期间，由于肥西县政府加大了对上派镇工业企业排污的监督管理，关停了一些小造纸企业和小化工企业，使工业企业污染源得到有效控制，以至"十一五"期间派河水质呈显著好转趋势。杭埠河主要污染是农业面源污染和生活污水。杭埠河流经肥西，汇入巢湖，其径流量约占流域径流量的 65.1%，全长 10.2 km，为农业用水区。虽然近年来流域内土地开发利用速度发展较快，人口大量增加，但因水量较大，水体稀释扩散的自净能力较好，水质基本稳定在Ⅳ类。

根据《安徽省环境统计年鉴》，巢湖西部的南淝河、十五里河、派河 3 条河入湖水量占总入湖水量的 21%，但是入湖 TP 和 TN 却占总入湖量的 72.6%和 69.4%。其中，南淝河以 8.6%的入湖水量贡献了总入湖量 24.7%的 TP、8.9%的 TN 和 21.3%的 COD；十五里河以 1.6%的入湖水量贡献了总入湖量 24.4%的 TP、19.7%的 TN 和 4.5%的 COD；派河以 7.8%的入湖水量贡献了总入湖量 23.5%的 TP、40.9%的 TN 和 14.6%的 COD。另据安徽省巢湖管理局公布的《巢湖健康体征白皮书（2017）》统计，2017 年南淝河、十五里河、派河 3 条河流的入湖水量占总入湖量的 29.1%，入湖的 TP、TN 和高锰酸盐指数（$COD_{Mn}$）分别占总入湖总量的 66.0%、65.5%、38.8%（图 1-22）。如果再加入杭埠河进入西巢湖的 TP、TN 和 $COD_{Mn}$ 的量，总计有占全巢湖 73.8%～87.4%的营养性污染物量进入巢湖西部，这必然造成西湖湾的高营养程度和水质恶化。

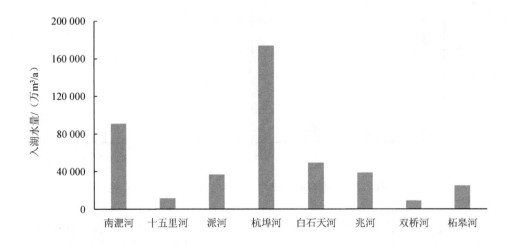

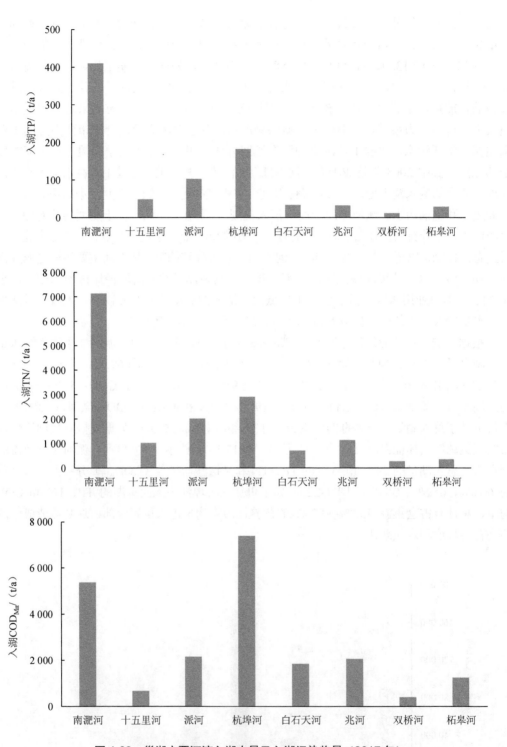

**图 1-22　巢湖主要河流入湖水量及入湖污染物量（2017 年）**

巢湖是我国最早进入富营养程度的大型湖泊。早在 20 世纪 80 年代初期，湖泊的富营养化问题就开始受到各方关注，地方也开始进行了一些小规模的治理投入。"九五"期间，国家确定了巢湖作为"三河三湖"环境保护重点区域之一，自此国家和地方进行了 20 多年连续不断的规模性投入。依据"九五""十五""十一五"全国重点流域水污染防治规划，以 COD、$NH_4^+$-N 控制为目标，在巢湖开启了以城镇污水处理厂建设为重点的治污工作。其中，在"九五"末期的"零点行动"中，流域内日排放废水 100 t 以上的 109 家限期达标企业完成了治理任务的有 90 家，关停并转的有 18 家，达标完成率 99.1%；日排废水 100 t 以下的 143 家企业完成了治理任务的有 125 家，关停并转的有 17 家，完成率 97.9%。利用亚洲开发银行贷款建成了合肥市王小郢污水处理厂二期工程和巢湖市污水处理厂，日污水处理量为 30 万 t。在长时间的铁腕治污中，关停了大量的"十五类"污染严重小企业，全面实施了流域的"禁磷"；持续投入农业面源污染治理工程，关闭磷矿开采点、封山育林，在合肥市北郊建成了大型生活垃圾处理厂。进入"十五"阶段，建设了流域内生态林，强化削减面源污染，进一步削减化肥、农药的施用量和投放量，在增加城市污水处理厂的实际行动下扩张到乡镇生活污水处理设施的建设。在提高水循环使用率的基础上，大力推进各行各业的节水工作，使巢湖流域水污染治理上了一个新台阶。"十一五"期间，地方又开展了更大规模的投入，仅在污水收集和处理能力的提升方面就在合肥市新建了 1 201 km 的污水主干管网、173.6 km 的沿河截污管网，新建、扩建 10 座污水处理厂和 38 座污水泵站，使污水处理能力达到 96.2 万 t/d。

"十二五"期间，合肥市加大了入湖河道的污染治理力度，投入了大量资金对环巢湖污染进行整治和生态修复。自 2011 年起，逐步启动了主要在合肥市境内的巢湖流域水环境综合治理亚洲开发银行贷款项目的 15 个子项目；开展了环巢湖地区生态保护修复一期、二期和三期大型水环境水生态工程，涉及环巢湖乡镇污水处理厂及管网建设，湖区调水引流（引江济巢）、河道生态补水、流域面源控制和矿山修复等流域综合治理类项目都与控制污染源、改善入湖河道水质有关。2013 年，合肥市下发了《中共合肥市委办公厅、合肥市人民政府办公厅关于全面实行"河长制"的通知》，在实行"河长制"的 18 条重点治理的河流里，南淝河、十五里河、塘西河和派河均被纳入。对照《巢湖健康状况报告（2013）》，与 2013 年相比，2017 年南淝河、十五里河、派河入湖 TP 浓度分别下降了 41%、71%、44%，对应的 $NH_4^+$-N 浓度分别下降了 55%、78%、17%，虽然巢湖西湖湾入湖河流水质类别未有质的改变，但其 $NH_4^+$-N 与 TP 浓度有了较显著的下降（图 1-23）。

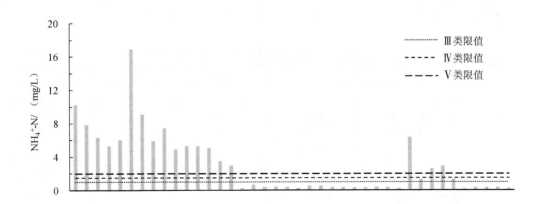

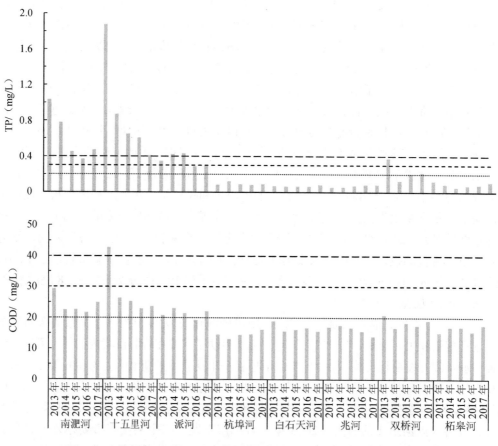

图 1-23　巢湖主要入湖河流污染物含量年平均变化（2013—2017 年）

水质的改善也带来了入湖污染负荷的减少。据水利及生态环境部门的分析，2017 年巢湖 8 条主要入湖河流的入湖污染总负荷为 TN 15 505 t/a、TP 851 t/a、$NH_4^+$-N 7 928 t/a、COD 76 639 t/a。裕溪河与兆河的出湖污染总负荷为 TN 9 247 t/a、TP 549 t/a、$NH_4^+$-N 1 611 t/a、COD 67 619 t/a。入湖与出湖之差为 TN 6 257 t/a、TP 301 t/a、$NH_4^+$-N 6 317 t/a、COD 9 020 t/a（表 1-8）。

表 1-8　环巢湖河流污染物出入湖量（2017 年）　　　　　　　　　　单位：t/a

| 入出湖 | 河流 | TN | TP | $NH_4^+$-N | COD |
|---|---|---|---|---|---|
| 入湖 | 南淝河 | 7 124 | 410 | 5 148 | 21 989 |
| | 十五里河 | 1 019 | 48.6 | 571 | 2 719 |
| | 派　河 | 2 019 | 103 | 967 | 7 666 |
| | 杭埠河 | 2 899 | 182 | 574 | 26 289 |
| | 白石天河 | 694 | 33.9 | 159 | 5 499 |
| | 兆　河 | 1 136 | 32.5 | 317 | 6 166 |
| | 双桥河 | 264 | 11.9 | 120 | 1 780 |
| | 柘皋河 | 350 | 28.8 | 72.3 | 4 531 |
| | 入湖小计 | 15 505 | 851 | 7 928 | 76 639 |

| 入出湖 | 河流 | TN | TP | $NH_4^+$-N | COD |
|---|---|---|---|---|---|
| 出湖 | 兆 河 | 467 | 20.4 | 38.2 | 3 699 |
| | 裕溪河 | 8 781 | 529 | 1 573 | 63 920 |
| | 出湖小计 | 9 247 | 549 | 1 611 | 67 619 |
| 净入湖 | | 6 257 | 301 | 6 317 | 9 020 |

经分析，2017 年在环巢湖入湖主要河道的 TN、TP、$NH_4^+$-N 入湖负荷量中，南淝河均占最高比例，分别为 46%、48%、65%；派河的入湖 $NH_4^+$-N 总量占比第 2 位，贡献率为 12%；十五里河虽入流小，但在 8 条入湖河道的营养性污染物入湖量中也占据第 4 位至第 5 位。由于上述河流均是巢湖西湖湾的主要入流河道，因此外源控制仍是湖体水环境亟须解决的一大难题，也是改善西半湖水体水质、抑制富营养化发展的主要途径。

### 1.3.3　巢湖入流湖湾富营养化特征

#### 1. 巢湖湖湾营养本底及沉积物磷的累积

巢湖流域位于华北板块和扬子板块的交接区，贯穿流域中部和整个中部、东部湖区的是一个低温高压变质带。在该变质带内具有磷素成矿的地质背景，特别是在巢湖北岸，其间分布有大量低品位的磷矿资源和含磷地层。在巢湖市和肥东县交界处的桥头集—西山驿一带，分布着一套古老的含磷变质岩系。位于巢湖市西北的马鞍山及其南部的龟山，其地层系统属于古生界的志留系，裸露的粉砂岩、粉砂质泥岩及薄层砂岩、较浅的薄层透镜状层均有较高水平的含磷量。巢湖流域的含磷地层主要为早元古界横山组/双山组、震旦系灯影组、志留系坟山组/茅山组、寒武纪黄栗树组及二叠纪孤峰组等。由于风化、剥蚀、淋溶和渗漏等作用，土壤中磷的自然背景值偏高，因雨水而流失的量也相当可观。

"十一五"期间，"水体污染控制与治理国家科技重大专项巢湖项目"围绕巢湖流域高磷本底和面源氮、磷的产生，对巢湖富营养化影响进行了较为系统的研究[32]。依托钻孔年代学（137Cs/210Pb/AMS$^{14}$C），应用湖泊沉积物硅藻与水体中 TP 转换技术，重建了湖泊历史时期生态环境变化和营养演化历史，揭示出水体 TP 本底值高于长江中下游其他湖泊（～12 μg/L），流域的自然磷流失对水体 TP 的影响高于其他湖泊约 20%。磷是我国湖泊富营养化中最主要的生物限制性营养元素，课题通过研究确定了巢湖营养本底对巢湖的富营养化存在显著贡献[33, 34]。对富磷地质构造区磷产出强度的研究于地表裸露区示范模拟和比较了巢湖北部 6 种典型生态斑块（旱地、尾矿裸地、灌木林、草地、次生马尾松林和人工马尾松林）的水土流失（表 1-9），结果表明，地表径流 TP 输出量取决于产流量大小，植被覆盖度的减少是磷输出 TP 增加的主导因素[35]。

表 1-9　巢湖流域不同生态斑块地表径流氮、磷输出通量及颗粒态富集率[33]

| 生态斑块 | 输出通量/（kg/hm²) | | 地表径流颗粒态富集率/% | | | |
|---|---|---|---|---|---|---|
| | TN | TP | TN | TP | AN | AP |
| 旱地（花生地） | 0.89 | 1.02 | 1.05 | 1.06 | 0.98 | 1.01 |
| 尾矿裸地 | 1.31 | 2.01 | 1.00 | 1.04 | 1.02 | 1.00 |
| 灌木林 | 0.05 | 0.297 | 1.09 | 1.27 | 1.11 | 1.23 |
| 草 地 | 0.10 | 0.22 | 1.13 | 1.30 | 1.11 | 1.38 |
| 次生马尾松林 | 0.401 | 0.618 | 1.11 | 1.32 | 1.08 | 1.15 |
| 人工马尾松林 | 0.14 | 0.996 | 1.02 | 1.08 | 1.04 | 1.10 |

　　在一些具有自然和人工沟塘系统的高落差丘陵地区，以及具有多塘系统的平原区，草灌植物和水生植物等对流入巢湖路径上的氮、磷等会形成一定的拦截作用。但环巢湖周边分布有多种矿山和人类活动遗留的裸露地表，水土流失形成的氮、磷营养性污染物输出风险较大，对巢湖磷等污染物本底会形成叠加性影响[34, 36]。

　　据"十一五"期间的研究[33]，自大约公元 1550 年起，巢湖沉降物中就显示出因人类活动而对巢湖湖体形成磷的积累（图 1-24），自 1950 年起，人为活动影响所产生的 TP 逐步上升，大约至 1980 年，人为活动的影响已相当于甚至明显超过自然背景形成的磷累积。在巢湖西湖湾沉积物中，由氢氧化钠提取的生物可利用磷（Fe-P、Al-P）基本可占 50%以上的比例，对于以磷为生物限制性元素的巢湖而言，泥源性内负荷风险较大，从而为巢湖西湖湾的富营养化提供着磷物质储备。

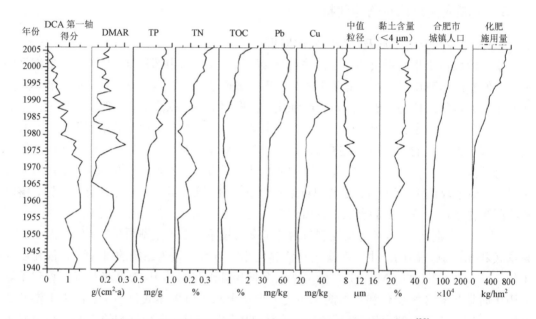

**图 1-24　巢湖西湖湾沉积岩芯中物质含量及人类活动等变化**[33]

### 2. 巢湖湖湾水质富营养化变化

　　2013—2017 年，巢湖全湖平均水质为Ⅳ～Ⅴ类，其中西湖湾所在的西半湖水质类别均为Ⅴ类，水质状况为中度污染，主要污染物为 TP 与 TN。2018 年，在监测分析的西半湖区 5 项水质参数中，TP、TN 和 $NH_4^+$-N 是造成水质污染（Ⅴ类和劣Ⅴ类）的最不利指标（表 1-10）。其中，TN 劣Ⅴ类占比高达 77.78%，其次是Ⅴ类占比 22.22%；TP Ⅴ类占比52.78%，其次是劣Ⅴ类占比 27.78%。涉磷涉氮指标均与水体富营养化程度直接相关，高含量氮、磷必然会提升水体的营养程度。水质富营养化的代表性指标在巢湖的空间分布分析显示，TN、TP、$NH_4^+$-N、$COD_{Mn}$ 等营养或污染指标均呈西北湖区高并向湖心、东湖区逐渐降低的情形，接近南淝河—十五里河入湖区的西北湖湾区均是营养性污染物含量最高的区域（图 1-25）。

表 1-10　巢湖西部湖区主要水质分类状况（2018 年）　　　　　单位：%

| | DO | $COD_{Mn}$ | $NH_4^+$-N | TP | TN |
|---|---|---|---|---|---|
| Ⅰ 类 | 91.67 | 0.00 | 22.22 | 0.00 | 0.00 |
| Ⅱ 类 | 5.56 | 11.11 | 36.11 | 0.00 | 0.00 |
| Ⅲ 类 | 0.00 | 69.44 | 13.89 | 0.00 | 0.00 |
| Ⅳ 类 | 2.78 | 19.44 | 5.56 | 19.44 | 0.00 |
| Ⅴ 类 | 0.00 | 0.00 | 13.89 | 52.78 | 22.22 |
| 劣Ⅴ类 | 0.00 | 0.00 | 8.33 | 27.78 | 77.78 |

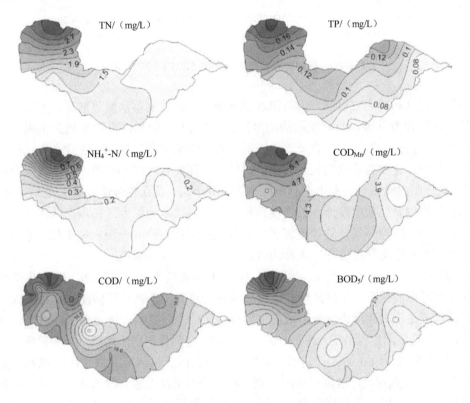

图 1-25　巢湖主要水质和营养性指标空间分布

　　2017 年，全巢湖水体综合营养状态指数为 56.2，为轻度富营养状态。东、西半湖综合营养状态指数分别为 53.8、59.4。虽然东、西湖区同为轻度富营养程度，但是呈中度富营养状态的唯一一个监测点，位于西湖湾区，这反映出巢湖西湖湾不仅水质较差，而且具有全湖最高的营养程度水平。2013—2017 年全巢湖营养状态指数的变化情况反映出，与 2013年相比，巢湖西半湖的营养程度虽有波动，但略有下降；2013 年与 2014 年西半湖为中度富营养状态，从 2014 年开始下降后一直保持轻度富营养状态（图 1-26）。2018 年的监测数据显示，巢湖西半湖 TP 为 0.177 mg/L、TN 为 3.27 mg/L、$NH_4^+$-N 为 0.83 mg/L、$COD_{Mn}$为 5.56 mg/L、叶绿素 a（Chla）为 44.38 µg/L、透明度为 25.8 cm，富营养化综合指数为66，较之东半湖水质富营养化程度（综合指数 61）高出 5 个评分值。

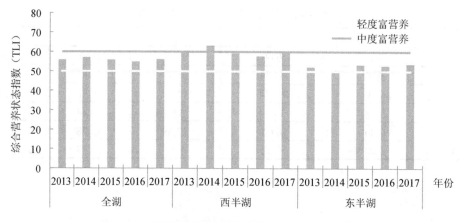

图 1-26　巢湖营养状态年际变化（2013—2017 年）

中华人民共和国成立以后，为抗御江洪倒灌侵袭和发展蓄水灌溉航运，安徽省开启了以水旱灾害治理为重点、兼顾航运的治水原则。"九五"期间，巢湖被列为全国水污染重点防治的"三河三湖"之一，直至"十二五"末，治水重点转移到以工业企业达标排放和城镇污水处理厂建设为重点的投入方向。2011 年，随着行政区划调整，巢湖成为合肥市内湖。随后，合肥市成立环巢湖生态示范区建设领导小组，设立资金池开启了巢湖综合治理，通过体制机制创新、顶层设计、治理模式和集成关键技术的探索，初步形成了点、线、面相结合的水污染防治体系，陆续实施了环巢湖生态保护与修复一至六期工程，水质提升、蓝藻水华控制和生态环境改善三大标志性治理成效得到逐步显现。

"治湖先治河、治河先治污、治污先治源"是巢湖综合治理的治水方略。巢湖西部汇流湾区主要环境问题，一是高浓度外部污染水体的进入，二是迎风向藻体聚集形成的生源性内负荷，三是历史性污染沉积形成的泥源性内负荷。随着引江济巢和引江济淮计划的逐步实施，特别是巢湖作为董铺水库的应急备用水源，合肥供水集团第四水厂将建成可从巢湖（西湖湾）取水 30 万 t/d 的改扩建水厂，实现滨湖新区、包河区及周边区域供水，受益人口将达到 22.8 万人规模，这将对巢湖西湖湾的水质有更高要求。改革开放以来，合肥市包括巢湖周边城市，以经济发展为中心，民众的物质生活水平得到了很大的提升，在满足物质需求的基础上，公众对于良好的水生态环境的期盼更加强烈。"大湖名城，创新高地"，把巢湖治理好，把生态湿地保护好，对湖内污染源进行控制，将是合肥市高质量发展、长江大保护战略实施、巢湖生态环境改善和良好状态维持的主要任务之一。

## 参考文献

[1]　党晚婷. 不同形态湖湾风生流平面二维数值模拟及水体交换能力研究[D]. 武汉：长江科学院，2019.

[2]　吴立，王心源，周昆叔，等. 巢湖流域新石器至汉代古聚落变更与环境变迁[J]. 地理学报，2009，64（1）：59-68.

[3]　Larsen D，Malueg K，Schults D，et al. Response to Eutrophic Shagawa Lake，Minnesota，U. S. A.，to Point-Source，Phosphorus Reduction[J]. Verhandlungen Internationale Vereinigung Limnologie，1975，19：884-892.

[4]　沈晓鲤. 从"国际湖泊污染与恢复会议"看当前湖泊污染控制的特点[J]. 环境科学，1986，7（1）：94-95.

[5]　王圣瑞，焦立新，杨苏文，等. 滇池水体内负荷控制与水质综合改善技术研究及工程示范（2012ZX07102-004）课题成果简介[J]. 海峡科技与产业，2017（7）：209-212.

[6]　黎睿. 滇池沉积物磷负荷及沉积物—水界面控释材料研发[D]. 宜昌：三峡大学，2015.

[7]　高丽，杨浩，周健民，等. 滇池沉积物磷内负荷及其对水体贡献的研究[J]. 环境科学学报，2004，24（5）：776-781.

[8]　孔明，张路，尹洪斌，等. 蓝藻暴发对巢湖表层沉积物氮磷及形态分布的影响[J]. 中国环境科学，2014，34（5）：1285-1292.

[9]　张路，范成新，王建军，等. 太湖水土界面氮磷交换通量的时空差异[J]. 环境科学，2006，27（8）：1537-1543.

[10]　范成新，张路，秦伯强，等. 太湖沉积物—水界面生源要素迁移机制及其定量化 I . 铵态氮释放速率的空间差异及源—汇通量[J]. 湖泊科学，2004，16（1）：8-16.

[11]　范成新，张路，包先明，等. 太湖沉积物—水界面生源要素迁移机制及定量化 II . 磷释放的热力学机制及源—汇转换[J]. 湖泊科学，2006，18（3）：207-217.

[12]　汪淼，严红，焦立新，等. 滇池沉积物氮内源负荷特征及影响因素[J]. 中国环境科学，2015，35（1）：218-226.

[13]　Peterson M，Carpenter R. Arsenic distributions in porewaters and sediments of Puget Sound，Lake Washington，the Washington coast and Saanich Inlet，BC.[J]. Geochimica et Cosmochimica Acta，1986，50（3）：353-369.

[14]　姜霞，王秋娟，王书航，等. 太湖沉积物氮磷吸附/解吸特征分析[J]. 环境科学，2011（5）：1285-1291.

[15]　范成新. 湖泊沉积物—水界面研究进展与展望[J]. 湖泊科学，2019，31（5）：1191-1218.

[16]　赵海婷. 藻源性内负荷的估算方法及洱海水华发生模拟实验研究[D]. 合肥：安徽农业大学，2011.

[17]　杨苏文，金位栋，闫玉红，等. 湖泊理论藻源内负荷估算方法研究[J]. 中国环境科学，2017（1）：271-283.

[18]　陈小刚，叶春，李春华，等. 流域污染源治理的工程体系构建[J]. 环境工程技术学报，2016，6（2）：180-186.

[19]　Xie LQ，Xie P，Li SX，et al. The low TN：TP ratio，a cause or a result of *Microcystis* blooms?[J] Water Research，2003，37（9）：2073-2080.

[20]　刘国峰. 藻源性湖泛对沉积物—水界面物质行为影响及预控研究[D]. 北京：中国科学院研究生院，2009.

[21]　Gargas E. "Sun-shade" adaptation in microbenthic algae from the Øresund[J]. Ophelia，1971，9（1）：107-112.

[22]　Boudreau BP，Jørgensen BB，et al. The benthic boundary layer-transport processes and biogeochemistry[M]. Oxford：Oxford University Press，2001.

[23]　蔡萍，吴雨琛，刘新，等. 底泥和藻体对太湖湖泛的诱发及水体致黑物的供应潜力[J]. 湖泊科学，2015，27（4）：575-582.

[24]　孔繁翔，马荣华，高俊峰，等. 太湖蓝藻水华的预防、预测和预警的理论与实践[J]. 湖泊科学，2009，21（3）：314-328.

[25]　Zhang Y，Ma R，Duan H，et al. A Novel Algorithm to Estimate Algal Bloom Coverage to Subpixel

Resolution in Lake Taihu[J]. IEEE Journal of Selected Topics in Applied Earth Observations and Remote Sensing，2014（7）：3060-3068.

[26] 郑宾国，罗兴章，张继彪，等. 湖泊底泥中蓝藻越冬和复苏行为研究进展[C]. 环境污染与防治，2011（2）：85-89.

[27] 张雷，范成新. 蓝藻絮凝沉降对氧与磷在沉积物界面动力学过程的影响及底栖动物的作用[J]. 哈尔滨：水资源生态保护与水污染控制研讨会论文集，2013.

[28] 李辉，鲁维加，郭宏伟. 蓝藻泥热处置技术分析[J]. 能源研究与利用，2012（4）：37-39.

[29] 韩士群，严少华，王震宇，等. 太湖蓝藻无害化处理资源化利用[J]. 自然资源学报，2009，55（3）：431-438.

[30] 夏邦栋，李培军. 中国东部扬子板块同华北板块在中—晚三叠世拼接的沉积学证据[J]. 沉积学报，1996，14（1）：12-21.

[31] 安徽省地方志编撰委员会. 安徽省志·文物志[M]. 北京：方志出版社，1998.

[32] 范成新，汪家权，羊向东，等. 巢湖磷本底影响及其控制[M]. 北京：中国环境科学出版社，2012.

[33] Chen Xu，Yang XD，Dong XH，et al. Nutrient dynamics linked to hydrological condition and anthropogenic nutrient loading in Chaohu Lake（southeast China）[J]. Hydrobiologia，2011，661（1）：223-234.

[34] Liu EF，Shen J，Yang XD，et al. Spatial distribution and human contamination quantification of trace metals and phosphorus in the sediments of Chaohu Lake，a eutrophic shallow lake，China[J]. Environmental monitoring and assessment.Environ. Monit. Assess. 2012，184：2105-2118.

[35] 王晓龙，常龙飞，李恒鹏，等. 巢湖低丘山区典型植被群落及土壤环境因子特征研究[J]. 土壤，2011（6）：981-986.

[36] Xu ZF，Ji JP，Shi C. Water geochemistry of the Chaohu Lake Basin rivers，China：Chemicalweathering and anthropogenic inputs[J]. Applied Geochemistry，2011，26：S379-S383.

# 第 2 章　巢湖西湖湾水动力特征与水环境模拟

对巢湖水环境监测数据的分析表明，南淝河和十五里河入湖口附近的汇流湖湾是西湖湾乃至整个巢湖水体中各类污染物呈高含量状态的区域之一，且含量多呈自西向东逐渐减小的趋势[1]。这主要因为巢湖来水总体上呈西进东出，其中南淝河和十五里河为巢湖污染物的主要来源[2]。在污染物自西向东的输运过程中，水流对污染物的分散作用及污染物自身的降解减小了巢湖中东部水域的污染物含量。为更详细地了解巢湖西湖湾污染物的分布、输运和降解规律，并为巢湖西部重污染汇流湾区的污染治理提供理论依据，需应用建模方法对西湖湾水动力特征与水环境进行模拟。课题组通过构建巢湖西湖湾水动力模型，模拟分析了该区域的水动力特性及水龄特征，并在此基础上构建了巢湖西湖湾的富营养化模型，识别筛选并优化确定了模型的主要参数及其取值，继而结合西湖湾主要水环境变量和模拟计算分析其空间分布特征。

## 2.1　巢湖西湖湾水动力特征模拟

巢湖作为典型的浅水湖泊，绝大部分区域的水动力状况取决于巢湖的风场和地形条件。巢湖西湖湾的水动力特征对巢湖中各种主要环境要素的分布有着十分重要的影响[3]。同时，在巢湖西湖湾，南淝河和杭埠河等河道的入湖流量对该区域的水动力特征也具有重要的作用，因此在建立水动力模型前有必要对环巢湖河道流量特征进行分析。

### 2.1.1　环巢湖入流河道流量分析

环巢湖 9 条主要的出入湖河流对应的集水面积和长度相差巨大。在这些河流中，集水面积最大、长度最长的是杭埠河—丰乐河，其集水面积约为 4 150 km²，杭埠河、丰乐河的主河道长度分别约为 146 km 和 101 km；其次为裕溪河，其集水面积超过 2 000 km²，长度也超过 100 km；南淝河—店埠河的集水面积约为 1 700 km²，长度分别约为 70 km 和 48.5 km；兆河的集水面积约为 1 138 km²，但其长度仅为 34 km；其余入湖河流的集水面积均小于 1 000 km²，对应的长度也小于 100 km，其中集水面积最小的是双桥河，仅有 22 km²，长度也仅有 4.8 km。由此可见，无论是集水面积还是河道长度，位于巢湖西部和中部的河流规模都大于东巢湖区域的河流。在东巢湖区域，除裕溪河外，其他的河流规模都较小。与此同时，裕溪河又区别于其他河流，作为巢湖最主要的出湖河流，其流量受到巢湖闸的严格调控。巢湖闸在汛期开启的时间较多，非汛期则开启的时间较少。由于裕溪河的流量已经完全有别于自然河道的流量，因此一般不再分析其流量。环巢湖主要河道情况如图 2-1 所示，不同水期的出入湖流量变化情况如图 2-2 所示，数据来源于对应河道 2002 年、2008 年和 2013 年的实测。

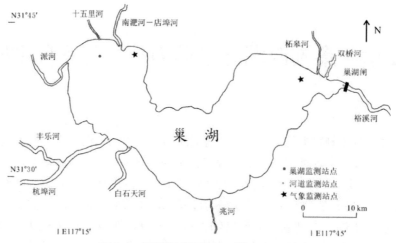

图 2-1  环巢湖主要河流及监测点分布

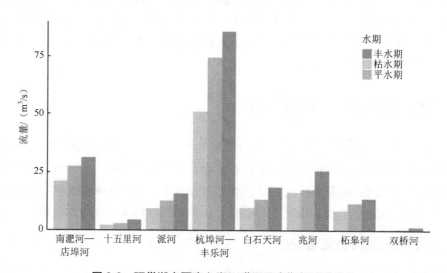

图 2-2  环巢湖主要出入湖河道不同水期的流量变化

从图 2-2 可以看出，各条河流在枯水期、平水期和丰水期的入湖流量排序基本一致。入湖量最大的是杭埠河—丰乐河，其在 3 个水期都占 8 条入湖河流总流量的 40%以上；其次是南淝河—店埠河，其在 3 个水期都占总流量的 16%左右；流量最小的为双桥河，其流量不到总流量的 1%。从入湖流量的区域分布来看，在枯水期、平水期和丰水期西巢湖区域的河流入湖流量均占总入湖流量的 80%左右，东部的兆河、柘皋河和双桥河的入湖流量之和仅为总入湖量的 20%左右，所以西巢湖的入湖流量占绝对主导。从水期变化的角度来看，环巢湖各河流入湖流量在季节上表现出一致的趋势。平水期较枯水期流量增加最多的是杭埠河—丰乐河，其流量增大了 45%；增加最少的是兆河，流量仅增大了 8%；其余各河流增加的比例相差不大。丰水期较平水期流量增加最多的是双桥河，其流量增大了 300%；其次是十五里河，流量增大了约 60%。

图 2-3 显示了 2002—2013 年 3 次环巢湖主要入湖河道年平均流量的变化。与 2002 年

相比，2008 年和 2013 年大部分河流的入湖流量均有所减少，仅南淝河—店埠河和白石天河 2013 年的平均流量比 2008 年略有增加。2013 年的平均流量与 2002 年相比，变化幅度最小的是十五里河，为 25%左右，其余河流的变化幅度均在 35%以上。流量减少最多的是杭埠河—丰乐河，其 2013 年的平均流量约减小了 60%，南淝河—店埠河 2013 年的平均流量也比 2002 年减小了 50%。

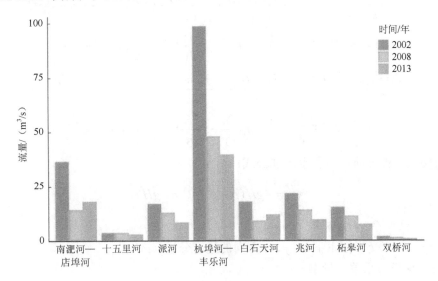

图 2-3　环巢湖主要入湖河道年平均流量变化

　　总体而言，环巢湖主要入湖河流的平均流量在年度尺度上呈减小趋势。从空间分布来看，东、西巢湖不同区域的河流平均流量年度变化幅度类似，无明显的区域特征。这说明环巢湖区域平均流量的年度变化应由其上游环境、气候和水文因素变化引起，而与巢湖本身的关系不大。

### 2.1.2　巢湖三维水动力与水龄模型

　　巢湖平均水深约 5.4 m，属于典型的浅水湖泊，但湖底地形比较平坦。为了准确描述巢湖的水动力过程，本章采用分层三维模式对巢湖夏季盛行风下的水动力情况进行模拟。分层三维模型即在垂向加速度和重力加速度之比很小的情况下，忽略垂向加速度，采用静水压强假设，将垂向动量方程组简化为静水压强公式的模型。国内外大量的水动力学模拟研究[4-6]证明，对于湖泊和水库等水体，这一模式既有足够的模拟精度，又有较高的计算效率，适宜巢湖这类大型湖泊的模拟研究。

#### 1．控制方程

　　巢湖的计算模型在平面上采用正交曲线网格，在垂向上采用 $\sigma$ 坐标系，这样既能适应湖泊的复杂边界和地形，也使程序计算消耗较小。巢湖分层三维模型的具体计算方程[7]如下。

（1）水流运动基本方程

连续方程见式（2-1）、式（2-2）：

$$\frac{\partial(m\zeta)}{\partial t}+\frac{\partial(m_y H_u)}{\partial x}+\frac{\partial(m_x H_v)}{\partial y}+\frac{\partial(mw)}{\partial z}=0 \tag{2-1}$$

$$\frac{\partial(m\zeta)}{\partial t} + \frac{\partial(m_y H \int_0^1 u\,\mathrm{d}z)}{\partial x} + \frac{\partial(m_x H \int_0^1 v\,\mathrm{d}z)}{\partial y} = 0 \tag{2-2}$$

平面动量方程见式（2-3）、式（2-4）：

$$\frac{\partial(mH_u)}{\partial t} + \frac{\partial(m_y H_{uu})}{\partial x} + \frac{\partial(m_x H_{vu})}{\partial y} + \frac{\partial(mwu)}{\partial z} - (mf + v\frac{\partial m_y}{\partial x} - u\frac{\partial m_x}{\partial y})H_v$$
$$= -m_y H\frac{\partial(g\zeta + p)}{\partial x} - m_y(\frac{\partial h}{\partial x} - z\frac{\partial H}{\partial x})\frac{\partial p}{\partial z} + \frac{\partial}{\partial z}(mH^{-1}A_v\frac{\partial u}{\partial z}) + Q_u \tag{2-3}$$

$$\frac{\partial(mH_v)}{\partial t} + \frac{\partial(m_y H_{uv})}{\partial x} + \frac{\partial(m_x H_{vv})}{\partial y} + \frac{\partial(mwv)}{\partial z} + (mf + v\frac{\partial m_y}{\partial x} - u\frac{\partial m_x}{\partial y})H_u$$
$$= -m_x H\frac{\partial(g\zeta + p)}{\partial y} - m_x(\frac{\partial h}{\partial y} - z\frac{\partial H}{\partial y})\frac{\partial p}{\partial z} + \frac{\partial}{\partial z}(mH^{-1}A_v\frac{\partial v}{\partial z}) + Q_v \tag{2-4}$$

垂向动量方程可简化为静水压强公式：

$$\frac{\partial p}{\partial z} = -gH(\rho - \rho_0)\rho_0^{-1} = -gHb \tag{2-5}$$

式中，$H$——总水深（$H = h + \zeta$），m；

$\quad\quad u$、$v$——正交坐标系下 $x$、$y$、$z$ 方向的速度分量，m/s；

$\quad\quad f$——柯氏力系数，量纲一；

$\quad\quad w$——经过坐标转换后的垂向流速，m/s；

$\quad\quad A_v$——垂直涡动黏性系数，$m^2$/s；

$\quad\quad Q_u$、$Q_v$——单位面积水柱总的动量源汇项，$m^2$/s；

$\quad\quad m_x$、$m_y$——曲线正交坐标系的拉梅系数（$m = m_x \cdot m_y$），量纲一；

$\quad\quad b$——密度百分比，量纲一；

$\quad\quad \rho_a$、$\rho_0$——分层流体上下层水的密度，kg/$m^3$。

垂向上的 $\sigma$ 坐标系与原始直角坐标系的关系见式（2-6）；同时，垂向真实速度和 $\sigma$ 坐标系下的垂向速度可根据式（2-7）进行转换。

$$z = (z^* + h)/(\xi + h) \tag{2-6}$$

$$w = w^* - z(\frac{\partial\zeta}{\partial t} + um_x^{-1}\frac{\partial\zeta}{\partial x} + vm_y^{-1}\frac{\partial\zeta}{\partial y}) + (1 - z)(um_x^{-1}\frac{\partial h}{\partial x} + vm_y^{-1}\frac{\partial h}{\partial y}) \tag{2-7}$$

式中，$h$——原始坐标下的水深，m；

$\quad\quad \zeta$——原始坐标下的水位，m。

*表示原始直角坐标系下的坐标和垂向流速。

（2）水龄的计算

水龄即水质点从水体边界入流至指定位置所需要的时间，它避免了传统的水力停留时间在整个计算水域只有一个值的缺点。它是湖泊水体质点交换频率和速度的表征，对估计湖泊各区域水质状况有重要的意义，可以在一定程度上反映湖泊的分区自净能力。

水龄的计算要分两个步骤。第一步利用对流扩散方程计算污染物在水体中的输运过程，对流扩散方程在曲线正交坐标系中的基本形式如下：

$$\frac{\partial(m_x m_y H C_i)}{\partial t} + \frac{\partial(m_y H_u C_i)}{\partial x} + \frac{\partial(m_x H_v C_i)}{\partial y} + \frac{\partial(m_x m_y H_w C_i)}{\partial z}$$

$$= \frac{\partial}{\partial x}(\frac{m_y}{m_x} H K_H \frac{\partial C_i}{\partial x}) + \frac{\partial}{\partial y}(\frac{m_x}{m_y} H K_H \frac{\partial C_i}{\partial y}) + \frac{\partial}{\partial z}(m_x m_y \frac{K_V}{H} \frac{\partial C_i}{\partial z}) + S_{C_i} \tag{2-8}$$

式中，$C_i$——不同污染物的浓度，mg/L；

$S_{C_i}$——第 $i$ 种污染物单位面积水柱总的源项，在水龄计算中源项设置为 0；

$K_V$，$K_H$——污染物的垂向湍流扩散系数和水平湍流扩散系数，m²/s，其中，垂向湍流扩散系数 $K_V$ 由湍流封闭模型计算。

在水动力与水环境模拟中常用的湍流模型有 $k - \varepsilon$ 模型、2 阶 Mellor-Yamada 模型等，本研究使用 2 阶 Mellor-Yamada 模型封闭湍流模型，限于篇幅不再赘述，可见有关参考文献[4, 7]。

第二步利用式（2-9）计算加权浓度 $\beta$：

$$\frac{\partial(m_x m_y H \beta)}{\partial t} + \frac{\partial(m_y H_u \beta)}{\partial x} + \frac{\partial(m_x H_v \beta)}{\partial y} + \frac{\partial(m_x m_y H_w \beta)}{\partial z}$$

$$= C + \frac{\partial}{\partial x}(\frac{m_y}{m_x} H K_H \frac{\partial \beta}{\partial x}) + \frac{\partial}{\partial y}(\frac{m_x}{m_y} H K_H \frac{\partial \beta}{\partial y}) + \frac{\partial}{\partial z}(m_x m_y \frac{K_V}{H} \frac{\partial \beta}{\partial z}) \tag{2-9}$$

水龄 $a$ 是浓度和加权浓度的比，也即

$$a = \frac{\beta}{C} \tag{2-10}$$

### 2. 定解条件

巢湖水动力-水环境模型的定解条件包括初始条件和边界条件两部分：初始条件主要是给出计算开始时刻巢湖各个区域的水位和各种环境因子的浓度；边界条件包括开边界和闭边界两种，其中开边界条件主要指巢湖周围入流和出流河道的流量及环境因子浓度，闭边界就是巢湖的固体边界，设定边界处流速的法向速度和物质的法向通量为零。

### 3. 切应力项的处理

巢湖作为浅水湖泊，风应力和湖床底面的切应力是影响其大部分区域流态的最主要因素之一，在巢湖水动力-水环境模型中切应力的处理如下。

水面风切应力见式（2-11）、式（2-12）：

$$\tau_{sx} = c_f w_x \sqrt{w_x^2 + w_y^2} \tag{2-11}$$

$$\tau_{sy} = c_f w_y \sqrt{w_x^2 + w_y^2} \tag{2-12}$$

式中，$w_x$、$w_y$——10 m 高空处风矢量在 $x$、$y$ 方向上的分量，m/s；

$c_f$——风的拖曳系数，由式（2-13）计算。

$$c_f = 0.001 \frac{\rho_a}{\rho_w} \left(0.8 + 0.065 \sqrt{w_x^2 + w_y^2}\right) \tag{2-13}$$

式中，$\rho_a$——空气的密度，kg/m³；

$\rho_b$——湖水的密度，kg/m$^3$。

床面切应力见式（2-14）、式（2-15）：

$$\tau_{bx} = c_b u \sqrt{u^2 + v^2} \qquad\qquad（2\text{-}14）$$

$$\tau_{by} = c_b v \sqrt{u^2 + v^2} \qquad\qquad（2\text{-}15）$$

式中，$C_b$——湖底床面的拖曳系数，由式（2-16）计算：

$$c_b = [\frac{\kappa}{\ln(\frac{\Delta_{bl}}{2\sigma_0})^2}] \qquad\qquad（2\text{-}16）$$

式中，$\Delta_{bl}$——底部层的厚度，量纲一；

$\sigma_0$——底部粗糙度，量纲一；

$\kappa$——卡门常数，取 0.41；

$c_b$、$c_f$——两个经验常数，量纲一。

本模型使用交错网格法布置网格，利用内外模式分裂求解控制方程：先用外模式求解每层的水深平均流速，再用内模式求解每层垂向流速和水平速度分量。本模型使用共轭梯度法求解离散后的方程，以提高求解的速度。

### 4. 计算区域与网格划分

模型计算区域为巢湖的全湖区，考虑了巢湖周围的南淝河、十五里河、派河、杭埠河、兆河、巢湖闸（裕溪河）等入湖与出湖河道；同时，在巢湖湖湾布置了 1 个水质监测站点。水域计算范围及气象、水质和流量等测站位置如图 2-1 所示。

在平面上采用正交曲线网格（图 2-4）对巢湖进行剖分，有 15 238 个网格；在垂向上分为 3 层，整个模型共有 45 714 个网格；在重点关注区域的南淝河口入湖汇流湾区对计算网格进行了加密。

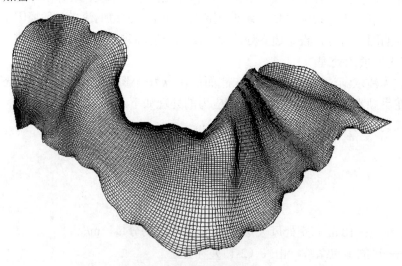

图 2-4　巢湖正交曲线网格

### 2.1.3　西湖湾水动力模拟与水龄分布特征

#### 1. 湖湾水动力模拟

巢湖区域夏季和冬季分别以东南风和西北风为主导。为了分析巢湖夏季流场特征，本研究计算了巢湖在 3 m/s 东南风及西北风的定常风情况下的稳态流场，出入湖的河道流量由实测提供，计算得出的表面和湖底面流场分别如图 2-5 和图 2-6 所示。

<table>
<tr><td>（a）东南风</td><td>（b）西北风</td></tr>
</table>

**图 2-5　定常风巢湖表面流场**

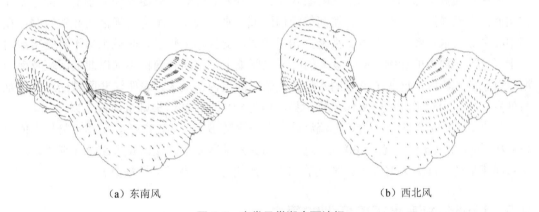

<table>
<tr><td>（a）东南风</td><td>（b）西北风</td></tr>
</table>

**图 2-6　定常风巢湖底面流场**

比较图 2-5 和图 2-6 可知，巢湖湖心区域表层的流场流向与风向之间的夹角较小，而底层形成的补偿流的流向与表层流向相反，流速也比表层流速略小，这表明巢湖具有典型浅水湖泊风生流的特点。在靠近岸边或者河道入流及出流的区域，受边界条件的影响，流场不具备上述特点，而主要是由边界和地形条件决定的。

观察西巢湖区域的流场可以发现，在东南风和西北风的作用下，受地形条件影响，该区域表层和底层均有显著的环流存在，这会阻碍该区域污染物质向外输运，从而导致该区域的水质长期处于较低水平，这与巢湖常年观测结果在定性上是一致的。

图 2-7 是用巢湖实际观测风场条件计算的典型年 7 月 15 日南淝河河口汇流湾区的水深平均流场情况。从图 2-7 可以看出，南淝河河口区的水平均流场也存在显著的环流，因此导致湖湾中心的流速较小，而向岸边靠近时流速先增大后减小，边界和地形的影响使汇流

湖湾岸边的流速较小；同时，南淝河河口以东区域的流速明显小于西部的流速，南淝河的入湖流量主要向东南方向运动，这使该区域更多地受到南淝河水质的影响。

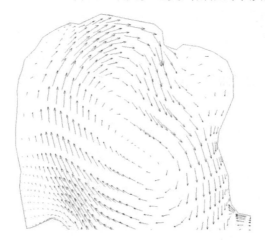

图 2-7　夏季实际风况下南淝河河口区的平均流场

### 2. 湖湾水龄分布特征

利用巢湖周围河道典型年份的冬季和夏季流量及风场条件分别作为边界条件，输入模型后可计算巢湖汇流湖湾的水龄（附图 4）。结果显示，汇流湖湾冬季和夏季的水龄分布非常相似：在南淝河、十五里河、派河等河口区域，水龄较小，水力交换能力相对较强；在湖中心区域，水龄较大，水力交换能力相对较弱，交换频率较低，区域水质不易受南淝河及十五里河等河道的影响。水龄较大的区域主要集中在派河和南杭埠河以北的区域及南淝河口以东的湖湾区，这两个区域的水龄在两个时间段内都最大，表明这些区域的水体极难与外界交换，相对不易被外来污染物污染，但是一旦水体被污染则水质很难恢复。

从水龄的季节最大值来看，汇流湖湾区冬季水龄最大值为 213 天，夏季水龄最大值为 159 天，两者相差较大，有近 60 天。这是因为巢湖地区夏季入湖流量普遍高于冬季，入湖动量和流量的充沛大大增强了该区域的水力交换能力，提高了交换频率。

## 2.2　巢湖西湖湾水环境模型的建立

巢湖西湖湾受污染影响较之其他湖区严重，水质多处于较差水平。该湖湾水体中各种污染物质的迁移转化规律较为复杂，建立水环境模型可深入研究其水环境变化。与巢湖水体内负荷关系密切的水环境因子主要有蓝藻、DO、BOD、$NH_4^+$-N、硝酸盐、有机氮、磷酸盐、有机磷等，拟通过环巢湖河道主要污染物的入湖通量变化分析，应用 EFDC（Environmental Fluid Dynamics Code）水质模型，考虑巢湖夏季水质的实际情况，建立包括蓝藻、DO、BOD、$NH_4^+$-N、硝酸盐、有机氮、磷酸盐、有机磷等物质在内的巢湖汇流湖湾水环境模型，以识别筛选和优化确定模型中的主要参数及其取值。

### 2.2.1　环巢湖河道主要污染物通量分析

本节基于环巢湖主要河道 2002 年、2008 年和 2013 年主要环境因子的变化情况分析环巢湖河道水质变化特征，结合上一节环巢湖河道流量分析结果，推算主要污染物的入湖通量变化。

图 2-8 是 2002 年、2008 年和 2013 年不同水情下环巢湖主要河流的 $COD_{Mn}$、TN 和 TP 等环境因子的变化。

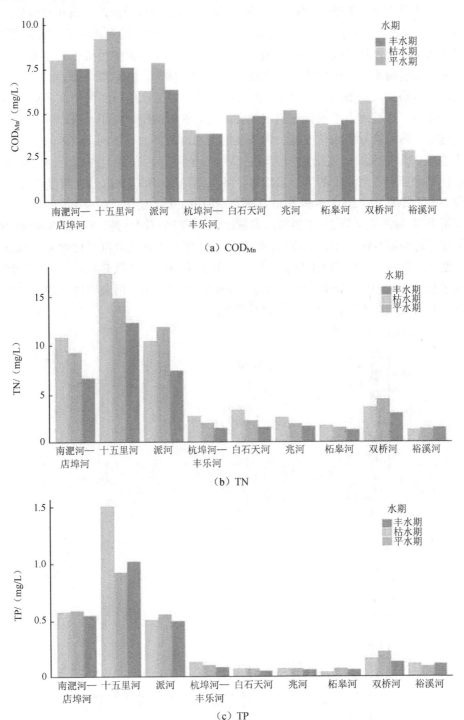

图 2-8　环巢湖主要河流污染物浓度季节变化

就主要环境因子的空间分布而言,在环巢湖主要出入湖河流中,十五里河的水质最差,其 $COD_{Mn}$、TN 和 TP 等浓度在各时期均是入湖河流中含量最高;其次是南淝河,其 TN 等污染物的含量也较高。在西巢湖区域中,水体污染物含量相对较低的是杭埠河—丰乐河,对应的 $COD_{Mn}$、TN 和 TP 含量较低。在东巢湖区域的河流中,水体污染物含量较高的是双桥河;作为巢湖最主要的出湖通道,裕溪河的污染物含量最低,水质相对较好。

除派河、双桥河及裕溪河外,其他 6 条河流的 TN 浓度均随着流量的增大而逐渐减小,尤其以平水期与丰水期浓度之差最为明显,这反映了 6 条河流的污染以点源为主。在平水期和丰水期随着雨水径流的增大,河水中的污染物被稀释,其浓度下降。

派河、双桥河及裕溪河平水期 TN 浓度的增加反映了农田面源污染在环巢湖河流水质变化中的作用。这是因为雨水径流的增加会增强对农田的侵蚀作用,氮、磷元素析出量也会随之增加,将可能导致水体中氮、磷浓度的增加。此外,多数河流 TP 浓度在平水期达到最大也是因为平水期正处于巢湖流域传统的农忙时节,农业上的磷肥施用量会有所增加,这使平水期进入河流中的磷元素增多,环巢湖河流中的 TP 浓度也明显增大。

图 2-9 是 2002 年、2008 年和 2013 年环巢湖河道主要污染物入湖量年度变化。从 $COD_{Mn}$ 的入湖量来看,除白石天河 2013 年的入湖量比 2008 年略有回升外,其余所有河流的 $COD_{Mn}$ 入湖量都是逐渐减少的。相较 2002 年而言,2013 年的入湖总量削减比例和削减总量最多的是南淝河—店埠河,它的 $COD_{Mn}$ 入湖量减少了约 50%;其次是杭埠河—丰乐河,其总量减少了超过 4 000 t/a,减少比例也超过了 45%。兆河、柘皋河及双桥河由于本身水质相对较好,其污染负荷入湖量的减少也相对较低。

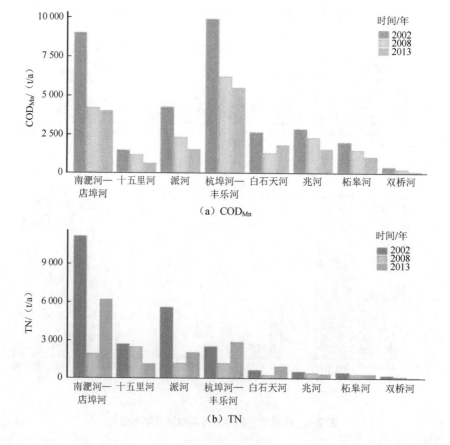

（a）$COD_{Mn}$

（b）TN

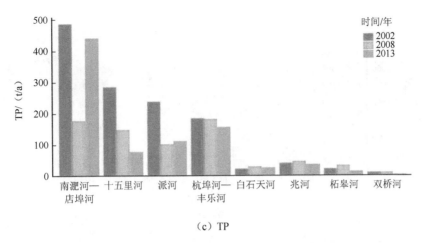

（c）TP

**图 2-9　环巢湖河道主要污染物入湖总量年度变化**

与 $COD_{Mn}$ 的情况不同，多数河道 2013 年 TN 和 TP 的入湖量虽然比 2002 年有所减少，但是与 2008 年相差不大，有部分河流，如南淝河—店埠河及派河 2013 年 TN 和 TP 的入湖量还有较大的回升。值得关注的是，十五里河作为环巢湖河道中污染最严重的河流，其 2013 年 3 种污染物的入湖通量均比 2002 年有较大幅度的下降，显示出其水质好转的迹象。

图 2-10 是 2002 年、2008 年和 2013 年在不同水情下，环巢湖各河道主要污染物的入湖通量。与入湖污染物含量结果不同，由于杭埠河的流量远大于十五里河等重污染河道，虽然其水质相对较好，但每天输入巢湖的 $COD_{Mn}$ 总量仍远高于十五里河及派河等河道，位于巢湖入湖河流首位；由于水体中的 $COD_{Mn}$ 含量相对较低，TN、TP 的输入量并不突出。南淝河是全巢湖 TN、TP 入湖量最高的河道，超过杭埠河，居巢湖 8 条主要入湖河道输入量的首位。十五里河及派河等河道虽然流量较小，但由于入湖水体污染严重，带入巢湖的污染物量也相当可观。例如，十五里河的流量仅为杭埠河的 1/20 左右，但其输入的污染物量达到杭埠河的近 1/3；而派河的流量不到杭埠河流量的 1/5，但其多数时间的 TN、TP 及 $NH_4^+$-N 输入量都接近甚至超过杭埠河的输入量。

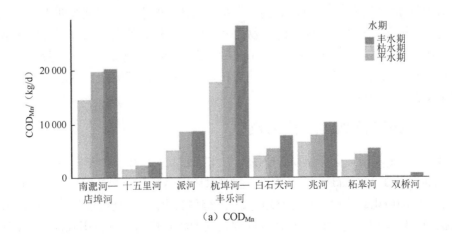

（a）$COD_{Mn}$

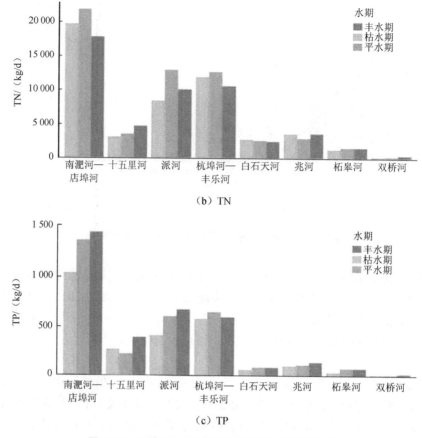

**图 2-10　环巢湖主要河流污染物平均入湖量估计**

从空间区域来看，兆河和位于东巢湖的柘皋河及双桥河的水质较好且流量也不大，它们输入巢湖的污染物总量较少；除 COD$_{Mn}$ 占输入总量的不到 20%外，其余污染物在所有时期内的输入量均不到输入总量的 10%。

以上环巢湖入湖河道水环境监测数据和分析表明，南淝河和十五里河的入湖汇流湖湾污染最为严重，巢湖污染物浓度自西向东逐渐减小。造成这一特征的主要原因是南淝河和十五里河为巢湖污染物的主要来源。另外，巢湖总体上的水动力特征为西进东出；在污染物自西向东的输运过程中，水流对污染物的分散作用及污染物自身的降解过程减小了东巢湖区域的污染物含量。富营养化是湖泊水环境污染的一种表现形式和发展阶段，为更详细地了解巢湖及汇流湖湾污染物的分布、输运和降解规律，本研究在巢湖水动力模型的基础上建立了富营养化模型。

### 2.2.2　巢湖水环境模型的结构与参数

EFDC 模型是美国国家环保局（USEPA）支持开发的水环境数学模型，是美国 TMDL（Total Maximum Daily Loads）计划推荐的主要水环境模型之一，迄今已经在世界上许多国家得到了广泛的应用。该模型较完整地考虑了水环境因子间的迁移和转化过程，包含较成熟的沉积物成岩模型，且考虑了水体与底泥之间的相互作用，在我国长江[5]、滇池[8]等水域也有较好的应用与研究。

　　EFDC 模型中包括许多不同的环境因子，因此该模型相对复杂，如仅水体中 EFDC 就涉及 4 种磷形态、6 种氮形态、2 种硅形态、DO、COD 及藻类和各形态的碳等[9]。它们之间通过生化反应的相互转化形成了非常复杂的网络，完整地描述这一模型需要上百个参数，这极大地阻碍了 EFDC 模型在实际中的运用。根据夏季巢湖水环境特征，该模型简化后的物质循环过程如图 2-11 所示，物质对应名称见表 2-1。

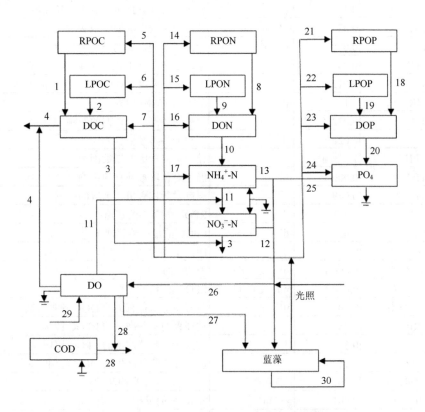

图 2-11　基于 EFDC 的巢湖湖湾夏季水环境模型结构

表 2-1　巢湖富营养化模型的状态变量

| 变　量 | 简　写 | 变　量 | 简　写 |
|---|---|---|---|
| 蓝藻 | Algae | 惰性颗粒有机氮 | RPON |
| 惰性颗粒有机碳 | RPOC | 活性颗粒有机氮 | LPON |
| 活性颗粒有机碳 | LPOC | 溶解有机氮 | DON |
| 溶解有机碳 | DOC | 氨氮 | $NH_4^+-N$ |
| 惰性颗粒有机磷 | RPOP | 硝态氮 | $NO_3^--N$ |
| 活性颗粒有机磷 | LPOP | 化学需氧量 | COD |
| 溶解有机磷 | DOP | 溶解氧 | DO |
| 磷酸盐 | $PO_4$ | | |

　　EFDC 模型中的藻类共分成 4 类，即蓝藻、绿藻、硅藻及大型固定底栖藻类，这些藻类种群在巢湖中都有。夏季巢湖蓝藻是占主导地位的藻类，所以本模型只考虑了蓝藻。同

时，模型中去除了与蓝藻没有关系的可利用硅、颗粒态硅、活性金属及大肠杆菌 4 种变量。EFDC 原本有 22 种变量，经简化后巢湖湖湾夏季水环境模型共有 15 种变量。巢湖湖湾水环境模型涉及的具体参数和默认值见表 2-2。

表 2-2　巢湖夏季水环境模型主要参数

| 编号 | 参数 | 默认值 | 单位 | 意义 |
|---|---|---|---|---|
| 1 | PM | 0.4 | /d | 蓝藻在最佳条件下的最大生长速率 |
| 2 | KHN | 0.03 | g N/m³ | 蓝藻对氮的摄取的半饱和常数 |
| 3 | KHP | 0.005 | g P/m³ | 蓝藻对磷的摄取的半饱和常数 |
| 4 | KTG1 | 0.004 | /℃² | 温度低于温度 TM1 对蓝藻生长的影响 |
| 5 | KTG2 | 0.012 | /℃² | 温度高于温度 TM2 对蓝藻生长的影响 |
| 6 | BMR | 0.1 | /d | 蓝藻的基础代谢率 |
| 7 | KTB | 0.032 2 | /℃ | 温度对蓝藻基础代谢的影响 |
| 8 | PRR | 0.02 | /d | 蓝藻的参考被捕食率 |
| 9 | ALPH | 1 | | 蓝藻被捕食率的指数因子 |
| 10 | KTP | 0.000 1 | /℃ | 温度对蓝藻被捕食的影响 |
| 11 | KTHDR | 0.069 | /℃ | 温度对颗粒有机物水解的影响 |
| 12 | KRC | 0.005 | /d | RPOC 的最小溶解速率 |
| 13 | KLC | 0.02 | /d | LPOC 的最小溶解速率 |
| 14 | KDC | 0.01 | /d | DOC 的最小呼吸速率 |
| 15 | KRCALG | 0.000 1 | m³/（g·d） | RPOC 的溶解常数 |
| 16 | KLCALG | 0.000 1 | m³/（g·d） | LPOC 的溶解常数 |
| 17 | KDCALG | 0.001 | m³/（g·d） | 与蓝藻生物量有关的 DOC 呼吸常数 |
| 18 | FCRP | 0.25 | | 被捕食的蓝藻产生的 RPOC 比例 |
| 19 | FCLP | 0.5 | | 被捕食的蓝藻产生的 LPOC 比例 |
| 20 | FCDP | 0.25 | | 被捕食的蓝藻产生的 DOC 比例 |
| 21 | KRORDO | 0.001 | g O₂/m³ | DO 的反硝化半饱和常数 |
| 22 | KHDNN | 0.001 | g N/m³ | NO₃⁻-N 的反硝化半饱和常数 |
| 23 | KHORDO | 0.5 | g O₂/m³ | DO 的呼吸半饱和常数 |
| 24 | CP1 | 60 | g C/g P | 最小的碳磷比 |
| 25 | CP2 | 0.01 | g C/g P | 最大、最小碳磷比的差异 |
| 26 | CP3 | 0.01 | g P/m³ | 溶解磷酸盐浓度对碳磷比的影响 |
| 27 | KRP | 0.005 | /d | RPOP 的最小水解速率 |
| 28 | KLP | 0.12 | /d | LPOP 的最小水解速率 |
| 29 | KDP | 0.2 | /d | DOP 的最小矿化速率 |
| 30 | KRPALG | 0.2 | m³/（g·d） | RPOP 的水解常数 |
| 31 | KLPALG | 0.000 1 | m³/（g·d） | LPOP 的水解常数 |
| 32 | KDPALG | 0.001 | m³/（g·d） | 与蓝藻生物量有关的矿化常数 |
| 33 | FPR | 0.25 | | 蓝藻基础代谢产生的 RPOP 比例 |
| 34 | FPL | 0.25 | | 蓝藻基础代谢产生的 LPOP 比例 |
| 35 | FPD | 0.25 | | 蓝藻基础代谢产生的 DOP 比例 |
| 36 | FPI | 0.25 | | 蓝藻基础代谢产生的磷酸盐比例 |
| 37 | FPRP | 0.03 | | 被捕食蓝藻产生的 RPOP 比例 |

| 编号 | 参数 | 默认值 | 单位 | 意义 |
|---|---|---|---|---|
| 38 | FPLP | 0.07 | | 被捕食蓝藻产生的 LPOP 比例 |
| 39 | FPDP | 0.5 | | 被捕食蓝藻产生的 DOP 比例 |
| 40 | FPIP | 0.4 | | 被捕食蓝藻产生的磷酸盐比例 |
| 41 | KRN | 0.005 | /d | RPON 的最小水解速率 |
| 42 | KLN | 0.03 | /d | LPON 的最小水解速率 |
| 43 | KDN | 0.01 | /d | DON 的最小矿化速率 |
| 44 | KRNALG | 0.000 1 | $m^3/(g C \cdot d)$ | RPON 的水解常数 |
| 45 | KLNALG | 0.000 1 | $m^3/(g C \cdot d)$ | LPON 的水解常数 |
| 46 | KDNALG | 0.001 | $m^3/(g C \cdot d)$ | 与蓝藻生物量有关的矿化常数 |
| 47 | FNR | 0.15 | | 蓝藻基础代谢产生的 RPON 比例 |
| 48 | FNL | 0.25 | | 蓝藻基础代谢产生的 LPON 比例 |
| 49 | FND | 0.5 | | 蓝藻基础代谢产生的 DON 比例 |
| 50 | FNI | 0.1 | | 蓝藻基础代谢产生的 $NH_4^+$-N 比例 |
| 51 | FNRP | 0.15 | | 被捕食蓝藻产生的 RPON 比例 |
| 52 | FNLP | 0.25 | | 被捕食蓝藻产生的 LPON 比例 |
| 53 | FNDP | 0.5 | | 被捕食蓝藻产生的 DON 比例 |
| 54 | FNIP | 0.1 | | 被捕食蓝藻产生的 $NH_4^+$-N 比例 |
| 55 | KNit1 | 0.003 | $/℃^2$ | 温度低于较低最佳温度对消化速率的影响 |
| 56 | KNit2 | 0.003 | $/℃^2$ | 温度高于较高最佳温度对消化速率的影响 |
| 57 | KHNitDO | 3 | $g O_2/m^3$ | DO 硝化的半饱和常数 |
| 58 | KHNitN | 1 | $g N/m^3$ | $NH_4^+$-N 硝化的半饱和常数 |
| 59 | Nitm | 0.01 | $g N/(m^3 \cdot d)$ | 最大硝化速率 |
| 60 | ANC | 0.175 | g N/g C | 蓝藻中的氮碳比 |
| 61 | KCD | 0.1 | /d | COD 的氧化速率 |
| 62 | KTCOD | 0.069 | /℃ | 温度对 COD 氧化的影响 |
| 63 | KHCOD | 0.5 | $g O_2/m^3$ | COD 氧化所需的 DO 的半饱和常数 |
| 64 | KR | 0.2 | /d | 复氧系数 |
| 65 | AANOX | 0.01 | | 反硝化速率与 DOC 呼吸速率的比率 |
| 66 | KPO4T2D | 0.8 | | 溶解态磷酸盐（$PO_4d$）与颗粒态磷酸盐（$PO_4p$）的分配系数 |
| 67 | KHI | 60 | $W/m^2$ | 光限制的半饱和常数 |
| 68 | KESS | 0.45 | /m | 消光系数 |

注：68 个参数中与藻类基础代谢有关的 4 个分配系数为 FPR、FPL、FPD 和 FPI，其总和应该为 1，因此 FPI 将不能直接包含在参数的敏感性分析和自动率定中。参数 FPIP、FNI、FNIP 和 FCLP 也是类似的情况。因此，巢湖湖湾夏季水环境模型共包含 63 个独立参数。

### 2.2.3　巢湖水环境模型主要参数的确定

在我国实际监测数据较为缺乏的情况下，极难满足水环境模型对数据的要求；同时，参数确定是否准确对模型结果有着重要的影响，因此有必要对模型参数进行重点研究。

巢湖湖湾水环境模型中的参数很多，直接确定参数无论在理论或计算实践中都难以实现。理论上，众多的独立参数导致模型的自由度和参数的不确定性巨大；在计算实践中，模型参数越多则通过"试错法"确定参数越困难，而水环境模型的计算需要耗费大量的时间，又导致自动率定模型参数的任务难以在个人计算机上完成。

为了解决上述困境，在估计模型参数之前应对参数进行敏感性分析，筛选出对模型变量有重要影响的参数、忽略不重要的参数是行之有效的方法。常用的敏感性分析方法有局部敏感性方法[10]、Morris 方法[11]和 Sobol 方法[12]等。其中，局部敏感性方法未考虑参数的相互作用，结果的可靠性存疑；Sobol 方法需要的计算次数非常多，也并不适用于复杂的水环境模型。因此，此处选用理论简单、计算耗费较少的改进 Morris 方法[3, 13]对巢湖西湖湾水环境模型的参数进行敏感性分析，在此基础上确定重要参数的值，以为巢湖西湖湾主要环境因子模拟奠定基础。

### 1. 改进的 Morris 方法

Morris 方法是将参数按其取值范围分成若干份，进而研究参数敏感性的方法，但为了处理参数非均匀分布的情况，该方法并非将参数的取值范围等分，而是对参数进行等概率抽取，具体如下：

设模型为 $Y = f(x_1, x_2, \cdots, x_k), i = 1, 2, \cdots, k$。首先，每个参数 $x_i$ 的取值按照各自的累积概率分布映射到[0, 1]上，并将累积概率分布离散为 $p$ 个水平；然后，每个参数的值只能从 $p$ 个水平中随机抽取；最后，依据各自的分布将 $p$ 个水平逆映射为真实取值。

Morris 方法是在所谓基本影响（Elementary Effect，EE）的基础上计算参数的敏感性。对于参数 $x_i$ 在第 $j$ 个基点的 EE 定义如下：

$$EE_{ij}(X) = \left[ y\left(x_{1j}, x_{2j}, \cdots, x_{i-1j}, x_{ij} + \Delta, x_{i+1j}, \cdots, x_{kj}\right) - y\left(x_{1j}, x_{2j}, \cdots, x_{kj}\right) \right] \Big/ \Delta \quad （2\text{-}17）$$

式中，$j = 1, 2, \cdots, r$；

$\Delta = 1/(p-1)$。

Morris 方法选用两个指数 $\mu^*$ 和 $\sigma$ 来分别衡量参数的敏感性及参数之间的相互作用。第 $i$ 个输入因子 $x_i$ 对模型输出的敏感性如下：

$$\mu_i^* = \frac{1}{r} \sum_{j=1}^{r} \left| EE_{ij} \right| \quad （2\text{-}18）$$

$x_i$ 与其他参数间的相互作用见式（2-19）：

$$\sigma_i = \sqrt{\frac{1}{r} \sum_{j=1}^{r} \left( \left| EE_{ij} \right| - \mu_i^* \right)^2} \quad （2\text{-}19）$$

式中，$r$——重复抽样的次数，次。

Morris 方法中的 $\mu^*$ 仅能给出参数敏感性的排序，而难以衡量同一个参数对多个模型输出变量的敏感性。本节改进了 Morris 方法[13]，利用数学期望的线性性质实现参数对多个模型输出变量的平均敏感性和重要性估计，且结果不受变量测量单位的影响。改进的 Morris 方法基于标准化的 EE；对于第 $j$ 个基点，标准化的 $\left| EE_{ij} \right|$ 定义如下：

$$P_{ij} = \frac{\left| EE_{ij} \right|}{\sum_{i=1}^{k} \left| EE_{ij} \right|} \quad （2\text{-}20）$$

式中，$P_{ij}$——参数 $x_i$ 对模型输出的基本影响占总基本影响的百分比（标准化后可以在任意次抽样基础上比较参数的敏感性），%。

由于抽样过程的随机性，抽样需要重复多次；当重复 $r$ 次后，参数 $x_i$ 标准化的全局敏感性指数定义如下：

$$\tau_i = \frac{1}{r}\sum_{j=1}^{r} P_{ij} = \frac{1}{r}\sum_{j=1}^{r} \frac{\left|EE_{ij}\right|}{\sum_{i=1}^{k}\left|EE_{ij}\right|}$$ （2-21）

式中，$\tau_i$——标准化的全局敏感性指数，取值在 0 和 1 之间，且容易得到 $\sum_{i=1}^{k}\tau_i = 1$。

$\tau_i$ 表明所有参数对单个模型输出的总敏感性等于 1，因此 $\tau_i$ 表示占总敏感性的百分比。同理，参数组对单个模型输出的敏感性可以通过相加组中所有参数的敏感性来获得。

参数 $x_i$ 对第 $m$ 个变量的敏感性指数记为 $\tau_{im}$。指数 $\beta_i$ 用来表示参数 $x_i$ 对多个模型输出变量的平均敏感性，其定义如下：

$$\beta_i = \frac{1}{n}\sum_{m=1}^{n} \tau_{im}$$ （2-22）

式中，$1 \leqslant m \leqslant n$；

$n$——模型输出变量的个数，个；

$\beta_i$——参数 $x_i$ 对多个输出变量的平均敏感性占总平均敏感性的百分比，%。

**2．重要参数筛选与估计的结果分析**

由于巢湖西湖湾的模型研究较少，对该区域模型参数的概率分布不存在先验知识。因此，假设所有参数的分布为均匀分布，参数的默认值见表 2-2；敏感性计算范围为各自默认值的±25%。水平 $P=9$，Morris 设计总的重复次数为 20 次，模型评价的次数为 $R=(63+1) \times 20 = 1\,280$；以 DO、$NH_4^+$-N 及磷酸盐的浓度作为敏感性测试的目标函数。当模型运行总重复次数为 25 次时，敏感性的计算结果类似于总重复次数为 20 次时的结果，这表明后者对于模型参数敏感性分析而言已经足够精确，所以本节参数的筛选基于 200 次重复抽样的结果。根据 3 个主要环境变量的敏感性排名前 25 位的参数见表 2-3。

表 2-3  3 个主要的水环境变量 $\beta$ 排名前 25 位的参数

| 参数 | DO $\tau$ | $NH_4$ $\tau$ | $PO_4$ $\tau$ | $\beta$/% |
|---|---|---|---|---|
| KDN | 0.046 6 | 0.620 0 | 0.000 0 | 22.22 |
| Nitm | 0.102 1 | 0.223 5 | 0.000 0 | 21.39 |
| KRP | 0.000 0 | 0.002 8 | 0.553 2 | 13.89 |
| KHP | 0.000 0 | 0.012 5 | 0.252 8 | 8.76 |
| KTHDR | 0.022 1 | 0.072 5 | 0.049 3 | 4.80 |
| KESS | 0.126 0 | 0.002 1 | 0.001 0 | 4.30 |
| PM | 0.089 0 | 0.003 1 | 0.000 0 | 3.07 |
| KLN | 0.004 1 | 0.055 8 | 0.000 0 | 2.00 |
| KR | 0.038 8 | 0.013 2 | 0.000 0 | 1.73 |
| KDC | 0.023 9 | 0.023 7 | 0.000 0 | 1.59 |
| KTB | 0.031 2 | 0.006 5 | 0.005 5 | 1.44 |
| KRN | 0.000 9 | 0.036 2 | 0.000 0 | 1.24 |
| KTCOD | 0.013 8 | 0.017 9 | 0.000 0 | 1.06 |
| BMR | 0.018 1 | 0.004 4 | 0.007 1 | 0.99 |
| KDP | 0.010 5 | 0.000 1 | 0.008 2 | 0.63 |

| 参数 | DO τ | NH₄ τ | PO₄ τ | β/% |
|---|---|---|---|---|
| KDCALG | 0.003 1 | 0.015 1 | 0.000 0 | 0.61 |
| KLCALG | 0.009 5 | 0.007 0 | 0.000 0 | 0.55 |
| PRR | 0.005 5 | 0.002 4 | 0.003 2 | 0.37 |
| ANC | 0.000 0 | 0.010 5 | 0.000 0 | 0.35 |
| FPL | 0.000 0 | 0.007 0 | 0.000 0 | 0.23 |
| KRNALG | 0.000 0 | 0.006 8 | 0.000 0 | 0.23 |
| KLNALG | 0.000 0 | 0.006 2 | 0.000 0 | 0.21 |
| KRCALG | 0.002 1 | 0.004 0 | 0.000 0 | 0.20 |
| FPR | 0.000 0 | 0.004 7 | 0.000 2 | 0.16 |
| KLPALG | 0.000 0 | 0.004 0 | 0.000 0 | 0.13 |

从表 2-3 可以看出，平均敏感性排在前列的参数是与氮及磷循环过程相关的参数，其后则是与蓝藻生长相关的消光系数及最大增长率。与碳循环相关的参数差别较大，与温度相关的 KTHDR 排名较高，而其他参数则不敏感。由于 KR 对 DO 有很大影响，所以也排名靠前，但其与磷酸盐几乎没有关系。总的来说，前 8 个参数的总敏感性已经占 63 个独立参数敏感性的 80% 以上，足以控制模型的整体计算结果，所以本书主要对前 8 个参数进行优化计算。为保证能够找到最优的参数，参数优化初始值范围设置为各自默认值的 ±75%，优化目标为相对误差的和最小，参数优化结果见表 2-4。

表 2-4　重要参数优化结果

| 参数 | 优化结果 |
|---|---|
| KDN | 0.005 2 |
| Nitm | 0.013 3 |
| KRP | 0.008 5 |
| KHP | 0.003 5 |
| KTHDR | 0.079 6 |
| KESS | 0.725 8 |
| PM | 0.192 2 |
| KLN | 0.042 1 |

从表 2-4 可以看出，所有参数的优化结果均与各自优化范围的上下边界相距较远，不存在最优解在取值范围外的可能，这表明模型参数的最优估计是有效的。

## 2.3　巢湖西湖湾主要环境因子模拟与分析

巢湖西湖湾的 DO、$NH_4^+$-N 及 TP 是涉及水环境质量和富营养化程度的关键性指标，在巢湖西湖湾水环境模型建立及主要参数值确定的基础上，重点对湖湾的 DO、$NH_4^+$-N 及 TP 进行模拟分析。计算过程中上一节分析并估计的 8 个主要参数取值列入表 2-4，模型其他参数的取值为表 2-2 所列的默认值。

## 2.3.1　DO 的分布特征模拟与分析

运用巢湖 7—9 月的实测流量、天气及入流河道水质资料作为边界条件，计算实际情况下巢湖湖湾区域水质监测点主要环境因子的变化情况，并对计算结果进行验证。图 2-12 给出了水质监测站点 DO 实测值和计算值的对比。

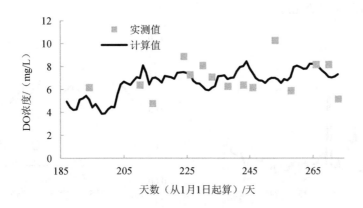

**图 2-12　巢湖西湖湾夏季 DO 浓度验证**

从图 2-12 可以看到，巢湖西湖湾 DO 模拟结果除一个时间的实测值与计算值相差较大外，其余计算结果与实测结果均较为接近。计算值与实测值的相关系数为 0.81，相关性较高，这表明模型对 DO 的模拟可以反映巢湖西湖湾真实的氧化还原状态。

图 2-13 是巢湖汇流湖湾夏季 DO 浓度分布。结果显示，南淝河、十五里河、派河和杭埠河的河口 DO 浓度均低于国家 IV 类水的 DO 标准，尤其是南淝河与十五里河的入湖口，其浓度仅为 1 mg/L 左右；南淝河与十五里河是该区域主要的两条污染物输入河道，因此该计算结果与实际相符。由于汇流湖湾流速较小，河道输入的水体质点到达湖湾中心区域所需要的时间较长；在此过程中，水体有较充分的复氧时间，因此湖湾中心区域的 DO 浓度相对较高，平均浓度约为 6.3 mg/L。

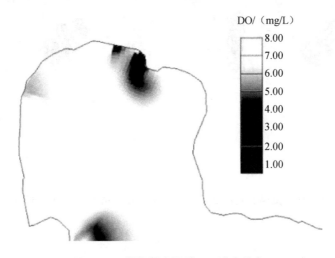

**图 2-13　巢湖湖湾夏季 DO 浓度分布**

### 2.3.2　NH₄⁺-N 的分布特征模拟与分析

图 2-14（左）为巢湖西湖湾监测点夏季的 $NH_4^+$-N 计算和实测值的对比结果。从 $NH_4^+$-N 验证的情况来看，虽然 $NH_4^+$-N 验证精度不如 DO，但是计算值与实测值的相关系数也约有 0.75，而且计算值的趋势与实测值的趋势总体上相一致，这表明构建的模型可以正确地反映出巢湖 $NH_4^+$-N 的变化过程。

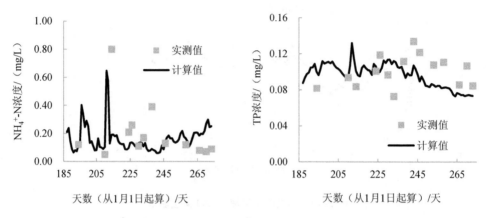

图 2-14　巢湖西湖湾夏季 $NH_4^+$-N（左）和 TP（右）含量验证

图 2-15（左）是计算得到的 8 月末南淝河汇流湖湾 $NH_4^+$-N 的分布。南淝河和十五里河都是汇流湖湾 $NH_4^+$-N 的污染源，它们输入的 $NH_4^+$-N 浓度均远高于派河和杭埠河。该区域高浓度 $NH_4^+$-N 的主要分布范围是南淝河以东至十五里河河口区；派河河口与杭埠河河口也存在一定的污染，但是比南淝河和十五里河河口的水质要好。

从浓度分布来看，南淝河及十五里河的输入物质主要向东南方输运，这与该区域平均流场分析的结果相同，也与实测结果相符。除河流入湖口外，汇流湖湾中心区域 $NH_4^+$-N 的平均浓度为 0.25 mg/L 左右，接近该区域的本底值，说明水质受河道入流的影响并不大。

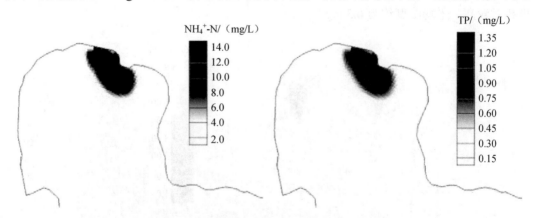

图 2-15　巢湖汇流湖湾夏季 $NH_4^+$-N（左）和 TP（右）含量分布

### 2.3.3　TP 的分布特征模拟与分析

图 2-14（右）为巢湖西湖湾夏季监测点 TP 的计算和实测值的对比情况，其中 TP 的计算值为磷酸盐和有机磷的总和。TP 验证精度略低于 DO，但计算值与实测值的相关系数约为 0.78，而且计算值与实测值的趋势总体上也处于一致，这再次表明本模型可以用于分析巢湖汇流湖湾环境因子的变化。

图 2-15（右）是计算得到的 8 月末南淝河汇流湖湾 TP 的分布。南淝河、十五里河均是汇流湖湾 TP 主要的污染源，其输入的 TP 浓度高于派河和杭埠河。类似于 $NH_4^+$-N 的浓度分布，该区域高浓度 TP 的主要分布范围为南淝河以东至十五里河河口区。此外，派河河口与杭埠河河口也均存在一定的污染，但相较南淝河和十五里河河口而言，其水质均要好一些。

从浓度分布来看，南淝河、十五里河的输入物质主要向东南方输运，这与该区域平均流场分析的结果相同，也同实测结果相符合。此外，汇流湖湾中心区域 TP 的平均浓度约为 0.11 mg/L，也接近于该区域的本底值，再次表明该中心区域的水质受河道入流的影响较小。

### 参考文献

[1] 张民，孔繁翔. 巢湖富营养化的历程、空间分布与治理策略（1984—2013 年）[J]. 湖泊科学，2015，27（5）：791-798.

[2] 奚姗姗. 巢湖水体氮、磷结构特征、环境效应与防控对策研究[D]. 合肥：中国科学技术大学，2016.

[3] 王玉琳. 巢湖 EFDC 富营养化模型参数敏感性及优化确定研究[D]. 南京：河海大学，2018.

[4] 华祖林，刘晓东，褚克坚，等. 基于边界拟合下的水流与污染物质输运数值模拟[M]. 北京：科学出版社，2013.

[5] 齐珺，杨志峰，熊明，等. 长江水系武汉段水动力过程三维数值模拟[J]. 水动力学研究与进展，2008，23（2）：212-219.

[6] Liu ZJ, Hashim NB, Kingery WL, et al. Hydrodynamic Modeling of St. Louis Bay Estuary and Watershed Using EFDC and HSPF[J]. Journal of Coastal Research，2008，52：107-116.

[7] Tetra Tech I. The environmental fluid dynamics Code Theory and computation，Volum 1：Hydrodynamics and Mass Transport[R]. Fairfax，VA：Dynamic Solutions International，2007.

[8] 杨澄宇，代超，伊璇，等. 基于正交设计及 EFDC 模型的湖泊流域总量控制——以滇池流域为例[J]. 中国环境科学，2016，36（12）：3696-3702.

[9] Tetra Tech I. The environmental fluid dynamics Code Theory and computation，Volum 3：water quality module[R]. Fairfax，VA：Dynamic Solutions International，2007.

[10] 李一平，唐春燕，余钟波，等. 大型浅水湖泊水动力模型不确定性和敏感性分析[J]. 水科学进展，2012，23（2）：271-277.

[11] Morris MD. Factorial sampling plans for preliminary computational experiments[J]. Technometrics，1991，33（2）：161-174.

[12] Sobol IM. Sensitivity estimates for nonlinear mathematical models[J]. Mathematical Modeling &

Computational Experiment，1993，1（4）：407-414.

[13] Wang YL，Hua ZL，Wang L. Sensitivity analysis of the Chaohu Lake eutrophication model with a new index based on the Morris method[J]. Water Science and Technology：Water Supply，2018，18（4）：1375-1387.

# 第3章　巢湖西湖湾水体致黑物模拟及入流影响

　　巢湖西湖湾入湖河道的污染，最典型的感官污染就是水体黑臭，其中以南淝河和十五里河为代表的入湖黑臭问题更为严重。据国家"十二五"巢湖水专项"巢湖重污染汇流湾区污染控制技术与工程示范研究"（2012KZCX-7103-05）课题对巢湖湖湾卫星遥感图像分析，2008年6月，南淝河自合肥市区起至入巢湖口（施口）约30 km的连续河段均发生了严重黑臭现象，使巢湖西部湾水质遭受了严重的污染。据现场调查分析，2009年春夏季，南淝河由于底泥和水体缺氧发生的河道发黑发臭现象区段多达20多处，即使在冬季（2009年12月），在中下游河段及入湖口处仍有大面积黑臭现象，2013年5—11月仍有发生，其中11月15日发生的黑水团面积达到6.74 km²，长度有11.39 km（图3-1）。

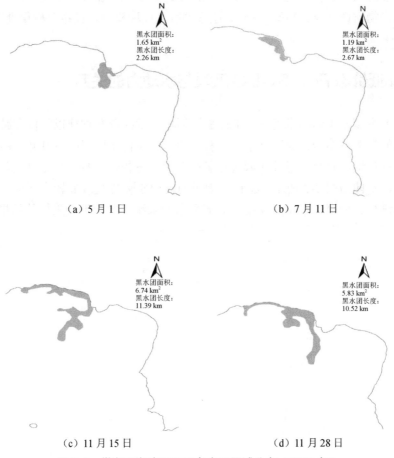

　　　　（a）5月1日　　　　　　　　　　（b）7月11日

　　　　（c）11月15日　　　　　　　　　（d）11月28日

图3-1　巢湖西湖湾河口黑臭出现区域分布（2013年）

水体黑臭大多与底泥污染及死亡生物体有关。南淝河一些河段虽经常疏浚但底泥的淤泥现象仍很严重，未经处理的城市生活污水和工业废水，其中一部分污染物会随悬浮颗粒物吸附和包夹，沉降并转移到河道底部的底泥中，通过积存形成水体内负荷及潜在污染源。另外，虽然河道水体污染严重，但河中的植物却有一些种类分布，其中大多数具有耐污特性。十五里河中的湿地植物群落有植物种类 21 种，隶属 18 属、11 科，其中以禾本科、菊科为主，占总种数的 19%。2008 年前后，十五里河的下游河道管理能力差，水草死亡严重，残体逐年堆积，局部甚至潜育化。严重的生物内负荷极易诱发夏季河道水体黑臭现象，以致影响巢湖西湖湾水体黑臭覆盖和变化范围。

通过对巢湖发生黑臭现象的水体现场理化指标的分析初步发现，河道内负荷与污染水体是河道黑臭发生的物质基础，水体缺氧是黑臭水体最典型的特征，水体黑臭实际上就是内负荷污染作用的表象[1-3]。水体致黑物质主要是呈絮状结晶的 FeS[4]，其致黑组分主要是以还原态、二价铁 [Fe(Ⅱ)] 和 $S^{2-}$ 形式的赋存形态[5]，因此分析模拟 Fe(Ⅱ) 和 $S^{2-}$ 等物质浓度及 DO 的行为与变化，对研究西湖湾黑臭水体的形成、分布及变化至关重要。有关黑臭水体定量数学模型的建立，前人多以研究氮、磷、COD 和 BOD 等指标为主[6, 7]，模型则以线性回归为主，本章将利用空间回归方法和分位数回归方法，重点从 $Fe^{2+}$、$S^{2-}$ 与 DO 及水动力的关系角度研究巢湖西湖湾因内负荷诱发的致黑物行为。随后，在已有的巢湖西湖湾水龄和主要污染物迁移研究的基础上，加入 Fe 和 S 元素循环数学模型，建立巢湖汇流湖湾水体致黑物质铁（Fe）与硫（S）的迁移扩散水环境模型，模拟分析巢湖湖湾中 Fe 和 S 的分布特征。

## 3.1　水体低价态 Fe、S、DO 及其与水动力的关系

为了研究巢湖南淝河口湖湾区域 Fe、S 等环境要素的分布规律以降低和减少该区域黑臭现象发生的频率及面积，项目组建立了适当的 Fe、S 转化模型。2013 年，河海大学和中科院南京地理与湖泊研究所对该区域进行了联合采样分析，采样点以南淝河河口为中心，呈扇形分布，具体如图 3-2 所示。采样时南淝河河口水体黑臭现象较为严重，所以在其附近对采样点进行了加密。本章所使用的观测数据均来源于此次现场采样的结果。

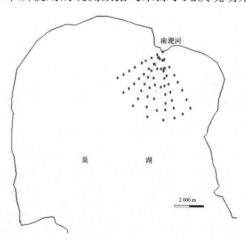

图 3-2　巢湖南淝河河口采样点分布

在每个监测点同时采集了水体的流速、DO 及用于检测 $Fe^{2+}$ 和 $S^{2-}$ 等指标的水样。流速采用美国 YSI 公司的 YR-1 型声学多普勒流速仪（Flow Tracker）进行测量，DO 用日本 HORIBA 公司 U-53 型多参数水质分析仪进行监测，$S^{2-}$ 在实验室采用对氨基二甲基苯胺光度法进行测定，$Fe^{2+}$ 按 Tamura 等改进的邻菲啰啉光度法进行测定，共得到 62 组有效数据。

### 3.1.1　流速和 DO 与低价态 Fe、S 的空间关联性

空间计量模型能在一定程度上考虑湖水流动对环境变量的影响，这种方法需要的数据较少，求解过程也没有环境水力学模型那么复杂，非常适用于对黑臭现象空间分布的初步探索性研究[8]。

#### 1. 空间计量模型

（1）空间相关性度量

变量之间的空间相关性有多种指数可以度量，如 Moran's I 指数、Geary's 比率等方法[9]。其中，Moran's I 指数由于其物理清楚、计算相对简单而得到广泛应用。若随机变量 $X$ 的具体观测值为 $x_1$，$x_2$，$\cdots$，$x_n$，则其自相关 Moran's I 指数计算方法见式（3-1）：

$$I = \frac{n \sum\limits_{i=1}^{n} \sum\limits_{j=1}^{n} w_{ij}(x_i - \bar{x})(x_j - \bar{x})}{\sum\limits_{i=1}^{n} \sum\limits_{j=1}^{n} w_{ij} \sum\limits_{i=1}^{n} (x_i - \bar{x})^2} \tag{3-1}$$

式中，$n$——观测值的总数，个；

$\bar{x}$——流速或 DO、$Fe^{2+}$ 及 $S^{2-}$ 等物理量的平均值，m/s 或 mg/L；

$x_i$，$x_j$——$i$ 和 $j$ 单元中与 $\bar{x}$ 对应的物理量观测值；

$w_{ij}$——空间权重矩阵 $W$ 的第 $i$ 行 $j$ 列的元素。

空间权重矩阵 $W$ 的存在是 Moran's I 指数与普通相关系数的重大区别，空间权重矩阵用于衡量同一变量的采样点分布在纯粹地理空间上的相关性。生成空间权重矩阵需要先生成空间邻接矩阵用于表达不同采样点之间的邻居关系。有很多不同的邻接矩阵生成方式，如传统的"后"式或"车"式邻接方法生成，也有较为先进的 K-Nearest 方法生成。生成邻接矩阵后只需要指定权重方式即可生成空间权重矩阵。在此考虑观测点分布并不是完全规则，所以用 K-Nearest 方法生成空间临界矩阵，临界点个数为 4，经过实验临界点个数对空间权重矩阵的结果影响不大。

Moran's I 指数与普通的相关系数一样，取值范围为[-1, 1]，但并非越接近于 0 其相关性就越小。正确的解读方式是，若相邻单元的环境变量相关性越差，则计算的 Moran's I 指数越接近于随机分布的 Moran's I 指数。环境变量的 $n$ 个观测值若为空间随机分布，则 Moran's I 指数应为式（3-2）：

$$I_{random} = -\frac{1}{n-1} \tag{3-2}$$

若两个环境变量 $X$、$Y$ 对应的观测值分别为 $x_1$，$x_2$，$\cdots$，$x_n$ 和 $y_1$，$y_2$，$\cdots$，$y_n$，则它们之间的互 Moran's I 指数由式（3-3）计算：

$$I_{ij} = \frac{n\sum_{i=1}^{n}\sum_{j=1}^{n}w_{ij}(x_i-\bar{x})(y_j-\bar{y})}{\sum_{i=1}^{n}\sum_{j=1}^{n}w_{ij}\sum_{i=1}^{n}(x_i-\bar{x})^2} \tag{3-3}$$

Moran's I 指数的统计显著性不能直接计算，必须用自助法（bootstrap）抽样计算得到。

（2）空间回归模型

考虑变量空间相关性之后，一般的二阶空间回归模型可以表达为式（3-4）[10]：

$$Y = \rho W_1 Y + X\beta + U$$
$$U = \lambda W_2 U + \varepsilon \tag{3-4}$$
$$\varepsilon \sim N(0,\sigma^2)$$

式中，$\rho, \beta, \lambda$——待定系数；

$W_1$ 和 $W_2$——因变量 $Y$ 和残差 $U$ 的空间权重矩阵，它们可以相同也可以不同。

根据情况的不同，这一模型又包含了三大类空间模型。

一阶空间自回归模型：

$$Y = \rho W_1 Y + \varepsilon$$
$$\varepsilon \sim N(0,\sigma^2) \tag{3-5}$$

空间滞后模型：

$$Y = \rho W_1 Y + \beta X + \varepsilon$$
$$\varepsilon \sim N(0,\sigma^2) \tag{3-6}$$

空间误差模型：

$$Y = X\beta + U$$
$$U = \lambda W_2 U + \varepsilon \tag{3-7}$$
$$\varepsilon \sim N(0,\sigma^2)$$

对于具体环境变量的观测值可以通过拉格朗日算子法计算出最适合且统计上也显著成立的空间回归模型。对于具体的空间回归模型，需要使用极大似然法估计其中的系数。

空间相关性和空间回归模型在研究中的作用有所不同。相关性度量衡量的是环境因素之间总体的空间相关程度，空间回归模型则侧重于环境因素之间局部的相关关系。

2. 结果与分析

表 3-1 是 $Fe^{2+}$、DO 和流速的空间相关 Moran's I 指数及其显著性检验结果。其中，空间权重矩阵以距离倒数为空间权重，显著性检验结果则由自助法计算得到。

表 3-1　Moran's I 指数及其显著性检验

| | $S^{2-}$（显著性） | $Fe^{2+}$（显著性） | DO（显著性） | 流速（显著性） |
|---|---|---|---|---|
| $S^{2-}$ | 0.111（0.032） | 0.150（0.012） | 0.032（0.267） | −0.139（0.015） |
| $Fe^{2+}$ | 0.150（0.012） | 0.452（0.001） | −0.157（0.013） | −0.127（0.020） |
| DO | 0.032（0.267） | −0.157（0.013） | 0.651（0.001） | −0.097（0.070） |
| 流速 | −0.139（0.015） | −0.127（0.020） | −0.097（0.070） | 0.247（0.003） |

若 $S^{2-}$、$Fe^{2+}$、DO 和流速这 4 个变量的观测值在空间上完全随机，即无空间相关性，则式（3-2）中的 $n$ 取 62，可得对应的 Moran's I 指数为 –0.016。表 3-1 中 4 个变量的自相关系数远远高于该值，其显著性检验结果也表明在 95%的概率上这 4 个变量的分布在空间上的自相关性是显著的。$S^{2-}$、$Fe^{2+}$、DO 和流速在某观测点上的值与其周围观测点的值有较强的正相关性，这说明由水体流动引起的物质对流扩散作用导致水质等物理化学量的空间相关是显著的。因此，在研究黑臭现象及黑臭水体的运动规律时，不能孤立地研究暴发黑臭的观测点处的水体变化规律，必须将这种空间相关性纳入考虑，同时需要关注黑臭水体区域整体的水体水质。

与空间自相关 Moran's I 指数的结果不同，表 3-1 中 $Fe^{2+}$、DO 和流速的二元 Moran's I 指数结果表明，$Fe^{2+}$ 与 DO 和流速均存在着显著的负相关，即 $Fe^{2+}$ 浓度不仅与观测点本身的 DO 和流速有关，而且与其附近的 DO 和流动情况有关。这是由于水体的流动不断改变黑水团的位置，而 DO 与 $Fe^{2+}$ 之间的化学反应则相对较慢，所以湖湾区某点 $Fe^{2+}$ 浓度情况一定与黑水团从南淝河河口至观测点的整个漂移路径上的 DO 分布有关，不仅只受观测点本地 DO 浓度的影响。Moran's I 指数的结果也表明，$Fe^{2+}$ 浓度受其周围 DO 的影响要高于周围流速对其影响。$Fe^{2+}$ 与 $S^{2-}$ 呈显著正相关是由于这两种离子均是引起黑臭的主要原因，因此在黑臭水体中 $Fe^{2+}$ 和 $S^{2-}$，其中一种离子的浓度较高可能伴随着另一种离子浓度也较高。

$S^{2-}$ 的相关性与 $Fe^{2+}$ 的情况有所不同：$S^{2-}$ 与流速也呈显著的负相关，但其与 DO 之间不存在相关性。这是由于水体流动对水中的离子主要是物理作用，流动对 $S^{2-}$ 的作用与其对 $Fe^{2+}$ 的作用类似；而生成 $S^{2-}$ 和 $Fe^{2+}$ 所需的缺氧还原条件不同，因此造成它们与 DO 的相关性显著不同，增加 DO 对去除 $Fe^{2+}$ 效果比去除 $S^{2-}$ 的效果好。

通过流速和 DO 之间的显著性检验，在 95%的置信水平上不能发现二者之间存在关系。虽然理论上流速会影响 DO 的复氧速率，但由于湖湾区域污染较严重，水中耗氧物质的浓度对 DO 的影响占绝对主导地位；同时，采样时天气情况良好，湖流绝对值较慢。从监测可知，湖流的最大速度仅为 10.9 cm/s，绝大多数采样点的流速小于 10 cm/s，因此实际上湖流的复氧作用不强，其对 DO 含量的影响较小。这也进一步说明湖湾区的湖流对 $Fe^{2+}$ 浓度的影响主要是通过分散作用影响其分布，并非通过 DO 来影响 $Fe^{2+}$ 的浓度。

为更好地分析各变量之间的空间分布关系，可利用观测值分位点对采样点的 DO、$Fe^{2+}$、$S^{2-}$ 和流速的情况进行分类。分位点虽然不能表示采样点环境变量的绝对状况，但是能反映采样点环境变量的相对情况，以便于同一采样条件下不同点情况的比较。考虑到采样点的数目不多，以及更清楚地表现 DO、$Fe^{2+}$、$S^{2-}$ 和流速在汇流湾区分布规律的要求，采用三分法表示，即利用观测值 1/3 和 2/3 两个分位点将结果分隔为高、中和低 3 种情况；分位点使用经验分布函数法确定。图 3-3 是 $Fe^{2+}$、DO 和流速的分布情况，其多边形用泰森多边形方法生成。从图 3-3 可以看出，南淝河河口湖湾区的 $Fe^{2+}$ 和 $S^{2-}$ 浓度分布为东高西低，DO 的分布则表现为西高东低，而流速在河口较高，当远离南淝河时其入河动量迅速消散，且受地形较高和风吹程不足的影响，流速迅速减小；当离河口较远，风吹程逐渐增大，流速又随之增大。

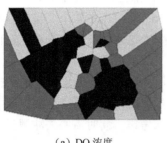
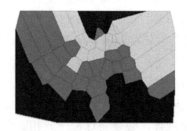

（a）DO 浓度　　　　　　　　　　　（b）流速

実測值<1/3 分位点
1/3 分位点≤実測值<2/3 分位点
実測值≥2/3 分位点

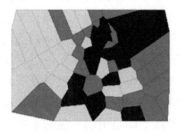
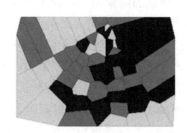
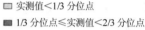

（c）$Fe^{2+}$浓度　　　　　　　　　　（d）$S^{2-}$浓度

実測值<1/3 分位点
1/3 分位点≤実測值<2/3 分位点
実測值≥2/3 分位点

图 3-3　实测值分位数分布

　　总体来看，$Fe^{2+}$浓度和 DO 的分布相反：若 DO 高，则 $Fe^{2+}$ 浓度较低，反之亦然。这一关系在 DO 最高区域的表现尤其明显，而在 DO 相对较低区域的表现相对并不明显。一方面是因为 DO 对 $Fe^{2+}$ 的氧化速率受水体中其他化学因素，如 pH 的影响非常大；另一方面则是因为湖体流动对 $Fe^{2+}$ 分布有明显的影响：从图 3-2 可以看到，南淝河作为污染的主要来源之一，其 DO 含量很低，但河口并非 $Fe^{2+}$ 浓度最高的区域，这是因为河口流速高，使南淝河排出含高浓度 $Fe^{2+}$ 的污水团被迅速地推离河口，由于受地形等因素的影响，南淝河河口东部区域的流速很慢，使污染水团堆积于东部区域，并进一步造成该区域 DO 的减少，远离南淝河河口的地方在 DO 不高的情况下，其大部分区域 $Fe^{2+}$ 浓度也较低，这也可以部分归结为该区域相对较高的流速使各种污染物分散，从而浓度迅速地减小；同时，水体的复氧过程则需要一个相对较长的时间才能使 DO 浓度明显上升，因此该区域 DO 浓度并未随着 $Fe^{2+}$ 浓度的减小而立刻上升。这表明，虽然在总体上 DO 对 $Fe^{2+}$ 浓度的影响要高于流速对 $Fe^{2+}$ 浓度影响，但在局部区域湖体流速对 $Fe^{2+}$ 的具体分布有着重要的影响。$S^{2-}$ 的分布和 $Fe^{2+}$ 分布非常类似，这也与 $S^{2-}$ 和 $Fe^{2+}$ 的强正相关结果符合。

　　通过拉格朗日算子法的检验，在空间滞后模型、空间误差模型和空间通用模型这 3 种空间关系模型中，只有空间滞后模型的显著性检验结果小于 0.05，其余 2 种模型的显著性检验结果均大于 0.05，因此只需要用空间滞后模型进行回归分析。表 3-2 是以 $Fe^{2+}$ 和 $S^{2-}$ 为因变量，分别以 DO 和流速为自变量做的线性回归和空间滞后模型的结果。

表 3-2 线性回归与空间滞后模型比较

| 因变量 | | 线性回归模型 | | 空间滞后模型 | | | |
|---|---|---|---|---|---|---|---|
| | | 自变量系数 | 显著性 | 自变量系数 | 显著性 | 空间滞后项系数 | 显著性 |
| $Fe^{2+}$ | 流速 | −0.112 | 0.047 | −0.119 | 0.012 | 0.958 | <0.01 |
| | DO | −0.166 | 0.184 | −0.172 | 0.172 | 0.935 | <0.01 |
| $S^{2-}$ | 流速 | −0.108 | 0.049 | −0.124 | 0.010 | 0.961 | <0.01 |
| | DO | 0.009 | 0.691 | 0.031 | 0.552 | 0.712 | 0.063 |

回归分析结果表明，以 DO 为自变量时，线性回归模型与空间滞后模型的回归系数都不能通过统计检验，即无论是 $Fe^{2+}$ 还是 $S^{2-}$ 的浓度都与 DO 之间不符合这两种模型。这一结果反映了 DO 对 $Fe^{2+}$、$S^{2-}$ 的影响复杂，并不是线性关系。

当流速为自变量时，对 $Fe^{2+}$ 和 $S^{2-}$ 的线性结果则相反，其线性回归模型和空间滞后模型的回归系数均能通过显著性检验。线性回归模型与空间滞后模型相比较，空间滞后模型的显著性更好，且其相应的空间滞后项的系数也通过显著性检验。这进一步说明了周边水体中 $Fe^{2+}$ 和 $S^{2-}$ 的分布对本地离子的浓度影响较大。空间滞后模型与线性回归模型的结果比较表明，流速对 $Fe^{2+}$ 与 $S^{2-}$ 浓度的影响主要是依靠其对污染物质的分散作用，即水体流动减小 $Fe^{2+}$ 和 $S^{2-}$ 浓度；而水体流动对 DO 复氧产生影响，并影响 $Fe^{2+}$ 和 $S^{2-}$ 浓度的作用较小。较之空间滞后模型，线性回归模型低估了约 7% 的水体流动在减小 $Fe^{2+}$ 浓度中的作用，低估了约 12% 的流动对减小 $S^{2-}$ 的作用。

Moran's I 指数侧重的是 $Fe^{2+}$、$S^{2-}$ 与流速、DO 在空间整体上的相关性，而空间回归则反映了三者在局部空间上的关系。空间计量模型的结果清楚地表明，在观测期间 DO 的作用是减小 $Fe^{2+}$ 的总体浓度，而对 $S^{2-}$ 浓度总体影响不大。流速主要改变 $Fe^{2+}$、$S^{2-}$ 在空间上的局部分布。由于南淝河河口湖湾区流速较小，因此该区域水体的流动不足以影响 $Fe^{2+}$ 和 $S^{2-}$ 的总体浓度。

总之，空间相关分析和空间回归模型分析表明：①南淝河湖湾区域流速、DO 和 $Fe^{2+}$、$S^{2-}$ 浓度的分布都有较强的自空间相关性。互空间相关性研究表明，DO 和流速对 $Fe^{2+}$ 浓度在空间上都有较强的互相关性；流速和 $S^{2-}$ 也有较强的空间互相关性，但 DO 与 $S^{2-}$ 之间无显著相关性。②增加 DO 可以在总体上减小 $Fe^{2+}$ 浓度，但对 $S^{2-}$ 效果较弱。水体流动使不同地点的 DO、$Fe^{2+}$ 及 $S^{2-}$ 产生空间相关性，并改变 $Fe^{2+}$ 和 $S^{2-}$ 的局部分布。水体流动通过增强 DO 复氧间接影响 $Fe^{2+}$ 浓度的作用较小。③流速和 $Fe^{2+}$ 及 $S^{2-}$ 之间满足线性空间滞后模型。空间滞后模型结果显示，线性回归模型中水流分散 $Fe^{2+}$ 浓度的作用被低估了 7% 左右，对 $S^{2-}$ 的作用则被低估了 12% 左右。

## 3.1.2 DO 和水动力对 $Fe^{2+}$、$S^{2-}$ 的影响分析

由于普通线性回归关注的是因变量的条件均值，即通过最小二乘法求解自变量为一确定值时因变量的均值[11]，因此线性回归方法只能给出湖泊中 DO、流速等与 $Fe^{2+}$ 和 $S^{2-}$ 浓度平均值的关系。湖泊水体黑臭发生时，水体中 $Fe^{2+}$ 和 $S^{2-}$ 的浓度较高，因此更需要关注不同浓度，特别是高浓度 $Fe^{2+}$、$S^{2-}$ 情况下二者与 DO 和水动力的定量关系。由于分位数回归是求解自变量与因变量不同分位数之间的关系，因此能较好地估计湖泊水体黑臭发生时不

同 $Fe^{2+}$、$S^{2-}$ 浓度与 DO、流速的定量关系。此外，分位数回归不需要假设因变量与自变量分别满足正态分布，这对于通常分布非常复杂的环境和生态数据而言也是一个有吸引力的优势[12]。

### 1. 分位回归方法

在统计学上，普通的线性回归求解的是因变量 $Y$ 的数学期望依赖自变量 $X$ 的变化而改变的方程，即

$$E(Y) = X^{\mathrm{T}}\beta_E \tag{3-8}$$

式中，$\beta_E$——回归系数。

线性回归模型的因变量和自变量都必须满足正态分布才能求得无偏的系数，这限制了线性回归方法的运用范围。分位数回归则打破了线性回归模型的诸多限制，在某种程度上可以认为是线性回归方法的有力推广。

分位数回归的主要思想是若观测量 $Y$ 的分布函数为 $F(Y)$，则 $Y$ 的 $\tau$（$0 < \tau < 1$）分位数 $G(\tau)$ 由式（3-9）定义：

$$G(\tau) = \inf\{y \mid F(y) \geqslant \tau\} \tag{3-9}$$

式中，inf——满足条件的观测值的下确界，在实际中可以简化为用满足条件的最小观测值代替。

当求两种不同观测量关系时，假设因变量 $Y$ 某分位数的值 $Y\tau$ 和自变量 $X$ 为线性关系，即

$$Y_\tau = X^{\mathrm{T}}\beta(\tau) + \varepsilon(\tau) \tag{3-10}$$

式中，$\beta(\tau)$——$\tau$ 分位点的回归系数；

$\varepsilon(\tau)$——$\tau$ 分位点的回归误差。

当观测量 $X$ 的值为 $x$ 时，上式求出的 $Y\tau$ 其实即 $Y$ 的条件分位数，定义如下：

$$Y(\tau \mid x) = \inf\{y \mid F(y \mid x) \geqslant \tau\} \tag{3-11}$$

在实际的应用中，式（3-10）一般写成式（3-12）：

$$y_\tau = x^{\mathrm{T}}\beta(\tau) \tag{3-12}$$

式中，$y_\tau$——观测量 $Y$ 在 $\tau$ 分位数的实际观测结果；

$x$——观测量 $X$ 的实际观测结果。

模型估计与检验式（3-12）中的参数（$\tau$）可以用推广的最小一乘法来估计，即是求一系列的（$\tau$）使其满足式（3-13）：

$$\min\{\sum_{y_i \geqslant x_i^{\mathrm{T}}\beta(\tau)} \tau \mid y_i - x_i^{\mathrm{T}}\beta(\tau) \mid + \sum_{y_i < x_i^{\mathrm{T}}\beta(\tau)} (1-\tau) \mid y_i - x_i^{\mathrm{T}}\beta(\tau) \mid\} \tag{3-13}$$

当 $\tau = 0.5$ 时，上式即为最小一乘法，所得结果为中位数回归的结果。进一步来说，定义损失函数 $\rho(\tau)u$ 如下：

$$\rho(\tau)u = \begin{cases} u\tau & u \geqslant 0 \\ u(\tau - 1) & u < 0 \end{cases} \tag{3-14}$$

则式（3-13）可以简单地写成

$$\min\left\{\sum_{i=1}^{n}\rho(\tau)[y_i - x_i^{\mathrm{T}}\beta(\tau)]\right\} \tag{3-15}$$

式中，$n$——观测值的个数，个。

无论是式（3-13）还是式（3-15）的求解都是一个最优化问题，目前比较有效的方法有单纯形法、内点法及差分等方法，本书使用单纯形法求解。

**2．水动力影响分析**

表 3-3 是 $Fe^{2+}$、$S^{2-}$ 与 DO、流速的相关系数及显著性检验结果。相关系数及其显著性检验表明，$Fe^{2+}$、$S^{2-}$ 和流速之间呈显著的负相关关系。这表明通过增强水体交换能力及稀释作用，南淝河入流流量的增大有助于减小该湖湾黑臭水体区域的 $Fe^{2+}$、$S^{2-}$ 浓度。从显著性检验结果来看，DO 与 $Fe^{2+}$、$S^{2-}$ 浓度之间的相关关系并不显著，DO 与 $S^{2-}$ 浓度之间甚至有微弱的正相关性，这一结果与 DO 会将 $Fe^{2+}$、$S^{2-}$ 氧化成高价态 S 及 Fe 的化学机制相矛盾。分析造成矛盾的主要原因为 DO 与不同浓度的 $S^{2-}$、$Fe^{2+}$ 反应速度等化学反应特性有较大差别，而相关系数只能反映出它们之间平均的线性关系，由此造成了不合理的结果。这也说明，简单地运用线性分析技术研究黑臭水体中 DO 与 $Fe^{2+}$、$S^{2-}$ 浓度的关系会导致非常严重的错误。

表 3-3　相关系数及显著性

| 变量 | DO（显著性） | 流速（显著性） |
|---|---|---|
| $Fe^{2+}$ | −0.205（0.11） | −0.235（＜0.05） |
| $S^{2-}$ | 0.025（0.85） | −0.334（＜0.05） |

图 3-4 是 $S^{2-}$ 在 0.2～0.8 分位数情况下，分别对 DO 和流速进行分位数回归的结果。表 3-4 给出了不同回归模型的流速和 DO 回归系数及其 95%置信区间和显著性检验结果。在实际观测中，$S^{2-}$ 浓度的 0.2～0.8 分位数对应于 0.029～0.043 mg/L，浓度相差约 48%。

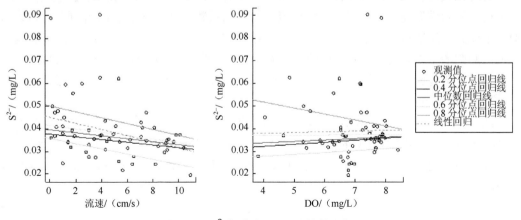

图 3-4　$S^{2-}$ 与流速、DO 分位数回归

表 3-4　$S^{2-}$ 模型的回归系数及其 95% 置信区间

| 分位点 | 流速 | | | DO | | |
|---|---|---|---|---|---|---|
| | 上限 | 回归系数（显著性） | 下限 | 上限 | 回归系数（显著性） | 下限 |
| 0.2 | −0.000 55 | −0.000 93（<0.05） | −0.001 29 | 0.067 6 | 0.008 1（0.89） | −0.008 9 |
| 0.4 | 0.000 19 | −0.000 61（0.12） | −0.001 33 | 0.020 8 | 0.009 3（0.81） | −0.007 9 |
| 中位数 | 0.000 25 | −0.000 66（0.15） | −0.001 08 | 0.018 7 | 0.006 1（0.78） | −0.018 6 |
| 0.6 | 0.000 32 | −0.000 75（0.14） | −0.001 47 | 0.024 5 | 0.000 1（0.53） | −0.023 3 |
| 0.8 | −0.000 89 | −0.001 07（<0.05） | −0.002 88 | −0.001 2 | −0.031 5（<0.05） | −0.078 1 |
| 普通回归 | −0.000 38 | −0.001 10（<0.05） | −0.003 52 | 0.019 8 | 0.009（0.70） | −0.013 6 |

从图 3-4 及表 3-4 可以看出，不同浓度的 $S^{2-}$ 与流速之间的关系有很大区别：0.2 分位点和 0.8 分位点下流速的回归系数分别是 −0.000 93 和 −0.001 07，且两者均能通过显著性检验；0.4～0.6 分位点下流速的回归系数则不能通过统计检验，即这些分位点情况下流速与 $S^{2-}$ 浓度之间的关系不大。这一结果说明，湖体流速的增加可以有效减少黑臭水体中相对低浓度 $S^{2-}$ 及高浓度 $S^{2-}$ 区域的污染，但对中等浓度 $S^{2-}$ 区域的污染影响不大。南淝河是该湖湾区域最主要的 $Fe^{2+}$ 及 $S^{2-}$ 来源，黑臭水体污染一般以南淝河河口为中心，向湖心区域逐渐减小。分位数回归的结果表明，增加流量对南淝河河口本身和黑臭水体外边缘等浓度梯度较大区域的 $S^{2-}$ 浓度治理效果较好，而对黑臭水体中心区域的 $S^{2-}$ 浓度无影响。

水体流动对湖体中 $S^{2-}$ 污染主要有 2 个方面的作用：①水体流动对污染物等物质的分散作用，使黑臭水体中的 $S^{2-}$ 分布更为均匀；②流速会影响水中 DO 的复氧过程，进而通过氧化作用影响水中 $Fe^{2+}$、$S^{2-}$ 等黑臭相关物质的浓度。流速的增加对黑臭水体不同区域的 $S^{2-}$ 作用不同，这说明流量的增加主要通过第一个途径影响水体中 $S^{2-}$ 浓度，而水体流动通过增强 DO 复氧间接影响 $S^{2-}$ 浓度的作用较小。

$S^{2-}$ 与 DO 分位回归的结果与流速的结果不同：0.2～0.6 分位点下 DO 的回归系数均为不显著的正值，而只有在 0.8 分位点即 $S^{2-}$ 浓度达到 0.043 mg/L 左右时，DO 才有显著降低 $S^{2-}$ 浓度的作用。充氧对减少南淝河河口本身的 $S^{2-}$ 污染效果较好，而在其他 $S^{2-}$ 浓度较小的区域则可能效果不佳；这与 DO 对高浓度 $S^{2-}$ 的氧化作用效果较好的化学反应机制相符。

通过比较可以发现，在线性回归模型中 DO 的回归系数为正且无法通过显著性检验，这个线性回归模型几乎是错误的。虽然流速的回归系数与 0.8 分位点下的回归系数接近，但它不能分析流速对不同浓度、区域 $S^{2-}$ 的不同作用，而且其系数的 95% 置信区间也与 0.8 分位点回归的结果有较大差别，它低估了流动对高浓度 $S^{2-}$ 的分散作用（约为 2.8%），高估了流动对低浓度 $S^{2-}$ 的分散作用（约为 15.5%），线性回归模型不能正确分析得到流速、DO 与 $S^{2-}$ 的定量关系。

图 3-5 是 $Fe^{2+}$ 在 0.2～0.8 分位数情况下分别对流速和 DO 进行分位数回归的结果，表 3-5 给出了不同回归模型的流速及 DO 回归系数及其 95% 置信区间和显著性检验结果。在实际观测中，$Fe^{2+}$ 浓度的 0.2～0.8 分位数对应于 0.69～1.59 mg/L，浓度相差约 130%。

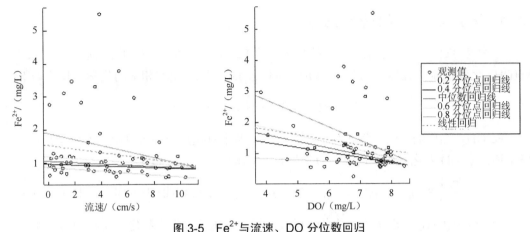

**图 3-5　$Fe^{2+}$与流速、DO 分位数回归**

**表 3-5　$Fe^{2+}$模型的回归系数及其 95%置信区间**

| 分位点 | 流速 | | | DO | | |
|---|---|---|---|---|---|---|
| | 上限 | 回归系数（显著性） | 下限 | 上限 | 回归系数（显著性） | 下限 |
| 0.2 | −0.062 8 | −0.093 3（＜0.05） | −0.104 2 | 0.050 9 | 0.000 81（0.29） | −0.111 7 |
| 0.4 | 0.000 1 | −0.027 6（0.18） | −0.061 3 | −0.005 2 | −0.161 8（＜0.05） | −0.233 4 |
| 中位数 | 0.005 7 | −0.024 4（0.55） | −0.048 1 | −0.044 4 | −0.219 5（＜0.05） | −0.383 3 |
| 0.6 | 0.007 3 | −0.024 6（0.64） | −0.049 2 | −0.055 7 | −0.248 1（＜0.05） | −0.366 3 |
| 0.8 | −0.053 1 | −0.129 3（＜0.05） | −0.117 9 | −0.150 5 | −0.438 2（＜0.05） | −0.697 8 |
| 普通回归 | 0.010 2 | −0.107 7（0.13） | −0.125 3 | 0.083 2 | −0.173 4（0.16） | −0.418 2 |

与对 $S^{2-}$的作用一样，水体流动主要是通过分散作用使黑臭水体中的 $Fe^{2+}$分布更为均匀。增加流速对减少黑臭水体边缘的低浓度 $Fe^{2+}$和南淝河河口的高浓度 $Fe^{2+}$的污染有显著作用；在中等浓度 $Fe^{2+}$区域由于其浓度梯度较小，分散作用较弱，因此增加流速对降低该区域 $Fe^{2+}$浓度的作用不显著。DO 的增加对 0.4 分位点即 0.80 mg/L 以上的 $Fe^{2+}$有较为显著的氧化作用，且 $Fe^{2+}$浓度越高氧化作用越强。

普通线性回归错误地估计了流速和 DO 对 $Fe^{2+}$的作用：从普通线性回归来看，增加流速和 DO 对降低 $Fe^{2+}$浓度都没有显著作用。总之，线性回归模型不能得到正确的流速、DO 和 $Fe^{2+}$、$S^{2-}$的定量关系，而分位数回归可以分析流速和 DO 对不同浓度 $Fe^{2+}$、$S^{2-}$的定量作用，为进一步减少巢湖湖湾区域水体黑臭现象提供理论支持。

## 3.2　巢湖西湖湾水体致黑组分 Fe 与 S 的系统动力学模型

完整地描述水体中 Fe 和 S 的迁移扩散需要涉及多个物质和化学过程[13]，包括 $Fe^{2+}$、$Fe^{3+}$、$S^{2-}$和 $SO_4^{2-}$及其对应的各种价态的氢氧化物和化合物，也包括在这些物质转化过程中涉及的藻类、DO、氮和磷等。考虑到巢湖西部汇流湖湾的水质特点与模型的实用性，Fe 和 S 的水环境数学模型主要考虑的是 $Fe^{2+}$、$Fe^{3+}$、$Fe(OH)_2$、$Fe(OH)_3$、$S^{2-}$、$SO_4^{2-}$及 FeS 等物质的相互转化。

### 3.2.1 溶解性 Fe(Ⅱ)的氧化与水解

溶解性 Fe(Ⅱ)的氧化与水解过程主要包括 $Fe^{2+}$ 和 $Fe(OH)_2$ 的氧化过程，以及 $Fe^{2+}$ 和 $Fe(OH)_2$ 之间的水解过程。$Fe^{2+}$、$Fe(OH)_2$ 可以被 DO 氧化，$Fe^{2+}$ 相应的化学方程式如下：

$$4Fe^{2+}+O_2+4H^+ \Longrightarrow 4Fe^{3+}+2H_2O$$

$Fe(OH)_2$ 相应的化学方程式与上式类似。这两个氧化反应都可以用一阶化学反应动力学描述，被 DO 氧化的化学反应动力学见式（3-16）：

$$(\frac{\partial Fe(Ⅱ)_{Total}}{\partial t})_{DO} = -[K_{Fe(Ⅱ)_1-DO} \cdot fFe(Ⅱ)_1 + K_{Fe(Ⅱ)_2-DO} \cdot fFe(Ⅱ)_2] \cdot Fe(Ⅱ)_{Total} \cdot DO \quad (3-16)$$

$Fe^{2+}$ 与 $Fe(OH)_2$ 的相互转化是水解反应，相应的化学方程式和化学反应动力学如下：

$$Fe^{2+}+2H_2O \Longleftrightarrow Fe(OH)_2+2H^+$$

$$Fe(Ⅱ)_1 = \frac{Fe(Ⅱ)_{Total}}{1+K_{Fe(Ⅱ)_2}/(H^+)^2} \quad (3-17)$$

$$Fe(Ⅱ)_2 = Fe(Ⅱ)_{Total} - \frac{Fe(Ⅱ)_{Total}}{1+K_{Fe(Ⅱ)_2}/(H^+)^2} \quad (3-18)$$

此外，还有 $Fe^{2+}$ 与 $S^{2-}$、FeS 之间的沉淀与溶解平衡：

$$Fe^{2+}+S^{2-} \Longleftrightarrow FeS$$

若水体中 $Fe^{2+}$ 和 $S^{2-}$ 的离子积低于 FeS 的溶度积，则 FeS 沉淀会溶解进入水体，其化学平衡式如下：

$$Rd_{FeS} = K_{dFeS} \cdot FeS \cdot (1-\frac{IAP_{FeS}}{K_{SPFeS}}) \quad (3-19)$$

如果水体中 $Fe^{2+}$ 和 $S^{2-}$ 的离子积高于 FeS 的溶度积，它们会成为 FeS 沉淀离开水体，其化学平衡式如下：

$$Rp_{FeS} = K_{pFeS} \cdot (\frac{IAP_{FeS}}{K_{SPFeS}}-1) \quad (3-20)$$

### 3.2.2 Fe(Ⅲ)的还原与转化

经过简化以后，本书中 Fe(Ⅲ)主要包括 $Fe^{3+}$ 和 $Fe(OH)_3$，忽略了晶体态的 FeOOH 及 $Fe(OH)^{2+}$、$Fe(OH)_2^-$ 等。这两种物质的主要化学反应包括 $Fe(OH)_3$ 被 $H_2S$ 或 FeS 还原以及它们之间的相互转化。

$H_2S$ 还原 $Fe(OH)_3$ 的化学方程式和反应动力学如下：

$$H_2S+8Fe(OH)_3 \Longrightarrow 8Fe^{2+}+SO_4^{2-}+6H_2O+14OH^-$$

$$(\frac{\partial Fe(OH)_3}{\partial t})_{H_2S} = -K_{Fe(OH)_3-H_2S} \cdot Fe(OH)_3 \cdot H_2S \quad (3-21)$$

FeS 还原 $Fe(OH)_3$ 的化学方程式和反应动力学如下：

$$FeS+8Fe(OH)_3 \Longrightarrow 9Fe^{2+}+SO_4^{2-}+4H_2O+16OH^-$$

$$(\frac{\partial Fe(OH)_3}{\partial t})_{FeS} = -K_{Fe(OH)_3-FeS} \cdot Fe(OH)_3 \cdot FeS \qquad (3-22)$$

$Fe(OH)_3$ 与 $Fe^{3+}$ 的平衡反映如下：

$$Fe^{3+}+3OH^- \Longleftrightarrow Fe(OH)_3$$

若水中 $Fe^{3+}$、$OH^-$ 的离子积高于 $Fe(OH)_3$ 的溶度积，则成为 $Fe(OH)_3$ 沉淀析出：

$$Rp_{Fe(OH)_3} = K_{pFe(OH)_3} \cdot (\frac{IAP_{Fe(OH)_3}}{K_{SPFe(OH)_3}} - 1) \qquad (3-23)$$

如果 $Fe^{3+}$、$OH^-$ 的离子积低于 $Fe(OH)_3$ 的溶度积，则 $Fe(OH)_3$ 溶解：

$$Rd_{Fe(OH)_3} = K_{dFe(OH)_3} \cdot Fe(OH)_3 \cdot (1 - \frac{IAP_{Fe(OH)_3}}{K_{SPFe(OH)_3}}) \qquad (3-24)$$

### 3.2.3　S(-Ⅱ)的氧化

与 S(-Ⅱ) 有关的很多化学反应已经在前面叙述过，这里主要补充水中的 FeS 和 $H_2S$ 负二价 S 被水中的 DO 氧化成 $SO_4^{2-}$ 的计算公式，FeS 中的 S 被氧化用一阶反应动力学计算：

$$FeS+2O_2 \Longrightarrow Fe^{2+}+SO_4^{2-}$$

$$\frac{\partial FeS}{\partial t} = -K_{FeS-DO} \cdot FeS \cdot DO \qquad (3-25)$$

$H_2S$ 被氧化的过程与上述过程类似：

$$H_2S+2O_2+2OH^- \Longrightarrow SO_4^{2-}+2H_2O$$

$$\frac{\partial H_2S}{\partial t} = -K_{H_2S-DO} \cdot H_2S \cdot DO \qquad (3-26)$$

### 3.2.4　电子受体与有机物的反应

$Fe^{3+}$ 和 $SO_4^{2-}$ 都可以作为电子受体参与水中有机物的矿化过程，所以本模型中参与矿化的物质和化学过程都较为复杂。在能满足计算精度的前提下，本书中涉及的有机物仍然用 BOD 的一部分代替计算。模型中参与矿化的物质一共是 4 种，即 DO、$Fe^{3+}$、$SO_4^{2-}$ 和 $NO_3^-$，其中 $NO_3^-$ 作为电子受体的反应是反硝化反应，它与 DO 对有机物的矿化作用是相互竞争的。

$Fe^{3+}$、$SO_4^{2-}$ 作为电子受体的反应只有当 DO 低于一定的阈值时才可能发生，具体反应如下：

$$4\text{Fe(OH)}_3+\text{CH}_2\text{O} \Longrightarrow \text{Fe(II)}_1+\text{CO}_2+3\text{H}_2\text{O}+8\text{OH}^-$$

$$\text{SO}_4^{2-}+2\text{CH}_2\text{O} \Longrightarrow \text{S}^{2-}+2\text{CO}_2+2\text{H}_2\text{O}$$

$$\left(\frac{\partial \text{Fe(OH)}_3}{\partial t}\right)_{\text{CH}_2\text{O}} = -\text{AFeC} \cdot \text{DFe(OH)}_3 \cdot \beta \cdot \text{BOD} \quad (3\text{-}27)$$

$$\frac{\partial \text{SO}_4}{\partial t} = -\text{ASO}_4\text{C} \cdot \text{DSO}_4 \cdot \beta \cdot \text{BOD} \quad (3\text{-}28)$$

当水体中 DO 的浓度高于阈值时，这两个反应的速率为 0，即此时不存在这些化学反应。式（3-16）至式（3-29）中很多项的意义已在表 2-1 和表 2-2 中给出，表 3-6 补充了相关项的意义。

表 3-6　Fe-S 反应中主要参数

| 参数 | 单位 | 意义 |
|---|---|---|
| $\text{Fe(II)}_{\text{Total}}$ | g/m³ | 二价铁的总浓度 |
| $\text{Fe(II)}_1$ | g/m³ | $\text{Fe}^{2+}$浓度 |
| $\text{Fe(II)}_2$ | g/m³ | $\text{Fe(OH)}_2$浓度 |
| $\text{Fe(OH)}_3$ | g/m³ | $\text{Fe(OH)}_3$浓度 |
| FeS | g/m³ | FeS 浓度 |
| $\text{H}_2\text{S}$ | g/m³ | $\text{H}_2\text{S}$浓度 |
| $\text{SO}_4$ | g/m³ | $\text{SO}_4^{2-}$浓度 |
| $K_{\text{Fe(II)1-DO}}$ | g/（m³·d） | $\text{Fe}^{2+}$被 DO 氧化速率 |
| $f\text{Fe(II)}_1$ | — | $\text{Fe}^{2+}$在总二价铁中的比例 |
| $K_{\text{Fe(II)2-DO}}$ | g/（m³·d） | $\text{Fe(OH)}_2$被 DO 氧化速率 |
| $f\text{Fe(II)}_2$ | — | $\text{Fe(OH)}_2$在总二价铁中的比例 |
| $K_{\text{Fe(II)}_2}$ | mol/L | $\text{Fe(OH)}_2$水解常数 |
| $Rd\text{FeS}$ | g/（m³·d） | FeS 溶解速率 |
| $K_{\text{dFeS}}$ | d | FeS 溶解速率常数 |
| $IAP_{\text{FeS}}$ | mol/L | FeS 离子积 |
| $K_{\text{SPFeS}}$ | mol/L | FeS 溶度积 |
| $\text{Rp}_{\text{FeS}}$ | g/（m³·d） | FeS 沉淀速率 |
| $K_{\text{pFeS}}$ | g/（m³·d） | FeS 沉淀速率常数 |
| $K_{\text{Fe(OH)}_3\text{-H}_2\text{S}}$ | g/（m³·d） | $\text{Fe(OH)}_3$被 $\text{H}_2\text{S}$还原速率常数 |
| $K_{\text{Fe(OH)}_3\text{-FeS}}$ | g/（m³·d） | $\text{Fe(OH)}_3$被 FeS 还原速率常数 |
| $Rp_{\text{Fe(OH)}_3}$ | g/（m³·d） | $\text{Fe(OH)}_3$沉淀速率 |
| $K_{\text{pFe(OH)}_3}$ | g/（m³·d） | $\text{Fe(OH)}_3$沉淀速率常数 |
| $IAP_{\text{Fe(OH)}_3}$ | mol/L | $\text{Fe(OH)}_3$离子积 |
| $K_{\text{SPFe(OH)}_3}$ | mol/L | $\text{Fe(OH)}_3$溶度积 |

| 参数 | 单位 | 意义 |
|---|---|---|
| $Rd_{Fe(OH)_3}$ | g/d | Fe(OH)$_3$ 溶解速率 |
| $K_{dFe(OH)_3}$ | g/d | Fe(OH)$_3$ 溶解速率常数 |
| $K_{FeS\text{-}DO}$ | g/（m$^3$·d） | FeS 被 DO 氧化速率常数 |
| $K_{H_2S\text{-}DO}$ | g/（m$^3$·d） | H$_2$S 被 DO 氧化速率常数 |
| AFeC | — | 还原每克碳所需要的 Fe |
| DFe(OH)$_3$ | g/（m$^3$·d） | Fe(OH)$_3$ 与有机物的反应速率 |
| ASO$_4$C | — | 还原每克碳所需要的 SO$_4^{2-}$ |
| DSO$_4$ | g/（m$^3$·d） | SO$_4^{2-}$ 与有机物的反应速率 |

其中，FeS 和 Fe(OH)$_3$ 的溶解速率常数并不是敏感参数，只需要设置得足够小即可；同样，FeS 和 Fe(OH)$_3$ 的沉淀速率常数也只需要设置得足够大。

## 3.3　巢湖西湖湾 Fe 与 S 的模拟与入流影响分析

### 3.3.1　Fe 与 S 分布状态模拟

在巢湖实测工况下，运用上一节建立的巢湖湖湾 Fe、S 的迁移扩散模型可以计算得到该区域 DO、FeS、Fe$^{2+}$和 S$^{2-}$的浓度分布，其中 FeS 是沉淀和溶解态浓度的总和（图 3-6）。

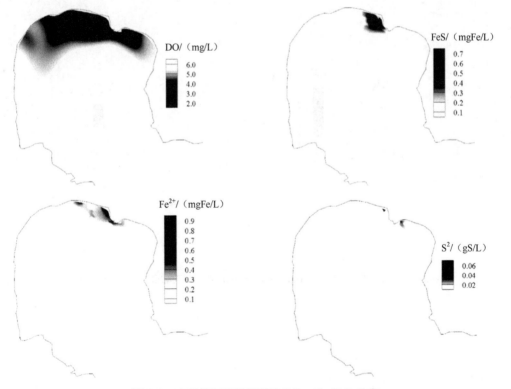

图 3-6　实测情况下巢湖湖湾 DO、Fe 和 S 分布

从图 3-6 可以看到，南淝河作为该湖湾主要的污染物来源，其入湖口附近至十五里河入湖口区域的 DO 浓度非常低，大部分小于 2.0 mg/L；而 FeS、$Fe^{2+}$ 及 $S^{2-}$ 的浓度较高，说明该区域的水体总体上处于缺氧还原的环境状态。同时，由于较高浓度的 $Fe^{2+}$ 存在，高浓度溶解性 $S^{2-}$ 的区域面积较小。随着离南淝河河口距离的增大，水体的 DO 复氧作用逐渐增强，水中 DO 浓度不断升高，使水体中的还原环境消失，FeS、$Fe^{2+}$ 及 $S^{2-}$ 的浓度也随之急剧下降。这些结果表明，本书所建立的模型较好地反映了 Fe、S 等物质的化学反应动力学，DO 确实是影响 FeS、$Fe^{2+}$ 与 $S^{2-}$ 浓度的重要因素，这也与实测情况及黑臭水团的实验研究结果定性吻合。

### 3.3.2　入湖 DO 对 Fe 与 S 分布的影响

南淝河河口实测的 DO 约为 1.95 mg/L，图 3-7 和图 3-8 是假设南淝河河口的 DO 浓度分别提升 3 mg/L 和 5 mg/L 时各物质的浓度分布。

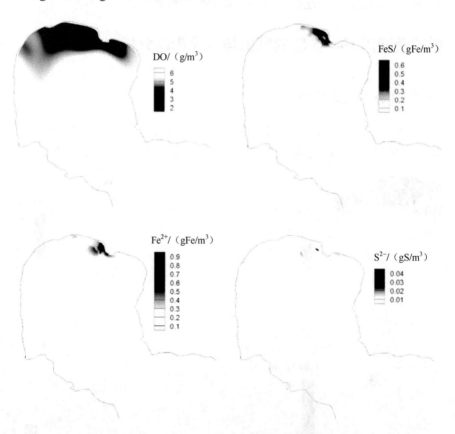

图 3-7　入湖 DO 浓度在 3 mg/L 的情况下巢湖西湖湾 DO、Fe 与 S 的分布

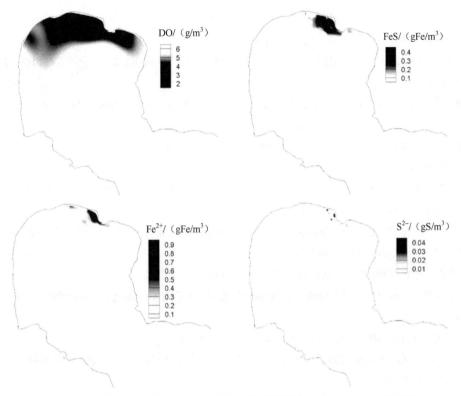

图 3-8 入湖 DO 浓度在 5 mg/L 的情况下巢湖湖湾 DO、Fe 与 S 的分布

比较图 3-6 至图 3-8 发现，提高南淝河入湖口的 DO 浓度并不会快速改变该湖湾地区 DO 本身的分布，这是因为南淝河湖湾地区水体和其他主要入湖河道的 DO 很低而耗氧污染物的浓度较高，南淝河的入湖河水会很快与周围水体混合从而难以达到快速提高 DO 浓度的目的。由于污染带分布形状主要由水动力特征决定，所以提高南淝河入湖水中的 DO 浓度对该地区 FeS、$Fe^{2+}$ 及 $S^{2-}$ 低浓度污染带，即浓度低于各物质最高浓度 10% 的等值包络线的形状也并无大的影响。

尽管如此，入湖 DO 的提高显然在一定程度上降低了湖湾区域水体的还原氛围，从而降低了 FeS 和 $S^{2-}$ 的浓度。与实测情况相比，若南淝河入湖 DO 提高至 3 mg/L，则该区域 FeS 的最高浓度下降 0.1 mg/L，即约 15%；若南淝河入湖 DO 提高至 5 mg/L，则该区域 FeS 的最高浓度下降约 42%。在此过程中，湖湾区域 $S^{2-}$ 的最高浓度也下降了约 32%，且其高浓度污染带的面积有所减小。需要注意的是，该地区 $Fe^{2+}$ 的污染带范面积在此过程中无较大变化，其最高浓度甚至略有上升，这表明 FeS 的减少主要是因为 $S^{2-}$ 的减少；由于湖湾区域水量巨大且水质相对较差，各种污染物质浓度较高而 DO 含量很低，所以单纯提升南淝河入湖河水中 DO 含量也难以将 $Fe^{2+}$ 转化为 $Fe^{3+}$。

## 参考文献

[1] 陆桂华，马倩. 太湖水域"湖泛"及其成因研究[J]. 水科学进展，2009，20（3）：130-134.

[2] Zhang XJ，Chen C，Ding JQ，et al. The 2007 Water Crisis in Wuxi，China：Analysis of the Origin[J]. Journal

of Hazardous Materials，2010，182（1-3）：130-135.

[3]    范成新．太湖湖泛形成研究进展与展望[J]．湖泊科学，2015，27（4）：553-566.

[4]    申秋实，范成新．藻源性湖泛水体显黑颗粒的元素形态分析与鉴定[J]．湖泊科学，2015，27（4）：591-598.

[5]    刘国锋，何俊，范成新，等．藻源性黑水团环境效应：对水—沉积物界面处 Fe、Mn、S 循环[J]．环境科学，2010，31（11）：2652-2660.

[6]    郝晓明，胡湛波，刘成，等．南宁市竹排冲河道水体黑臭评价模型建立研究[J]．华东师范大学学报（自然科学版），2011（1）：163-171.

[7]    熊鸿斌，周钢．巢湖市城区黑臭水体综合水质与底泥重金属污染研究[J]．合肥工业大学学报（自然科学版），2020，43（9）：1256-1262.

[8]    王玉琳，汪靓，华祖林，等．巢湖南淝河口黑水团区流速和溶解氧与 $Fe^{2+}$、$S^{2-}$ 浓度的空间关联性[J]．湖泊科学，2016，28（4）：710-717.

[9]    王劲峰．空间分析[M]．北京：科学出版社，2006.

[10]   Mark RTD，Marie JF. Spatial Analysis: A Guide for Ecologists[M]. Cambridge：Cambridge University Press，2014.

[11]   金勇进．统计学[M]．北京：中国人民大学出版社，2014.

[12]   王玉琳，汪靓，华祖林．黑臭水体中不同浓度 $Fe^{2+}$、$S^{2-}$ 与 DO 和水动力关系[J]．中国环境科学，2018，38（2）：627-633.

[13]   Deltras. D-Water Quality：Processes Library Description[R]. Dleft，2014.

# 第4章　巢湖湖湾水华蓝藻种群及藻团粒径变化

巢湖西湖湾是迎风聚藻湾区，是全巢湖蓝藻密度最高、蓝藻水华暴发频次最高和强度最大的区域。湖湾内蓝藻堆积腐烂，向水体释放氮、磷等营养物质，增加水体营养负荷；死亡藻体沉积湖底，向沉积环境输入大量活性有机碳，激发沉积物地球化学循环过程。因此，大量滋生蓝藻是湖泊内负荷的重要组成部分，不仅驱动湖泊内部物质循环，而且对湖泊造成不良的环境影响，导致水体和沉积物污染。研究湖湾蓝藻繁殖、种群演替和分布规律有利于掌握藻源性内负荷对湖泊的影响过程，从而为藻源性内负荷控制提供依据。

## 4.1　巢湖湖湾藻类水华分布特征

### 4.1.1　浮游植物分布季节变化特征

2013—2014 年开展的巢湖湖湾水体浮游植物种群分布周年监测（图 4-1 和图 4-2）检测到的浮游植物种类包括蓝藻、绿藻、硅藻、裸藻、甲藻和隐藻[1]。种群数量以蓝藻门占优势，除了 2 月（75.06%）、4 月（57.14%）和 7 月（86.15%），其他月份蓝藻门数量占总浮游植物总量的 95% 以上，平均为 90.28%；其次为绿藻门，全年平均占藻总量的 6.89%；最后为硅藻门，占 2.60%。绿藻和硅藻均在蓝藻所占比重相对少的冬春季数量较多。

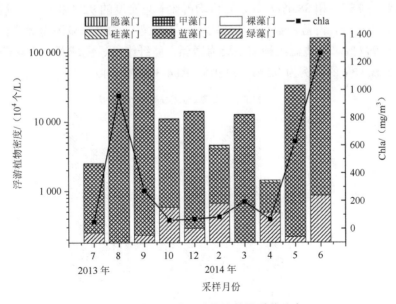

图 4-1　巢湖湖湾浮游植物数量季节分布

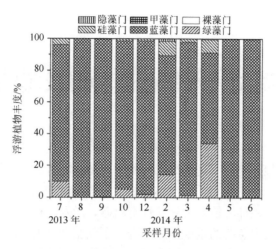

**图 4-2 巢湖湖湾浮游植物丰度季节分布**

不同年份的浮游植物数量虽然有一定的浮动，但总体趋势变化不大。2013—2014 年，巢湖西部藻类数量变化范围为 $2.5 \times 10^7 \sim 1.6 \times 10^9$ cells/L，高峰出现在夏季，其次为秋季，春季数量最低，藻类数量主要受蓝藻数量的影响。

Chla 的变化范围为 50.7～1 265.6 μg/L，全年平均值为 365.7 μg/L。Chla 在 6 月出现峰值，与浮游植物的季节变化趋势一致。

### 4.1.2 蓝藻密度季节变化特征

2013—2014 年，巢湖西部蓝藻数量变化范围为 $8.2 \times 10^6 \sim 1.6 \times 10^9$ cells/L，季节变化趋势为夏季＞秋季＞冬季＞春季。2013 年 7 月，由于受台风天气的影响，蓝藻数量呈现异常低值。蓝藻门以微囊藻和长孢藻为优势种，两者之和除了 2013 年 7 月和 2014 年 2 月分别占蓝藻总数的 75.1%和 88.4%，其余月份均占蓝藻总密度的 92%以上。巢湖蓝藻 3 月、4 月以长孢藻为优势种，占蓝藻数量的 95%以上；其他季节均以微囊藻为优势种，占蓝藻数量的 53.4%～99.0%。其他蓝藻种类主要为席藻、蓝纤维藻、色球藻、束丝藻、尖头藻、颤藻等，占蓝藻数量的比例为 0.5%～24.9%（图 4-3 和图 4-4）。

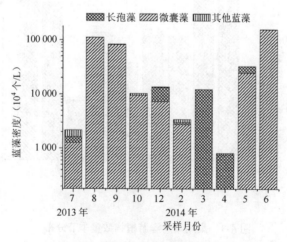

**图 4-3 巢湖湖湾蓝藻数量季节分布**

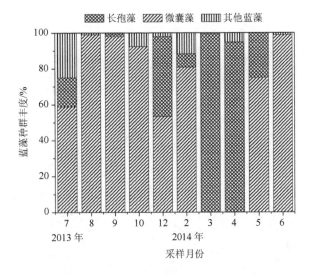

图 4-4　巢湖湖湾蓝藻种群丰度季节分布

## 4.2　巢湖湖湾蓝藻优势种群发育规律

Deng 等人[2]曾对巢湖浮游植物的时空变化进行了宏观研究，Yang 等人[3]对巢湖营养物质时空变化与 Chla 的关系进行了探讨。这些涉及蓝藻时空分布的研究对于弄清藻类的聚集及与营养物质的关系固然重要，但往往偏重巢湖浮游植物分类及叶绿素含量的季节变化，但从蓝藻群体及其水华蓝藻优势藻种种群发育规律的深入研究并不多见。因此，通过观测研究蓝藻优势种群铜绿微囊藻（M. aeruginosa）原位生长速率昼夜变化及其与环境因子的关系[4]，针对蓝藻群体及其优势种群形态的年度发展过程进行跟踪，以揭示蓝藻水华的发生规律及其与环境因子的关系，将为了解湖湾藻源性生物内负荷的发生发展、有效实施除藻控藻、预防蓝藻灾害提供科学依据。

### 4.2.1　蓝藻水华优势种的原位生长速率

铜绿微囊藻是巢湖湖湾的主要优势水华蓝藻，也是夏季蓝藻水华暴发的主要种群。以巢湖东北部湖湾为对象，于藻类生长旺盛的 7 月原位开展了与生长速率有关的实验，研究区域如图 4-5 所示。研究期间，气温于 14：00 达到最大值（35.6℃），于 4：00 达到最低值（28℃）；光合有效辐射（PAR）于中午 12：00 达到最大值 [1 977.3 μmol/（m²·s）]，20：00 至翌日 4：00 为零。此外，在实验过程中，风向以东南风为主，风速介于 2.3～3.5 m/s。

**1. 巢湖夏季浮游植物优势种**

7 月巢湖蓝藻门生物量约占浮游植物总生物量的 82.53%，约为绿藻门生物量的 12.39 倍，约为其他浮游植物各门总和的 7.63 倍（图 4-6a）；M. aeruginosa 约占蓝藻门总生物量的 91.16%，约为其他蓝藻门生物量的 10.31 倍，约占巢湖水源区浮游植物总生物量的 75.23%，是巢湖东北部湖湾浮游植物优势藻种（图 4-6 a 和 b）。

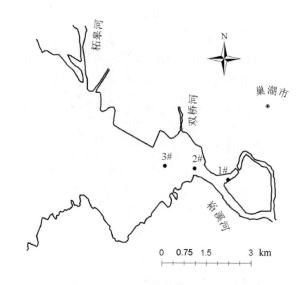

图 4-5　采样点位分布

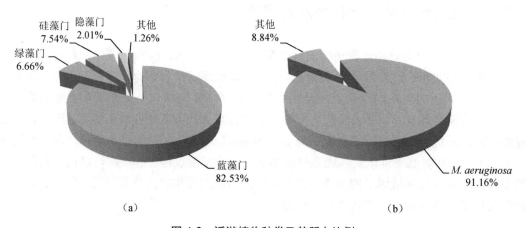

图 4-6　浮游植物种类及其所占比例

## 2. 巢湖 *M. aeruginosa* 的夏季细胞分裂频率

细胞分裂频率法（Frequency of Dividing Cells，FDC）最早用于水体中细菌生长速率的计算。Tsujimura[5]通过不同条件微囊藻的培养结果，对 FDC 的计算公式进行了修正，并将此方法应用于微囊藻原位生长速率的计算，取得了较好的结果。*M. aeruginosa* 以简单的细胞分裂方式进行生殖，根据细胞的形态可以将细胞分为单细胞（S）、分裂期细胞（D）和双细胞（P）3 个时期（图 4-7）。

单细胞　　　　　　　　分裂期细胞　　　　　双细胞

图 4-7　*M. aeruginosa* 细胞分裂过程示意图（改自 Tsujimura[5]）

单细胞的中央部位没有缢痕，分裂期细胞出现了缢痕，但细胞中央未形成隔板，双细胞时期中央出现细胞隔板。细胞分裂频率（*f*）为分裂期细胞占细胞总数的百分比，为计算 *f*，每个样品至少计数 500 个细胞。公式如下：

$$细胞总数=S+D+2P \tag{4-1}$$

$$f = D/(S+D+2P) \tag{4-2}$$

在实验室培养 *M. aeruginosa* 细胞，计算各个时期的细胞数量，计算 *f*，同时计算出对应公式下细胞分裂所需要的时间（$T_d$），测定野外样品不同时间的 *f*，根据对应的计算公式和 $T_d$ 可计算出微囊藻的原位生长速率（$\mu$）。

FDC 法对微囊藻原位生长速率的最佳计算公式如下：

$$\mu = \frac{1}{nT_d}\sum_{i=1}^{n}\ln(1+f_i-f_{min}) \tag{4-3}$$

式中，$T_d$——细胞分裂所需要的时间（*M. aeruginosa* 的 *T*d 为 3.3 小时），小时；

　　　$f_i$——不同采样时期的细胞分裂频率；

　　　$f_{min}$——连续测定过程中得到的最小细胞分裂频率值；

　　　*n*——*f* 的测定次数，2012 年 7 月 16 日晚上 20：00 至翌日 4：00，该时段的 *f* 值视为 0[5, 6]。

*M. aeruginosa* 的细胞分裂频率（*f*）表现出明显的昼夜变化规律（图 4-8）。在 6：00 时，3 个采样点的 *f* 值均介于 0.04～0.05，之后开始升高，到 10：00 左右最高，为 0.15 左右，其中 1# 采样点达到了 0.18。12：00—20：00，*f* 值保持在 0.08～0.15。24：00—4：00，*f* 值明显下降。研究期间，*f* 值的变化与光照条件的变化比较吻合，在光照条件较弱的 4：00 和夜晚，有效细胞分裂停止；在光照条件较好的白天，藻类细胞光合作用强，因此细胞分裂速度较快。相较而言，1# 采样点 *M. aeruginosa* 的 *f* 值明显高于 2# 和 3# 采样点，2# 和 3# 采样点的 *f* 值没有明显差异，3 个采样点的 *f* 值昼夜变化趋势基本一致。

根据室内不同条件下培养 *M. aeruginosa* 修正的计算公式及公式（4-3）计算得到巢湖 1#、2# 和 3# 采样点 *M. aeruginosa* 原位生长速率分别为 0.32/d、0.21/d 和 0.18/d。

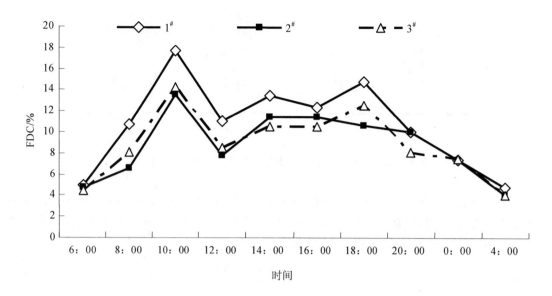

图 4-8　不同采样点细胞分裂频率

### 3. 巢湖 *M. aeruginosa* 生长速率与理化因子关系

通过对 3 个采样点 $f$ 值和理化因子进行相关分析（表 4-1 至表 4-3）可知，各采样点的 $f$ 值与 pH 及 PAR 具有一定的正相关关系，与其他理化因子没有明显的相关性。

表 4-1　1# 采样点各理化因子与 $f$ 值的相关性

|  | TP | TN | Chla | UV$_{254}$ | pH | ORP | COND[1] | DO | PAR[2] | $f$ 值 |
|---|---|---|---|---|---|---|---|---|---|---|
| TP | 1.000 |  |  |  |  |  |  |  |  |  |
| TN | −0.789** | 1.000 |  |  |  |  |  |  |  |  |
| Chla | −0.047 | 0.198 | 1.000 |  |  |  |  |  |  |  |
| UV$_{254}$ | −0.153 | 0.484 | −0.228 | 1.000 |  |  |  |  |  |  |
| pH | −0.471 | 0.845** | 0.030 | 0.634 | 1.000 |  |  |  |  |  |
| ORP | 0.274 | −0.385 | 0.346 | −0.337 | −0.369 | 1.000 |  |  |  |  |
| COND | 0.049 | 0.161 | 0.444 | −0.334 | 0.164 | −0.125 | 1.000 |  |  |  |
| DO | −0.501 | 0.312 | −0.367 | 0.297 | 0.200 | −0.616 | 0.142 | 1.000 |  |  |
| PAR | −0.463 | 0.653* | −0.118 | 0.366 | 0.538 | −0.486 | 0.393 | 0.539 | 1.000 |  |
| $f$ 值 | 0.203 | 0.126 | −0.142 | 0.519 | 0.397 | 0.056 | 0.096 | 0.020 | 0.511 | 1.000 |

注：** 表示相关系数在 0.01 水平上显著（双尾检验）；

　　* 表示相关系数在 0.05 水平上显著（双尾检验）。

[1] 电导率。

[2] 光合有效辐射。

表 4-2 2#采样点各理化因子与 *f* 值的相关性

| | TP | TN | Chla | $UV_{254}$ | pH | ORP | COND | DO | PAR | *f* 值 |
|---|---|---|---|---|---|---|---|---|---|---|
| TP | 1.000 | | | | | | | | | |
| TN | −0.191 | 1.000 | | | | | | | | |
| Chla | −0.308 | −0.250 | 1.000 | | | | | | | |
| $UV_{254}$ | 0.130 | 0.075 | 0.028 | 1.000 | | | | | | |
| pH | −0.105 | −0.550 | 0.326 | −0.575 | 1.000 | | | | | |
| ORP | −0.050 | 0.248 | −0.047 | 0.261 | −0.642* | 1.000 | | | | |
| COND | −0.056 | −0.371 | 0.233 | −0.435 | 0.283 | 0.075 | 1.000 | | | |
| DO | −0.155 | −0.439 | −0.048 | −0.351 | 0.676* | −0.695* | −0.202 | 1.000 | | |
| PAR | −0.482 | −0.407 | 0.186 | −0.467 | 0.818** | −0.581 | 0.398 | 0.559 | 1.000 | |
| *f* 值 | 0.022 | −0.158 | −0.159 | −0.503 | 0.252 | 0.082 | 0.592 | −0.272 | 0.379 | 1.000 |

注：** 表示相关系数在 0.01 水平上显著（双尾检验）；

* 表示相关系数在 0.05 水平上显著（双尾检验）。

表 4-3 3#采样点各理化因子与 *f* 值的相关性

| | TP | TN | Chla | $UV_{254}$ | pH | ORP | COND | DO | PAR | *f* 值 |
|---|---|---|---|---|---|---|---|---|---|---|
| TP | 1.000 | | | | | | | | | |
| TN | 0.227 | 1.000 | | | | | | | | |
| Chla | −0.004 | −0.101 | 1.000 | | | | | | | |
| $UV_{254}$ | 0.072 | −0.607* | 0.163 | 1.000 | | | | | | |
| pH | 0.015 | 0.362 | −0.144 | −0.595 | 1.000 | | | | | |
| ORP | −0.402 | −0.332 | 0.715** | 0.266 | −0.479 | 1.000 | | | | |
| COND | −0.520 | −0.105 | 0.178 | 0.395 | −0.627* | 0.579 | 1.000 | | | |
| DO | 0.087 | 0.254 | −0.745** | −0.063 | 0.394 | −0.666* | −0.369 | 1.000 | | |
| PAR | 0.094 | 0.284 | −0.394 | −0.410 | 0.840** | −0.687* | −0.719** | 0.596 | 1.000 | |
| *f* 值 | 0.177 | 0.424 | 0.097 | −0.536 | 0.729** | −0.116 | −0.322 | −0.009 | 0.413 | 1.000 |

注：** 表示相关系数在 0.01 水平上显著（双尾检验）；

* 表示相关系数在 0.05 水平上显著（双尾检验）。

细胞生长速率是衡量 *M. aeruginosa* 生长过程最直接的指标。Tsujimura[5]优化了细胞分裂频率计算蓝藻的公式，并使用优化公式在 9 月下旬对日本琵琶湖（Lake Biwa）的蓝藻进行了原位生长速率的计算，结果表明近岸带水域 *M. aeruginosa* 生长速率在 0.35/d 左右，敞水区生长速率在 0.1/d 左右。巢湖湖湾检测到的 *M. aeruginosa* 的最低生长速率与吴晓东等在太湖梅梁湾的研究结果[6]和 Tsujimura[5]的研究结果相一致。其中，7 月 *M. aeruginosa* 的最大生长速率为 0.32/d，与琵琶湖的最大生长速率比较接近，但由于巢湖与琵琶湖的理化环境存在差异，且 Tsujimura 的实验没有提供气象条件和营养盐浓度的资料，因此难以深入讨论这两个湖泊的实验结果[5]。就本书的研究结果而言，闭水区 *M. aeruginosa* 的浓度高于敞水区，对应的日生长速率最大。此外，由于闭水区受到的风浪和水流扰动较小，利于

*M. aeruginosa* 的生长增殖。相较而言，敞水区经常受到往来的船只及风浪的扰动，使该区域 *M. aeruginosa* 不易快速繁殖生长，*M. aeruginosa* 的细胞分裂频率也比较低。但是，由于本研究在巢湖湾区内进行，各样点营养盐水平、环境因子和蓝藻原位生长速率在统计学上没有显著差异，欲详细对巢湖蓝藻原位生长速率进行研究，并进一步讨论营养盐水平、蓝藻的原位生长速率和对应采样点或湖区的蓝藻总量的关系，还需在更大的时间和空间尺度上进行更多的研究。

### 4.2.2 春夏季蓝藻生物量增长规律

虽然夏季是蓝藻生长最旺盛的季节，但藻体复苏后的春季活性提升及生物量增长状态对预测和评估夏季蓝藻状况极其重要。对 2012 年 3—8 月巢湖东北部湾区蓝藻生物量进行 Logistic 非线性拟合（图 4-9），拟合方程为 $y = 16.9112/(1+e^{7.6509-1.1998 \cdot x})$，$R^2 = 0.9519$，蓝藻生物量的实测值都位于拟合曲线的两侧，与拟合曲线十分接近，Logistic 曲线与实测值变化趋势较吻合。其中，3—4 月为 Logitic 生长曲线的潜伏期，该时期蓝藻生物量较小，种群密度增长缓慢；5 月为加速期，随着蓝藻生物量的增加，种群密度增长开始加快；6 月为转折期，蓝藻生物量达到环境容纳量的一半，该时期种群密度增长最快；7 月为减速期，种群密度增长逐渐变慢；8 月为饱和期，蓝藻生物量达到最大值而饱和。3 月的蓝藻起始密度约 1.26 mg/L，最大藻团密度出现在 8 月，约为 14.15 mg/L，3—8 月蓝藻藻团密度日均增长率为 0.086 mg/d，6—7 月日均增长速率最快，约为 0.28 mg/d。

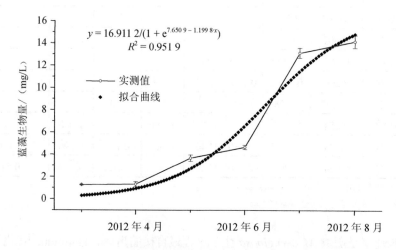

**图 4-9 巢湖蓝藻生长期生物量变化及曲线拟合**

*M. aeruginosa* 是巢湖东北部湾区蓝藻门的优势藻种，其年均生物量是蓝藻年均生物量的 47.1%，3—8 月平均生物量是蓝藻的 69.4%，在 *M. aeruginosa* 生物量最高的 8 月，其生物量约占蓝藻生物量的 85.7%。对 2012 年 3—8 月巢湖 *M. aeruginosa* 的生物量进行 Logistic 非线性拟合，拟合方程为 $y = 12.4898/(1+e^{18.7126-2.89 \cdot x})$，$R^2 = 0.9815$。Logistic 生长曲线各时期与蓝藻生长趋势相吻合。3—8 月，*M. aeruginosa* 起始生物量约为 0.13 mg/L，最大藻团密度约为 12.13 mg/L，日均增长率为 0.08 mg/d，6—7 月日均增长率约为 0.28 mg/d（图 4-10）。

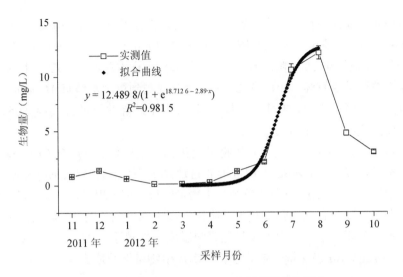

图 4-10　巢湖 *M. aeruginosa* 全年生长曲线拟合

### 4.2.3　*M. aeruginosa* 藻团聚散规律

对于以打捞控制生物内源而言，掌握湖湾水体水华藻团聚散规律具有指导意义。巢湖 *M. aeruginosa* 单细胞生物量一般于 2 月达到最低值，自 3 月开始生物量逐渐回升，并于 7 月达到最大值，之后逐渐减少，10 月再次回升（图 4-10）。*M. aeruginosa* 藻团生物量于 2 月、3 月为零，自 4 月开始逐渐增加，并于 8 月达到最大值，之后藻团生物量逐渐降低。可见，2012 年 2—4 月，*M. aeruginosa* 主要以单细胞形式存在，自 5 月起，藻团生物量开始超过单细胞生物量，6 月、7 月、8 月和 9 月 *M. aeruginosa* 藻团生物量显著高于单细胞生物量，9 月开始，藻团生物量明显下降，10 月与单细胞生物量相当。从全年来看，*M. aeruginosa* 藻团生物量显著大于 *M. aeruginosa* 单细胞生物量，*M. aeruginosa* 藻团生物量约为单细胞生物量的 4.38 倍，其中 *M. aeruginosa* 生物量最高的 8 月，*M. aeruginosa* 藻团生物量是单细胞生物量的 9.37 倍（图 4-11）。

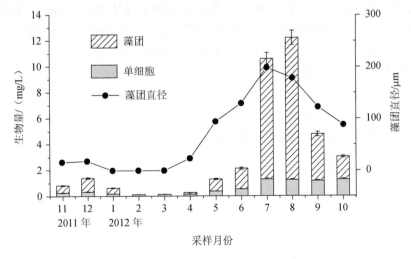

图 4-11　*M. aeruginosa* 单细胞、藻团生物量及藻团粒径年度过程

*M. aeruginosa* 藻团粒径的大小差异很大，小的只有若干个单细胞构成，大的肉眼可见[7]。*M. aeruginosa* 藻团粒径年度变化范围为 18.5～237.8 μm，大部分藻团粒径分布于 20～200 μm，占样本总数的 95.5%，粒径小于 20 μm 的藻团占样本总数的 1.32%，粒径大于 200 μm 的藻团占样本总数的 3.18%。2012 年 2—3 月没有观测到巢湖水体有 *M. aeruginosa* 藻团，藻团粒径最大值出现于 7 月，7 月、8 月藻团粒径大小差异并不显著（$p > 0.05$），自 9 月开始藻团粒径逐渐变小（图 4-11）。

*M. aeruginosa* 藻团粒径变化与其生物量变化相关性极显著（$p < 0.01$），均从 4 月开始快速增加。不过，*M. aeruginosa* 生物量于 8 月达到最高值，而 *M. aeruginosa* 藻团粒径于 7 月达到最大值。*M. aeruginosa* 藻团粒径与生物量的最大值出现月份不同，可能是由于 7 月下旬及 8 月上旬巢湖市有几次强度较大的降雨，雨水的冲击力将 *M. aeruginosa* 藻团打散，形成了更多的小藻团。不过，由于 8 月光照和温度条件较适宜 *M. aeruginosa* 的生长发育，所以 8 月 *M. aeruginosa* 仍保持一定的生长速率，生物量继续增大。

### 4.2.4　环境因子对巢湖蓝藻种群年内变化的影响

由表 4-4 可知，2011 年 11 月—2012 年 10 月一个完整年内，巢湖蓝藻生物量与 *M. aeruginosa* 生物量呈极显著正相关（$p < 0.01$）；*M. aeruginosa* 生物量与 *M. aeruginosa* 藻团粒径、温度（T）及光合有效辐射（PAR）呈极显著正相关（$p < 0.01$），与 TP 呈显著正相关（$p < 0.05$），与 DO 呈显著负相关（$p < 0.05$）；*M. aeruginosa* 藻团粒径与 T 及 PAR 呈极显著正相关（$p < 0.01$），与 DO 呈极显著负相关（$p < 0.01$）。

由表 4-5 可知，2012 年 3 月—2012 年 8 月，蓝藻生物量与 *M. aeruginosa* 生物量以及藻团粒径呈极显著正相关（$p < 0.01$），与 T 和 PAR 呈显著正相关（$p < 0.05$）；*M. aeruginosa* 生物量与 *M. aeruginosa* 藻团粒径呈极显著正相关（$p < 0.01$），与 T 及 PAR 呈显著正相关（$p < 0.05$），*M. aeruginosa* 藻团粒径与 T 及 PAR 呈极显著正相关（$p < 0.01$）。

春夏季是蓝藻生物量快速增加的季节[2]，2012 年 3—8 月巢湖东北部湖湾水华蓝藻和 *M. aeruginosa* 生长过程均符合 Logistic 生长模型。拟合曲线表明，3 月蓝藻和 *M. aeruginosa* 的起始群体密度分别为 1.26 mg/L 和 0.13 mg/L，最大群体密度均出现在 8 月，分别为 14.15 mg/L 和 12.13 mg/L，日增长率（r）分别为 0.086 mg/d 和 0.08 mg/d，最快生长速率均出现在 6—7 月，均为 0.28 mg/d。Deng 等人[2]在巢湖东半湖的研究结果认为，蓝藻生物量则是于 6 月达到最大值。究其原因，可能是由于 2007 年巢湖最高气温出现在 6 月，并且 6—7 月雨量较大，较强的降雨使水体中蓝藻的浓度急剧下降[2]。

2012 年 3—8 月，*M. aeruginosa* 是巢湖的优势藻种，且相关分析表明，3—8 月水华蓝藻生物量与 *M. aeruginosa* 生物量呈极显著正相关，因此，*M. aeruginosa* 昼夜生长速率情况基本可以反映整个水源区浮游植物的增减情况。

表 4-4 蓝藻、*M. aeruginosa* 与环境因子相关关系（2011 年 11 月—2012 年 10 月）

| | 蓝藻生物量 | *M. aeruginosa* 生物量 | 藻团粒径 | TN | TP | N/P | $NH_4^+$ | $NO_3^-$ | T | PAR | pH | DO |
|---|---|---|---|---|---|---|---|---|---|---|---|---|
| 蓝藻生物量 | 1 | | | | | | | | | | | |
| *M. aeruginosa* 生物量 | 0.734** | 1 | | | | | | | | | | |
| 藻团粒径 | 0.444 | 0.880** | 1 | | | | | | | | | |
| TN | −0.014 | −0.217 | −0.092 | 1 | | | | | | | | |
| TP | 0.495 | 0.629* | 0.527 | 0.067 | 1 | | | | | | | |
| N/P | −0.329 | −0.531 | −0.394 | 0.650* | −0.618* | 1 | | | | | | |
| $NH_4^+$ | −0.382 | 0.067 | 0.403 | −0.081 | −0.179 | 0.028 | 1 | | | | | |
| $NO_3^-$ | −0.364 | −0.119 | 0.275 | 0.147 | −0.279 | 0.154 | 0.712** | 1 | | | | |
| T | 0.14 | 0.713** | 0.930** | −0.084 | 0.368 | −0.322 | 0.582* | 0.399 | 1 | | | |
| PAR | 0.308 | 0.832** | 0.958** | −0.119 | 0.516 | −0.378 | 0.505 | 0.224 | 0.951** | 1 | | |
| pH | 0.207 | 0.182 | −0.127 | −0.214 | 0.145 | −0.361 | −0.234 | −0.228 | −0.172 | −0.112 | 1 | |
| DO | −0.074 | −0.627* | −0.840** | 0.067 | −0.315 | 0.319 | −0.455 | −0.522 | −0.893** | −0.795** | −0.026 | 1 |

注：* 表示在 0.05 的水平相关性显著（两尾测验）；

** 表示在 0.01 的水平相关性显著（两尾测验）。

表 4-5　蓝藻、*M. aeruginosa* 与环境因子相关关系（2012 年 3—8 月）

| | 蓝藻生物量 | *M. aeruginosa* 生物量 | 藻团粒径 | TN | TP | N/P | $NH_4^+$ | $NO_3^-$ | T | PAR | pH | DO |
|---|---|---|---|---|---|---|---|---|---|---|---|---|
| 蓝藻生物量 | 1 | | | | | | | | | | | |
| *M. aeruginosa* 生物量 | 1.000** | 1 | | | | | | | | | | |
| 藻团粒径 | 0.943** | 0.943** | 1 | | | | | | | | | |
| TN | -0.257 | -0.257 | 0.029 | 1 | | | | | | | | |
| TP | 0.464 | 0.464 | 0.522 | 0.058 | 1 | | | | | | | |
| N/P | -0.657 | -0.657 | -0.543 | 0.429 | -0.812* | 1 | | | | | | |
| $NH_4^+$ | 0.29 | 0.29 | 0.377 | -0.29 | 0.25 | -0.203 | 1 | | | | | |
| $NO_3^-$ | 0.029 | 0.029 | -0.086 | -0.257 | 0 | 0.086 | -0.029 | 1 | | | | |
| T | 0.829* | 0.829* | 0.943** | 0.086 | 0.696 | -0.6 | 0.551 | -0.143 | 1 | | | |
| PAR | 0.829* | 0.829* | 0.943** | 0.086 | 0.696 | -0.6 | 0.551 | -0.143 | 1.000** | 1 | | |
| pH | 0.2 | 0.2 | -0.029 | -0.371 | -0.029 | -0.429 | -0.58 | -0.314 | -0.2 | -0.2 | 1 | |
| DO | -0.638 | -0.638 | -0.551 | 0.029 | -0.647 | 0.638 | 0.279 | -0.406 | -0.464 | -0.464 | -0.29 | 1 |

注：* 表示在 0.05 的水平相关性显著（两尾测验）；
** 表示在 0.01 的水平相关性显著（两尾测验）。

温度是影响 *M. aeruginosa* 生长的一个重要因子。赵颖等人利用某种动态水体条件（试验温度为 25℃和 35℃两个水平）进行研究，认为 25℃更适合太湖 *M. aeruginosa* 的生长[8]。郑忠明等人在 *M. aeruginosa* 的纯培养（22℃、26℃和 30℃三个温度水平）中发现，*M. aeruginosa* 在 26℃和 30℃下生长较好[9]。Robarts 等人研究表明，29～32℃下微囊藻的生长速率最高[10]。陈建中等人研究表明，*M. aeruginosa* 对温度的适应范围较广，15～40℃ *M. aeruginosa* 均可生长，25～30℃为 *M. aeruginosa* 的最适生长温度，当温度达到 45℃时，*M. aeruginosa* 停止生长并逐渐死亡[11]。此外，相关研究表明在 10～35℃，*M. aeruginosa* 净光合放氧速率随温度升高而直线上升，其最适温度高于 35℃[12]。本研究中，巢湖气温为 28～34℃，基本处于 *M. aeruginosa* 最为适宜的生长区间，因此温度在本研究中并非限制因子，对 *M. aeruginosa* 的生长速率昼夜变化不会产生显著影响。

光照是影响 *M. aeruginosa* 生长最为重要的因子。吴溶等人研究指出，当温度条件一定时，光照条件为 6 000 lx 时最利于藻类细胞的生长，3 000 lx 的光照条件最适合 *M. aeruginosa* 的藻毒素释放[13]。张青田等人研究表明，*M. aeruginosa* 对光照度要求不高，较低光照即可快速增长，光照度 2 000～6 000 lx 适宜 *M. aeruginosa* 快速增殖[14]。*M. aeruginosa* 光饱和点在 500 μmol/（m²·s）左右，光强达到 900 μmol/（m²·s）时仍无光抑制现象发生。本研究中，实验期间 PAR 值为 0～1 977.3 μmol/（m²·s），高光照强度部分已远超出相关研究中 *M. aeruginosa* 光合作用的最适宜温度范围，故特定时段光照可能会使蓝藻产生光抑制。

## 4.3  巢湖湖湾水华蓝藻藻团粒径变化

### 4.3.1  水华蓝藻藻团粒径时空变化特征

巢湖能形成水华的蓝藻主要有微囊藻、鱼腥藻、颤藻和束丝藻等，其中 *M. aeruginosa* 在数量和发生频率上占绝对优势，因此将其作为考察巢湖蓝藻藻团粒径季节发育和时空分布特征的研究对象。为考察湖湾蓝藻藻团粒径的变化规律，在研究巢湖东北湖湾设置了 2 个采样点，采样点一（S1）位于内湖湾（东经 117°51′7″，北纬 31°35′31″），平均水深约为 4.5 m；采样点二（S2）位于湖区西部大湖面上（东经 117°45′36″，北纬 31°35′59″），平均水深约为 3.4 m。由于南岸丘陵、湖岸大坝及河口大桥等建筑物的阻隔，内湖湾受风浪的扰动较小，特别是南岸丘陵对西至西南风风力有明显的削弱作用，相比开阔湖面，前者受到的水力扰动明显低于后者。自 2011 年 4—8 月，每月中旬分别在 S1 与 S2 采集 3 个水深的水样，分别为表层（S1，水下 0.5 m；S2，水下 0.5 m）、中层（S1，水下 2 m；S2，水下 1.5 m）和底层（S1，水下 4 m；S2，水下 3 m）。

所采集的 *M. aeruginosa* 样品分析结果表明，藻团之间的大小差异很大，小到只有若干个单藻构成，大到肉眼可见。粒径变化范围为 20.54～1 620.28 μm，大部分粒径分布在 30～300 μm，占样本总数的 96.25%，粒径小于 30 μm 的藻团占样本总数的 0.19%，粒径大于 400 μm 的藻团占样本总数的 3.56%。6—8 月两位点不同水深的 *M. aeruginosa* 藻团粒径分布如图 4-12 和图 4-13 所示。

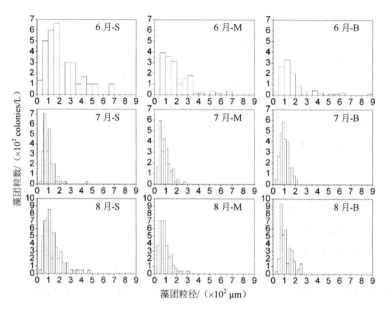

**图 4-12　6—8 月 S1 点位不同水深的 *M. aeruginosa* 藻团粒径分布**

注：S-表层，M-中层，B-底层。

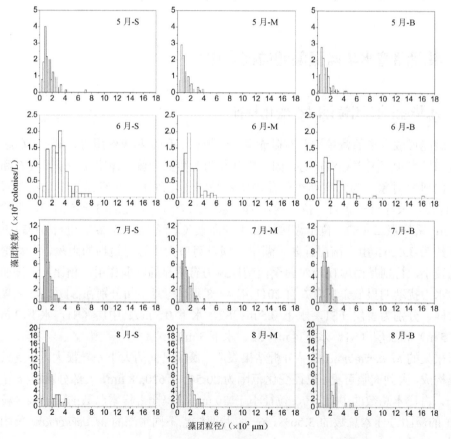

**图 4-13　5—8 月 S2 点位不同水深的 *M. aeruginosa* 藻团粒径分布**

注：S-表层，M-中层，B-底层。

S1 和 S2 两位点不同月份 *M. aeruginosa* 藻团粒径均值见表 4-6。2 个采样点藻团粒径随月份的变化趋势基本一致，6 月藻团粒径均值明显高于其他月份，藻团粒径在月时间尺度上没有呈现出明显的规律性变化。对两位点整个水柱的粒径样本（将 3 个水深的藻团粒径样本混合，作为采样点的总粒径样本）进行独立样本 $t$ 检验的结果显示：2 个采样点的藻团粒径分布存在显著差异，各月份下水域开阔的 S2 点位的藻团粒径均值均大于湖湾内的 S1 点位，说明水域的开阔程度越大越有利于微囊藻藻团的形成。

表 4-6  各月份下 S1 与 S2 点位的藻团粒径均值

| 月份 | | 5 月 | 6 月 | 7 月 | 8 月 |
|---|---|---|---|---|---|
| 均值/μm | S1 | — | 195.81 | 106.30 | 114.65 |
| | S2 | 127.34 | 249.46 | 138.50 | 145.19 |

对 7 组不同水深藻团粒径样本进行单因素方差分析的结果显示，6 月 S1（$df=2\,297$，$p<0.05$）、8 月 S1（$df=2\,297$，$p<0.01$）、5 月 S2（$df=2\,305$，$p<0.01$）和 6 月 S2（$df=2\,297$，$p<0.01$）不同水深的藻团粒径分布差异显著。对 7 组不同水深的藻团粒径样本进行多重比较（最小显著差数，LSD）的结果显示，在上述出现显著分布差异的月份及采样点，表层与中层、表层与底层的粒径分布差异显著高于中层与底层，因此可以认为研究湖区藻团粒径在水柱中的分布差异主要来自表层与中底层的差异，而中层与底层之间的差异并不显著。

表层的藻团粒径通常较大，不仅因为表层光照充足，有利于藻团细胞的光合作用，还因为粒径大的藻团更容易克服紊流对藻团的裹挟力，从而使其能停留在水体表层[15]。水源湖区粒径大于 200 μm 的藻团在表层的比例明显高于中层、底层，因此可以将 200 μm 理解为导致水柱中藻团粒径分布存在显著差异的较大藻团的粒径下限。也有研究表明，粒径大于 120 μm 的藻团较易集中在表层，两个结论的差异可能来自对藻团粒径定义的不同。Wallace 等人通过模型模拟，认为粒径达到 400 μm 的 *M. aeruginosa* 藻团可以在使自己变得足够重后沉入水底，从而能接触到泥水界面[15]。Rabouille 等人也通过模型模拟分析后认为，粒径大于 600 μm 的藻团更容易停留在深水层[16]。当大藻团沉入湖底时，由于底层缺少光照和水温较低，减缓了藻团细胞对糖原的消耗，从而延迟了藻团向表层的回迁。尽管如此，长时间停留在底层也会为藻团提供一些其他优势，如能使藻团接触到更多从沉积物中释放出来的营养物质。本实验中，在各月份下两个采样点的表层和中层均未观测到粒径超过 800 μm 的藻团，这些超大粒径藻团全都出现在底层。因此，根据上述分析可以总结出研究湖区不同粒径范围的 *M. aeruginosa* 藻团在各水深分布的一般规律：粒径小于 200 μm 的藻团在各水深的分布都比较均匀，没有明显的趋向性；粒径在 200～800 μm 的藻团更易集中在湖水表层；粒径超过 800 μm 的藻团更易集中在湖水底层。

### 4.3.2  风对水华蓝藻藻团粒径的影响

大量研究表明，风对藻类在水体中的分布有着极其重要的影响。George 等人认为当风速大于 3.7 m/s 时，紊流会代替层流导致水柱中藻类趋于均匀性分布[17]。Webster 等人通过构建模型从理论上将该临界值缩小为 2～3 m/s[18]。Cao 等人通过在太湖的野外观测得出的实际临界值为 3.1 m/s[19]。3 组不同粒径水平的藻团在不同水深的比例分布（图 4-14）表明，采样点 S2 在 7 月、8 月无论是粒径小的藻团还是粒径较大的藻团，在各水深的分布都比较均匀。在 S2 点位 7 月和 8 月采样时测得的瞬时风速分别为 5.3 m/s 和 4.6 m/s，此时风浪扰动对藻团在水柱中分布的影响已经远大于藻团自身的垂直迁移运动，因此上述月份和采样点的藻团粒径在整个水柱中的分布都趋向均匀。6 月采样前 5 日（6 月 8—12 日）湖区平均气温为 26.5℃，平均风速为 2.7 m/s，温度较高、风速较小的天气是导致 6 月水样的藻团粒径相比 5 月显著增加的一个重要因素。从野外观测和实验模拟都证实风浪的扰动会造成粒径较大的微囊藻藻团破裂，湖区藻团粒径总体水平在 6 月之后显著下降与风浪的扰动密切相关，这也说明藻团粒径的变化易受短时气象条件，尤其是风情的影响。

O'Brien 等人通过实验模拟发现，在经历不同强度扰动后 *M. aeruginosa* 藻团存在一个最大稳定粒径，大小在 220～420 μm，大于该粒径的藻团易在扰动中破裂[20]。在本研究中，大部分藻团粒径大小在 300 μm 以内，占粒径总样本的 91.17%，粒径在 300～400 μm 的藻团占总样本的 5.27%，而大于 400 μm 的藻团仅占总样本的 3.56%，属于小概率事件，因此可以认为水源湖区 *M. aeruginosa* 藻团最大稳定粒径在 300～400 μm。外湖区的藻团粒径均值在各月份下均高于内湖湾，说明风浪扰动在显著降低湖区水体中藻团粒径总体水平的同时，也会对一定范围内藻团粒径的发育有促进作用，该范围的上限即最大稳定粒径。这种促进作用可能是因扰动导致的水体中营养盐浓度、光照条件等环境因子变化协同作用的效果，对此机制的探讨需更深入的研究。

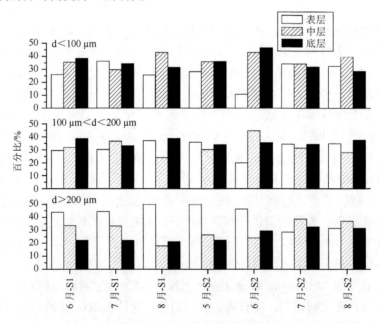

图 4-14　3 组不同粒径范围的 *M. aeruginosa* 藻团在不同水深的比例分布

### 4.3.3　藻团团粒分布对控藻模式的意义

研究藻团粒径分布不仅在一些理论研究领域发挥了重要作用，在构建模拟微囊藻垂直迁移模型时需要准确的藻团粒径分布数据来支撑，同时也为蓝藻收集技术的应用提供了科学的理论支撑。利用具有一定孔径的筛网对含藻原水进行过滤是一种高效、经济和环保的蓝藻打捞收集技术，当筛网的平均孔径为 30 μm，仅从藻团粒径大小的角度考虑，对 *M. aeruginosa* 藻团的理论过滤效率达到 99.81%。本书中所定义的藻团粒径是对藻团实际大小的一个近似表征，当藻团近似球形时，粒径值与藻团实际大小吻合程度较高，而当藻团呈不规则形态时，上述方法的表征效果较差。这种差别会影响对筛网实际过滤效率的评估，如两个等二维投影面积且等圆直径大于 30 μm 的藻团，一个为理想球形，另一个为狭长形，后者在通过筛网表面时可能会穿过网眼。尽管如此，30 μm 孔径筛网对藻团分离的实际效率仍然保持在一个相当高的水平，这将指导仿生过滤除藻技术的研发。

## 参考文献

[1] Shang L X，Feng M H，Liu F F，et al. The establishment of Preliminary Safety Threshold Values for Cyanobacteria Based on Periodic Variations in Different Microcystin Congeners in Lake Chaohu，China[J]. Environmental Science-Processes & Impacts，2015，17（4）：728-739.

[2] Deng D G，Xie P，Zhou Q，et al. Temporal and Spatial Variations of Phytoplankton in a Large Shallow Chinese Lake with Dense Cyanobacterial Blooms[J]. Integr. Plant Biol.，2007，49：409-418.

[3] Yang L b，Lei K，Meng W，et al. Temporal and Spatial Changes in Nutrients and Chlorophyll-a in a Shallow lake，Lake Chaohu，China：An 11-year Investigation[J]. J Environ. Sci.，2013，25（6）：1117-1123.

[4] Xu X G，Fan K，Li W C，et al. Seasonal Variation and Principle of Cyanobacterial Biomass and Forms in the Water Source Area of Chaohu City，China[J]. Chinese Journal of Oceanology and Limnology，2016，34（1）：34-43.

[5] Tsujimura S. Application of the Frequency of Dividing Cells Technique to Estimate the in Situ Growth Rate of Microcystis（Cyanobacteria）[J]. Freshwr Biol.，2004，48（11）：2009 - 2024.

[6] 吴晓东，孔繁翔. 水华期间太湖梅梁湾微囊藻原位生长速率的测定[J]. 中国环境科学，2008，28（6）：552-555.

[7] 范帆，李文朝，柯凡. 巢湖市水源地铜绿微囊藻（*Microcystis aeruginosa*）藻团粒径时空分布规律[J]. 湖泊科学，2013，25（2）：213-220.

[8] 赵颖，张永春. 流动水体下的温度对铜绿微囊藻生长的影响[J]. 污染防治技术，2008，21（2）：39-41.

[9] 郑忠明，白培峰，陆开宏，等. 铜绿微囊藻和四尾栅藻在不同温度下的生长特性及竞争参数计算[J]. 水生生物学报，2008，32（5）：720-727.

[10] Robarts R D，Zohary T. Temperature Effects on Photosynthetic Capacity，Respiration，and Growth Rates of Bloom-forming Cyanobacteria[J]. N. Z. J. Mar.Freshwater Res.，1987，21（3）：391-399.

[11] 陈建中，刘志礼，李晓明，等. 温度，pH 和氮，磷含量对铜绿微囊藻（*Microcystis aeruginosa*）生长的影响[J]. 海洋与湖沼，2010（5）：714-718.

[12] 李小龙，耿亚红，李夜光，等. 从光合作用特性看铜绿微囊藻（*Microcystis aeruginosa*）的竞争优势[J]. 武汉植物学研究，2006，24（3）：225-230.

[13] 吴溶，崔莉凤，卢珊，等. 温度光照对铜绿微囊藻生长及藻毒素释放的影响[J]. 环境科学与技术，33（6E）：2010，33-51.

[14] 张青田，王新华，林超，等. 温度和光照对铜绿微囊藻生长的影响[J]. 天津科技大学学报，2011，

26（2）：24-27.

[15] Wallace B B，Bailey M C，et al. Simulation of Vertical Position of Buoyancy Regulating Microcystis Aeruginosa in a Shallow Eutrophic Lake[J]. Aquatic Sciences，2000，62：320-333.

[16] Rabouille S，Salencon M J. Functional Analysis of Microcystis Vertical Migration：a Dynamic Model as a Prospecting Tool. Ⅱ.Influence of Mixing，Thermal Stratification and Colony Diameter on Biomass Production[J]. Aquatic Microbial Ecology，2005，39：281-292.

[17] George D G，Edwards RW. The Effect of Wind on the Distribution of Chlorophyll a and Crustacean Plankton in a Shallow Eutrophic Reservoir[J]. Journal of Applied Ecology，1976，13：667-690.

[18] Webster I T，Hutchinson P A. Effect of Wind on the Distribution of Phytoplankton Cells in Lakes Revisited[J]. Limnology and Oceanography，1994，39（2）：365-373.

[19] Cao H S，kong F X，Luo L C，et al. Effects of Wind and Wind-induced Waves on Vertical Phytoplankton Distribution and Surface Blooms of Microcystis Aeruginosa in Lake Taihu[J]. J. Freshwater Eco.，2006，21（2）：231-238.

[20] O'Brien K R，Meyer D L，Waite AM，et al. Disaggregation of Microcystis Aeruginosa Colonies Under Turbulent Mixing：Laboratory Experiments in a Grid-stirred Tank[J]. Hydrobiologia，2004，519：143-152.

# 第5章　巢湖及其湖湾底泥污染特征及内源负荷

巢湖西湖湾毗邻合肥市，南淝河、十五里河和塘西河这三条流经合肥市的重污染城市河道长期携带着大量污染物汇流至该区域，由此形成的汇流湖湾是目前巢湖污染最为严重、藻类暴发最为突出的区域。河道长期入湖汇流促使大量污染颗粒物在该区域不断沉降，导致该区域成为巢湖污染沉积速率最快的区域。污染物的长期富集加剧了该区域底泥中污染物的释放风险，已成为巢湖内源负荷最为突出的区域。严重的内源负荷加剧了该区域的富营养化程度，加之风浪、湖流等因素，使其成为巢湖藻类暴发最为突出的区域。湖湾区域底泥内源释放和藻类暴发聚积极大地制约着整个巢湖水环境的整治，迫切需要对区域底泥污染特征及内源负荷进行详细研究，以为内源负荷整治提供基础数据和理论支撑。

## 5.1　巢湖及西湖湾底泥主要营养物质分布特征

### 5.1.1　底泥有机碳分布特征

#### 1. 巢湖底泥有机碳分布特征

采集全巢湖 15 个点位表层 0～5 cm 底泥样品，经冻干、研磨、过筛后，使用重铬酸钾容量法测定底泥中总有机碳（TOC）。从总体分布来看（图 5-1），全湖表层底泥 TOC 含量为 0.72%～1.59%，西北部湖湾区域是巢湖底泥 TOC 含量最高的区域。该区域长期接纳来自南淝河、十五里河和塘西河等重污染城市河道的污染物，大量富含有机质的颗粒物在汇流湖湾不断沉降，使该区域成为巢湖底泥有机碳含量最高的区域。总体来看，巢湖北部底泥 TOC 含量要显著高于南部，其原因是污染较重的汇流河道主要分布在北部沿岸。

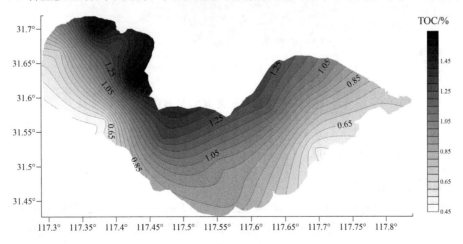

图 5-1　巢湖底泥 TOC 分布特征

### 2. 西湖湾底泥有机碳分布特征

针对西湖湾区域的严重污染状况，在区域内布设了 17 个采样点位（图 5-2），采样点位覆盖了湖湾内主要底泥淤积区域。对其中底泥 TOC 分布状况进行研究发现（图 5-3），汇流湖湾区域底泥 TOC 含量显著高于巢湖其他区域，为 1.28%～3.44%，均值达到 2.31%。其中，TOC 含量最高的区域是位于汇流湖湾中部 3 条主要入湖河道汇流的区域。由于水流、颗粒沉降等因素的影响，该区域成为湖湾内 TOC 富集程度最高的区域。入湖河道携带的大量颗粒态污染物通常粒径较小（<63 μm），极易吸附水体中有机质，在湖湾中心区域水流变缓，颗粒物大量沉降，使该区域底泥 TOC 含量较高。

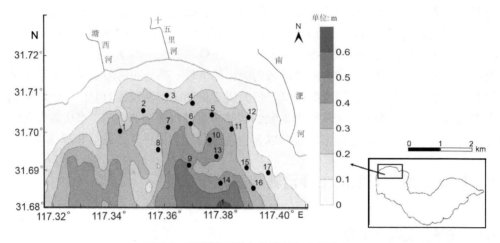

图 5-2　西湖湾采样点位及淤积底泥分布

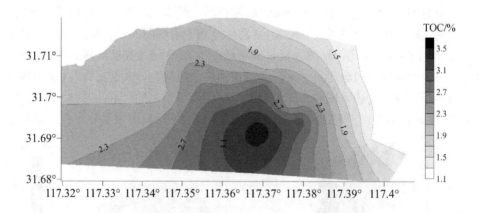

图 5-3　西湖湾底泥 TOC 分布特征

## 5.1.2　底泥氮形态分布特征

### 1. 巢湖底泥氮分布特征

对巢湖表层底泥总氮（TN）含量分析显示（图 5-4a），西北部湖湾区域和东北部湖湾区域是巢湖底泥 TN 含量较高的区域，全湖 TN 含量为 1 226.8～2 746.3 mg/kg，均值为 1 877.5 mg/kg。北部湖区底泥 TN 含量显著高于南部湖区。西北部南淝河、十五里河、塘西河及东北部炯炀河、柘皋河等污染河道入流可能是导致这些区域底泥 TN 含量显著高于其他区域的主要原因。此外，对底泥内源释放较为关注的铵态氮含量进行分析显示，西北部湖湾区域是整个巢湖底泥铵态氮含量最高的区域（图 5-4b），全湖表层底泥铵态氮含量为 13.6～225.6 mg/kg，均值为 99.0 mg/kg，与 TN 的分布状况类似，北部湖区底泥铵态氮含量依然显著高于南部湖区。

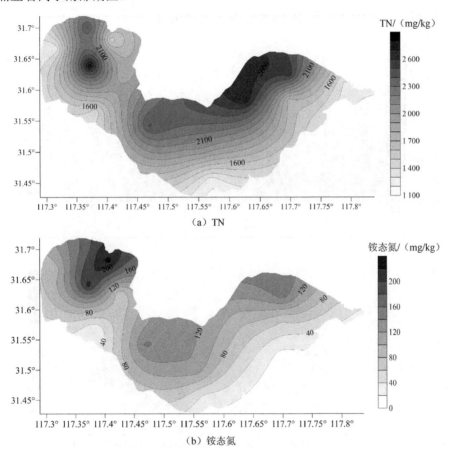

图 5-4　巢湖底泥 TN、铵态氮含量分布特征

### 2．西湖湾底泥氮分布特征

鉴于西北部湖湾底泥氮含量总体上显著高于巢湖其他区域的现状，对湖湾区域底泥氮含量及形态特征进行了进一步分析。湖湾表层底泥中 TN 含量为 1 399.3～3 739.4 mg/kg，平均达到（2 750.8±615.1）mg/kg，远高于巢湖底泥 TN 含量均值，变异系数（CV）为 0.22，各点位表层底泥中 TN 含量具有较大差异（图 5-5a）。距离南淝河河口、十五里河河口和塘西河河口较近的各点位 TN 含量分别为 1 644.9 mg/kg、2 641.6 mg/kg 和 3 074.2 mg/kg，其中南淝河河口附近表层底泥 TN 含量相对低于湖湾其他区域，与河口往上 1 km 处的调查结果（2 248.5 mg/kg）相比也较小，其原因是该区域自 1999 年来经历了多次环保疏浚。TN 含量最高的点位位于湖湾中心低洼区，达到 3 739.4 mg/kg。此外，对湖湾底泥易释放的铵态氮含量进行了分析，其含量为 104.7～705.4 mg/kg，均值为 248.1 mg/kg，显著高于巢湖其他区域。其中，南淝河河口是铵态氮含量最高的区域（图 5-5b），南淝河入流水体中高

含量的铵态氮被颗粒物吸附、沉降至河口区域，加剧了底泥中铵态氮污染。底泥中铵态氮随着底泥氧化还原环境的改变而发生转变，当底泥氧穿透降低、还原环境加强时，底泥中铵态氮含量显著上升。根据对湖湾区域的研究，由于区域内底泥有机质含量高，有机质降解耗氧较大，导致底泥氧穿透较小，大部分区域低于 4 mm，部分区域甚至低于 2 mm[1]，底泥缺氧及厌氧现象频发，导致其中铵态氮含量较高。这些高含量的铵态氮极易通过溶解、扩散、再悬浮等作用进入水体中，威胁区域内水环境质量。

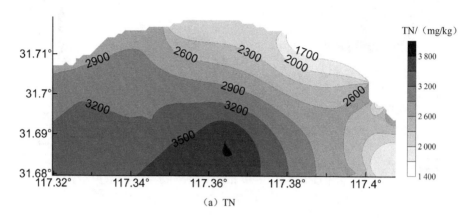

（a）TN

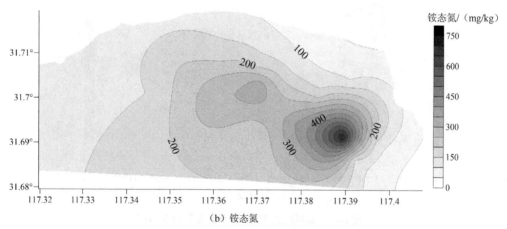

（b）铵态氮

图 5-5　西湖湾底泥 TN、铵态氮含量分布特征

　　对湖湾各样点底泥 TN 的垂向分析表明（图 5-6），底泥 TN 含量在 24 cm（1950 年前后）以下无明显变化，在 15～8 cm（20 世纪 80—90 年代后期）呈现明显的增加趋势，在 8～0 cm（20 世纪 90 年代后期至今）增加趋势减缓。以上结果说明该汇流湾区氮营养盐累积始于 20 世纪 50 年代，自 80 年代累积速度显著加剧，到 90 年代后期增加趋势减缓。其原因可能是自 20 世纪 80 年代开始，流域内化肥、农药施用量显著增加，而该汇流湾区 3 条主要入湖河流所流经的区域都曾是重要的农业区；自 90 年代后期由于城市化进程加快，合肥市城区面积急速扩大，使该区域逐渐由农村变为城市，农业生产大大减少，底泥中氮累积趋势也有所减缓[2]。

TN/（mg/kg）

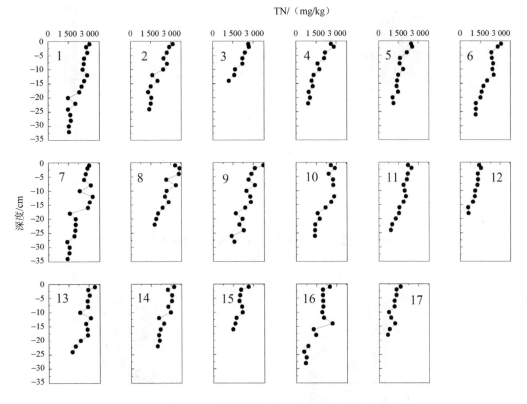

图 5-6　西湖湾底泥 TN 垂向分布状况

### 5.1.3　底泥磷形态分布特征

#### 1．巢湖底泥磷分布特征

巢湖表层底泥总磷（TP）含量分布特征与 TN 含量分布的相似之处是西北部湖湾均为污染最为严重的区域，可见西北部南淝河、十五里河和塘西河这几条重污染入湖河流对该区域造成了严重污染。全湖底泥 TP 含量为 329.9～1 794.3 mg/kg，均值为 674.3 mg/kg，西北部湖湾区域底泥 TP 含量多在 1 000 mg/kg 以上，存在显著的磷累积污染（图 5-7）。根据 Rydin 的底泥磷形态分级方法[3]对全湖表层底泥磷形态分布进行了分析，分级出的磷形态包括弱结合态磷（Ex-P）、铁结合态磷（Fe-P）、铝结合态磷（Al-P）、有机磷（Org-P）、钙结合态磷（Ca-P）和残渣态磷（Residual-P）。从全湖底泥磷的赋存形态来看，Fe-P 和 Org-P 是最为主要的易转化磷组分，其中 Fe-P 在全湖底泥中所占比例最高，与 Al-P 相近或更高（图 5-8）。Fe-P 是对氧化还原环境极为敏感的形态磷，在沉积物—水界面氧化还原环境改变时极易发生溶解和释放[4]。一直以来，Fe-P 对沉积物—水界面磷释放的控制被认为是湖泊内源磷释放的主要模式，近年来，多个研究人员还提出 Org-P 的分解对内源磷释放可能具有同样重要的作用[5, 6]。因此，湖泊沉积物—水界面可能同时存在着 Fe-P 和 Org-P 两种内源磷释放控制模式，尤其是在巢湖这样的典型富营养化湖泊中，在汇流湖湾区域大量聚积藻体形成大量有机颗粒沉降至表层底泥中，使底泥中的 Org-P 含量较高，高含量的 Fe-P 和 Org-P 对内源磷负荷的耦合影响可能会更加突出。

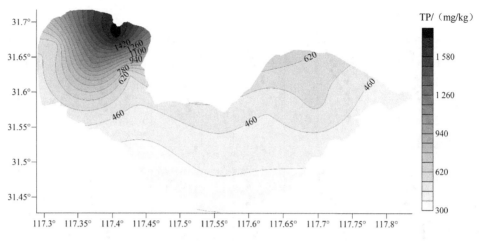

图 5-7　巢湖底泥 TP 含量分布特征

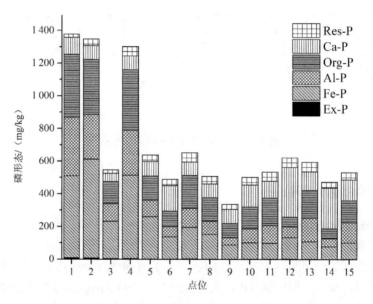

图 5-8　巢湖底泥磷形态分布特征

### 2．西湖湾底泥磷分布特征

针对西湖湾区域底泥磷含量在全巢湖的突出状况，通过对该区域的分析发现，湖湾内底泥 TP 含量为 607.9～1 602.3 mg/kg，较高的区域集中在塘西河河口和十五里河河口附近（图 5-9），平均达到（1 137.6±257.9）mg/kg，远高于巢湖表层底泥 TP 含量均值及巢湖其他湾区，变异系数为 0.23，各点位表层底泥 TP 含量具有较大差异。距离塘西河河口和十五里河河口较近的 1 号和 3 号点位表层底泥 TP 含量分别为 1 254.8 mg/kg 和 1 358.4 mg/kg，2 个河口之间的 2 号点位更高，达 1 544.8 mg/kg。根据李如忠等人的研究结果，十五里河流域内化肥生产企业排放的污水可能是该区域底泥中营养盐含量较高的重要原因[7]。与 TN 含量较高区域主要在湖湾低洼区不同，TP 含量较高区域主要集中在十五里河、南淝河和塘西河河口区域。

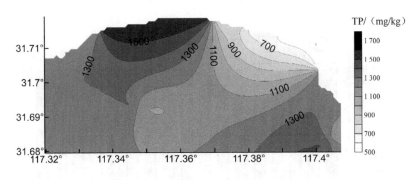

**图 5-9　西湖湾底泥 TP 含量分布特征**

从 TP 含量的垂向分布情况来看（图 5-10），湾区内各点位磷的垂向分布特征与氮较为相似（$p > 0.05$），即在 24 cm 以下无明显变化，在 18～10 cm 呈现明显的增加趋势，在 10～0 cm 增加趋势减缓。磷营养盐累积始于 20 世纪 50 年代，自 80 年代累积速度显著加剧，至 90 年代后期增加趋势减缓。自 20 世纪 80 年代开始，流域内磷肥的施用尤为突出，1980—2000 年，流域内磷肥施用量由 40 kg/hm² 骤增至 270 kg/hm² [8]。农业化肥的过度施用导致湖湾区域底泥磷的累积污染。此外，在形态分布特征上（图 5-11），Fe-P 和 Al-P 依然是主要的形态磷，Fe-P 的溶解及底泥氧化还原环境改变后，Fe-P 与 Al-P 之间的相互转化可能对湾区内源磷释放具有较强的控制作用[9]。

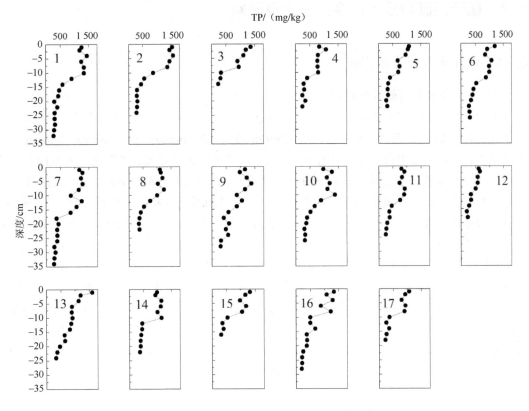

**图 5-10　西湖湾底泥 TP 含量垂向分布特征**

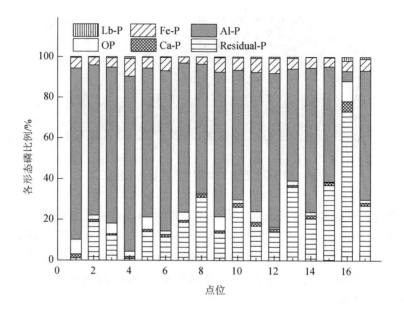

图 5-11 西湖湾底泥磷形态分布特征

## 5.2 巢湖西湖湾底泥重金属分布及风险

### 5.2.1 底泥重金属分布特征

#### 1. 重金属含量平面分布特征

汇流湾区表层底泥中 As、Cd、Cr、Cu、Hg、Ni、Pb、Zn 的平均含量分别为 13.3 mg/kg、0.777 mg/kg、67.1 mg/kg、33.0 mg/kg、0.269 mg/kg、28.7 mg/kg、54.1 mg/kg、306 mg/kg，大多高于背景值，表明均存在一定的污染。从表层底泥中各金属元素的分布（图 5-12）可以看出，含量较高的区域均集中在距南淝河、十五里河和塘西河河口 700 m 以上的湖湾低洼区，由人类活动产生的重金属污染物在这几个重污染河道的迁移、汇集下，堆积至该区域。同时，该区域也是湾区内底泥蓄积深度较大的区域，由于地表径流的冲刷导致底泥和金属污染物堆积在这一低洼区域而不是河口处，这与余辉和余建平[10]的研究结果相近。统计分析发现，各采样点的重金属元素含量间均呈现显著相关关系（$p < 0.01$），说明各金属的污染来源相近且可能形成以某种金属为主的复合性污染[11]。西湖湾底泥中各金属元素富集倍数（富集倍数计算使用安徽省土壤环境背景值）[12]大小顺序为 Hg＞Cd＞Zn＞Pb＞Cu＞As＞Cr＞Ni，分别是 8.14、8.01、4.95、2.03、1.62、1.47、1.01、0.96。其中，富集倍数最大的是 Hg，在研究区底泥中的含量为 0.170～0.358 mg/kg，远远高于湖心区（0.080 mg/kg）[13]；其次是 Cd，含量为 0.422～1.064 mg/kg。

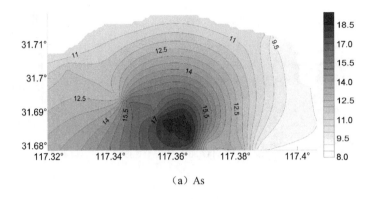

（a）As

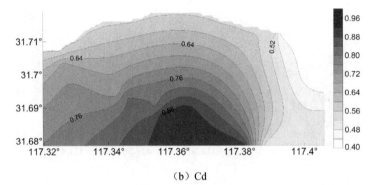

（b）Cd

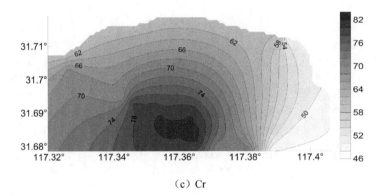

（c）Cr

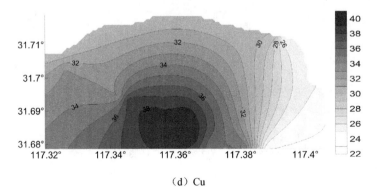

（d）Cu

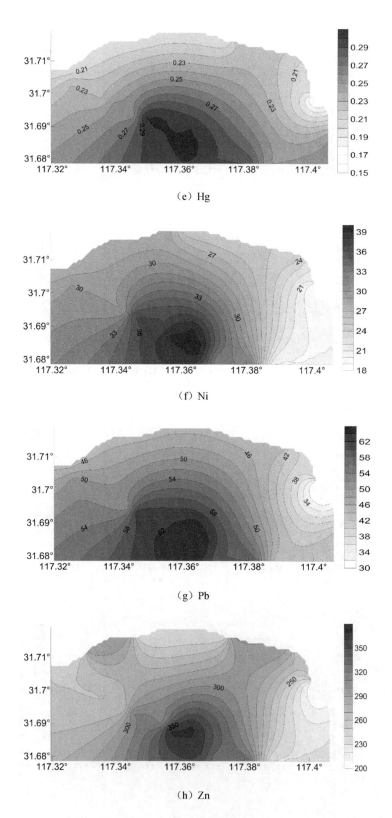

（e）Hg

（f）Ni

（g）Pb

（h）Zn

图 5-12　湖湾区表层底泥重金属含量平面分布（mg/kg）

### 2. 重金属含量垂向分布特征

从湖湾区各重金属的垂向分布情况（图5-13）来看，几乎所有重金属都在深度22～24 cm处出现含量明显下降趋势，该结果与杜臣昌等[14]对巢湖沉积物岩芯受重金属污染的研究结果相近，其认为人为污染始于20世纪50年代（深度相当于24 cm）。与背景值（图5-13中虚线）比较，22 cm深度以上 Hg 和 Cd 的富集倍数最高，As、Cr 和 Ni 最小，几乎未产生富集作用。这说明巢湖汇流湾区底泥主要受 Hg、Cd 等重金属富集污染的影响和威胁。

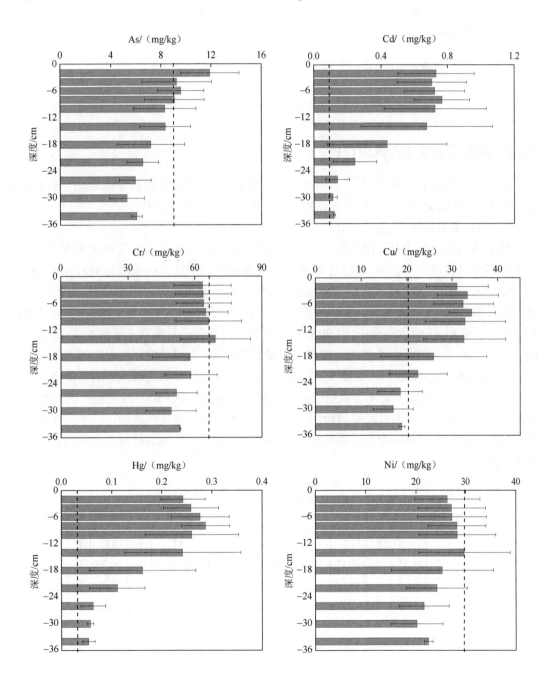

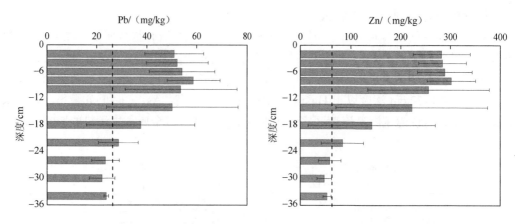

图 5-13　西湖湾底泥重金属含量垂向分布

## 5.2.2　底泥重金属生态风险评价

本研究使用地积累指数法[15]、潜在生态风险指数法[16]和底泥质量标准法（Sediment Quality Guideline，SQG）[17]对湖湾底泥重金属生态风险进行了评价。

### 1.　地积累指数法（$I_{geo}$）评价

使用地积累指数法对汇流湖湾区表层底泥各重金属污染状况的评价结果见表 5-1。底泥重金属污染程度分布于 0～3，共 4 级。各重金属污染程度大小依次为 Hg＞Cd＞Zn＞Pb＞Cu＞As＞Cr＞Ni。同富集倍数分析结果相似，污染程度最重的仍然是 Hg 和 Cd，2 种重金属污染等级（L）为 3，已达到中度污染；Cr、Ni 和 As 的污染等级为 0，表明湖湾区尚未有 Cr、Ni 和 As 的污染形成。用 SPSS19.0 对各金属元素进行聚类分析后发现（图 5-14），Hg 和 Cd 的污染可能是由人类活动排放的污染源引起的，而相关性分析表明两者显著相关（相关系数 0.812，$p < 0.01$），可能来自相同的污染源。Tang 等人的研究表明，巢湖入流河道 Cd 等金属污染可能主要来自农业生产中化肥（主要为磷肥）的过度施用[18]。另外，汇流湖湾区的南淝河、十五里河和塘西河流经合肥市人口最为密集的区域，流域内众多的工农业生产和其他人类活动都有可能导致金属污染的产生，并随地表径流汇入湖湾区，沉降至底泥中。

表 5-1　表层底泥重金属地积累指数及污染等级

| 点位 | As | | Cd | | Cr | | Cu | | Hg | | Ni | | Pb | | Zn | |
|---|---|---|---|---|---|---|---|---|---|---|---|---|---|---|---|---|
| | $I_{geo}$ | L | $I_{geo}$ | L | $I_{geo}$ | L | $I_{geo}$ | L | $I_{geo}$ | L | $I_{geo}$ | L | $I_{geo}$ | L | $I_{geo}$ | L |
| 最小值 | −0.59 | 0 | 1.53 | 2 | −1.15 | 0 | −0.60 | 0 | 1.78 | 2 | −1.39 | 0 | −0.29 | 0 | 1.15 | 2 |
| 最大值 | 0.48 | 1 | 2.87 | 3 | −0.24 | 0 | 0.38 | 1 | 2.85 | 3 | −0.21 | 0 | 0.78 | 1 | 2.06 | 3 |
| 均值 | −0.06 | 0 | 2.38 | 3 | −0.60 | 0 | 0.09 | 1 | 2.42 | 3 | −0.68 | 0 | 0.42 | 1 | 1.70 | 2 |

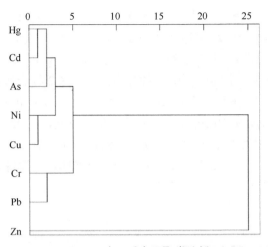

图 5-14　底泥重金属聚类分析

## 2. 潜在生态风险指数法（RI）评价

对湖湾底泥重金属综合潜在生态风险指数的评价（表 5-2）反映出，除位于南淝河河口附近及十五里河河口附近的点位为重度潜在生态风险外，其余点位均具有严重的潜在生态风险，说明由于重金属的存在，汇流湖湾区底泥对水生生物及人类健康具有潜在危害。其中，位于南淝河河口处的点位虽然仍具有重度潜在生态风险，但因 1999 年后表层底泥分别经过环保疏浚和航道疏浚，与其他类似深度的点位进行 $t$ 检验比较，其底泥重金属生态风险有极显著性差异（$t_{计}$=5.30>$t_{表 (0.01, 6)}$=4.03）。

表 5-2　表层底泥重金属潜在生态风险指数与风险等级

| 采样点位 | $E_r^i$ | | | | | | | | RI | 风险等级 |
| --- | --- | --- | --- | --- | --- | --- | --- | --- | --- | --- |
| | As | Cd | Cr | Cu | Hg | Ni | Pb | Zn | | |
| 1 | 13.72 | 220.96 | 2.04 | 8.12 | 277.02 | 4.88 | 9.57 | 4.24 | 540.56 | 重 |
| 2 | 13.49 | 229.35 | 2.15 | 8.79 | 315.70 | 5.21 | 10.55 | 4.86 | 590.10 | 重 |
| 3 | 11.78 | 177.86 | 1.86 | 7.11 | 241.04 | 4.24 | 8.35 | 3.86 | 456.10 | 重 |
| 4 | 15.12 | 271.04 | 1.92 | 8.03 | 335.23 | 4.37 | 10.09 | 4.96 | 650.78 | 严重 |
| 5 | 15.92 | 255.88 | 1.95 | 8.30 | 433.57 | 4.65 | 10.51 | 5.35 | 736.13 | 严重 |
| 6 | 14.74 | 280.15 | 2.30 | 9.35 | 398.18 | 5.58 | 11.54 | 5.66 | 727.49 | 严重 |
| 7 | 15.77 | 329.16 | 2.48 | 9.74 | 372.04 | 6.13 | 12.91 | 5.42 | 753.65 | 严重 |
| 8 | 18.38 | 247.65 | 2.37 | 9.22 | 319.37 | 6.10 | 11.47 | 5.01 | 619.58 | 严重 |
| 9 | 20.92 | 276.84 | 2.54 | 9.61 | 356.11 | 6.49 | 12.04 | 5.86 | 690.40 | 严重 |
| 10 | 17.62 | 329.19 | 2.32 | 9.63 | 344.85 | 5.44 | 12.59 | 6.26 | 727.90 | 严重 |
| 11 | 13.80 | 250.75 | 1.77 | 8.09 | 366.29 | 4.34 | 9.74 | 5.14 | 659.92 | 严重 |
| 12 | 11.43 | 189.65 | 1.57 | 6.42 | 296.39 | 3.33 | 7.84 | 4.43 | 521.07 | 重 |
| 13 | 19.84 | 273.88 | 2.27 | 8.82 | 367.58 | 5.63 | 11.53 | 6.01 | 695.57 | 严重 |
| 14 | 14.47 | 258.74 | 2.17 | 8.64 | 348.98 | 5.45 | 11.08 | 5.23 | 654.77 | 严重 |
| 15 | 13.19 | 204.84 | 1.75 | 6.87 | 299.68 | 3.95 | 8.79 | 4.89 | 543.97 | 重 |
| 16 | 10.40 | 158.38 | 1.47 | 5.84 | 256.51 | 3.25 | 8.18 | 3.66 | 447.69 | 重 |
| 17 | 9.95 | 130.38 | 1.35 | 4.95 | 206.41 | 2.87 | 6.15 | 3.32 | 365.39 | 重 |
| 均值 | 14.74 | 240.28 | 2.02 | 8.09 | 325.59 | 4.82 | 10.17 | 4.95 | 610.65 | 严重 |
| $E_r^i$ 等级 | 低 | 中 | 低 | 低 | 严重 | 低 | 低 | 低 | — | — |

从各金属的风险指数来看（表 5-2，$E_r^i$），其大小依次为 Hg＞Cd＞As＞Pb＞Cu＞Zn
＞Ni＞Cr。其中，污染贡献最大的仍然是 Hg 和 Cd，这 2 种金属的平均风险指数分别为
325.59 和 240.28，达到严重和较重潜在生态风险状态。Hg 可以损害鱼类的鳃组织，影响
鱼类的呼吸；Cd 会在水生生物的肝脏和肾脏内累积。这 2 种金属都可以通过生物富集进
入人体，对人体肝脏、肾脏等内脏组织造成严重危害。从 Hg 和 Cd 的潜在生态风险垂向
分布分析（图 5-15），Hg 在 10 cm 以上具有严重生态风险，在 22 cm 以上具有较重生态风
险，在 34 cm 处仍具有中度生态风险；Cd 则在 18 cm 以上具有较重的生态风险，直至 26 cm
处仍具有中度生态风险。受 Hg 和 Cd 主要污染贡献影响，底泥综合潜在生态风险指数 $RI$
在 14 cm 以内都具有严重生态风险（≥525）。

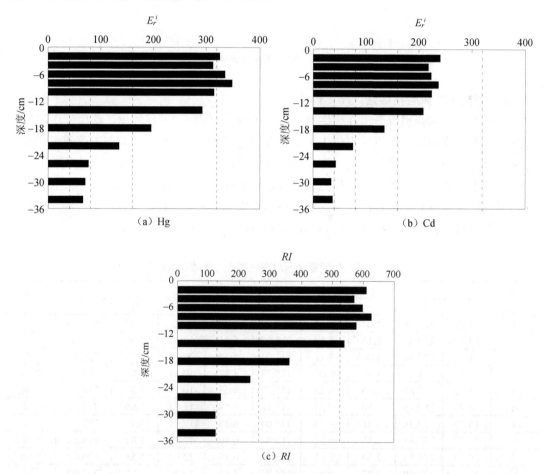

**图 5-15** $E_r^i$（Hg、Cd）及 $RI$ 垂向分布

## 3. SQG 评价

进一步使用 SQG[17]对湾区底泥重金属风险评价的结果发现，底泥还存在较大的 Zn 污
染风险。使用 SQG 方法对部分点位 Hg、Cd 和 Zn 3 种风险较大的重金属进行垂向风险评
价（图 5-16），大部分点位的 Zn 含量在 20 cm 以上依然超出阈值效应浓度（TEL 值），具
有一定的生态风险，且大部分点位 10 cm 以上底泥中 Zn 的含量超出了可能效应浓度（PEL
值），具有较大生态风险。而潜在生态风险指数较高的 Hg 和 Cd 这 2 种金属同样有多数点

位在 20～24 cm 底泥中的含量超出了 TEL 值。因此，汇流湾区最为典型的污染金属 Hg、Cd 和 Zn 的污染深度在 20～24 cm。而从历史沉积情况来看，污染大概始于 20 世纪 50 年代，且重金属含量的垂向分布趋势与氮、磷极为相似。

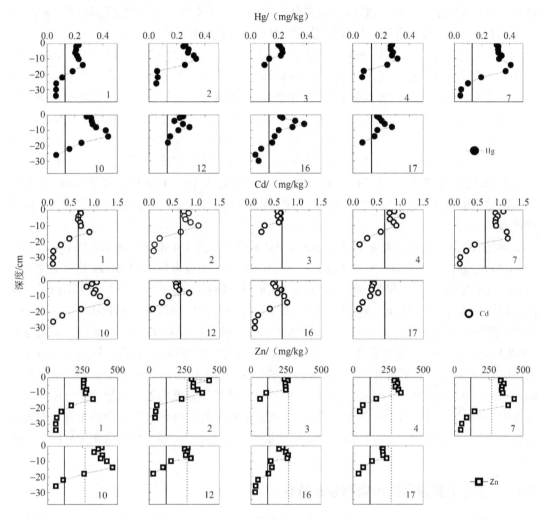

图 5-16　底泥中 Hg、Cd、和 Zn 的垂向分布特征（实线和虚线分别代表 TEL 和 PEL 值）

## 5.3　巢湖西湖湾底泥 POPs 赋存特征

### 5.3.1　底泥中多环芳烃分布特征

POPs 在环境中通常难被生物分解，对化学氧化和吸附也具有阻抗作用，同时具有"三致效应"（致癌、致畸、致突变），对人类和生物体的免疫系统、内分泌系统及生殖和发育都会造成危害。湖泊底泥中主要的 POPs 种类通常包括：多环芳烃类（PAHs）、有机氯类（OCPs）、多溴联苯醚类（PBDEs）及多氯联苯类（PCBs）等。这些 POPs 的来源途径主要是除草剂、杀虫剂等农药的过量施用及工业生产过程。这些残留在环境中的 POPs 以地表径流、地下径流、大气沉降等形式进入湖泊水体中，并通过吸附、沉降等过程进入底泥中。由于 POPs 多具有疏水性，因而在湖泊水体中倾向于与悬浮颗粒物结合，并沉降至底泥中[19]。底泥中的 POPs 污染物可通过底栖生物进入食物链中，在水生生物体内富集、迁移并转化，具有生物放大效应。POPs 的这些特性对湖泊生态安全及人类健康均具有严重威胁，多种 POPs 类物质被联合国环境规划署列为须立即处置的有毒有害污染物。

根据已有对巢湖底泥中 POPs 的研究结果[20]，巢湖底泥中最主要的 POPs 污染物为 PAHs，另外有少量 OCPs 等污染物。鉴于前述研究中汇流湖湾区域底泥在全湖底泥中污染最为严重的特征，对湾区各点位底泥中 POPs 污染物进行了分析，尤其是针对美国国家环保局发布的 16 种具有潜在生态风险的 PAHs 污染物进行了着重分析，包括萘（Nap）、苊烯（Acy）、苊（Ace）、芴（Fle）、菲（Phe）、蒽（Ant）、荧蒽（Flu）、芘（Pyr）、苯并(a)蒽（BaA）、䓛（Chr）、苯并(b)荧蒽（BbF）、苯并(k)荧蒽（BkF）、苯并(a)芘（BaP）、茚并(1,2,3-cd)芘（IcdP）、二苯并(a,h)蒽（DahA）、苯并[g,h,i]芘（BghiP）。使用 Long 等人[21] 的生物效应低值（ERL）法和生物效应中值（ERM）法对 PAHs 和其他污染物进行了风险评价。

根据底泥 PAHs 的分析结果（表 5-3），PAHs 的含量为 1 618.48～18 103.50 ng/g（均值 4 361.83 ng/g），高于 ERL 值（4 022 ng/g）。Ace 和 Fle 是最为典型的 PAHs 类污染物。表层 0～4 cm 底泥中 Ace 和 Fle 的浓度分别为 24.93～144.75 ng/g 和 32.50～164.61 ng/g，超出了相应的 ERL 值（16 ng/g 和 19 ng/g），且 Ace 和 Fle 的污染深度（超 ERL）达到 16 cm。位于南淝河河口附近的点位表层底泥中 $\Sigma$PAH 浓度分别达到 5 286.93 ng/g、18 103.50 ng/g 和 7 948.11 ng/g，均严重超出 ERL 值，是 PAHs 污染最严重的区域。然而，这几个点位下层底泥中 $\Sigma$PAH 的浓度并不高。造成这一现象的原因，一方面是南淝河航道上船只的燃料泄漏和入流河水均可能带来 PAHs 污染物，另一方面是长期频繁的航道疏挖使 PAHs 污染主要集中在表层，下层底泥中 $\Sigma$PAH 的浓度较低。PAHs 会威胁到水生动物的生存并对人类具有致癌性，因此在对这一区域进行底泥污染整治的过程中，须考虑到底泥 PAHs 的污染状况。

## 5.3.2　底泥中其他有机污染物分布特征

在对湾区底泥 PAHs 进行分析的同时，分析了其中 OCPs、PCBs 和 PBDEs 的污染状况，通过对 4 种 POPs 污染物进行对比发现（图 5-17），PAHs 的含量要远高于其他各类 POPs 的含量。其中，OCPs 的含量为 0.28～3.39 ng/g，均值为 0.83 ng/g；PCBs 的含量为 0.18～4.55 ng/g，均值为 0.62 ng/g；这 2 类污染物均显著低于其 ERL 值。PBDEs 的含量范围是 0.15～180.47 ng/g，其中仅在南淝河河口附近采样点位出现了 180.47 ng/g 的高值（图 5-18），这可能与河口区域污染物输入或航道中污染物泄漏有关，其余点位含量均远低于世界范围内典型河口区域底泥中 PBDEs 均值（50 ng/g）[22]。

表 5-3　巢湖西湖湾底泥中 16 种 USEPA 优先控制 PAHs 含量

单位：ng/g

| 采样点位 | 深度/cm | Nap | Acy | Ace | Fle | Phe | Ant | Flu | Pyr | BaA | Chr | BbF | BkF | BaP | IcdP | DahA | BghiP | ΣPAH |
|---|---|---|---|---|---|---|---|---|---|---|---|---|---|---|---|---|---|---|
| 1 | 0~4 | 34.12 | 8.30 | 30.27* | 66.42* | 112.70 | 27.23 | 203.93 | 205.11 | 115.02 | 147.99 | 181.69 | 144.45 | 114.62 | 63.73 | 17.08 | 71.01 | 1 869.68 |
| | 14~16 | 16.59 | 4.21 | 11.18 | 20.38* | 71.07 | 18.02 | 178.40 | 178.65 | 95.13 | 121.84 | 139.88 | 115.27 | 93.08 | 46.78 | 13.21 | 51.25 | 1 597.33 |
| | 28~30 | 12.89 | 0.10 | 0.82 | 5.46 | 32.45 | 1.25 | 23.92 | 22.61 | 2.33 | 4.35 | 5.14 | 4.66 | 1.65 | 1.58 | 0.34 | 1.69 | 277.11 |
| 2 | 0~4 | 56.55 | 15.90 | 47.51* | 66.55* | 135.22 | 38.52 | 260.34 | 253.79 | 169.55 | 202.67 | 260.79 | 201.51 | 166.09 | 85.57 | 23.15 | 91.59 | 2 489.45 |
| 3 | 0~4 | 40.44 | 8.40 | 34.12* | 55.49* | 116.93 | 32.78 | 230.61 | 221.16 | 147.54 | 175.22 | 225.16 | 182.74 | 150.99 | 78.59 | 21.45 | 85.76 | 2 167.15 |
| | 12~14 | 4.02 | 0.60 | 1.99 | 4.53 | 25.40 | 2.03 | 27.02 | 30.61 | 11.32 | 15.79 | 20.78 | 15.49 | 11.29 | 6.02 | 1.63 | 7.47 | 278.12 |
| 4 | 0~4 | 73.61 | 19.55 | 50.87* | 58.99* | 136.69 | 48.42 | 306.39 | 291.31 | 234.20 | 256.81 | 351.37 | 276.25 | 242.77 | 126.11 | 34.85 | 131.49 | 3 178.91 |
| | 14~16 | 27.65 | 8.58 | 19.00* | 27.07* | 83.37 | 29.67 | 326.49 | 271.89 | 150.26 | 174.19 | 164.18 | 142.72 | 109.03 | 40.20 | 13.03 | 44.65 | 1 977.78 |
| 5 | 0~4 | 48.30 | 16.32 | 41.31* | 70.12* | 150.60 | 51.31 | 310.03 | 284.80 | 235.60 | 249.54 | 334.57 | 289.20 | 253.69 | 123.42 | 33.62 | 126.97 | 3 150.59 |
| 6 | 0~4 | 77.12 | 22.08 | 59.26* | 98.95* | 180.15 | 60.37 | 358.46 | 344.13 | 265.94* | 292.39 | 366.39 | 306.73 | 277.29 | 141.24 | 38.24 | 144.29 | 3 663.28 |
| 7 | 0~4 | 68.52 | 17.11 | 56.52* | 84.62* | 171.35 | 48.80 | 339.39 | 323.35 | 232.13 | 267.36 | 343.91 | 276.68 | 249.72 | 135.77 | 36.08 | 140.66 | 3 398.51 |
| | 14~16 | 40.49 | 12.13 | 26.95* | 43.14* | 112.96 | 40.47 | 300.69 | 377.67 | 182.18 | 212.13 | 227.63 | 193.50 | 155.43 | 60.16 | 18.05 | 65.48 | 2 545.80 |
| | 28~30 | 5.70 | 0.45 | 1.62 | 7.10 | 35.96 | 3.22 | 40.04 | 43.88 | 17.04 | 27.70 | 35.39 | 24.25 | 19.30 | 11.25 | 3.11 | 20.86 | 602.84 |
| 8 | 0~4 | 44.35 | 11.98 | 34.02* | 58.65* | 115.52 | 36.10 | 241.90 | 222.22 | 158.39 | 186.91 | 237.35 | 189.26 | 164.57 | 92.19 | 24.79 | 96.70 | 2 353.32 |
| 9 | 0~4 | 33.42 | 7.98 | 24.93* | 32.50* | 95.70 | 24.95 | 161.72 | 165.53 | 106.82 | 123.32 | 169.74 | 133.98 | 114.42 | 60.17 | 15.70 | 62.13 | 1 618.48 |
| 10 | 0~4 | 79.73 | 19.26 | 58.91* | 70.21* | 169.84 | 57.47 | 344.22 | 344.20 | 269.22* | 295.95 | 408.29 | 310.11 | 290.80 | 149.70 | 40.71 | 153.19 | 3 725.29 |
| 11 | 0~4 | 104.21 | 45.54* | 78.61* | 132.27* | 204.51 | 76.21 | 441.31 | 450.11 | 370.13* | 387.02* | 555.36 | 433.04 | 396.41 | 189.48 | 52.61 | 191.20* | 4 954.69* |
| 12 | 0~4 | 73.78 | 22.69 | 60.77* | 70.42* | 166.01 | 64.64 | 421.85 | 382.43 | 337.98* | 342.83 | 444.15 | 354.75 | 322.79 | 122.02 | 36.78 | 124.19 | 3 963.14 |
| | 14~16 | 3.86 | 0.25 | 1.28 | 2.93 | 10.72 | 2.35 | 16.34 | 18.62 | 8.44 | 10.86 | 10.37 | 9.66 | 7.25 | 3.13 | 0.98 | 4.54 | 145.23 |

| 采样点位 | 深度/cm | Nap | Acy | Ace | Fle | Phe | Ant | Flu | Pyr | BaA | Chr | BbF | BkF | BaP | IcdP | DahA | BghiP | ΣPAH |
|---|---|---|---|---|---|---|---|---|---|---|---|---|---|---|---|---|---|---|
| 13 | 0~4 | 75.92 | 18.84 | 66.87* | 101.33* | 174.95 | 53.25 | 300.83 | 347.81 | 244.24 | 270.95 | 383.59 | 293.83 | 267.73 | 133.79 | 35.89 | 138.35 | 3 520.62 |
| | 14~16 | 59.68 | 23.95 | 47.29* | 78.53* | 133.33 | 56.30 | 333.05 | 365.83 | 254.07 | 282.57 | 360.28 | 277.97 | 260.06 | 124.33 | 35.07 | 130.03 | 3 519.51 |
| 14 | 0~4 | 55.29 | 15.28 | 46.48* | 66.60* | 133.92 | 42.91 | 261.75 | 247.08 | 195.22 | 215.26 | 282.89 | 232.99 | 206.89 | 110.76 | 30.27 | 114.49 | 2 759.38 |
| 15 | 0~4 | 110.14 | 27.51 | 85.79* | 97.50* | 221.21 | 81.14 | 457.60 | 461.65 | 405.65* | 417.76* | 629.93 | 655.96 | 410.28 | 176.83 | 51.41 | 181.08 | 5 286.93* |
| | 0~4 | 90.71 | 116.36* | 47.34* | 137.55* | 989.41* | 198.65* | 2 876.09* | 1 771.27* | 1 237.08* | 1 452.21* | 1 748.43* | 1 338.95* | 1 329.37* | 648.03 | 169.22 | 627.44 | 18 103.50* |
| 16 | 14~16 | 29.16 | 4.36 | 9.00 | 22.04 | 138.03 | 24.32 | 265.38 | 251.62 | 50.56 | 76.30 | 41.07 | 31.00 | 21.50 | 5.84 | 1.84 | 6.78 | 1 116.40 |
| | 26~28 | 5.15 | 0.16 | 1.86 | 7.60 | 20.26 | 0.61 | 9.38 | 9.43 | 2.14 | 3.78 | 4.20 | 3.51 | 1.80 | 1.58 | 0.34 | 1.49 | 216.30 |
| 17 | 0~4 | 146.75 | 44.89* | 144.75* | 164.61* | 366.29* | 136.68* | 828.99* | 807.74* | 707.69* | 709.11* | 834.58 | 727.56 | 652.98* | 225.99 | 67.20 | 228.43* | 7 948.11* |
| | 14~16 | 15.65 | 2.82 | 10.52 | 21.22 | 86.62 | 23.03 | 148.39 | 175.20 | 56.67 | 79.75 | 55.86 | 42.98 | 32.38 | 10.66 | 3.57 | 15.15 | 938.54 |
| ERL | | 160 | 44 | 16 | 19 | 240 | 85.3 | 600 | 665 | 261 | 384 | NA[a] | NA | 430 | NA | 63.4 | NA | 4 022 |
| ERM | | 2 100 | 640 | 500 | 540 | 1 500 | 1 100 | 5 100 | 2 600 | 1 600 | 2 800 | NA | NA | 1 600 | NA | 260 | NA | 44 792 |

注：[a]NA，无可用数据；*>ERL，但<ERM。

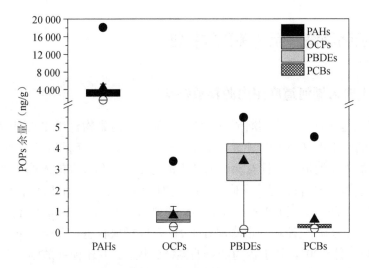

图 5-17　湾区表层底泥各类 POPs 含量

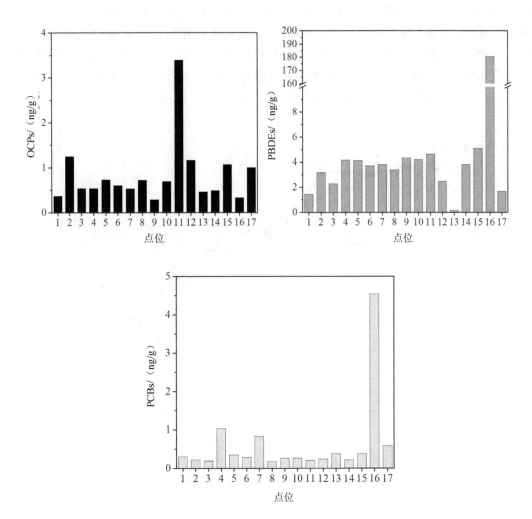

图 5-18　各点位表层底泥 OCPs、PBDEs 和 PCBs 含量分布

## 5.4　巢湖及西湖湾底泥内源释放特征

### 5.4.1　湖湾主要入湖河道底泥内源释放特征

巢湖周围虽然共有大小入湖河流 33 条，但就水体污染物含量和入湖污染物量的分配而言，西半湖的污染程度和入湖量要明显高于东半湖。其中，南淝河是整个巢湖入湖污染物贡献量最大的入湖河道[23]。针对南淝河严重的污染状况和较高的入湖污染负荷，对南淝河及其支流底泥内源释放特征进行了研究，包括四里河、板桥河、廿埠河、店埠河（图 5-19）。调研结果发现，南淝河流域河道底泥 $NH_4^+$-N 释放通量为 0.03～844.22 mg/（$m^2\cdot$d），均值为 357.97 mg/（$m^2\cdot$d），全流域河道底泥处于 $NH_4^+$-N 释放状态，多个点位释放通量超过了200 mg/（$m^2\cdot$d）（图 5-20），处于极为严重的氮释放状态，且干流释放强度总体上要高于各支流。各支流污染物长期向干流汇入，以及干流周边合肥市大量工业、农业及生活污染的汇入导致南淝河干流长期接纳各类污染物。各支流中，释放通量较大的是板桥河和店埠河，这两条河道分别位于合肥市主城区和肥东县城主城区，各类污染汇流量均较大，导致其内源释放通量在几条支流中相对较大。干流中释放通量较大的点位 F2 和 F3 位于合肥市主城区，污染物汇入量较大；另外点位 F8～F10 位于各支流汇流点以下，由于河道流场的改变，大量污染物在河床沉降，使这些点位内源释放极为突出。而靠近河口区域的 F11 点位和 F12点位由于经历多次航道疏浚，$NH_4^+$-N 释放通量相对小于 F10 等点位。

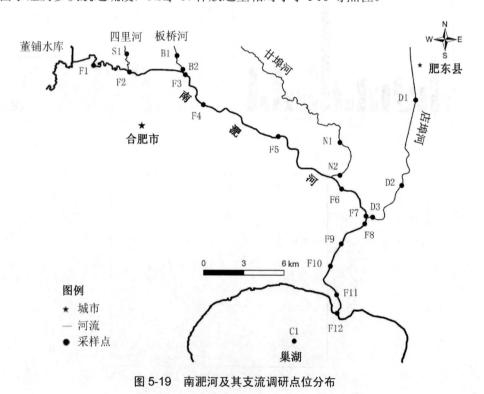

图 5-19　南淝河及其支流调研点位分布

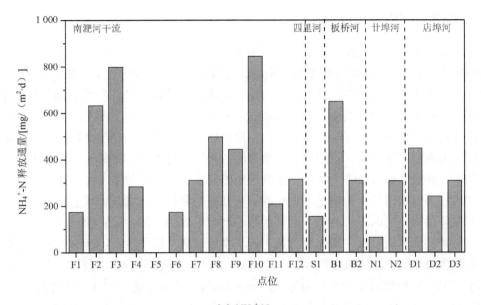

（a）NH₄⁺-N

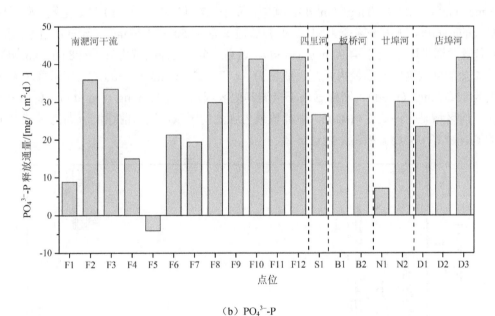

（b）PO₄³⁻-P

**图 5-20　南淝河及其支流 NH₄⁺-N、PO₄³⁻-P 释放通量**

从南淝河流域磷酸根磷（PO₄³⁻-P）释放状况来看，干流及各支流 PO₄³⁻-P 释放通量为 $-4.07 \sim 45.35$ mg/（m²·d），均值为 27.70 mg/（m²·d），除 F5 点位外，均处于较严重的 PO₄³⁻-P 释放状态。各支流中释放通量较大的是板桥河、店埠河和四里河，干流各点位自上游往下游 PO₄³⁻-P 通量逐渐加大，这可能与磷在水体中沉积型循环的特征有关。水体中磷多吸附于颗粒物中，各河道长期接纳的磷污染物通过颗粒物吸附、沉淀累积在底泥中，且颗粒物受到河道水流作用，逐渐向下游输移，颗粒物中大量吸附的 Fe-P 和 Org-P 均可能在泥水界面环境改变时释放至上覆水体中。

### 5.4.2 湖体底泥内源释放特征

底泥在湖泊富营养化演变过程中起着至关重要的作用。在富营养化发生初期，底泥作为污染物的"汇"大量接纳水体中的污染物，而当底泥污染达到一定程度时，可通过扩散、对流及再悬浮等作用向上覆水体中释放污染物，成为污染物的"源"[24]。随着底泥中氮、磷等污染物的不断累积，其向上覆水体释放不断加剧，可在一定的氧化还原环境、pH 条件及风浪扰动、生物扰动等因素影响下向上覆水体释放氮和磷。底泥内源释放的氮和磷甚至可能成为湖泊水体中氮、磷污染的主要来源。大量研究表明，在湖泊富营养化整治过程中，仅仅对外源的截污整治通常难以达到理想的富营养化控制效果，内源释放的存在可能会让湖泊在外源整治后十几年甚至更长时间内依然呈现严重的富营养状态[25]。巢湖作为我国富营养化最为突出的湖泊之一，同样面临着严峻的底泥内源污染释放问题。

对全巢湖底泥内源氮、磷释放特征进行了季度调研，结果显示，西湖湾区域是全巢湖氮、磷释放最为强烈的区域（图 5-21）。冬季（1 月）、春季（4 月）、夏季（7 月）和秋季（10 月）$NH_4^+$-N 释放通量均值分别为 9.29 mg/（$m^2 \cdot d$）、7.30 mg/（$m^2 \cdot d$）、20.25 mg/（$m^2 \cdot d$）和 16.18 mg/（$m^2 \cdot d$），$PO_4^{3-}$-P 释放通量均值分别为 –0.31 mg/（$m^2 \cdot d$）、–0.87 mg/（$m^2 \cdot d$）、4.08 mg/（$m^2 \cdot d$）和 –0.10 mg/（$m^2 \cdot d$）。其中，夏季（7 月）和秋季（10 月）是氮、磷释放通量最大的时间段，尤其是夏季，$NH_4^+$-N 释放通量为 –8.50～83.26 mg/（$m^2 \cdot d$），汇流湖湾区域点位释放通量均值达到 64.90 mg/（$m^2 \cdot d$），远高于全湖其他区域均值 [9.08 mg/（$m^2 \cdot d$）]；而磷酸盐的释放则以夏季为最强烈，通量为 –1.17～23.75 mg/（$m^2 \cdot d$），汇流湖湾区域通量均值为 15.37 mg/（$m^2 \cdot d$），同样远高于全湖其他区域均值 [1.26 mg/（$m^2 \cdot d$）]。总体来看，汇流湖湾区域是全湖底泥内源氮、磷释放最为强烈的区域，这与前述汇流湖湾区域底泥严重的氮、磷等污染物累积污染特征一致。

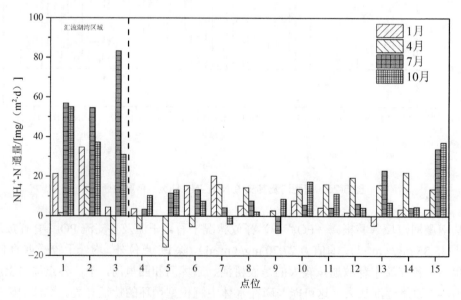

（a）$NH_4^+$-N

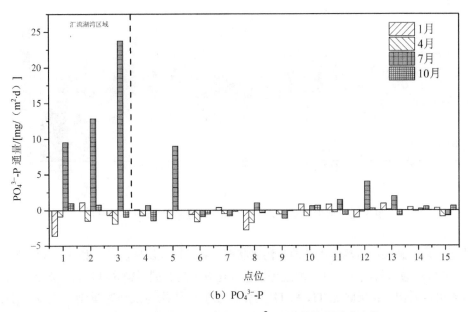

（b）PO₄³⁻-P

图 5-21　巢湖底泥 NH₄⁺-N、PO₄³⁻-P 释放通量季节变化

### 5.4.3　西湖湾底泥内源释放特征

鉴于前述研究中汇流湖湾区域所呈现出的严重底泥内源污染释放现象，对西湖湾区域底泥内源释放特征进行了研究。湾区底泥 $NH_4^+$-N 释放通量为 14.27～128.24 mg/（$m^2$·d），变异系数为 0.46。该湾区底泥全部是氮的释放源（图 5-22），具有较大释放风险，最大释放强度出现在 6 号点[（128.24±39.45）mg/（$m^2$·d）]，最小释放强度出现在位于湖湾低洼区的 9 号点[（14.27±15.07）mg/（$m^2$·d）]。释放风险较大区域集中在南淝河、十五里河和塘西河河口区域，与前述分析中各河口区域较高的污染输入一致。底泥 $PO_4^{3-}$-P 释放通量为 0.07～13.00 mg/（$m^2$·d），变异系数为 0.71，各点位间有较大差异。根据结果可以发现（图 5-22），研究湾区各采样点底泥均为磷的释放源，最大释放强度出现在距南淝河口较近的 17 号点[（13.00±1.10）mg/（$m^2$·d）]，最小释放强度出现在 14 号点[（0.07±0.58）mg/（$m^2$·d）]。释放风险较大区域集中在南淝河和十五里河河口区域。因此，湾区底泥已成为巢湖水体氮、磷污染的主要内部来源之一。

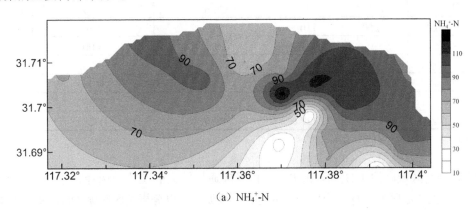

（a）NH₄⁺-N

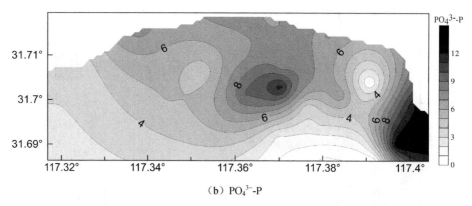

（b）$PO_4^{3-}$-P

图 5-22　底泥 $NH_4^+$-N 与 $PO_4^{3-}$-P 释放速率 [mg/（$m^2 \cdot d$）]

为进一步了解该汇流湾区的营养盐污染状况，将湾区表层底泥 TN 和 TP 含量及 $NH_4^+$-N 和 $PO_4^{3-}$-P 释放通量与我国太湖、滇池等富营养化湖泊的典型污染区域进行了对比（表 5-4）。从表 5-4 可以看出，表层底泥 TN 和 TP 含量高低顺序依次为滇池＞巢湖＞太湖。对比分析各区域底泥 $NH_4^+$-N 释放通量可以发现，该湾区高于太湖及滇池的大部分区域（除福保湾外），可见虽然滇池底泥中 TN 含量高于巢湖，但巢湖底泥中氮的释放风险却大于滇池，如滇池草海底泥 TN 含量是巢湖汇流湾区的 2.2 倍，但巢湖湾区的 $NH_4^+$-N 释放通量却是草海的 2.3 倍，这说明巢湖汇流湾区底泥中可交换态氮的比例要远高于滇池，而从前述底泥氮形态的分析中也可以看出，巢湖汇流湾区底泥中 $NH_4^+$-N 含量占 TN 的比例较高 [（8.72±2.91）%]，这可能是导致该汇流湾区底泥氮释放通量较高的原因。从底泥 $PO_4^{3-}$-P 的释放速率来看，该湾区高于太湖及滇池的大部分区域（除福保湾外），根据已有的研究结果[3]，Ex-P、Fe-P 和一部分 Org-P 是可能影响底泥磷释放的形态磷。其中，对氧化还原环境较为敏感的 Fe-P 是沉积物—水界面磷释放的主要控制模式之一，而巢湖底泥中高含量的 Fe-P 可能导致其磷释放通量较大。

表 5-4　我国不同湖泊典型受污染湾区底泥营养盐含量与释放通量*

| 地点 | | TN/（mg/kg） | TP/（mg/kg） | $NH_4^+$-N 释放通量/[mg/（$m^2 \cdot d$）] | $PO_4^{3-}$-P 释放通量/[mg/（$m^2 \cdot d$）] | 来源 |
|---|---|---|---|---|---|---|
| 太湖 | 梅梁湾 | 730 | 540 | −11.2 | −0.57 | [26，27] |
| | 月亮湾 | 870 | 430 | 30.6 | 0.29 | |
| | 竺山湾 | 1 250 | 710 | 56.9 | 2.54 | |
| 滇池 | 福保湾 | — | 4 087.7 | 180 | 3.00 | [28-32] |
| | 草海 | 5 930 | 1 960 | 31.5 | 9.75 | |
| | 外海湖心 | 3 030 | 1 650 | 15.6 | 0.78 | |
| | 外海南部 | 5 120 | 3 590 | — | 1.29 | |
| 该研究湾区 | | 2 750.8 | 1 137.6 | 73.0 | 5.28 | 本书 |

注：*该研究湾区数据使用湾区所有点位的均值。

针对湖湾区域底泥 $NH_4^+$-N 和 $PO_4^{3-}$-P 释放通量较大的现状，选择其中氮、磷污染较为突出的湖湾中心区域进行了为期一年的野外原位调研，以分析湾区底泥 $NH_4^+$-N 和 $PO_4^{3-}$-P

释放的主要影响因素。对湖湾区域泥水界面 DO 的穿透情况进行研究发现（图 5-23），界面 DO 穿透深度大部分时间都低于 4 mm，7—10 月的藻类严重暴发季节甚至低于 1 mm，底泥处于缺氧或厌氧环境中。与此同时，底泥中 Fe-P 含量显著下降（图 5-24），且底泥间隙水中 $NH_4^+$-N 和 $PO_4^{3-}$-P 浓度此时段有显著上升趋势（图 5-25），说明底泥氧化还原环境的变化导致其中 Fe-P 和 $NH_4^+$-N 的溶解，从而使 $NH_4^+$-N 和 $PO_4^{3-}$-P 释放通量在夏秋季节显著上升。

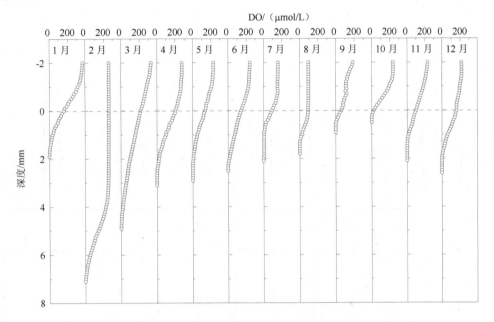

图 5-23　湖湾底泥氧穿透剖面月度变化特征

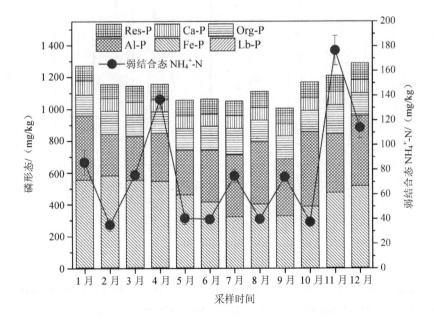

图 5-24　湖湾底泥氮磷形态月度变化特征

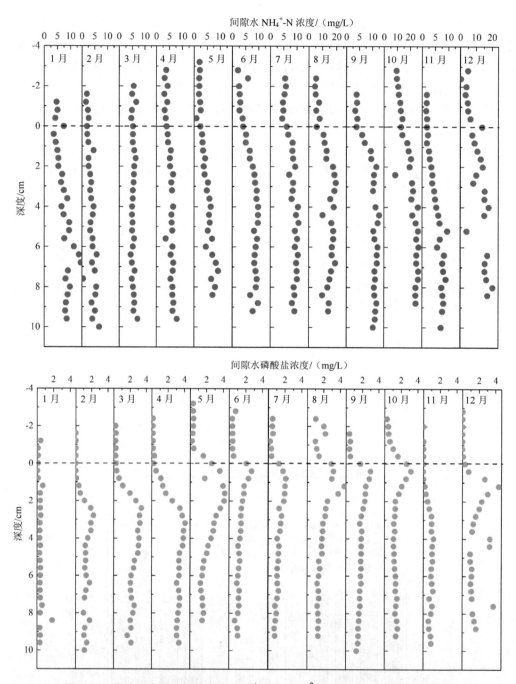

图 5-25　湖湾泥水界面间隙水中 NH₄⁺-N 与 PO₄³⁻-P 剖面特征月度变化特征

## 参考文献

[1]　Liu C，Gu X，Chen K，et al. Nitrogen and Phosphorus Exchanges Across the Sediment-water Interface in a Bay of Lake Chaohu[J]. Water Environ. Res.，2018，90：1956-1963.

[2]　刘成，邵世光，范成新，等. 巢湖重污染汇流湾区沉积物营养盐分布与释放风险[J]. 环境科学研究，

2014，27：1258-1264.

[3]　Rydin E. Potentially Mobile Phosphorus in Lake Erken Sediment[J]. Water Res.，2000，34：2037-2042.

[4]　Hupfer M，Lewandowski J. Oxygen Controls the Phosphorus Release from Lake Sediments—a Long-Lasting Paradigm in Limnology[J]. Int. Rev. Hydrobiol，2008，93：415-432.

[5]　周易勇，曹秀云，宋春雷. 太湖沉积物磷再生的主要途径及其对藻类水华的贡献[C]. 中国藻类学会第八次会员代表大会暨第十六次学术讨论会论文摘要集，2011.

[6]　Song C，Cao X，Zhou Y，et al. Different Pathways of Nitrogen and Phosphorus Regeneration Mediated by Extracellular Enzymes in Temperate Lakes Under Various Trophic State[J]. Environ Sci Pollut Res，2018：1-13.

[7]　李如忠，洪齐齐，罗月颖. 巢湖十五里河沉积物污染特征及来源分析[J]. 环境科学研究，2010，23（2）：144-151.

[8]　Zhang H，Shan B. Historical Distribution and Partitioning of Phosphorus in Sediments in an Agricultural Watershed in the Yangtze-Huaihe Region，China. Environ[J]. Sci. Technol.，2008，42：2328-2333.

[9]　Liu C，Du Y，Chen K，et al. Contrasting Exchanges of Nitrogen and Phosphorus Across the Sediment-water Interface During the Drying and Re-inundation of Littoral Eutrophic Sediment[J]. Environ. Pollut，2019，255：113356.

[10]　余辉，余建平. 洪泽湖表层沉积物重金属分布特征及其风险评价[J]. 环境科学，2011，32（2）：437-444.

[11]　刘成，邵世光，范成新，等. 巢湖重污染汇流湾区沉积物重金属污染特征及风险评价[J]. 中国环境科学，2014，34：1031-1037.

[12]　魏复盛，陈静生，吴燕玉. 中国土壤元素背景值[M]. 北京：中国环境科学出版社，1990.

[13]　石志芳，姜霞，杨苏文，等. 巢湖表层沉积物中重金属污染的时空变化特征及潜在生态风险评价[J]. 农业环境科学学报，2010，29（5）：948-954.

[14]　杜臣昌，刘恩峰，羊向东，等. 巢湖沉积物重金属富集特征与人为污染评价[J]. 湖泊科学，2012，24（1）：59-66.

[15]　Müller G. Index of Geoaccumulation in Sediments of the Rhine River[J]. Geojournal，1979（2）：108-118.

[16]　Håkanson L. An Ecological Risk Index for Aquatic Pollution Control. A Sedimentological Approach[J]. Water Res.，1980（14）：975-1001.

[17]　Hübner R，Astin K B，Herbert R J. Comparison of Sediment Quality Guidelines（SQGs）for the Assessment of Metal Contamination in Marine and Estuarine Environments[J]. J. Environ. Monit，2009（11）：713-722.

[18]　Tang W，Shan B，Zhang H，et al. Heavy Metal Sources and Associated Risk in Response to Agricultural Intensification in the Estuarine Sediments of Chaohu Lake Valley，East China[J]. J. Hazard. Mater.，2010，176：945-951.

[19]　Liu C，Zhang L，Fan C，et al. Temporal Occurrence and Sources of Persistent Organic Pollutants in Suspended Particulate Matter from the Most Heavily Polluted River Mouth of Lake Chaohu，China[J]. Chemosphere，2017，174：39-45.

[20]　Qin N，He W，Kong X Z，et al. Distribution，Partitioning and Sources of Polycyclic Aromatic Hydrocarbons in the Water–SPM–Sediment System of Lake Chaohu，China[J]. Sci. Total Environ.，2014，496：414-423.

[21]　Long E R，MacDonald D D，Smith S L，et al. Incidence of Adverse Biological Effects Within Ranges of

Chemical Concentrations in Marine and estuarine Sediments. Environ. Manage，1995，19：81-97.

[22] Mai B，Chen S，Chen S，et al. Distribution of Polybrominated Diphenyl Ethers in Sediments of the Pearl River Delta and Adjacent South China Sea[J]. Environ. Sci. Technol，2005，39：3521-3527.

[23] Zhang L，Shao S，Liu C，et al. Forms of Nutrients in Rivers Flowing Into Lake Chaohu：a Comparison Between Urban and Rural Rivers[J]. Water，2015，7：4523-4536.

[24] 范成新. 湖泊沉积物-水界面研究进展与展望[J]. 湖泊科学，2019，31：1191-1218.

[25] Søndergaard M，Jeppesen E，Lauridsen T L，et al. Lake Restoration：Successes，Failures and Long - Term Effects[J]. J. Appl. Ecol.，2007，44：1095-1105.

[26] 范成新，张路，秦伯强，等. 太湖沉积物—水界面生源要素迁移机制及定量化——1. 铵态氮释放速率的空间差异及源-汇通量[J]. 湖泊科学，2004，16：10-20.

[27] 范成新，张路，包先明，等. 太湖沉积物—水界面生源要素迁移机制及定量化——2. 磷释放的热力学机制及源-汇转换[J]. 湖泊科学，2006，18：207-217.

[28] 毛建忠，王雨春，赵琼美，等. 滇池沉积物内源磷释放初步研究[J]. 中国水利水电科学研究院学报，2005（3）：229-233.

[29] 陈永川，汤利，张德刚，等. 滇池沉积物总氮的时空变化特征研究[J]. 土壤，2007，39：879-883.

[30] 陈永川，汤利，张德刚，等. 滇池沉积物总磷的时空分布特征研究[J]. 农业环境科学学报，2007，26：51-57.

[31] 李宝. 滇池湖湾修复中底泥—水界面过程研究及内源控制效应模拟[D]. 北京：中国科学院研究生院，2008.

[32] 王建军，沈吉，张路，等. 云南滇池和抚仙湖沉积物-水界面营养盐通量及氧气对其的影响[J]. 湖泊科学，2010，22：640-648.

# 第6章  底泥翻压对巢湖西湖湾藻活性和内源释放的控制

几乎所有针对底泥污染的治理技术与工程均是以通过去除上部污染泥层（如疏浚）或使表层底泥中污染物失活（如加氧化剂、改性剂或胶结剂）或阻止底泥与水之间直接接触（如客土覆盖）等措施，以消除或抑制污染底泥对上覆水的影响。这些措施均是通过改变与水接触的表层底泥的污染性质达到的。底泥疏浚虽然是一种有效且广泛应用的底泥污染治理技术，但成本相对较高，且疏浚出水体的底泥往往因堆场空间受限或难以寻找堆放地而使工程不易持续，同时还可能需要再次处置（处理）并存在异地的二次污染问题[1]。客土覆盖措施需要从陆上向水体（底部）投入土壤，这对于需要库容调蓄或断面行洪的湖河水体而言，则会产生一定影响甚至是不被允许的[2]。在我国长江中下游浅水湖中，水华蓝藻在春季复苏进入水柱生长前，多有在湖底底泥表层越冬的生活习性；另外处于生命末期的藻类，其死亡残体多通过沉降进入湖底沉积物，使底泥表层积累藻源性物质，后者必将成为储存底泥污染物的物质源之一，并会逐步转化成底泥内负荷的有效组分。因此，结合污染湖湾表层底泥污染物分布和易累积藻源物质的特点，采用物理的方式低耗高效，在不移除污染表层且不外加覆盖材料的情况下，降低表层底泥中的污染物含量，控制底泥表层累积性藻体影响以达到减小底泥内源负荷，将是综合治理湖湾底部内负荷污染的一条新思路。

古小治等对南四湖河岸底泥开展的物理改良研究发现，对表层底泥的物理改良能够有效地改善底泥的物理结构及氧气的垂向分布[3]。采用"翻耕"操作的工程实际，对受有机污染的底泥进行物理改良在日本及我国一些海岸曾开展过研究。采用底泥翻耕的方法最早出现在日本等一些国家，主要针对的是改善一些海滨养殖水域的 DO 水平。在一些养殖历史较长的海岸区，沉积物表层有机质含量过高，水体中 DO 含量下降，不利于渔业生产，所以研究出一种海底耕耘机（犁具为圆盘状）以对表层底泥进行耕作[4]。这种将表层富含有机质的底泥混匀，利用海洋的自净能力减少有机质的含量和增加 DO 含量的方法，具有如陆上翻耕作业的目的。养殖区工程结果表明，在实施耕耘后的半年内，水体 TN 和 TP 含量有大幅的下降，水体中 DO 恢复至正常水平，虽然底栖生物的生物量在工程后的短期内有一定程度的减少，但是由于这样的翻耕并不彻底，一般很快就恢复到与对照相似的污染状态和水平。

在我国，陈聚法等人对 8.67 hm$^2$ 的山东省乳山缢蛏养殖场老化滩涂也采用了圆盘犁翻耕为主的物理修复方式实验[5]。实验进行 16 个月后表明，翻耕 30 cm、45 cm 和翻耕筑池 3 种修复方式均显示出一定的效果，其中以强度最大的翻耕筑池效果最佳。另外，美国海军曾设计了效果如翻耕的一种开沟机（US20020071724A1），其挖掘底泥的工具有如犁具的特征，主要是为满足海底铺设线缆等服务。因此，以往人们所涉及的"翻耕"（plow-tillage）并不包含"翻"的动作，实际不能起到上下层翻转的作用。尝试性的底泥翻耕研究表明，底泥翻耕不仅能够有效地改善底泥的物理结构并控制污染，而且为原位处理，耗费也较少[6]。

湖库底泥中污染物的聚集和秋末冬初沉降的藻体都位于底泥表层 0～20 cm 甚至 0～10 cm，在 20 cm 以下，底泥通常处于洁净或轻污染状态。为在巢湖西部重污染汇流湖湾对底泥内源及沉降藻体进行控制研究和技术示范，拟通过犁具的研发、犁架及牵引方式的选择等来实施水下翻耕。水下翻耕的操作是设想可将表层污染底泥层或（和连同）越冬藻体形成一定程度的扣覆（附图 5），即将原洁净的底泥翻至表层，原污染的表层底泥置于下层，并于翻耕后即采用金属磙施以镇压，使表层底泥密实、孔隙率变小，对翻耕层氧气的输入和污染物的迁移形成阻碍，以期达到对底泥内源污染和/或越冬藻体活性控污灭藻的目的。

## 6.1　巢湖湖湾底泥翻压模拟研究与装备设计

### 6.1.1　底泥的宜耕性与翻耕条件选择

根据对我国长江中下游富营养化湖泊沉积物氮、磷含量分布的调查[7]，大多数污染湖区的底泥污染层处于表层 0～10 cm，极少能到达 0～15 cm，大于 15 cm 深度以下的底泥中氮、磷污染含量基本代表了其背景值，也就是说，即使在污染湖区，超过 15 cm 深度后底泥已基本处于无污染或轻污染状态。另外，越冬或新沉降藻体通常附着或裹挟于近表层数厘米深的沉积物中，同污染物垂向分布相似，表层藻细胞数量高、下层数量低。在研究实验室条件下，模拟不同深度的翻耕可从物理效果上确定翻耕条件，以为实际野外原位翻耕装备的设计提供技术参数。

#### 1. 底泥的宜耕性分析

底泥的宜耕性来自土壤耕作的概念。土壤宜耕性，又叫土壤适耕性，指土壤适宜于耕作与否的性状，是土壤黏结性、黏着性和可塑性在耕作时的综合反映。土壤黏结性强，农具不易入土，土块不易散碎；黏着性大，易黏着农具，阻力大；可塑性强，易成垡条，干后土壤板结。理想的宜耕状况应该是黏结性和黏着性不太强、可塑性不高。这三者的变化除取决于土壤质地外，还主要取决于耕作时的土壤含水量。土壤过干黏结性大、过湿黏着力强，一般以在可塑性下限以下合墒时为最好。据 1982 年第 1 期《农业科技通讯》对"宜耕性"的名词解释：黏土的可塑下限含水率在 16%以下，适耕的含水量范围小，宜耕期短；砂性土可塑下限含水率为 23%左右，宜耕的含水量范围大，宜耕期长；兼具有黏土和粉砂特性的壤土次之。水稻土也是一类宜耕土壤，表层基本为过饱和含水，黏粒含量一般为 16%大小，有机质含量约为 3%。

湖泊底泥的表层为水过饱和、下层为饱和状态，与淹水期水稻土所处水分状况较为相似。底泥也具有物性差异较大的分层，只是不像水稻土分层（耕作层和犁底层）那么明显。为分析巢湖底泥含水的饱和程度在垂向上的变化，2014 年在巢湖西湖湾十五里河河口和南淝河河口南部（图 6-1）采集了 17 份底泥柱状样品，分析了底泥含水率的垂向变化。巢湖底泥无论表层、近表层还是深部的软性泥层都处于水分饱和状态（为区分线性将 17 条含水率曲线绘制于 4 张图中）。从图 6-2 可以看出，巢湖西湖湾底泥含水率最小值约为 20%

（29#），最大值约为 80%（19# 和 21#）；除部分底泥外，多数底泥在表层 5 cm 深度以后，饱和含水率已小于等于 60%。表层 5 cm 以上底泥含水率对应 60% 的点位主要分布在巢湖西湖湾汇流湾区的开阔水域（18#～22# 和 26#），这些区域风浪较大，表层底泥常处于不稳定状态，虽矿化作用强烈，但近表层底泥的压实作用不易发挥，因此饱和含水率相对较高。

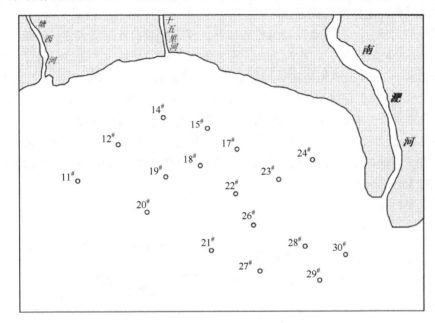

图 6-1　巢湖西部入流湖湾底泥采样点分布

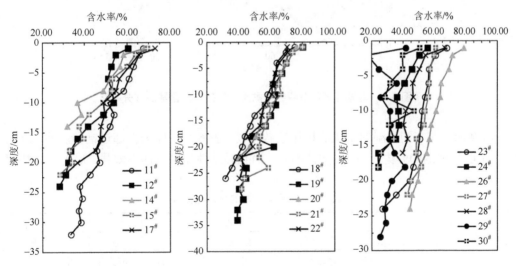

图 6-2　巢湖西部入流湖湾底泥含水率垂向分布（2014 年）

一般认为土的含水率在 5% 以内为干土，在 5%～30% 为潮湿土，在 30% 以上为湿土。而饱和含水率对于不同质地土壤则可不同，沙质土壤的饱和含水率在 25%～60%，而有机土（如泥炭土、腐泥土）的含水率甚至可接近 100%。

湖泊底泥的表层与淹水季节土壤的耕作层（A 层）一样，除表层呈氧化态外，均呈还原态，泥烂而不成型。水稻土的表层在旱作季节，随排水落干会形成不及 1 cm 厚的分散土粒层和以小团聚体为主、结构致密、根系多、小孔隙多的致密层；底泥没有排干期，表层泥烂包括下层的物理状态一般均维持不变，不过对于生产力高的湖泊，由于岸边水生植物和藻类死亡残体向水体底部的沉积和生物矿化，使底泥中不断形成尺寸不一的团聚体，也会使底泥具有一定程度的致密性。

我国东部大部分湖泊的底泥多为粉砂质黏土或黏土质粉砂土壤岩性。巢湖沉积物多为黏土质粉砂，有机质含量平均约为 2.0%，但湖的东西部差异较大。据徐利强等人对采集的巢湖西部湖区 143 cm 长沉积柱进行粒度分析[8]（图 6-3），在上部 0～79 cm 层，粉砂和黏土含量范围分别为 80.2 ±4.5%（$n=39$）和 19.6 ±4.8%（$n=39$），几乎不含砂粒，属于粉砂质黏土。特别是 0～30 cm 的上层底泥，其黏土含量（约 19%）与我国宜耕土壤岩性要求相近，塑性指数因处于 10<Ip≤17，具有一定可塑性。在有机质含量方面，巢湖西湖湾沉积物中有机质含量为 2.21%～5.93%（有机碳含量 1.28%～3.44%），与常见水稻土中有机质的含量（约 3%）接近。

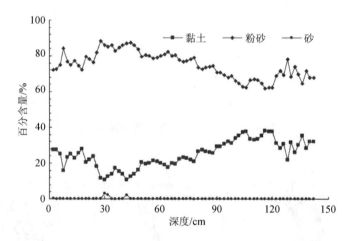

图 6-3  巢湖西湖区沉积物中黏土、粉砂和砂含量深度分布[8]

将湖泊底泥与润和湿的土壤的耕作性做比较（表 6-1），除去上部过饱和层外，近表层底泥的可塑下限接近壤土，即可塑性不高，而且黏结性和黏着性不太强；底泥的结持度上

表 6-1  底泥与土壤的耕作性比较

|  | 含水量状况 | 基本物理性状 | 结持度 | 耕作阻力 | 耕作质量 | 宜耕性 |
|---|---|---|---|---|---|---|
| 土壤* | 润 | 松散、无塑性、可揉捏 | 酥软 | 小 | 成土团 | 不宜 |
|  | 潮 | 有塑性、无黏着性 | 可塑 | 大 | 成大垡条 | 宜 |
|  | 湿 | 有塑性、有黏着力 | 黏韧 | 大 | 成湿条泥 | 不宜 |
|  | 饱和 | 浓浆呈厚层流动 | 黏滞 | 大 | 成稠泥浆 | 不宜 |
|  | 过饱和 | 悬浮稀浆或呈薄层流动 | 液态流动 | 小 | 成稀泥浆 | 稻田宜耕 |
| 底泥** | 过饱和 | 悬浮稀浆或呈层状流动 | 流动或黏滞 | 小 | 成稠泥浆 | 不宜 |
|  | 饱和或湿 | 有塑性、无黏着性 | 可塑 | 大 | 成垡条 | （?） |

注：*文献引自骆世明（2009）；**底泥以我国湖泊常见的黏土质粉砂或粉砂质黏土为例。

下层存在差异，表层酥软、下层略黏韧；耕作阻力方面，底泥表层的阻力小、下层大。因此，对于岩性为粉砂质黏土的巢湖西湖湾底泥而言，经与水稻土和湿润土壤相关性质[9]的参照和对比，巢湖底泥可能具有一定的宜耕性。

### 2. 底泥翻耕模拟

（1）底泥翻耕深度

由巢湖底泥饱和含水率垂向分布（图 6-2）分析可知，湖湾沿岸区底泥深度大于 5 cm 时，底泥的含水率基本稳定在＜60%，即与宜耕性较好的沙质土壤（含水率 25%～60%）相当。虽然我国长江中下游富营养化湖泊沉积物中的污染层主要是处于表层 0～10 cm，超过 10 cm 深度后底泥已基本处于无污染或轻污染状态。但巢湖是我国进入富营养化状态较早的大型湖泊，底泥受污染历史较长且较严重，底泥污染程度应较该区域其他大中型湖泊更高。由第 5 章巢湖及其湖湾底泥污染特征分析，西湖湾底泥中 TN 含量、TP 含量和重金属生态风险指标（RI）变化的拐点已达到 15～20 cm，即污染主要发生在上层 0～15 cm 或 0～20 cm 层位，但深于 15～20 cm 多已接近背景值或是污染风险已处于较低水平。另根据徐利强等人的分析，巢湖西湖湾沉积物岩性垂向分布，在表层 25 cm 深度之内，黏土、粉砂和砂的百分含量变化较小[8]（图 6-3），为翻耕试验中在结持度、耕作阻力等宜耕性方面提供较好的物性本底，所以巢湖西湖湾底泥翻耕深度可选择为 15～20 cm。

（2）模拟翻耕方法

采用机械方式将下层底泥翻至上层，而将上层底泥翻至下层，也可达到用无污染或轻污染状态的泥层来取代或占据原受污染的表层底泥位置，从而减小底泥中游离态污染物与底部水体间浓度差，以达到控制底泥内源对水体污染的目的。基于这样的构想，模拟实验中采用理想翻耕和实际翻耕。理想翻耕模拟是将顶层 10 cm 底泥翻转 180°后重置于原位（有机采样管），无扰动虹吸入上覆水进行培养等操作；实际翻耕模拟是在培养水箱（60 cm×47 cm×50 cm）中进行的，用厚度为 1 mm 的铝板对翻转犁进行了仿制[10]，翻转犁包括犁尖、犁壁和翻土板等结构。为保证仿制翻转犁有足够大的操作空间，设置了沉积物样品深度为 30 cm、模拟为 10 cm 的翻耕深度。

（3）翻耕的物理效果

为考察采用翻转犁的真实翻耕效果，采用了荧光砂作为示踪剂，即在沉积物表层覆盖一层荧光砂，再加入 10 cm 的湖水，以模拟实际翻耕后的上覆水环境。在翻耕操作前后各进行了平行的沉积物采样，按 1 cm 间隔对柱状样进行分样，在荧光显微镜下检测两组样品上部 10 cm 沉积物荧光沙的垂向分布（图 6-4）。翻耕后荧光砂含量峰值区间在深度 9～10 cm 处，达到了（54.95±2.72）%；剩余的荧光砂则较均匀的分布于 0～8 cm 深度区间，其中表层 0～1 cm 内含量仅为（3.64±1.06）%，说明在模拟水下实际操作下，翻耕可对表层沉积物有较深和较好的埋藏作用。另外，浅水湖泊的沉积物再悬浮能侵蚀的深度一般也仅有几毫米至 2 cm 内，因此对于翻耕至 10 cm 深度左右的底泥稳定性难以构成物理扰动影响，即采用水下翻耕使表层部分底泥进入下层相对稳定的层位具有可行性。

翻耕（PT）深度对底泥的物性、化学和生物性质都会产生极大变化。为跟踪翻耕后沉积物物理性质随时间的动态变化，进行了翻耕 10 cm 和翻耕 20 cm（分布记为 PT10 和 PT20）

后的 180 天实验，分析第 1 天、第 20 天、第 60 天和第 180 天时的孔隙率垂向分布（图 6-5）。原处于底层的沉积物被翻到上层后，随时间变化，表层沉积物孔隙率逐渐增加，大致到 60 天时，孔隙率值已基本接近原数值（约 76%）。而下层在 PT10 和 PT20 交接处，孔隙率虽略有减小，但总体变化不大，这说明翻耕后依赖自然压实作用在短时间内还难以减小下层翻耕交接区底泥的孔隙率。

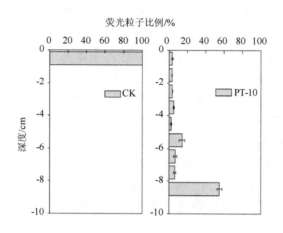

图 6-4　模拟底泥翻耕前后荧光砂含量垂向分布变化

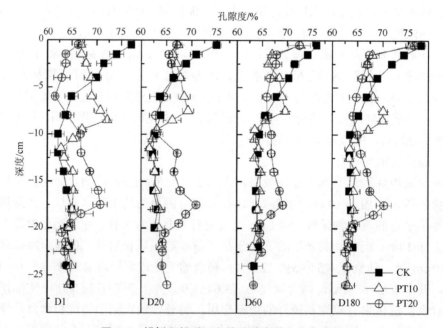

图 6-5　模拟翻耕后沉积物孔隙率垂向分布变化

（4）翻耕对污染物的约束效果

对污染物在层位上的动态约束性是反映翻耕控污效果最好的方法之一。TN、TP 和有机质是我国富营养化湖泊沉积物中的主要污染物质，以受富营养化影响的污染底泥为研究对象，分析在翻耕 10 cm 和翻耕 20 cm（PT10 和 PT20）后的 180 天过程中底泥中 TN、TP 和有机质（LOI）的垂向分布变化（图 6-6）。无论哪种污染物，处理组在翻耕结合处（PT10-第 180 天和 PT20-第 180 天）与对照组（PT10-第 1 天和 PT20-第 1 天）相比，其含量均未出现明显变化，即在垂向上对沉积物中污染物含量限制作用明显。

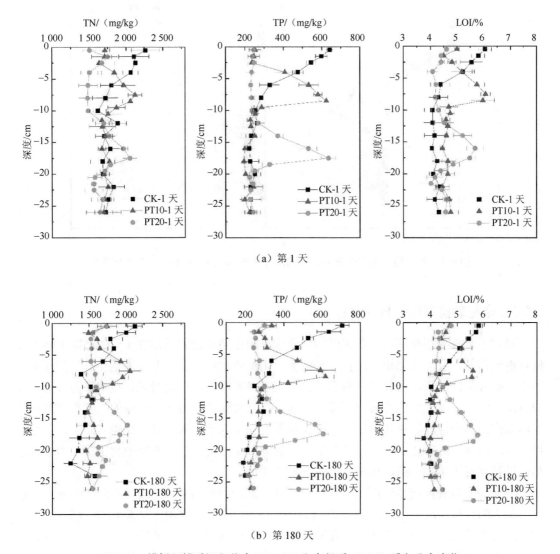

（a）第 1 天

（b）第 180 天

图 6-6　模拟翻耕后沉积物中 TN、TP 和有机质（LOI）垂向分布变化

对模拟翻耕 PT10 和 PT20 后第 180 天时，取沉积物间隙水分析 $NH_4^+$-N 和 $PO_4^{3-}$-P 磷垂向含量变化（图 6-7）可以看到，翻耕处理都将间隙水中 $NH_4^+$-N 和 $PO_4^{3-}$-P 高含量峰值基本分别控制在下层 8 cm 和 18 cm 深度附近，即对沉积物间隙水中主要污染物在垂向上也有较明显限制效果。

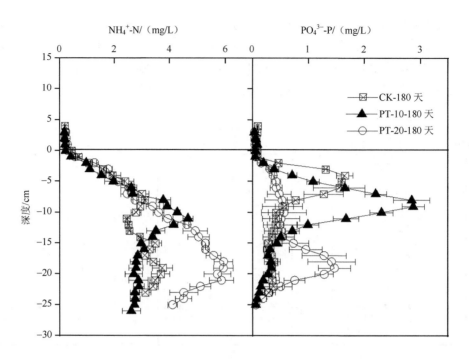

图 6-7　模拟翻耕第 180 天时沉积物间隙水中 $NH_4^+$-N 和 $PO_4^{3-}$-P 垂向变化

### 6.1.2　底泥翻耕犁体结构的设计

　　确定了合理的翻耕深度，要在现场实现这一操作必须依赖适用性工具。在陆上将泥土进行耕地作业一般需采用犁具进行，目前所使用的耕地机械由于其作业的工作原理不同，类型主要分为铧式犁、圆盘犁、凿形犁三大类。铧式犁应用历史最长、技术最为成熟、作业范围最广，是通过犁体曲面对土壤的切削、碎土和翻扣实现耕地作业的；圆盘犁是以球面圆盘作为工作部件的耕作机械，它依靠其重量强制入土，入土性能比铧式犁差，土壤摩擦力小，翻垡及覆盖能力较弱；凿形犁为一凿齿形深松铲，它在土壤中利用挤压力破碎土壤，以起到对土壤底层深松作用，但没有翻垡能力。

　　根据前面对底泥翻耕深度的研究，巢湖西湖湾底泥翻耕适宜深度为 15～20 cm。一般农田犁具的翻耕深度为 30 cm 以上，而且上层 5 cm 左右的底泥多呈泥浆状，现有用于土壤耕作的犁具均不可用，需要根据底泥耕作性质设计新型犁具，使底泥在耕作下形成条块形状并达到有效翻扣效果，以起到控制底泥污染和灭杀沉降活藻的作用。

　　犁体的曲面设计是犁体设计的核心和基础[11]，但至今犁体曲面设计法没有把耕作中的各种因素有机地联系起来，大多采用的是经验公式，如犁体曲面十二参数法，它间接地将耕作中几个因素有机地联系起来，用数学的方法将犁体曲面模型建立起来。通过犁体曲面模型可求得犁体曲面胸部和翼部的构成线数学方程，由犁体曲面方程得到的曲面是一个无限的空间曲面，需要用边界线截取得到实用的犁体曲面。另外，通过分析变形垡片的运动和曲面设计参数的变化规律，可以建立参数间的相互关系并确定曲面设计参数的取值范围[12]。犁体曲面的形状一般不可能用数学方法来真实地描述，只能用近似的方法，或用作图原理来形成犁体曲面。可以认为，犁体曲面的形成原理是由动线在空间按照一定的规律运动而成的，一般采用水平直元法进行设计[13]。水平直元线、导曲线（曲导线）和元线角的变化规律是 $\theta = f(Z)$。当导曲线在铧尾处时，所形成的犁体曲面为翻土型，在距铧尖 2/3 处时为碎土型，介于两者之间的称为通用型。

要想研究出一种具分叉尾翼犁壁的铧式底泥犁，所要解决的技术问题是土壤耕作犁不适合对底泥进行耕作、易形成泥浆泥堆等。铧式底泥犁的犁壁具有不同弯曲度的分叉尾翼，可在水下对底泥进行一定程度的翻耕，翻耕中可形成下层底泥对上层底泥覆盖的翻耕效果，以实现将污染层底泥与上覆水隔离。根据巢湖 0～15 cm 深度内底泥性质，以及耕深、耕速和泥垡宽深比 $K$（在 0.9～1.1）等要求，设计了一种可翻土的具分叉尾翼的铧式底泥犁（图 6-8）。

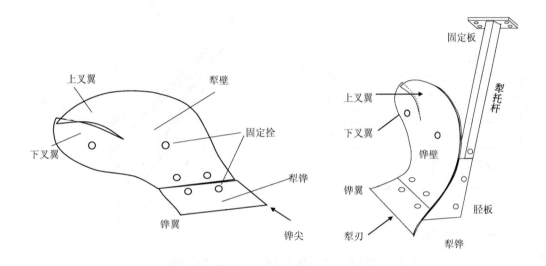

**图 6-8 具分叉尾翼铧式底泥犁结构及各部件位置示意图**

犁体曲面形状复杂、类型多种多样。由于翻土、碎土要求的不同，犁体曲面的成型方法非常多。犁体曲面的设计需要大量参数，不同成型原理的犁体曲面要求的设计参数各不相同。犁体曲面是形状非常复杂、扭曲的空间曲面。它一般不能用常规的曲面方程完全描述，也不能通过通常的三视图表示[13]。从对底泥在水下进行有效翻耕及底泥垂向含水率差异等因素和要求，将犁体的导曲线设计以摆线（图 6-9）为模版，但取其一半（半摆线）作为犁体曲面的导曲线。

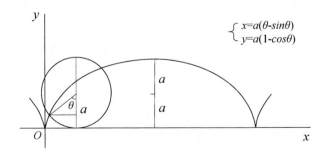

$$\begin{cases} x = a(\theta - sin\theta) \\ y = a(1 - cos\theta) \end{cases}$$

**图 6-9 半摆线图及计算公式**

依据土垡几何尺寸建立耕沟断面，并基于犁体（图 6-8）确定犁体曲面的胫刃线、顶边线、铧刃线、铧翼线、翼边线，从而得到犁体曲面的主视图（图 6-10）。再根据底泥犁的半摆线导曲线（侧视图）绘制出左视图及犁体样板线。

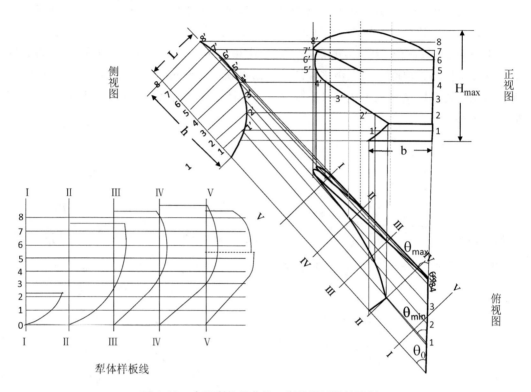

图 6-10　底泥犁的导曲线及犁体样板线的绘制

为满足翻土要求将导曲线位置设计在铧尾处，设置其犁壁包括有相连接的犁壁和犁铧，犁壁自连接犁铧一侧呈向内平滑弯曲状，该犁壁包括一个后掠的尾部，呈剪翼状，形成上、下两个叉形的尾翼，上、下叉翼的面积比为 1∶2～2∶1。为了使沉积物上层含水率高的泥浆型底泥能较好地获得一定程度的翻耕，将上叉形尾翼加大弯曲度，使其弯曲程度大于下叉形尾翼，向内弯曲的弯曲度大小以粉质黏土性底泥翻耕形成矩形土垡设计。另外，考虑水下底泥为饱和含水，上层阻力小、下层阻力略大，将铧体的长宽比设计成 5∶1～10∶1。该犁具适用于在平坦的水底有泥区对底泥进行有效翻耕，使底泥形成具有条块形状，并达到有效翻扣效果；通过将下层洁净或低污染的底泥覆盖于受污染或沉降有藻体的表层泥上部并形成二层压盖，从而实现污染层底泥与上覆水的隔离。

当将犁具用犁托等附属件固定于犁梁（图 6-8），并由动力拖拉在湖泊等平坦水体底部沿 X 反方向牵引时，铧尖进入底泥并由铧尖与铧翼间的切刃将底泥按一定厚度进行切削，切削的底泥沿犁壁内曲面向 X 方向的上方托举、松碎，并在进入叉翼区前后下落，实施底泥翻转式覆盖。由于到达下叉翼底泥的下落迟于上叉翼，前者将形成对后者部分底泥的二次覆盖。此外，由于低黏性一般上举的底泥进入犁壁中部就已松散下落，但能够到达叉翼部位的泥往往为密实度较高的下层低污染的底泥，其后覆盖作用将一定程度对先前下落的表层（污染或携藻）底泥形成覆盖作用，从而将相对洁净或低污染的原底层底泥对污染层底泥的覆盖，达到改善表层底泥环境质量和控制底泥污染的作用和效果。

### 6.1.3 底泥碾轮结构

底泥翻耕作业后，虽密实性较高的下层底泥部分或大部分到达表层，但底泥的整体和原本多年压实的纹理层被外部机械作用力破坏，底泥内部疏松程度增加，近表层以下的孔隙率比未翻耕前明显加大（图6-5），对底泥污染内源的控制不利。根据 Fick 定律，扩散层孔隙率与物质扩散速率成正比，藻体在密实环境中易产生窒息作用。为强化底泥翻耕控污灭藻效果，研究在翻耕后采用镇压方式减小底泥表层及内部的孔隙率，增加沉积物中自由离子作迁移运动的曲扰度（$\theta = \sqrt{1 - 2\ln\phi}$），增加表层底泥密实度，达到对底泥中污染物释放及灭杀活体藻类的强化目的。

#### 1. 压强对底泥释放的影响试验

压强（$p$）是一个物理量，是指物体在单位面积（$S$）上受到的压力（$F$）大小，单位为帕斯卡（Pa）。室内测试太湖一受磷污染底泥在不同压强作用下释放速率的变化，以及在不同压强作用下每增加 100 Pa 压强时对氮、磷内源释放控制的贡献量（图6-11）。

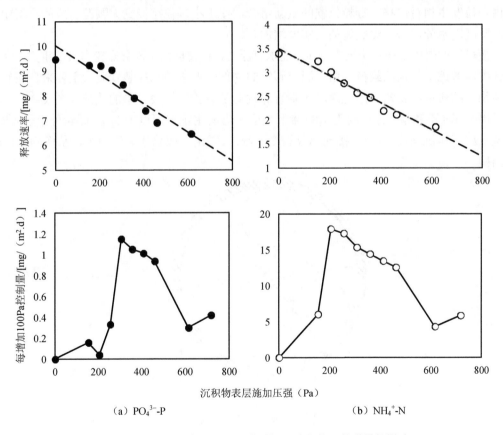

(a) $PO_4^{3-}$-P          (b) $NH_4^+$-N

图 6-11  沉积物表层压强对底泥氮、磷释放及其增量的影响

由图6-11可见，随着压强的增加，底泥释放速率出现下降。研究发现当施加923.4 Pa压强下，底泥氮、磷释放速率仅为没有施压下的49.3%和59.1%；平均每增加100 Pa压强，$NH_4^+$-N 的释放速率减少 4.3～17.92 mg/（$m^2 \cdot d$），$PO_4^{3-}$-P 的释放速率减少 0.04～

1.15 mg/（m$^2$·d）。

### 2．碾轮设计

碾压是用具有一定质量（重量）的碾轮慢速滚过疏松的表层或料层，用静压力方式使被压层获得永久残留变形并增加密实程度。就陆上而言，为提高被压材料的密实度，一般尽可能地采用较重的碾轮来滚压及增加碾压次数。但对于水下翻耕后的碾压，由于要考虑翻耕后紧接着进行静压式镇压，而翻耕操作是一次性的，因此碾压次数只能为 1。

碾轮与（翻耕后）上层底泥之间是通过力的相互作用来实现对底泥压实效果的，压实作业中，相互作用力主要集中在垂直方向和水平面内碾轮前进的方向。在垂直方向上，底泥受到碾轮（包括总成装置）重力引起的垂直静载荷，在该载荷的作用下底泥颗粒之间的水分被挤出，颗粒形成镶嵌结构，从而使泥层密实度增大；在碾轮前进的水平方向上，底泥与碾轮的相互作用力主要是行走阻力，来自碾轮的滚动阻力、碾轮的推泥阻力（如果动力来自碾轮的驱动则还有驱动轮的滑转阻力）等组成。在上述行走阻力的作用下，底泥表面会受到大小相同、方向相反的反作用力，该力将直接对底泥产生剪切作用，从而使底泥层内颗粒发生相对位移、颗粒位置的重新组合，便于小颗粒镶嵌到大颗粒组成的骨架中，同时驱赶出水分，从而使底泥的密实度增加。

翻耕后的碾压是在水中向下施压，而水有浮力，将会抵消一部分碾轮自身的重力，因此设计中需考虑工作轮的载荷。由于固定碾轮的物件所形成的总成装置质量主要来自碾轮，其他物件的质量可忽略，因此碾轮的垂直静载荷是碾轮结构设计中的关键（图 6-12）。碾轮采用金属（不锈钢，比重约为 7.8）制作，应考虑所用钢材厚度（$R$-$r$）、碾轮外半径（$R$）、轮宽（$L$）、压沉深度（$h_1$）、接地部分长度（$2x$）、碾轮（或总成）浮力等，从而确定碾轮的结构。

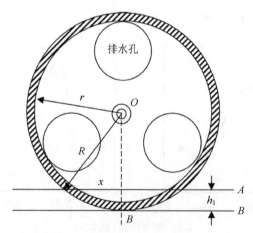

**图 6-12　碾轮尺寸设计示意图**

在翻耕碾压制作和整体装配中，实际需设置前后两个碾压轮。一是考虑前后两碾压轮可作为翻耕犁具组重荷在底泥面上的承载体；二是可将两轮作为犁具限深的承托结构；三是不仅翻耕后需要压实，在翻耕前将表层底泥预压实，使即将要翻耕的底泥紧实度提高，从而增加翻耕成垡质量和效果。因此，前碾轮是预压轮，后碾轮是工作轮。

### 6.1.4　底泥翻压总成结构

底泥翻耕控污装备是一种水下底泥翻压联合作业装置，包括有底泥组犁及组犁架、前碾轮、后碾轮和碾轮架等组件（图6-13）。它由若干只犁通过犁梁斜向固定形成一组，若干组犁通过犁梁与结构架横向固定形成组犁。

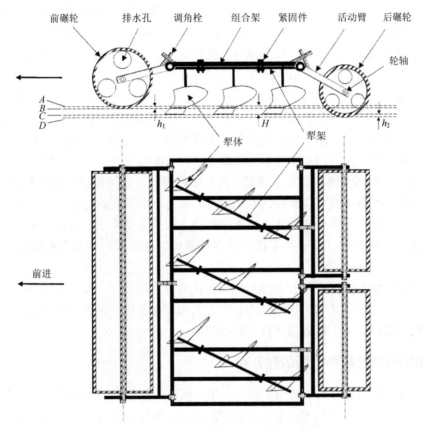

**图 6-13　水下翻耕碾压装置总成结构示意图**

当翻压联合作业装置在水下受牵引时，按前进方向分别实施以下操作：①预碾压，联合作业装置的前碾轮通过预碾压以提高翻耕质量，同时限制犁体下切深度；②翻耕，铧式犁尖进入底泥，并由铧尖与铧翼间的切刃将底泥按一定厚度进行切削，切削的底泥沿犁壁内曲面向 $X$ 方向的上方托举、松碎，并在进入叉翼区前后下落，实施底泥翻转式覆盖；③二次覆盖，水下耕作中到达下叉翼的底泥下落迟于上叉翼底泥，前者将形成对后者底泥的二次覆盖；④碾压，后碾轮则通过自重对翻耕后的底泥实施镇压，增加表层底泥密实度，减小孔隙率。技术示范中的湖面牵引力来自挖机船，在 GPS 定位旗杆设定的直行路径内以回转方式对示范区底泥实施翻耕和镇压作业。铧式犁要想达到现场高效翻耕程度需要多个组装配成组件，实际考虑到每个犁的有效耕宽度（15～25 cm），设计了 3 只犁为一组、斜置 3～6 组装配的翻耕碾压装置（图6-13）。

在动力水平牵引和适当行走速度下，铧式犁组实施对指定深度的底泥进行翻耕，限深轮不仅起到翻耕中抵抗铧犁向底泥中的切入力、控制犁铧和犁刃对底泥的切削厚度，而且通过自重，对底泥在翻耕前实施预碾，增加表层底泥密实度，提高翻耕质量。

## 6.2　底泥翻压对巢湖越冬蓝藻活性及复苏的影响

湖泊富营养化最显著的表象就是肉眼可见的藻类群体在水面漂浮，当这种现象走向极端状态时会形成大面积的藻华暴发[14]。在我国，绝大多数暴发的藻类水华优势种是蓝藻，其中又以微囊藻属（*Microcystis*）为主。个体微囊藻细胞壁外的果胶酸和黏多糖可聚集一起黏合成胶被使蓝藻形成群体。虽然濒死和死亡是藻类最容易到达沉积物表层的方式，但实际并非仅限于这种形式。Reynolds 等人通过对微囊藻生活史的研究，发现其细胞形态变化分为 6 个阶段（Ⅰ～Ⅵ），其中第Ⅳ阶段为越冬（overwintering）期，此时部分或大部分藻体下沉至沉积物表层，等待翌年春季进行复苏，进入水柱生长繁殖[15]。在浅水湖，几乎所有藻类都有过在底部生活或蛰伏的经历，冬季蓝藻可进入单纯的程序性死亡（PCD）生理过程，低温使其合成蛋白质活力减弱，藻细胞内密度高的糖原类碳水化合物积累发生沉降[16]；沉降下来的活性藻细胞依靠储藏的糖原维持生命，在沉积物表层进入越冬阶段[17]，底泥表层藻体的越冬—复苏生活期可长达 4～5 个月。由于在蓝藻规模性聚集期甚至一般性生长期，沉积物表层也会接纳从水柱不断沉降下来的濒死或死亡藻体，因此实际上在富营养化湖泊的底泥表层，几乎常年都可能存有藻体，只是存活的状态和数量不同和不等而已。

对藻类活性状态的限制对控制湖泊富营养化具有重要意义，因此对冬季湖泊底泥中越冬蓝藻的活性进行控制具有更加重要的科学意义和应用价值，其模拟研究成果也为项目研究后续进行的翻耕示范工程效果提供了数据支撑。

### 6.2.1　巢湖西湖湾越冬蓝藻活性分布

根据图 4-1 及本书第 7 章的相关研究，巢湖西湖湾是巢湖藻类最易聚集的湖区，聚集时间相对长，因此在此类易聚区域的湖底底泥表层，藻体应存在一定的规律性分布。

本研究于 2013 年冬季（12 月）气象部门预测的一次寒潮形成前后（12 月 4 日和 12 月 6 日），在巢湖西湖湾布设了 20 个采样点（图 6-14），分别各采集一次底泥表层样品。实际该次寒潮降温幅度为 8℃（气温由 12 月 4 日的 15℃下降至 12 月 6 日的 7℃）。于各采样点无扰动采集了深度大于 20 cm 的原位沉积物柱状样，采集后的样品连同采样管一起密封保存，于 4 小时内带回实验室后，立即采用上顶法切取表层 0～4 cm 底泥样品冷冻备用。用丙酮法测定底泥中 Chla，底泥中的藻蓝素采用 0.05 M pH 7.0 Tris 缓冲液（7.02 g/L Tris-HCl 和 0.67 g/L Tris-Tase 混合液）提取。

底泥中藻体活细胞检测采用 50 μm 孔径的筛绢分离、超声波细胞破碎、流式细胞仪（CytoBuoy b.v., Nieuwerbrug, The Netherlands）藻细胞浓度测定，用荧光粉（Micron, Polysciences Inc., USA）进行标定。采用 Cytoclus 软件进行数据分析，通过不同信号（FWS, SWS, FLR, FLO 和 FLY）的幅度和形状选择活体微囊藻细胞进行分析。

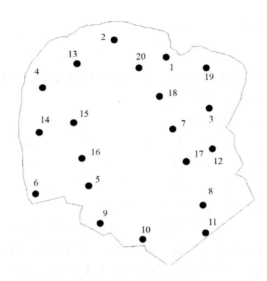

**图 6-14　巢湖西湖湾表层底泥藻体调查采样点分布（2013 年 12 月）**

巢湖西湖湾冬季藻蓝素分布如图 6-15 所示，虽然寒潮来袭前后，表层底泥（干泥）中藻蓝素含量的分布形态较为相似，但等值线数值则反映寒潮发生后，底泥表层中以藻蓝素反映的藻类量全部出现了增加（升高幅度为 16.7%～58.3%），说明进入秋冬季，温度的下降对水柱中活性藻体有向底泥通过沉降作用被动或主动进行转移和聚集的趋向。

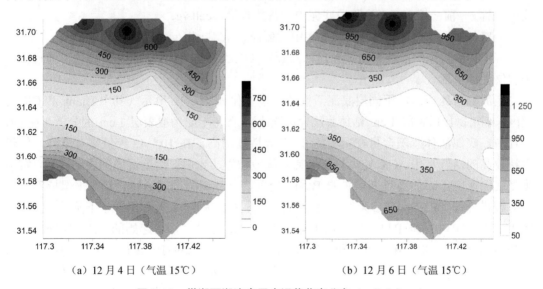

（a）12 月 4 日（气温 15℃）　　　　　　　（b）12 月 6 日（气温 15℃）

**图 6-15　巢湖西湖湾表层底泥藻蓝素分布（cells/g）**

图 6-15 反映了巢湖西湖湾底泥表层藻体含量的分布，也为设置翻耕中试工程区域位置提供了参考。虽然西湖湾的西南岸边也有较高的活性沉降藻体，但北部湖岸的含量更高，范围更大。对空间的进一步分析表明，南淝河河口和十五里河河口区之间越冬的活性藻体分布最多（翌年发生蓝藻复苏的潜在风险大），可作为翻压联动示范研究的实验场。

### 6.2.2 底泥翻耕对越冬蓝藻活性的控制效果

翻耕模拟的荧光砂示踪实验及底泥主要物理性质和主要污染物含量的垂向分布结果显示，底泥翻耕可产生较好层位变化和污染控制效果。实验中采用活性藻体，翻耕控藻效果主要体现在藻体的活性随时间的变化。

#### 1. 翻耕深度对蓝藻活性的影响

为消除巢湖西湖湾底泥的异质性和杂质影响，均采用对不同深度的表层底泥混匀后重填的方法进行模拟。模拟了 4 个翻耕深度，即 2 cm（PT2）、5 cm（PT5）、10 cm（PT10）和 15 cm（PT15）。将已低温［(6±0.2) ℃］休眠诱导 5 天的蓝藻取过滤后 10 g 鲜藻与上述泥层充分混合，再重新放入原有机玻璃采样管中；将未经扰动的底泥柱样设为空白处理（Blank）；另外再取未经扰动的柱状底泥，在其上覆水中注射 10 g 过滤的蓝藻，将该底泥柱样作为对照（CK）。模拟实验共形成 6 个处理组，即 Blank、CK、PT2、PT5、PT10 和 PT15。每个处理组各有 24 个相同的底泥柱样（共 144 个实验柱样）。各处理柱样注入过滤的湖水后，放置于注满滤后湖水的黑色塑料桶内进行避光培养，温度控制在 (6±0.2) ℃。分别于实验的第 0 天、第 1.5 天、第 4 天、第 7 天、第 11 天、第 17 天、第 28 天和第 42天，随机取出 3 个底泥柱样作为平行样品进行与底泥藻类活性有关的分析。底泥中活体藻的相对抑制率（m，%）由式（6-1）进行计算：

$$m = (X_1 - X_2)/X_1 \times 100\% \tag{6-1}$$

式中，$X_1$——前一培养（$T_1$）阶段底泥中的蓝藻含量，cells/g；

　　　$X_2$——下一培养（$T_2$）阶段底泥中的蓝藻含量，cells/g。

沉积物中蓝藻的活性采用荧光素二乙酸酯（FDA）和碘化丙啶（PI）染色，通过流式细胞仪进行检测。

底泥翻耕处理后，不同层底泥活性蓝藻量变化如图 6-16 所示（其中 Blank 和 CK 处理因未翻耕操作以表层 1 cm 活体蓝藻含量统计）。图 6-16a 为取表层 1 cm 的分析，在 CK处理中，底泥活体蓝藻含量在实验的 0～7 天持续增高，在 10～42 天虽略有下降，但仍保持较高的活性水平。CK 处理的藻体初始阶段漂浮于水柱、后期沉降到表层底泥，实际未受底泥影响；未加藻且未翻耕的 Blank 处理，全部试验期间活藻含量几乎保持不变。所有翻耕处理（PT2～PT15）的底泥中活体蓝藻含量在 0～7 天都出现了下降[18]。其中，PT2、PT5、PT10 和 PT15 处理组的底泥活体蓝藻含量分别由起始的 7.12×10⁶ cells/g、3.67×10⁶ cells/g、1.86×10⁶ cells/g 和 1.28×10⁶ cells/g 下降到 1.69×10⁶ cells/g、1.54×10⁶ cells/g、1.21×10⁶ cells/g 和 0.08×10⁶ cells/g，活性抑制率分别为 76.3%、58.0%、34.9%和 93.8%。

比较不同翻耕深度处理的底层 1 cm（图 6-16b）和整层底泥（图 6-16c）分析结果，底层的蓝藻活体在初始的 0～4 天经历了更快的下降过程，而整层相应活性则处于表层和底层之间。PT2、PT5、PT10 和 PT15 处理组工作层下部 1 cm 的藻活性控制率分别为 98.1%、98.9%、99.8%和 99.2%；整个工作层内的控制率分别为 87.2%、90.7%、82.8%和 96.1%。由于实际工程采用的翻耕深度都会远大于 5 cm，因此由图 6-16 可获得采用底泥翻耕深度10 cm 以上 42 天，就基本可将蓝藻活性的控制率提升至 90%左右。

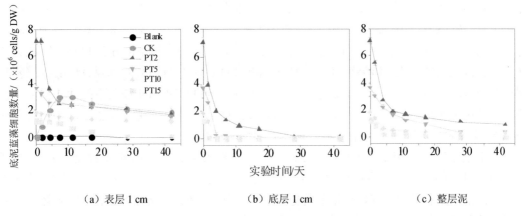

（a）表层 1 cm　　　　　　（b）底层 1 cm　　　　　　（c）整层泥

**图 6-16　翻耕深度对巢湖底泥蓝藻活细胞数的影响**

对 10 cm 翻耕处理（PT10）组的整层以 1 cm 分层平行分析蓝藻活性随时间变化（图 6-17）及对蓝藻活性控制率变化（图 6-18），蓝藻活体细胞的下降主要发生于实验开始的 0~4 天，最高变化率出现于 1.5~4 天，活性下降速度随底泥深度的增加而升高。处理试验至第 4 天，表层 3 cm 以下的底泥中藻体的含量已显著低于 0~3 cm 层位内的含量[18]。Fallon 等人认为，绝大多数越冬微囊藻赋存于表层 4 cm 以内的底泥中[19]。底泥深度越深，接受到上覆水中氧的机会就会越小。用微电极对湖湾表层底泥现场测定反映出，氧气在沉积物中的穿透深度仅为 2 mm，同时 Eh 在底泥表层 3 cm 范围内也呈快速下降趋势。

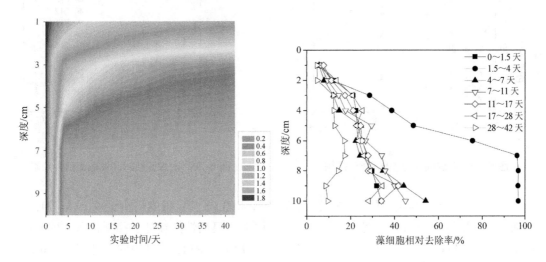

**图 6-17　处理各层位活体蓝藻含量**
**随时间变化**

**图 6-18　PT10 处理各层位活体蓝藻相对控制率**
**随时间变化**

**2. 翻耕对藻细胞膜完整性及酯酶活性的影响**

细胞发生凋亡时，其细胞膜的通透性也会增加，但其程度介于正常细胞和坏死细胞之间，利用这一特点，被检测细胞悬液用荧光素染色，利用流式细胞仪检测细胞悬液中细胞荧光强度来区分正常细胞、坏死细胞和凋亡细胞。凋亡细胞主要摄取 Hoecha 染料，呈现强蓝色荧光，而坏死细胞主要摄取碘化丙啶（PI）而呈强的红色荧光。FDA 则是一种积累在活原生质体膜中的无荧光、无极性、可透过完整的原生质体膜的染料，能被荧光显微镜检测出来。FDA 一旦进入原生质体后，由于受到脂酶分解而产生有荧光的极性物质，因此有活力的、完整的细胞便产生黄绿色荧光，而无活力的原生质体不能分解 FDA，因此无荧光产生。试验用的标准 PI 溶液（P-4170）和标准 FDA 溶液（F-7378）均购自 Sigma 公司。利用 FL2 通道，通过收集经 PI 染色后的蓝藻细胞在 560～590 nm 波段下的荧光强度，检验蓝藻细胞的细胞膜完整性；利用 FL1 通道，通过收集经 FDA 染色后的蓝藻细胞在 530～560 nm 波段下的荧光强度，来检验蓝藻细胞的酯酶活性。

取上述不同翻耕深度处理批次的平行样品，分析表层底泥中 PI 细胞数及 FDA 酯酶活性随翻耕时间的变化。如图 6-19 和图 6-20 所示，实验开始时，各翻耕处理组的 PI 荧光强度处于低值（完整性高），FDA 荧光强度都处于各自的峰值（酯酶活性高），说明翻耕掺入底泥中的蓝藻初始期多为活体细胞。实验开始后的 0～16 天，PI 荧光强度则急剧上升，FDA 荧光强度迅速下降，这种快速变化反映出此阶段细胞膜出现了迅速破裂，大部分活体藻细胞受底泥覆盖而趋于湮灭。还应注意到，由于表层底泥不断接纳水柱中沉降衰亡的藻体，结果 CK 处理中的死藻细胞数量也处于较高比例。CK 处理表层藻细胞大量死亡也表明，实际上可能只有小部分蓝藻能在底泥表层顺利越冬。由于大部分活体蓝藻在实验的前 17 天左右就已被底泥覆盖所湮灭，严重影响了酯酶活性的显示和发挥，因而所测定的 FDA 荧光强度很低且非常接近[18]。

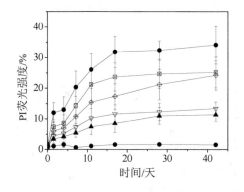

图 6-19　底泥翻耕对藻体完整性影响

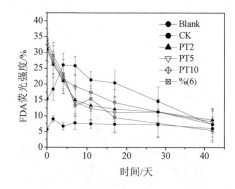

图 6-20　底泥翻耕对藻体酯酶活性影响

第 17 天直至实验结束的第 42 天，翻耕处理组的 PI 荧光强度仍在缓慢上升，FDA 荧光强度也在下降，即随着时间的延长，翻耕对底泥中藻活性继续处于抑制状态，越来越趋近 100%的控制效率。实验结束后（第 42 天），PT10 和 PT15 处理中的活性蓝藻含量均低于对照组，PT15 处理中的含量甚至低于 Blank 组，效果非常显著。然而对于低强度（如小于 5 cm）的翻耕，则并非有很好的控制效果。

### 6.2.3　底泥翻压对藻类活性及复苏的影响

根据秋冬季底泥表层活性藻垂向分布规律分析，3 cm 深度以下的表层底泥中活性藻含量一般会显著低于上层沉积物。巢湖西湖湾距表层 3 cm 以下的底泥中氧含量（图 6-21 左）及 Eh（图 6-21 右）均远远低于表层。另外，深层位的底泥环境还严重缺乏光照，无光环境促使蓝藻分解，下部底泥中含量较高的硫化物也能破坏蓝藻细胞结构，导致细胞衰亡。

因此，活性藻体受翻耕底泥覆盖后，不仅藻体的完整性、酯酶活性受到破坏和抑制，而且藻体的基本生存环境（DO）无法满足，进入深层甚至近表层（约 5 cm 以下）底泥后，藻体的逐步湮灭和消亡极易发生[18]。

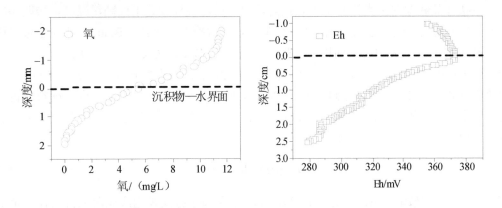

图 6-21　巢湖西湖湾底泥中氧含量（左）和 Eh（右）冬季垂向分布

Verspagen 等人认为，越冬藻体只能在有活性且能离开底泥的情况下才可复苏上浮，然而底泥翻耕几乎从物理上抑制和阻碍了藻体复苏生长的两个必要条件[20]。虽然翻耕（特别是现场湖底的施工）不可能将所有藻体（蓝藻）全部置于底泥下层，仍有一小部分藻体处于 3 cm 深度内的上层。不过翻耕后，从模拟结果来看，能够离开底泥表层的活体藻所占百分比不会很多。模拟翻耕荧光砂实验结果（图 6-4）显示，表层 0～1 cm 含量仅为（3.64±1.06）%，而浅水湖沉积物再悬浮能侵蚀的深度难以超过 1 cm 深度[21]，因此被翻耕处理至底泥下部的藻体完全依赖自然条件至上层，乃至通过再悬浮或自主上升至湖泊水柱中参与复苏生长，其机会比沉降于未经翻耕底泥表层的藻体要小得多。即使不考虑对底泥内源的控制作用，翻耕使沉降藻体（蓝藻）因活性明显降低及物理束缚而使其难以翌年在湖泊上覆水中复苏，体现其对湖泊富营养化控制的贡献。

## 6.3　底泥翻压对巢湖内源释放及黑臭污染的控制作用

底泥翻耕可部分形成上下层倒置，使洁净层置于污染层之上。底泥表层的高含量有机质和高含硫物质往往是水体黑臭的诱发和参与者，翻耕处理也会将这些致黑致臭物质压覆底部，翻耕对这两种污染的影响程度（或控制作用）也是评估底泥翻压技术有效性的重要依据。另外，底泥翻耕效果是需要现场工程实施才能体现的，一定尺度的示范性研究可对其进行验证和技术完善。巢湖西湖湾汇流湾区分布有大量高氮、磷含量的底泥，是巢湖发生黑臭的主要水域，开展针对底泥内源和黑臭治理的技术研发和示范、完善翻耕技术工艺、在相对现实状态下评估底泥翻耕效果及其稳定性是非常重要的内容。国家巢湖水专项"巢湖重污染汇流湾区污染控制技术与工程示范"（2012ZX07103-005）课题首次提出将翻耕技术作为控制底泥污染和越冬藻体活性的方法，基于实验室内底泥翻耕和工程示范，以期摸索出针对底泥内源、水体黑臭和沉降藻类控制的底泥综合控制技术，为富营养化湖泊污染控制提供一种可选方法。

### 6.3.1 底泥（藻体）翻压对内源污染释放的影响

于南淝河河口藻类易聚水域设置一采样点（31°41′36.91″N，117°.23′45.32″E），采集底泥柱状样品和漂浮藻类样品若干。各处理中的底泥柱样设置不同翻耕深度，切取相应厚度的表层底泥与 10 g 过滤后的藻体充分混合，并设空白处理组（Blank）和在上覆水放置 10 g 藻体的对照（CK，0 cm 翻耕）形成 6 个处理组：Blank、CK、2 cm（PT2）、5 cm（PT5）、10 cm（PT10）和 15 cm（PT15），每组设 3 个平行样。采用小型 peeper（容量 250 μL）采集间隙水方式（平衡 2 天），通过 Epoch 微孔板酶标仪（BioTek，USA）进行读数分析底泥间隙水中游离铵态氮（$NH_4^+$-N）和 $PO_4^{3-}$-P 含量，计算底泥释放速率。扩散通量采用 Fick 第一定律进行计算，其计算公式如下：

$$J = \Phi D_s (dC / dz)_{z=0} \tag{6-2}$$

式中，$J$——扩散通量 R，mg/（m²·d），正值表示通量方向是由底泥向上覆水体，负值则表示通量方向是由上覆水向底泥；

$\Phi$——沉积物的孔隙度；

$D_s$——沉积物中目标物质的扩散系数，m/s，由目标物质在水体中的扩散系数（$D_0$）与沉积物孔隙度（$\Phi$）计算得到。

**1. 底泥翻耕影响**

图 6-22 显示了不同深度泥藻翻耕和处理后氮、磷释放速率变化。在整个实验周期（42 天），所有底泥翻耕处理的氮、磷释放速率均低于对照（CK）处理。而相对于空白（Blank），当翻耕深度达到 5 cm（PT5），底泥的磷释放就已产生明显效果；对氮释放的控制则需要翻耕 10 cm（PT10）及以上。值得注意的是，PT15 组在整个实验周期内，$NH_4^+$-N 的释放通量为（–30.17±10.43）mg/（m²·d），数值为负说明 $NH_4^+$-N 的扩散方向是由上覆水向沉积物间隙水方向扩散的，沉积物变成了 $NH_4^+$-N 的"汇"；同时，Blank 组的 $NH_4^+$-N 表观通量则为（19.46±4.57）mg/（m²·d），说明翻耕处理，尤其是翻耕 15 cm 深度可以对沉积物内源污染中的 $NH_4^+$-N 释放通量起到良好的控制作用。显然采用泥藻受试样品进行翻耕效果试验也进一步证明，10～15 cm 深度的翻耕已可对底泥中氮、磷的释放形成有效控制。

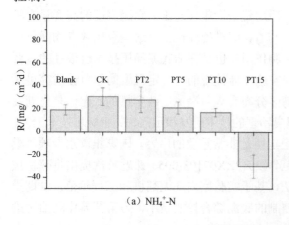
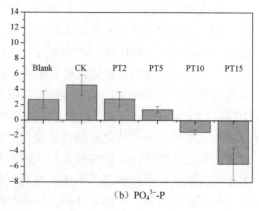

(a) $NH_4^+$-N       (b) $PO_4^{3-}$-P

**图 6-22 不同深度和处理泥藻翻耕后氮磷释放速率变化**

## 2. 底泥碾压影响

在翻耕基础上，模拟碾压主要是通过改变底泥上部施以的压强（Pa）变化。对沉积物内源释放（60 天后）和藻体均具有较好控制作用的 15 cm 翻耕深度，切取相应厚度的表层底泥与 10 g 过滤后的蓝藻充分混合。用可完整覆盖柱状样横截面面积的金属压板（P）与可变重荷（W$n$），在考虑浮力及图 6-11 底泥表层压强对氮、磷释放影响控制 50% 研究结果的基础上，设置等差式压强（帕斯卡）：153.9（P+W1）Pa、205.2（P+W2）Pa、256.5（P+W3）Pa、307.8（P+W4）Pa、359.1（P+W5）Pa、410.4（P+W6）Pa、461.7（P+W7）Pa、615.6（P+ W8）Pa、718.2（P+W9）Pa、798（P+W10）Pa 和 877.8（P+W11）Pa，对水下底泥形成碾压效果的均匀镇压。根据湖面船只的合理行进速度（约为 0.4 m/s）和图 6-12 碾轮尺寸 2 x，设置的等差压强下的压力镇压时间为 3 秒。

如前所述操作制作成 15 cm 泥藻翻耕深度的供试底泥柱样，分成 12 个处理组，记为 CK、PT+C1、PT+C2、PT+C3、PT+C4、PT+C5、PT+C6、PT+C7、PT+C8、PT+C9、PT+C10 和 PT+C11，进行等差式压强镇压试验，氮、磷释放速率与压强关系如图 6-23 所示。随着镇压的压强增大，底泥营养盐向上覆水释放速率相应下降。大致至 PT+C10 试验组，氮和磷的释放速率明显平缓以致不再下降，此时氮（NH$_4^+$-N）和磷（PO$_4^{3-}$-P）的释放速率约为 1.3 mg/（m$^2$·d）和 0.2 mg/（m$^2$·d），分别下降了约 61.7% 和 42.8%。从示范试验出发，将翻耕碾压技术的翻耕深度设置为 15 cm，碾压压强设置 798 Pa 左右。

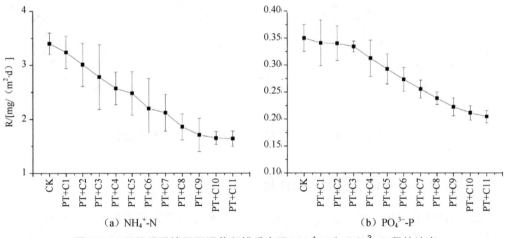

（a）NH$_4^+$-N　　　　　　（b）PO$_4^{3-}$-P

图 6-23　不同压强镇压下泥藻翻耕后底泥 NH$_4^+$-N 和 PO$_4^{3-}$-P 释放速率

## 3. 底泥碾压后的反弹分析

虽然碾压强化了翻耕对底泥释放的控制作用，但碾压作为一种垂向力的物理作用，实施时间短（秒级），当压强撤去后底泥内部颗粒之间的排斥力克服了黏结力，是否会随时间推移而发生不可接受的如孔隙率参数的物理反弹。由 Fick 定律可知，孔隙率（特别是表层孔隙率）的变化将直接影响底泥释放速率的改变。对于湖泊而言，一般现场实验时间以月、季和周年来考察，研究采用半年即 180 天作为反弹效果研究时长，来跟踪底泥镇压后孔隙率的变化（图 6-24）。镇压或碾压对底泥的压实作用或孔隙率的减低主要发生在表层 0～4 cm 以内，在水充盈环境下，约 798 Pa 压强对表层镇压可使表层底泥的孔隙率由 65%～70% 短时间下降到 35%～40%，减少 42%～46%。跟踪 3 天、6 天、12 天、23 天、44 天，直至 183 天，分析 20 cm 深度内底泥孔隙率的变化，镇压后底泥孔隙率垂向分布随时间几乎没有发生改变。即使到试验结束时的第 183 天，表层孔隙率虽略有上升，但与第 3 天的垂向结果和误差比较，基本处于统计学允许范围。因此可认为，采用足够强度对底泥镇压以强化翻耕控污效果是具有一定可行性的。

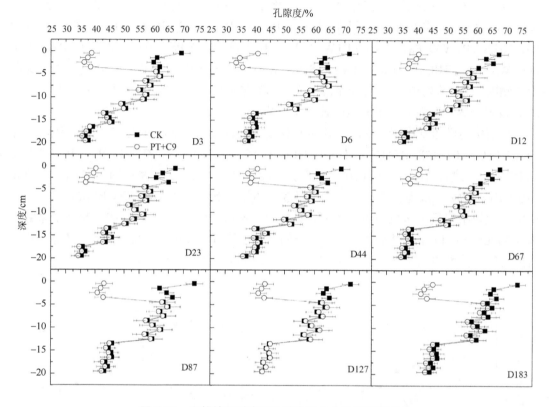

图 6-24    翻耕镇压后底泥孔隙率垂向分布随时间变化

## 6.3.2    底泥翻压对水体黑臭的控制作用

湖泊水体黑臭现象在以太湖为典型的一些湖湾和岸边时常规模性发生，已被证实与藻体和底泥有直接关系。巢湖的黑臭目前主要发生于重污染入湖河道的河口（如南淝河和十五里河），该水域是巢湖夏秋期（蓝藻）藻体的主要聚集区域之一。底泥是湖泊黑臭的主要影响因素之一，因此在该湖湾开展的以表层底泥为主要对象的翻耕控污灭藻技术示范的同时，也应考虑其对湖泊黑臭的控制效果或影响。

对前述用 Y-型再悬浮发生装置模拟巢湖西湖湾藻源性黑臭发生的体系，以视觉差判别水体致黑程度，并以半定量分级方式确定，即 0-无发黑、1-灰色、2-浅黑、3-深黑。每天于水柱中段采集水样，便携式仪器测定 DO、pH 和 Eh，以啡咯嗪法测定 $Fe^{2+}$ 含量；亚甲基蓝比色法测定 $S^{2-}$ 含量。待试验全部完毕后，立即用微电极系统对 6 组样品的泥水界面测定 DO、pH、Eh 和 $\sum H_2S$ 等剖面垂向分布。然后按 0～1 cm、1～2 cm、2～4 cm、4～6 cm、6～8 cm、8～10 cm 的顺序对柱状底泥分层，用草酸—草酸铵法提取并分析其中的亚铁、用冷扩散法吸收固定硫化物，以亚甲基蓝法对其测定。

### 1．底泥翻耕对藻源性黑臭的影响

实验于中国科学院南京地理与湖泊研究所湖泊与环境国家重点实验室开展，用 Y-型再悬浮发生装置进行藻源黑臭发生模拟。采集 3 根未经扰动的上部 20 cm 底泥平行装入装置的模拟柱中，补充巢湖西湖湾原水，使水深达到约 180 cm。每柱加入可诱发藻源性黑臭剂量的巢湖鲜藻浆 47.5 g（约 5 000 g/m²），控制环境温度为（29±1）℃，调节相当于湖面风速 3.2 m/s 的水柱中水动力状态。

选取翻耕后第 60 天的样品进行实验，设置 1 组对照组、1 组空白组和 4 组处理组，处理组分别为 PT2、PT5、PT10 和 PT15，每组均设置 3 个平行样，处理方法与前述方法相同。如表 6-2 所示，除 PT15 处理外，空白、对照、PT2、PT5 和 PT10 处理都发生了水体发黑的现象，大致分别于模拟开始后的第 9 天至 10 天、第 8 天、第 10 天至 11 天、第 10 天至 12 天和第 12 天至 14 天相继发生视觉可察的水色发黑现象。在水体发黑的半定量级别差异上，空白和对照所呈现的黑色可达到最高的致黑级别（3 级），而且发黑现象的持续时间也较长，分别为 8～10 天和 11 天。所有翻耕处理组的水体发黑级别均处于 1～2 级（灰—浅黑），且多数时间为灰色，发生时长也多为 5～7 天。翻耕深度越深的处理，水体致黑程度越轻，持续时间越短。当翻耕深度达到 15 cm 时，藻源性黑臭不再发生，明显反映出底泥翻耕对藻源性黑臭具有较强的抑制作用。

表 6-2　所有泥藻翻耕处理下水柱中藻源性致黑发生过程

| 处理 | 平行 | 试验天数/天 | | | | | | | | | | | | |
|---|---|---|---|---|---|---|---|---|---|---|---|---|---|---|
| | | 1～7 | 8 | 9 | 10 | 11 | 12 | 13 | 14 | 15 | 16 | 17 | 18 | 19 |
| 空白 | 1 | 0 | 0 | 0 | 1 | 1 | 2 | 3 | 2 | 2 | 1 | 1 | 1 | 0 |
| | 2 | 0 | 0 | 1 | 1 | 2 | 2 | 2 | 2 | 1 | 1 | 1 | 1 | 0 |
| | 3 | 0 | 0 | 0 | 1 | 1 | 2 | 3 | 2 | 1 | 1 | 1 | 0 | 0 |
| 对照 | 1 | 0 | 1 | 1 | 2 | 3 | 2 | 1 | 1 | 1 | 1 | 1 | 1 | 0 |
| | 2 | 0 | 1 | 2 | 1 | 2 | 3 | 2 | 1 | 1 | 1 | 1 | 1 | 0 |
| | 3 | 0 | 1 | 2 | 2 | 3 | 2 | 1 | 1 | 1 | 1 | 1 | 0 | 0 |
| 翻耕 2 cm | 1 | 0 | 0 | 0 | 0 | 1 | 2 | 1 | 1 | 2 | 1 | 0 | 0 | 0 |
| | 2 | 0 | 0 | 0 | 1 | 1 | 1 | 2 | 1 | 1 | 1 | 0 | 0 | 0 |
| | 3 | 0 | 0 | 0 | 1 | 1 | 1 | 2 | 1 | 1 | 1 | 0 | 0 | 0 |
| 翻耕 5 cm | 1 | 0 | 0 | 0 | 1 | 2 | 1 | 1 | 1 | 1 | 0 | 0 | 0 | 0 |
| | 2 | 0 | 0 | 0 | 0 | 1 | 2 | 2 | 1 | 1 | 0 | 0 | 0 | 0 |
| | 3 | 0 | 0 | 0 | 0 | 0 | 1 | 1 | 1 | 1 | 0 | 0 | 0 | 0 |
| 翻耕 10 cm | 1 | 0 | 0 | 0 | 0 | 0 | 0 | 1 | 1 | 1 | 1 | 0 | 0 | 0 |
| | 2 | 0 | 0 | 0 | 0 | 0 | 0 | 1 | 1 | 2 | 1 | 1 | 0 | 0 |
| | 3 | 0 | 0 | 0 | 0 | 0 | 0 | 1 | 1 | 2 | 1 | 0 | 0 | 0 |
| 翻耕 15 cm | 1 | 0 | 0 | 0 | 0 | 0 | 0 | 0 | 0 | 0 | 0 | 0 | 0 | 0 |
| | 2 | 0 | 0 | 0 | 0 | 0 | 0 | 0 | 0 | 0 | 0 | 0 | 0 | 0 |
| | 3 | 0 | 0 | 0 | 0 | 0 | 0 | 0 | 0 | 0 | 0 | 0 | 0 | 0 |

### 2. 翻耕对底泥氧分布及消耗速率的影响

视觉现象是人的感官作用，带有一定的主观因素，一般是结果而不是原因，形成湖水发黑的致黑组分含量及氧消耗速率变化才是底泥参与黑臭发生的实质问题。

翻耕使受沉降藻体影响的表层底泥 DO 含量得到大幅提升[18]。图 6-25 展示了不同处理组在模拟藻源性水体黑臭发生前后的 DO 垂向分布情况。在实验前，没有翻耕的对照（CK）处理其沉积物 DO 的穿透深度为 0 μm，而其他翻耕处理的则达到 5 400 μm 以上，最大为 13 400 μm（PT5），一方面说明藻类在底泥表层的沉降和聚集消耗了底泥表层大量的 DO；另一方面与空白（6 600 μm）相比，翻耕改善了泥水界面的 DO 条件。藻类的聚集可使泥水界面处的 DO 含量低至小于 2 mg/L（CK 处理，1.47 mg/L），为黑臭的发生提供低氧条件。另外，此缺氧状态及长时间维持还将促进底泥中氮、磷物质的释放，加剧湖泊的富营养化。

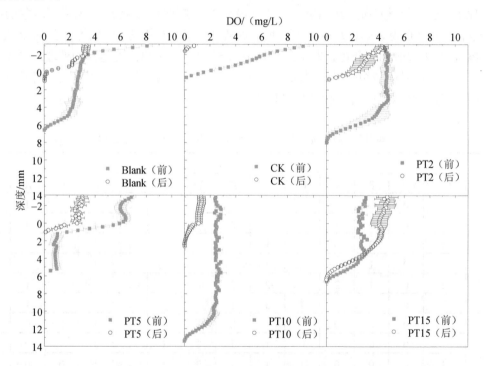

**图 6-25　西湖湾黑臭模拟前后底泥中 DO 的垂向分布**

图 6-26 为巢湖藻源性黑臭试验底泥氧气消耗速率（OUR）在翻耕后的变化情况。空白（Blank）处理在整个实验期间都处于最低水平，而对照（CK）则处于最高数值，其他所有底泥翻耕处理的 OUR 值随时间变化均位于上述两条曲线之间，呈由高逐步向低速率变化。这种下降都是在 17 天之内的变化相对较大，之后的变化态势趋缓。对比前面的研究发现，该趋势与底泥翻耕后藻体的 FDA 荧光强度（图 6-20）的变化趋势极其相似。根据已有的研究，藻体的呼吸作用和衰亡分解都会消耗一定量的氧气，而 FDA 荧光强度的衰减说明藻体失活趋势增加及对氧气的消耗速率的需求增加[18]。

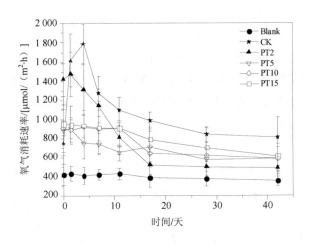

图 6-26　底泥氧气消耗速率随时间的变化

### 3. 翻耕对底泥 Eh 的影响

Eh 是环境中非常重要的氧化还原系统的状态指标，对许多有价态变化的元素，如氧、氮、铁、锰和硫等都具有重要影响，因此对沉积物—水界面处的物质价态变化、结构转化的研究都需要考虑变化的作用。通常可用 Eh 来大致推断某种物质的存在形式，如当氧含量向某介质渗透到一定位置（或深度处）消失，其对应位置或深度处的 Eh 约为+200 mV。尽管不能用 Eh 值来精确推算各种化学反应中各成分的数量和含量，但在综合考虑各种来源有机物存在下，可定性地研究可变价态元素形成的地球化学反应在（底泥）环境中的价态和溶解状态。

在图 6-25 的黑臭模拟过程中，DO 到达零含量位置除了未发生黑臭的 PT15，所有的有数据深度均不能到达泥水界面位置（即都位于上覆水中），若采用 Eh 指标的测量优势，是可深入底泥内部来反映 Eh 垂向分布甚至系统状态。从图 6-27 可以看出，巢湖西湖湾黑臭模拟前后，底泥中 Eh 垂向分布除空白和对照两者较为相似外，不同翻耕处理的 Eh 分布状态则各不相同。对于模拟没有发生黑臭的 PT15（翻耕 15 cm），泥水界面的 Eh 值可达到175 mV 左右，而对于发生黑臭的 PT2、PT10 和 PT15，界面处的 Eh 值均在 100 mV 以下，并大致在 0 mV 左右出现一转折，即随底泥深度的增加 Eh 值变化趋缓。

### 4. 翻耕对底泥铁硫系统的影响

水体黑臭的致黑物质主要来自金属硫化物，其中促成水体发黑的形成和持续的主要来源于底泥缺氧环境下的二价铁（$Fe^{2+}$）和二价硫（$S^{2-}$）的有效性和源源不断的供给。在低氧环境下，污染底泥中普遍存在大量还原性硫，还原性硫化物不但能参与相关的氧化还原反应，同时还同底泥中微生物作用形成多种价态的硫化物。$\Sigma H_2S$ 是所有自由 S（Ⅱ）活性物质的整合形式，也是形成黑臭水体主要致黑物（无定形态 FeS）的物质基础。

在藻源性黑臭试验前，0～12 000 μm 穿刺深度内，所有处理的底泥中都检测到有$\Sigma H_2S$，说明该湖区底泥已处于缺氧状态，其原因与该湖区长时期处于富营养化和藻类沉降聚集有关。模拟后，各处理组（Blank、CK、PT2、PT5 和 PT10）的上覆水体和沉积物间隙水中，$\Sigma H_2S$ 含量都相较湖泛模拟前显著提升（图 6-28），湖泛发生的程度越强，底泥间隙水中形成和积累的$\Sigma H_2S$ 越大。由于上覆水中$\Sigma H_2S$ 浓度低于沉积物间隙水，因此在浓度梯度扩散作用下，$S^{2-}$由下部沉积物向上覆水释放必将发生。另外，大量存在于底泥中的硫酸盐还原菌（SRB）将在深度缺氧和厌氧环境下，与高有机质含量的污染底泥共同作用不断形成还原性硫，并将$\Sigma H_2S$向上覆水体大量释放，补充着上覆水中因形成黑臭而减少的$S^{2-}$。在未发生湖泛的 PT15 处理中，穿刺深度内（0～12 000 μm）的沉积物间隙水中，$\Sigma H_2S$ 在黑臭模拟前后浓度梯度无明显变化。上覆水中$\Sigma H_2S$ 浓度高于沉积物间隙水，可能的原因是藻类残体中含硫蛋白分解。

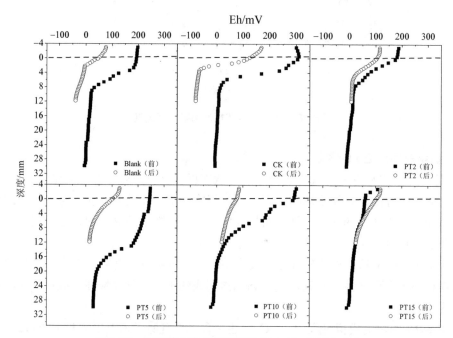

图 6-27　西湖湾黑臭模拟前后底泥中 Eh 的垂向分布

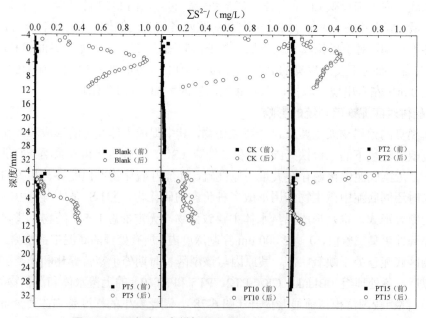

图 6-28　西湖湾黑臭模拟前后底泥中$\Sigma H_2S$ 的垂向分布

　　底泥中的还原态环境还会改变另一种关键致黑金属元素铁的形态。铁是环境中对氧化还原环境最敏感的元素之一，在湖泊中的赋存形态易于发生变化。如图 6-29 左图所示，发生黑臭处理的表层 Fe（Ⅱ）含量均较高，约为未发生的处理组（PT15）的 3～4 倍；从 Fe（Ⅱ）对总铁的占比来看，发生黑臭的均已接近 40%，远高于未发生黑臭处理的 25%，说明由于强还原性环境的形成，底泥中表层的铁氧化还原体系被打破，铁的赋存形态发生了由 Fe（Ⅲ）向 Fe（Ⅱ）的明显转变。Fe（Ⅱ）在底泥表层的大量积累为湖泛致黑物质的形成提供了物质基础。由于作为强有机质的聚集性藻体量仍以一定量的形式存在，厌氧环境下的硫酸还原菌等微生物仍会由高价硫向低价硫转化，以及含硫氨基酸的分解释放有机硫和低价态硫，其间还在低 Eh 环境下向游离态敏感金属离子转移着电子，将水体和底泥矿物组成中的高价态铁物质还原成 Fe（Ⅱ），在黑臭形成期和持续期满足着其对 $Fe^{2+}$ 的供给。如图 6-29 右图所示，发生水体黑臭的处理（包括空白和对照），底泥中 $Fe^{2+}$ 含量在总铁（TFe）中所占比例相对较高，为水柱中黑臭的发生提供足够高的 $Fe^{2+}$ 比例和浓度。

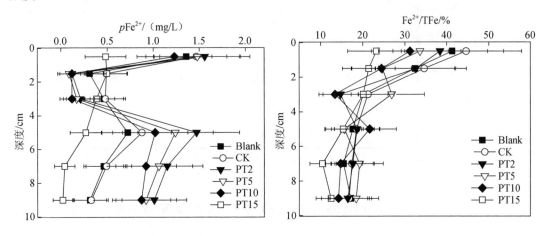

图 6-29　西湖湾黑臭模拟后底泥中 $Fe^{2+}$ 含量（左）及占总铁百分比（右）垂向分布

### 6.3.3　底泥翻压对藻类复苏的控制作用

　　孔繁翔等提出蓝藻生长和水华的形成分为相互区别而又连续的 4 个过程[14]，即下沉和越冬（休眠）、复苏、生物量增加、上浮聚集并形成水华，并认为影响每个阶段的主导因子不同。在不适宜生长的条件下，蓝藻可以在底泥表层积累，环境条件适宜时便从底部上升到水体中，这便是所谓的"复苏"现象。藻类在春季复苏是水体中藻类重新生长的起点，为蓝藻水华贡献了"种源"。模型实验显示，如果不考虑底泥中微囊藻的贡献，夏季的微囊藻水华会减少 50%。

　　冬季，水柱中的藻类在活性降低后一些会沉降到底泥表面，可成为越冬藻类的主要来源。水体中的氮、磷营养盐通过颗粒吸附沉降至底泥表层，经过矿化等早期成岩作用在底泥中累积，为沉降藻体从营养角度提供着生存环境。底泥压实与翻耕将极大地改变底泥表层沉降藻体的生存条件，通过对藻体的窒息、阻隔藻体与水体的接触、阻塞营养补给途径和通道等达到对藻类生长的控制作用。翻耕对底泥表层蓝藻影响的研究结果表明，合理翻耕深度能有效地湮灭表层休眠的蓝藻，本章选取前面研究结果中对越冬蓝藻具有较好控制效果的翻耕深度（15 cm）对湖泊沉积物进行实际翻耕模拟，再辅以底泥镇压的手段（798 Pa），以期通过将表层沉积物压实使越冬蓝藻进一步埋藏于沉积物中，并通过对表层营养盐释放加以控制，恶化越冬蓝藻在底泥表层的生存环境，从而抑制藻体复苏，进一步控制湖泊富营养化。对处理好的沉积物在不同采样时间里进行复苏模拟，得到不同时期上覆水中复苏的活体蓝藻细胞密度（图 6-30）。

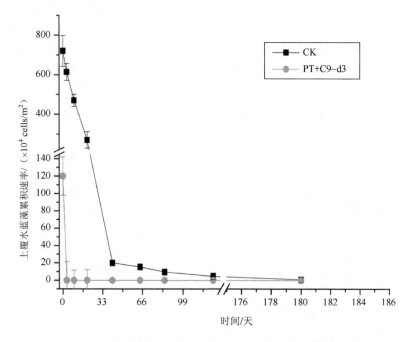

图 6-30　压实与翻耕联动后上覆水中复苏的活体蓝藻细胞密度

在压实与翻耕联动处理后，由于蓝藻分散于整个沉积物工作层，表层含量下降且表层沉积物的孔隙度在翻压当天就显著下降（图 6-30），沉积物紧实后限制了表层藻体的自由活动，在处理当天处理组与对照组的蓝藻复苏量就有显著差异（$p<0.05$）。在之后的培养过程中，由于表层蓝藻经翻耕后于第 3 天开始就大量死亡，蓝藻的活性也快速下降，所以其复苏量始终显著低于对照。除了实验开始时还能检出 $120\times10^4$ cells/cm$^2$ 的复苏量，其余时间点的复苏量都仅维持在 $45\sim80$ cells/cm$^2$。相比之下，未扰动但上覆水注入蓝藻的 CK 处理，其复苏量高达 $900\sim7.2\times10^6$ cells/cm$^2$。这说明沉降的蓝藻在底泥表层通过改变自身代谢和积聚成团等生理调节可以在底泥表层长期存活。即使过了 180 天，在环境适宜的时候，一部分活体蓝藻细胞仍具有复苏上浮的潜力。另外，合理的冬季底泥翻耕再辅以底泥镇压使表层底泥压实的技术手段，由于将下沉休眠的越冬蓝藻与表层底泥填埋和压实，使绝大部分越冬蓝藻死亡湮灭，同时降低了底泥表层营养物质释放潜力，恶化了越冬蓝藻的生存环境，加之压实作用限制了蓝藻的活动能力，所以对越冬蓝藻复苏具有极好的控制作用。

### 6.3.4　巢湖西湖湾底泥翻压工程示范

#### 1．底泥翻压参数

翻耕碾压技术是一项新研发的底泥内负荷控制方法，要达到技术的有效性、适应性和可推广性，必须要在实际水体开展示范性研究，经过工艺参数的选择和确定、现场稳定运行和施工后的效果评估等阶段后才可推广和应用。

据前期研究，巢湖西湖湾底泥氮、磷等污染物高含量主要分布在上部 5～8 cm 层，越冬水华蓝藻藻体多分布于表层 0～3 cm 的底泥中。采用 15 cm 深度的底泥翻耕，到 28 天时可使蓝藻的活细胞数接近空白对照；到 90 天时，底泥中活性藻体细胞已呈未检出，基本处于湮灭状态，故示范工程采用的翻耕深度为 15 cm。另外，模拟污染底泥碾压及对泥藻翻耕后的碾压都反映出能形成对底泥释放和藻活性的长效控制作用，对于巢湖西湖湾底泥设置 798 Pa 为底泥碾压的压强参数。

#### 2．示范区位置选择

本研究于巢湖十五里河河口外 2 km 水面区域设立 1 个 120 m×40 m 区域作为示范区。该区域底泥以粉砂为主易翻耕，受河口（特别是南淝河河口）水团影响小，底泥污染物垂向分布、内源氮和磷释放强度、越冬藻细胞分布及藻体沉降特性等都具有一定代表性。

#### 3．翻压装备

底泥翻耕控污装备是一种放置在水底、执行对底泥翻耕和镇压两种操作为一体的无动力机械设备，包括底泥组犁、前碾轮、后碾轮、限深轮、组犁架和碾轮架等组件（图 6-13）。它由若干只犁通过犁梁斜向固定形成一组，若干组犁通过犁梁与结构架横向固定形成组犁。组犁中的每只犁是犁体导线呈摆线向内圆滑弯曲，犁壁的尾部后掠呈剪翼状形成上下两叉翼。根据研究设计，先外加工主要单一构件（犁具、前碾轮、后碾轮），然后将犁具和前后碾轮以固定架的方式进行组合，将单个构件形成组犁架和碾轮架（图 6-31）。

图 6-31　翻耕犁具组及镇压系统组装前（左）和组装后总成（右）

#### 4．翻压联动技术流程与参数

实施犁具和碾轮对底泥翻压的联动，需要进行"构件组装—组装件与挖机船吊装—底泥翻耕—底泥镇压"的操作步骤。首先，将制作好的铧式犁和镇压碾按照导向在犁架上进行组装（图 6-31 右），将装配好的犁架移到挖机船上，再将犁架整件用钢丝绳与挖机臂连接牢固，并在不开机行进下用挖机臂将犁架整件放置于水下，测试犁架放置位置是否稳定和合理，以做好工程准备（附图 6）；其次，开动船上动力，由挖机臂在前面牵引，斜向拉动水下底泥翻耕犁架整件，向船头方向前进，此时铧式犁形成底泥表层翻耕作业；最后，在挖机船行进的同时，固定于翻耕犁架上的金属镇压碾轮也紧跟其后面滚动，形成镇压作业。示范工程选用的挖机船其牵引力为 180 马力，单个碾轮质量为 182.3 kg。

由于受水体浑浊的影响，翻压联动技术和装备在湖底实施的操作是人肉眼不可见的隐蔽性作业，其主要工艺流程为预碾压—翻耕—二次覆盖—镇压。①预碾压，联合作业装置的前碾轮通过预碾压以增加翻耕前底泥的密实性，提高翻耕质量，同时限制犁体下切深度；②翻耕，铧式犁尖进入底泥，并由铧尖与铧翼间的切刃将底泥按一定厚度进行切削，切削的底泥沿犁壁内曲面向 $X$ 方向的上方托举、松碎，并在进入叉翼区前后下落，实施底泥翻转式覆盖；③二次覆盖，水下耕作中到达下叉翼的底泥下落迟于上叉翼底泥，前者将形成对后者底泥的二次覆盖；④镇压，后碾轮通过自重对翻耕后的底泥实施镇压，增加翻耕后表层底泥密实度，减小孔隙率。以上工艺步骤的实施都需要翻压联合作业装置在受外部力的牵引下进行，技术示范中的湖面牵引力来自挖机船，在 GPS 定位旗杆设定的直行路径内以回转方式对示范区底泥实施翻耕和镇压作业。镇压轮因有较大的质量和对底泥有较小的接触面积，在前进中对翻耕区实施深度碾压，从而对已翻至下层或底层的越冬藻类、污染层形成物理性密实、控制底泥内源释放速率的环境效果。底泥翻压联合装置的主要技术参数见表 6-3。

表 6-3　底泥翻耕密实装备主要技术参数

| | 项　目 | 参　数 | 备　注 |
|---|---|---|---|
| 1 | 翻耕宽度 | 4 m | 有效宽度 3.7 m |
| 2 | 翻耕深度 | 15 cm | ±5 cm |
| 3 | 犁具组数 | 6 组 | 每组 3 片犁 |
| 4 | 犁具结构 | 铧式，分翼，短尾 | 上翼深度弯曲 |
| 5 | 犁间距 | 20 cm | 可调节 |
| 6 | 预压轮直径 | 40 cm（2 只） | 前碾轮 |
| 7 | 碾压轮直径 | 35 cm（2 只） | 后碾轮 |
| 8 | 碾压轮质量 | 182.3 kg×2 | 水上质量 |
| 9 | 牵引力 | ≥150 马力 | 挖机船牵引 |
| 10 | 限深轮尺寸 | 直径 45 cm | 对称 |
| 11 | 翻耕牵引速度 | 22～55 cm/s | 低速、匀速 |

### 5. 工程示范的实施与底泥内负荷控制效果

于巢湖十五里河河口外约 2 km 水面设置一个 120 m×80 m 的长方形示范区（四周控制点经纬度分别为西北 31.697 570°，117.367 907°；东北 31.697 524°，117.368 322°；东南 31.697 384°，117.367 878°；西南 31.697 337°；117.368 296°），其中一半的面积（12 m×40 m）为翻压示范区（图 6-32）。

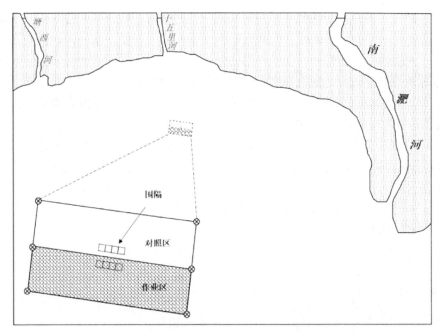

**图 6-32　巢湖西湖湾翻耕镇压示范区位置**

2016 年 4 月 16 日，在巢湖东南散兵镇湖岸边一港口对底泥翻压各构件进行了安装，在陆上对机械转动、角度、构件间距、平衡状态等进行了调整和调试。调整和调试完毕后，由挖机船装载运载至西湖湾十五里河河口岸边，做示范试验前的准备。4 月 17 日，在巢湖十五里河河口外 2 km 的水面，为方便湖面方位确定，用带彩旗的若干长直竹竿按 40～50 m 间隔插入已先期设立好的一个长 120 m×宽 40 m 施工区域（示范区）的 4 个角和 4 条边。将准备好的挖机船开至示范区的一个宽边，将翻压联动装置放置于水底，在手持 GPS 导航下沿示范区长的方向以指定的合适翻耕牵引速度（22～55 cm/s）匀速前进，由联动装置对底泥实施翻耕碾压（图 6-33）。行进到示范区的另一端时，考虑到 30～50 cm 施工面的幅面重叠，采用"U"字形回转继续翻耕，直至完成整个示范区施工面。

（a）翻耕碾压施工（前进中）　　　　　　　　（b）采集翻耕后的表层底泥

**图 6-33　巢湖西湖湾翻耕碾压现场施工中及翻耕后外观效果**

　　为检查翻压示范过程中的施工质量，间隔一定时间可随机停船暂停作业，于联动装置各组件（前碾轮、犁具、后碾轮）的前后空隙（图 6-13）采集柱状底泥，检查底泥表层和上部 20 cm 泥层的受机械翻耕、碾压作用的外观情况（图 6-33b），并与未翻耕区底泥做比较，以随时调整船只的行走速度和联动装置的放置深度等。

　　由于示范区的翻耕作业是在开放水域进行的，对底泥内负荷控制效果跟踪需要对示范区外上覆水进行物理隔离。在翻耕碾压结束后，立即对施工完成区域建立围隔设置（图 6-32）。考虑到统计学和与未施工区的对照要求，在确定进行施工和未施工位置各建立了一组 4 个平行矩形（5 m×5 m）围隔（图 6-34）。于翻耕碾压作业后的第 2 天（2016 年 4 月 17 日）分别于翻压区和对照区采集第一批底泥柱状样品，然后于 5 月 26 日、6 月 5 日、8 月 9 日、8 月 25 日、9 月 28 日、10 月 18 日、11 月 2 日和 11 月 18 日前后共 7 个月间采集 9 批样品进行底泥氮、磷释放实验。

（a）围隔建立中　　　　　　　　　　　　　　　　（b）围隔完工后

**图 6-34　底泥翻耕碾压区效果评估**

　　依据工程示范要求委托第三方检测机构进行效果分析，在巢湖西湖湾开展的底泥翻耕碾压联动技术示范在经过 15 cm 翻耕的 6 个月后，底泥 $NH_4^+$-N 释放控制率达到了考核指标（≥30%）的指标要求，表明对底泥内负荷的控制效果较为显著。翻压联动技术适用于底部相对平坦的湖底，且底泥需属于粉砂质黏土的宜耕类，适宜底泥翻耕厚度为 10～20 cm，适宜工作水深范围为 1.5 m≤h≤5 m，湖面风速≤4 级。翻压联动技术属于实验性的技术，在犁具碾轮改进、牵引装备和方式的选择、导航装备升级、湖泊的适应性及效果评估等方面还有装备完善和性能提升的空间。

## 参考文献

[1]　陆桂华，张建华，马倩，等．太湖生态清淤及调水引流[M]．北京：科学出版社，2012．

[2]　敖静．污染底泥释放控制技术的研究进展[J]．环境保护科学，2004，30（126）：29-32，35．

[3]　古小治，王强，张雷，等．物理改良对湖泊沉积物和间隙水特征的影响[J]．中国环境科学，2010（2）：256-262．

[4]　小田博史，大下光明．2006K-OS5～5 エアー駆動式海底走行トラクターによるアオサ回収技術（オ

ーガナイズドセッション（OS5）：アオサの大量発生とその有効利用法）[C].日本船舶海洋工学会講演会論文集，2006（2）：107-110.

[5]　陈聚法，张东杰，宋建中，等.乳山湾缢蛏养殖老化滩涂的修复研究[J].海洋水产研究，2005（5）：59-63.

[6]　Gu Xiaozhi，Chen Kaining，Huang Wei，et al. Preliminary Application of a Novel and Cost-effective In-site Technology in Compacted Lakeshore Sediments for Wetland Restoration[J]. Ecological Engineering，2012，44：290-297.

[7]　范成新，王春霞.长江中下游湖泊环境地球化学与富营养化[M].北京：科学出版社，2007.

[8]　徐利强，徐芳，周涛发.巢湖沉积物粒度特征及其沉积学意义[J].地理科学，2015，35（10）：1318-1324.

[9]　骆世明.农业生态学（第二版）[M].北京：中国农业出版社，2009.

[10]　王世学，上出顺一.用刚体模型解析就地翻转犁土垡的作用力[J].农业机械学报，1998（4）：41-46.

[11]　余贵珍，吴成武，丁能根，等.犁体参数化设计系统的研究[J].农业机械学报，2008，39（3）：49-51，36.

[12]　吴成武，董加礼.犁体曲面设计的数学方法[J].农业机械学报，1980（4）：49-61.

[13]　何志民，杨芳，孙红霞，等.水平直元线犁体曲面参数化设计[J].机械科学与技术，2002，21（4）：562-564.

[14]　孔繁翔，宋立荣.蓝藻水华形成过程及环境特征研究[M].北京：科学出版社，2011.

[15]　Reynolds C S，Jaworski G H M，Cmiech H A，et al. On the Annual Cycle of the Blue－green alga Microcystis Aeruginosa Kütz. Emend. Elenkin[J]. Philosophical Transac-tions of the Royal Society B：Biological Sciencess，1981，293：419-477.

[16]　胡鸿钧.论藻类的系统发育、系统分类及生物多样性[C].第二届全国藻类多样性和藻类分类学术研讨会论文摘要集，2010.

[17]　孔繁翔，马荣华，高俊峰，等.太湖蓝藻水华的预防、预测和预警的理论与实践[J].湖泊科学，2009（3）：314-328.

[18]　Zhou Qilin，Liu Cheng，Fan Chengxin. Application of Plow-tillage as an Innovative Technique for Eliminating Overwintering Cyanobacteria in Eutrophic Lake Sediments[J]. Environmental Pollution，2016，219：425-431.

[19]　Fallon R D，Brock T D. Overwintering of Microcystis in Lake Mendota[J]. Freshwater Biology，1981，11（3）：217-226.

[20]　Verspagen J M，Snelder E O，Visser P M，et al. Recruitment of Benthic Microcystis（Cyanophyceae）to the Water Column：Internal Buoyancy Changes or Resuspension?[J]. Journal of Phycology，2004，40（2）：260-270.

[21]　胡春华，胡维平，张发兵，等.太湖沉积物再悬浮观测[J].科学通报，2005（22）：2541-2545.

# 第7章 巢湖西湖湾藻类漂移与柔性拦挡

对于富营养化湖泊而言，夏秋季出现以蓝藻为优势种的藻类水华是一种较常见的现象，其有效治理，除了外源和底泥内源控制，湖内适时对其生物量进行抑制也是重要的辅助治理措施。水体中的藻体属于非定植的低等植物，在适度的光照条件下易产生大规模上浮；在适宜的风情（风速、风向）下易移动形成聚集效应。利用藻类在湖泊空间上的特点和规律，人们有可能通过遥感、模拟、围栏等措施，科学和有效地对其进行控制（如藻体收集等），以达到改善湖泊尤其是局部湖区水质状况的目的。

## 7.1 遥感解译的巢湖湖湾蓝藻水华分布特征

### 7.1.1 巢湖湖湾蓝藻水华时空分布特征

基于 MODIS 数据监测蓝藻水华的算法有很多，常用的有单波段法、比值法、归一化植被指数（Normalized Difference Vegetation Index，NDVI）法、增强型植被指数（Enhaned Vegetation Index，EVI）法、浮游藻类指数（Floating Algae Index，FAI）等[1]。但在实际应用中，由于卫星影像是栅格影像，像元大小取决于空间分辨率，而湖泊蓝藻水华实际呈现的形式千姿百态，既有茫茫一片的，也有条带状的，更有不规则分布的，即使茫茫一片也存在强度的不同。这些不同形态的水华都呈现在 MODIS 像元（250 m×250 m）内。FAI 算法通过统计设置固定阈值可以利用简单的像元进行分解，是最为简单、有效和高精度的蓝藻水华提取算法，也是分析湖泊蓝藻水华时空分布的主要手段之一[2]。

#### 1. 西巢湖蓝藻水华的年际变化

利用 MODIS 影像识别 2000—2015 年西巢湖蓝藻水华，并对其进行面积统计（图 7-1）。总体来看，西巢湖蓝藻水华面积一直居高不下。2000—2007 年西巢湖蓝藻水华面积较稳定，但在 2008 年水华面积突然增加并达到峰值，2009—2014 年水华面积呈下降趋势，2015年再次增加。

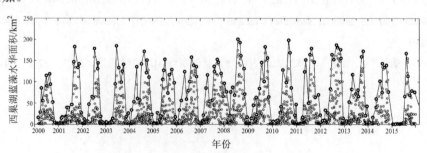

图 7-1　2000—2015 年西巢湖蓝藻水华面积

## 2. 西巢湖蓝藻水华的月际变化

蓝藻水华逐月平均覆盖度是根据 2000—2015 年内每月覆盖度统计而来的，范围在 0～100%，值越接近 100%表示该区域蓝藻水华覆盖度越高。总体来看，西巢湖蓝藻水华覆盖呈现显著的月际差异：4 月开始水华覆盖度明显增加；蓝藻水华主要发生在 5—11 月，其中水华覆盖度在 9 月达到最高（图 7-2），这是因为蓝藻生长与水华形成会经历越冬休眠、春季复苏、生长和集聚上浮 4 个阶段[3]；冬季（12 月—次年 2 月）随着温度降低蓝藻从上层水体下沉到水底越冬，表面蓝藻覆盖明显降低；春季（3—4 月）随着温度上升、光照增加，蓝藻从水底开始上浮复苏，蓝藻覆盖度明显增加；夏秋季（5—11 月）蓝藻大量生长并上浮集聚，形成大面积水华。此外，西巢湖蓝藻水华月平均覆盖度显著高于其他湖区，这与巢湖营养水平分布密切相关[4]。西巢湖靠近合肥市，大量工业废水和生活污水经南淝河、十五里河、派河等河道流入其中，导致西巢湖氮、磷浓度明显高于中巢湖和东巢湖，为蓝藻水华的发生提供了有利的物质基础[5, 6]。

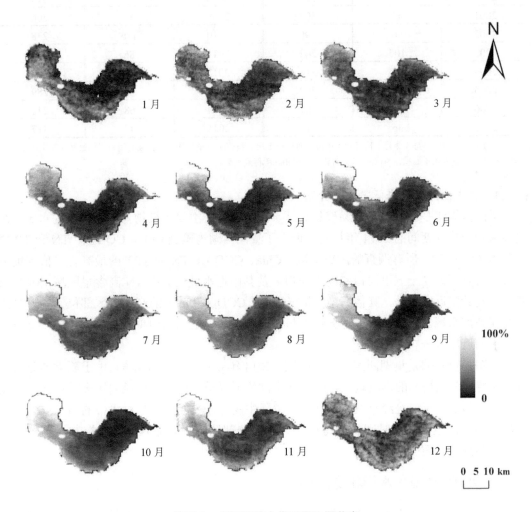

图 7-2　巢湖蓝藻水华月平均覆盖度

### 3. 西巢湖蓝藻水华暴发的起始时间和持续时间

考虑到巢湖蓝藻水华一般会持续到次年 1 月，暴发的起始时间是从每年 2 月 1 日开始，表 7-1 统计了水华覆盖面积第 1 次达到 50 km² 的日期。2001—2003 年西巢湖蓝藻水华暴发起始时间逐年推迟，在 2004 年出现最小值，2005 年又有所推迟，在 2006—2009 年保持稳定，在 2010 年再次推迟，2011—2015 年逐年提前。

水华暴发持续时间是根据每年最初和最后一次观测到的水华面积在 50 km² 以上的暴发日期相减所得，以每年 2 月 1 日为起始统计时间，次年 1 月 31 日为截止时间。总体来看，西巢湖蓝藻水华持续时间较长，2002 年持续时间最短为 190 天，2004 年持续时间最长为 318 天。

表 7-1　西巢湖蓝藻水华暴发的起始时间与持续时间

| 年份 | 起始/天 | 持续/天 | 年份 | 起始/天 | 持续/天 |
|------|---------|---------|------|---------|---------|
| 2000 | 56 | 228 | 2008 | 34 | 313 |
| 2001 | 47 | 308 | 2009 | 43 | 266 |
| 2002 | 96 | 190 | 2010 | 116 | 238 |
| 2003 | 105 | 242 | 2011 | 86 | 271 |
| 2004 | 32 | 318 | 2012 | 70 | 273 |
| 2005 | 69 | 272 | 2013 | 66 | 289 |
| 2006 | 38 | 281 | 2014 | 68 | 242 |
| 2007 | 36 | 313 | 2015 | 48 | 317 |

注：水华暴发起始时间为每年 2 月 1 日开始水华覆盖面积第 1 次达到 50 km² 的年积日；持续时间为每年最初（2 月 1 日开始）和最后一次观测到的水华面积在 50 km² 以上的暴发日期相减所得到天数。

### 4. 巢湖西湖湾夏季蓝藻水华分布

巢湖西湖湾是巢湖藻类最易聚集湖区，也是水体中主要污染物含量相对高的水域，在巢湖水专项执行期间的 2014 年初夏，调查了巢湖西湖湾藻类 Chla、CODₘₙ、TN 和 TP 含量分布（附图 7）。所有调查的污染参数（Chla、$COD_{Mn}$、TN 和 TP）的最高含量值都集中在入湖污染河口（十五里河口和南淝河口）及其附近水域，其中 TN 高含量区域主要在南淝河口及其附近水域外，其他污染参数（Chla、$COD_{Mn}$、TP）的高含量区都位于十五里河口及其外部水域。这样的污染态势不仅与西湖湾两条河道入河口位置有关外，还与夏季蓝藻水华的近岸区分布有关。

附图 7 反映的是巢湖西湖湾一个时段（2014 年 6 月）的分布调查，由于藻类的分布受气候（特别是风情）的影响较大，因此在巢湖流域夏季东向和南向风向较多的情况下，藻类在湖岸边的聚集应是经常发生的状态。蓝藻生物量在平面空间相对集中的西湖湾分布及蓝藻水华在西巢湖持续时间长的特征，为采用局部适时高效捕获收集来控制巢湖藻类灾害、改善湖湾水质提供了可能。

## 7.1.2　巢湖湖湾蓝藻水华环境影响因素

影响藻类生长的主要因素有营养盐、气温、光照等，但一般认为营养盐是藻类生长的主要影响因素。巢湖东、中、西部营养盐浓度逐渐增加，蓝藻水华也基本呈这种趋势，浮游植物生物量受富营养化程度的提高影响很大[7]。但是从历史上看，营养盐包括 TN、TP

等单要素浓度的简单增加或减少，并不意味着藻类也会随之增减，两者之间并非简单的线性关系。这是因为目前巢湖的营养盐水平即使是近 15 年的年均最小值（2007 年 TN 为 1.50 mg/L，2010 年 TP 为 0.10 mg/L）都远大于藻类生长需要的最低营养盐浓度（TN 为 1.26 mg/L，TP 为 0.082 mg/L）。这也解释了为什么巢湖这些年治理力度很大，但还是出现蓝藻水华的原因。

　　巢湖西半湖采样分析结果表明夏季蓝藻水华主要集聚于湖滨带，湖滨带水体中微囊藻的生物量几乎占据水体总浮游植物生物量的 95% 以上，而且越靠近湖岸带微囊藻的生物量所占的比例越大[8]。但在营养盐浓度远远满足藻类生长需要的情况下，营养盐并不绝对主导藻类的生长和群落的演替。利用长时间序列卫星数据和营养盐参数进一步研究发现，巢湖藻类的生长和演替与氮磷比（TN∶TP）关系密切。在 TN∶TP<29∶1 的时候，巢湖更容易出现蓝藻群体及其呈现的水华；而 TN∶TP>29∶1 时，较少出现蓝藻水华。这主要是因为蓝藻相对于其他藻类具有更强的固氮能力，特别是在氮相对较少的情况下，因此在磷较多的时候，氮变得相对稀缺，蓝藻就成为主导。

　　巢湖蓝藻除了微囊藻，还有鱼腥藻、小环藻等分布。微囊藻最适合生长的温度为 25℃ 或以上，水温是影响其水华暴发的重要条件。3—4 月，巢湖地区日均温小于 25℃，不利于微囊藻的生长，鱼腥藻占据优势形成水华；5—9 月，日均温超过 25℃，微囊藻占据优势形成水华；10 月以后，日平均温度再次低于 25℃，蓝藻水华又以鱼腥藻为主导。但是如果温度一旦高于 37°，光照强度较大，蓝藻都会躲在水面下，不容易出现水华。巢湖藻类优势种密度与一些物理环境因子（如电导率、透明度等）之间的关系也很密切，环境因子对各优势种密度的影响具有差异性[9]。

　　事实上，营养盐和温度对于蓝藻生长是一个双驱动的现象。在营养水平相似的年份，蓝藻对于气温，特别是前一年的冬季气温比较敏感，暖冬很容易导致第二年蓝藻水华大规模暴发；而在同样的气温或水温条件下，营养盐高的年份蓝藻水华的暴发时间会随之提前。另外需要注意的是，要区分蓝藻和蓝藻水华的影响因素。蓝藻的生长受营养盐、气温的影响，但要形成水华，除了在藻类达到一定浓度条件下，还需要适宜的气象条件，如风速要小于 3.5 m/s；浅水湖泊都是风生流，大风会引起水体混合，藻华不容易出现。

## 7.2　巢湖西部迎风湖湾藻类漂移过程模拟

　　在湖泊中风力和风向是决定水体流速和流向的最主要因素，处于漂浮状的藻体在适宜强度的持续风力作用下会向迎风岸边聚集。巢湖南淝河河口附近的西湖湾岸边区是典型的迎风岸区，几乎正对着夏季东南风向和南风向，因此巢湖南淝河迎风湖湾区有很多其他区域的藻类漂移进入，从而导致该区域藻类大量堆积。另外，河岸区域地形较缓且流速较小，因此这些堆积的藻类往往最终集中于河岸，并在该区域死亡、腐烂，严重影响了河岸区的景观并威胁备用水源区的安全。所以，在一些敏感水域的离岸水域往往会考虑设置拦藻堤等固定设施，如刚性的拦藻堤和柔性的围隔等，在适当的经济花费下，其目的都是尽量减少岸边藻类的聚集，以保障备用水源区安全，同时改善滨岸区域的自然景观。

　　不同于以往湖泊富营养化模型的模拟研究主要侧重于藻类的生长和新陈代谢，对于藻类的漂移一般等同于普通溶质，可采用物质输运方程计算；对于固定拦藻设置的优化，由于其主要作用是预防藻类短时间内的聚集或是引导藻体向某处移动、集聚，因此更注重对于其漂移路径的计算，而这样的目的和要求是常用的欧拉方法计算很难做到的。为了计算藻类短时间的漂移路径，可以忽略藻类的生物化学过程，采用拉格朗日粒子法可计算藻类漂移，从而在不损失漂移计算精度的情况下达到目标。

### 7.2.1 风浪影响下拉格朗日藻类漂移模型的建立

在拉格朗日粒子法中，流场的计算见式（7-1）～式（7-7），在得到相应地点的流场以后，每个时间步长内藻类的漂移距离由拉格朗日法计算。在平面方向上由于藻类本身的运动能力很弱而水体平面流速较大，因此其移动速度等于水的流动速度。此外，由于藻类体积和质量都很小，因此会受到布朗运动的影响。在 3 个方向藻类的位移都需要分为水体流动造成的平移和布朗运动造成的随机运动。

$$dx = (u + \frac{\partial K_H}{\partial x})dt + \sqrt{2K_H dt}(2p - 1) \tag{7-1}$$

$$dy = (v + \frac{\partial K_H}{\partial x})dt + \sqrt{2K_H dt}(2p - 1) \tag{7-2}$$

式中，$dx$，$dy$——平面两个方向上的位移，m；

$dt$——时间步长，s；

$u, v$——水平 2 个方向的流速，m/s；

$K_H$——水平湍流扩散系数，$m^2/s$；

$\frac{\partial}{\partial x}$——偏微分符号；

$p$——均值为 0.5，服从均匀分布的随机数。

在垂向上，水体速度较小，因而与水体垂向速度相比，藻类自身移动速度不能忽略，需要计算藻类自主速度的影响。

$$dz = (w + w' + \frac{\partial K_V}{\partial x})dt + \sqrt{2K_V dt}(2p - 1) \tag{7-3}$$

式中，$w$——垂向流速，m/s；

$dz$——垂向位移，m；

$K_V$——垂向湍流扩散系数，$m^2/s$；

$w'$——藻类在垂向上的自主速度，m/s。

这一速度受光照和日夜周期等因素的影响，计算如下：

$$w' = A_0 + A_1 \sin(\frac{2\pi}{T} + \varphi) \tag{7-4}$$

式中，$A_0$ 和 $A_1$——有关速度的常数；

$T$——藻类沉浮的周期，一般为 24 小时；

$\varphi$——初始相位，需要通过对藻类生活习性的研究确定。

在巢湖西湖湾南淝河河口这样的迎风湖湾，其风速可能较大，由此引起的风浪会影响水体的流动状态进而影响藻类的漂移，所以有必要在模型中加入风浪的影响。常用的风浪模型大致分为 3 种：①基于 Boussinesq 型方程或缓坡方程的计算模型；②基于能量平衡方程的波浪模型；③基于经验公式的计算模型。第一种模型要求的计算量很大，参数设置等也很复杂，主要用于小尺度的波浪计算；第二种模型虽然可以用于宽阔水域风浪的计算，但计算量仍然相对较大。本次计算主要考虑到计算的效率与经济性，使用第三种模型，即经验模型计算风浪的影响。

风浪模型的预测包括波浪的高度、波向和波周期 3 个要素的预测。对于波浪的经验模型而言，可以简单地认为波向与风向一致，也就是说忽略了波的反射和折射；对于波高 $H$ 和波的周期 $T$ 可以用式（7-5）计算：

$$H = 0.283\alpha \frac{w^2}{g} \tan[h\frac{0.0125}{\alpha}(\frac{gF}{w^2})^{0.42}] \tag{7-5}$$

$$T = 7.54\beta \frac{w}{g} \tan[h\frac{0.077}{\beta}(\frac{gF}{w^2})^{0.25}] \tag{7-6}$$

$$\alpha = \tan[0.53h(\frac{g\overline{h}}{w^2})^{0.75}], \ \beta = \tan[0.833h(\frac{g\overline{h}}{w^2})^{0.375}] \tag{7-7}$$

式中，$w$ ——高空 10 m 处风速，m/s；

$g$ ——重力加速度，一般取 9.81，m/s$^2$；

$F$ ——风吹程即计算点至岸边的距离，m；

$h$ ——计算点水深，m；

$\overline{h}$ ——计算水域的平均水深，m。

有了波高和周期，可以由经验公式计算出波长等其他波浪要素。

### 7.2.2 巢湖西湖湾夏季风场特征分析

风速和风向决定了巢湖西湖湾中水体流动和藻类的漂移路径。巢湖藻类暴发主要发生在夏季，对巢湖典型年 6 月初至 9 月末的风情进行分析可得出图 7-3，风情数据的采样频率为每天 1 次。

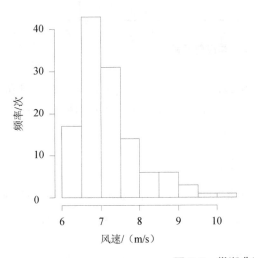
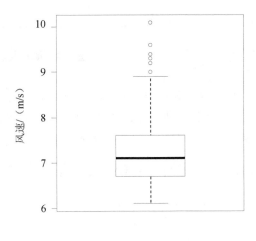

**图 7-3 巢湖典型年夏季风速频率**

从图 7-3 中看到，巢湖夏季风速比较大，在分析的 4 个月共 122 个观测值中风速出现频率最多的为 6.5～8 m/s，且相对高风速出现的概率较大。此外，观测到的风速中最小风速有 6.1 m/s，最大风速则超过 10 m/s；风速的平均值和中位数分别达到 7 m/s 和 7.2 m/s，有相当多的高风速观测数据对风速平均值的偏离超过 1.5 倍的四分位距，达到了统计学上异常值的标准。

以上结果都充分说明，巢湖西湖湾夏季风速较大，在短时间内就可能有大量其他区域的藻类漂移进入西湖湾和湖岸区域；同时，该区域夏季的最低风速都超过起浪的临界风速，在计算藻类漂移路径时必须考虑风浪的影响因素。

图 7-4 是巢湖西湖湾夏季十六风向下的风玫瑰图。从风向频率来看，巢湖西湖湾夏季频率最高的首先是南南西风，达到 17%；其次是东风，约为 14%；再次是东东北风、东北风和西南风，这 3 种风向出现的频率均为 10%左右。北风、西风和西北风出现的频率较少。这说明巢湖西湖湾夏季风向偏东及偏南，若以正北方为 0°、以顺时针为正方向，则巢湖西湖湾夏季风向主要分布在 22.5°～240°，其余风向出现的较少。

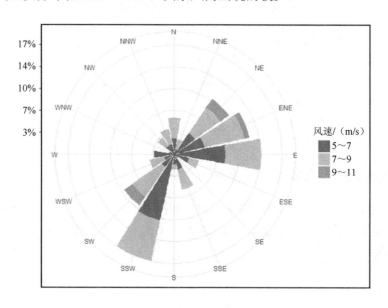

图 7-4　巢湖典型年夏季风向频率

结合风向和风速，巢湖西湖湾夏季出现频率较高且风速较大的为西南风、东北风和东东北风，这些风向下的最大风速均超过了 9 m/s。其余的风向要么出现频率较低，要么出现频率虽然高但相对风速不是太大。

### 7.2.3　藻类漂浮过程模拟与拦藻设施优化研究

根据巢湖湖湾区域风情的分析结果，重点模拟了巢湖南淝河入湖口以西南风、南风、东风和东北风 4 种风向为典型风向，以该区域夏季平均风速 7 m/s 为典型风速的情况下的藻类漂移路径（图 7-5）。

虽然藻类漂移的起点被有意设置在南淝河湖湾的东边区域，但是可以看到在南风、东风、西南风和东北风这 4 种巢湖西湖湾夏季典型风向的情况下，只有南风主导下藻类才在西湖湾东部区域停留较长时间，在其他 3 种主导风向下藻类的停留区域大部分都在湖湾的西部，而在东部区域停留的时间较短。按照图 7-4 的结果分析，巢湖区域夏季出现的南风向情况中主要以南偏西风为主，真正纯粹的南风出现频率较低，因此如果在巢湖西湖湾东岸设置拦藻设施其效果并不明显，且示范区和主要的观景台位于巢湖西岸，离东岸较远，从兼顾环境和经济利益的角度出发，不建议在湖湾的东岸设置拦藻设施，但可将拦藻设置在湖湾的西岸，以便在花费较少的情况下达到更好的拦藻效果。

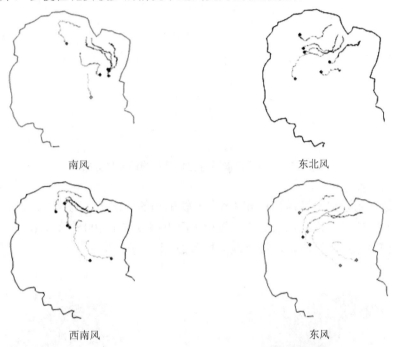

| 南风 | 东北风 |
| 西南风 | 东风 |

**图 7-5　巢湖西湖湾夏季典型风向藻类漂移路径**

图 7-6 是在巢湖西湖湾以西设置的拦藻设施分布。湖湾西岸拦藻设施分为 A、B、C 和 D 四部分，其中 A 区域在南淝河口；B 区域的拦藻设施主要用于防止藻类漂移进入位于该区域的观景台位置；C 区域的拦藻设施位于十五里河至派河之间，是巢湖污染情况最为严重的地区之一；D 区域是 "π" 形的软围隔，既可以阻挡藻类靠近岸边，又方便捞藻船等进入操作。

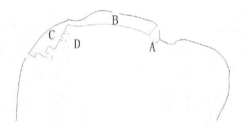

**图 7-6　巢湖西湖湾拦藻设施分布**

图 7-7 是巢湖西湖湾在东北风情况下，湖湾西岸存在拦藻设施时流场的分布。拦藻设施的存在并不会大规模改变该区域流场的特征：湖岸边流速较小，而湖中心区域的流速较大，且在该区域仍然存在明显的环流现象。但是，拦藻设施附近区域的流场确实受到了影

响：拦藻设施至湖岸区域的水体流速由于受到限制而变得更小，这一区域的流场分布也更加均匀；南淝河流入巢湖的河水流向由于拦藻设施的存在而有所改变，但改变区域仍然较小。其他风向情况下的流场与此类似，总体来说拦藻设施虽然对其附近区域水体的流速和流向有轻微影响，但并不能改变整个湖湾区域的流场特征。

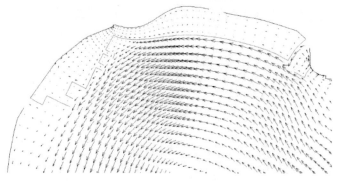

**图 7-7  东北风向下存在拦藻设施的流场分布**

图 7-8 是有无添加南淝河河口和"π"形软围隔的情况下，南风、东风、东北风和西南风 4 种风向下藻类漂移路径的对比。每种工况下都设置了 100 个藻类粒子，分在西湖湾的 5 个不同初始地点开始漂移，每个地点投入 20 个粒子。

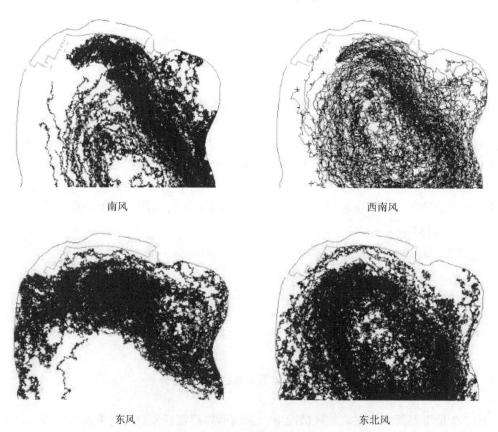

<table>
<tr><td>南风</td><td>西南风</td></tr>
<tr><td>东风</td><td>东北风</td></tr>
</table>

（a）添加软围隔

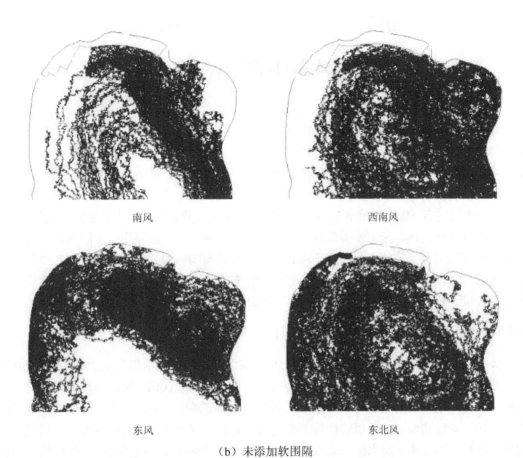

南风　　　　　　　　　　　　　西南风

东风　　　　　　　　　　　　　东北风

（b）未添加软围隔

**图 7-8　不同拦藻设施设置下巢湖西湖湾藻类漂移路径**

从藻类漂移的计算结果可以看出，在南淝河河口设置拦藻设施及在十五里河河口至派河河口段设置"π"形软围隔的情况下，在巢湖盛行的夏季风影响下，所有藻类粒子的漂移轨迹均被挡在远离湖岸处，并无任何藻类穿过软围隔进入拦藻设施以内，也无藻类粒子能够威胁到南淝河河口观景台区域，即在设置南淝河河口拦藻设施及"π"形软围隔后，能够比较好地保护巢湖湖湾西岸的示范区和湖滨景观带不受藻类聚集漂移的影响。

如不设置南淝河河口拦藻设施和"π"形软围隔，则情况会有区别。在南风情况下，湖湾藻类对南淝河河口及其他防护区域并无影响，其结果与设置两种措施后的结果类似，但是在西南风情况下，藻类虽然仍然不影响十五里河到派河河口防护区域的水体，但对南淝河河口的水体是有一定影响的，藻类在此情况下可能影响南淝河河口区域的水质和水体景观。东风及东北风情况下的结果更为明显：在这两种风向下，若不设置南淝河河口的拦藻设施和派河区域的"π"形软围隔，藻类不但能漂移经过南淝河河口，再通过派河河口附近的拦藻设施开口进入拦藻设施内的区域，而且能通过在拦藻设施内的漂移进入南淝河至十五里河河口附近区域，并严重威胁工程示范区（备用水源区）的安全及该区域水体景观的质量。

综合以上分析，考虑到巢湖西湖湾夏季东北和西南风出现频率较高，因此需要设置南淝河河口的拦藻刚性设施（堤）及派河河口区域的"π"形软围隔。图 7-8（a）中拦藻设施的设置比较恰当，能有效保护区域的水体安全，提高该区域的水体景观质量。

## 7.3　藻体拦挡结构设计及巢湖西湖湾挡藻效果

围隔作为挡藻导流设施可以防止蓝藻向保护区聚积，并且可以导流富集蓝藻，有助于除藻设备清除蓝藻。围隔分为全封闭固定式围隔、半幅固定式围隔、可隐没式围隔、可移动式围隔等。目前，太湖、巢湖、滇池等蓝藻水华较严重的湖泊均布有大型围隔拦截蓝藻。固定式围隔能有效拦挡大湖面漂移蓝藻，但由于水流不交换，围隔内自生滋长的蓝藻无法排出，易出现围隔内蓝藻聚集的问题。新型可隐没式围隔浮体充气后浮现于水面实现隔离效果，浮体放气后沉匿于水底恢复自然水面，保持水流交换，有效解决了单向挡藻的问题。围隔可改变水体流场、影响藻类漂移聚集，经过围隔系统的消浪作用，围隔内部水流明显减缓，蓝藻利用自身的伪空胞漂浮于水体表层，在挡藻围隔的拦截作用下富集，经导流围隔的导流作用，蓝藻沿水流方向缓慢漂移至蓝藻打捞点附近进行集中处理。通过改变围隔布设的角度和长度，可优化不同围隔导流方案下藻类的富集效果。

### 7.3.1　水面漂移藻体拦挡围隔结构设计

为了与传统围隔进行比较，根据已有的"全封闭式柔性深水围隔"（ZL200710024370.9）技术和可隐没式智能围隔技术，以及对实验水域环境特点的认识，巢湖西湖湾采用的是悬浮裙式柔性围隔，采用固定式和可隐没式两种结构及底端固定方式，并与传统的固定式围隔结构进行对比实验。悬浮裙式结构主要是为了适应水深及水位的大幅度变化，只拦挡上层富藻水层，不影响下层水流；柔性结构主要是为了适应风浪，通体采用柔性结构，垂直方向和水平方向均保持一定的松弛度，以应对风浪的搓揉；底端固定主要是为了适应风生表面水流，遇到较大流速时可以倾斜避让。实验围隔由柔性浮体、上纲绳、柔性裙体、下纲绳、配重铁链、锚固系统组成（图7-9）。

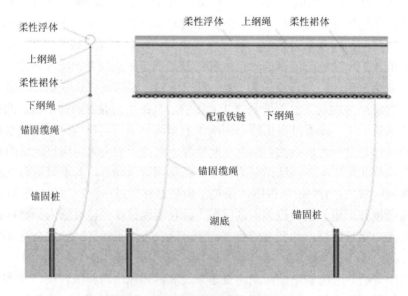

**图7-9　实验围隔结构及下端固定方式**

用于湖面对照的围隔其基本结构与实验围隔相似，差别在于：①采用φ300×1 000 硬质泡沫塑料浮体单元，相互独立包裹固定在包被中，构成非连续硬质浮体（图 7-10）；②采用上端固定方式，自上纲向两侧湖底以斜拉线固定（图 7-11）；③永久固定在水面；④全封闭结构。

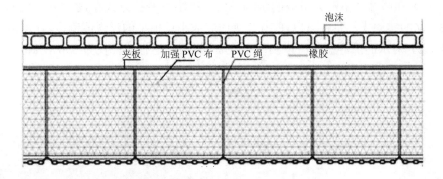

**图 7-10 对照围隔结构（分段硬质泡沫塑料浮体）**

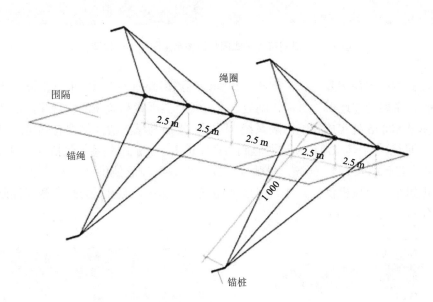

**图 7-11 对照围隔上端固定方式**

由于水域流通性特征，外来污染包括漂移蓝藻、垃圾杂物、污染水团等会对保护水域产生威胁，各种围栏（围隔）技术应用于阻隔外来污染，保护特定水域。工程应用的围隔类型主要为固定式围隔，其对外来污染具有一定的拦截效果，但同时具有阻滞水流、影响景观、妨碍水上交通、隔离水体生态等缺陷，并且由于固定式布设，无法应对大风浪、水位大变幅等问题，而且其长期暴露在水面上受紫外线照射极易发生老化破损。为了克服以上问题，研制了智能柔性围隔装置，由可隐没式柔性围隔、污染事件预警系统和充气浮体控制系统组成；可隐没式柔性围隔由连续带状充气浮体、墙布、锚固装置三部分缝合而成，其中连续带状充气浮体通过导气管连接充气浮体控制系统；充气浮体控制系统包括充气装置、储气设备、压力传感器和控气阀，通过导气管连接，压力传感器监测储气设备中气体的压力；污染事件预警系统包括环境传感器和微机控制系统，微机控制系统接收环境传感器和压力传感器的信号，并向充气装置传送控制指令。

在研究中先开展了 300 m 规模可隐没智能蓝藻防线小试。采用涤纶纤维滤布墙体、气囊（浮体）和坠体（坠链）组成的围隔系统，以临空悬挂方式布设（图 7-12）。利用一个功率 35 W 的蠕动式气泵就可以在 10 分钟内完成小试模型的浮现或隐没，在微风条件下（风速＜3 m/s）对水面漂浮蓝藻可以实现 100% 的拦截，运行能耗仅为 300 W/km。

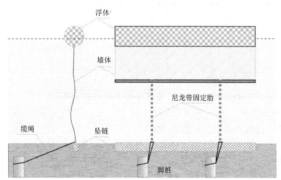

图 7-12　巢湖可隐没式围隔结构示意图和小试模型

可隐没式智能挡藻围隔中试工程建于巢湖西湖湾南淝河外水域。根据南淝河河口西侧的环境条件，主要考虑地形、风浪、湖流、水位等自然因素和蓝藻漂移规律，沿西侧湖岸向马家渡桥外 600 m 处实施智能围隔系统，围隔西端与马家渡桥西侧现有固定式围隔之间留出 70 m 间距以便于马家渡内河道游艇码头游船进出。智能围隔系统包括以下内容：①水中围隔工程，设计总长为 1 500 m，松弛度系数 1.2；②岸基智能供气系统，配备 2.2 kW 微型柴油发电机带动空压机供气，向 2 m³ 缓冲储气系统加压，采用压力感应智能控制单元控制整个系统运行（图 7-13）。

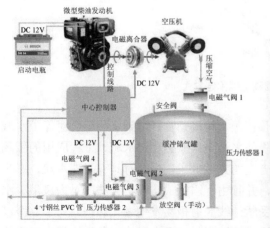

图 7-13　围隔的供气与控制系统的工艺（左）和现场照片（右）

供气系统的安装：储气罐之间管路及其上电磁阀在储气罐组装时完成，储气系统顶部设备平台内包括的发动机、空压机、智能控制箱，均需事先安装完毕，整个供气系统形成一个整体运输至现场后进行吊装固定，现场安装点场地经人工平整后临时制作 4 个混凝土小平台作为储气系统支撑腿的基础；待水中围隔布设完毕后用 $\phi$100 mm 钢丝软管连接储气系统主气管与围隔近岸接头。

围隔主体的组装：将制作好的主要部件和其他材料运至停泊在安装地点的浮动工作平台上；将充气浮体平放在裙体上部缝好的尼龙编织带中间，用 $\phi$12 cm 聚乙烯固定绳穿过环扣绑结，固定充气浮体和裙体；用 $\phi$2 cm 缝合线将裙体下边缘编织带和锚链缝结固定（墙布相对于锚链预留 1.2 倍以上的松弛度）；锚链对应脚桩的左、中、右部位分别安装锚定三股 $\phi$12 cm 聚乙烯缆绳与脚桩相连。

围隔的布设：将组装好的围隔起始端与充气设备相连，在围隔端位打脚桩，将三股锚定缆绳固定在脚桩上，以水下打桩机将脚桩全部打入水底淤泥中，每 5 m 打入一根脚桩；按照组装进程顺次布设围隔并完成水底固定；围隔末端的固定与起始端相同。

与岸堤衔接的围隔西端的密封处理：围隔东端与南淝河西岸堤衔接，倚岸堤用沙袋垒土墩，将围隔端部夹埋在土墩中，土墩周围密打木桩保护。

围隔东端的密封处理：围隔东端距位于湖区，布设三角支架固定保护围隔。

围隔警示标志的布设：围隔沿线布设警示灯固定桩，安装太阳能闪光警示灯，固定桩均贴反光带；围隔末端布设刷荧光漆浮标，白天吸收光能，夜间发光，警示来往船只。

### 7.3.2　巢湖西湖湾围隔运行期性能分析

#### 1. 柔性围隔的抗拉性能

蓝藻在微风条件下在水面堆积，因此智能柔性围隔在微风条件下上浮拦挡聚积蓝藻，在大风浪条件下放气下沉，规避风浪。本项工程中围隔裙体所采用的 628 g/m² 涤纶滤布断裂伸长率经向≤32%、纬向≤20%，断裂强力经向≥4 200 N/m、纬向≥3 500 N/m。采用拉力计测量柔性围隔裙体在水体中抗浪性能，测试期间风速为微风，满足围隔挡藻的风力要求。测试结果如图 7-14 和图 7-15 所示。

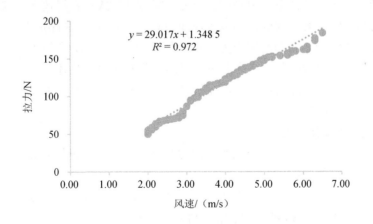

图 7-14　柔性围隔裙体抗拉力随风速变化情况

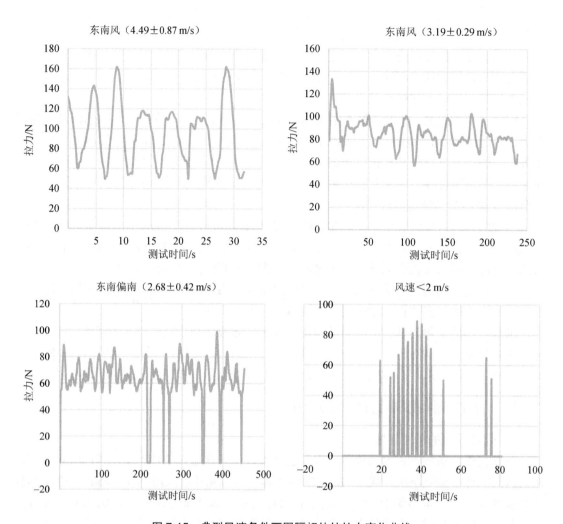

**图 7-15　典型风速条件下围隔裙体抗拉力变化曲线**

在风速低于 2 m/s 条件下，围隔所受拉力呈瞬时脉冲式；在风速大于 2 m/s 条件下，围隔所受拉力呈直线上升。实验期间最大风速为 6.5 m/s，每米围隔所受拉力为 180 N，远小于围隔裙体所用涤纶滤布的断裂强力。根据风速-拉力关系式，围隔裙体能经受住台风等恶劣天气所产生的强风浪条件。考虑到围隔呈连续带状布设，整体受力，并且在湖泊中运行，长期受风浪揉搓，因此所选择的滤布抗风浪拉力要高于瞬时拉力。目前，所选择的滤布能够满足巢湖西湖湾的强风浪条件。

**2. 可隐没式围隔操控性**

运行过程中对智能柔性围隔控制系统的运行调试主要包括充气浮体的压力测试、控制系统运行检验及围隔的操控测试。

充气浮体的压力测试：对智能柔性围隔充气浮体进行耐压气密性能检验，设计工作压力为 20 kPa、检验压力为 30 kPa，充气达到检验压力后封闭维持 24 小时，检查剩余压力，以 24 小时自然压力降幅<20%为合格。充气浮体运行过程中检压未发现问题。

控制系统运行检验：控制系统包括电源、气泵、储气罐和自动控制系统，对整个系统的性能、安全性、可靠性进行运行检验。智能自动控制系统在接到围隔启动控制信号后，发送指令启动高压风机进行直接充气，对于 300 mm 直径的智能围隔系统，其上浮速度约为 63 m/min；当围隔浮体整体上升完毕后，气压会急剧上升，高压风机自动停机，智能自动控制系统转入补气保压运行状态。在围隔运行过程中，智能自动控制系统采用高灵敏度压力传感器对充气浮体内的气压进行实时监控，当气压降低至 15 kPa 时打开储气罐补气阀对充气浮体进行补气，待浮体内气压升至 25 kPa 后自动停止充气并紧闭气阀，充气浮体进入正常工作状态。本次充气浮体运行过程中无须补气，智能自动控制在接到围隔下沉控制信号后，发送指令启动放气电磁阀，对充气浮体进行缓慢放气，待围隔全部下沉后所有动作单元自动关闭进入休眠状态。

围隔的操控测试：进行控制运行，包括充气上浮、微量补气维持和放气隐匿等运行检验。本项智能柔性围隔充气速率为 4.5 m³/min，补气维持气压为 20 kPa，放气隐匿速率为 12.5 m/min。

以上运行调试测试结果验证了可隐没式智能围隔工程化运用的可行性。本项智能围隔中试工程采用连续带状充气浮体，通过智能控制系统可以实现短时充气上浮和放气隐匿，上浮运行时能够有效拦挡、富集、导流随微风漂移的蓝藻，放气隐匿时可以躲避风浪和日晒引起的老化，可以避免巢湖强风浪的破坏，延长围隔的使用寿命。

### 7.3.3　巢湖西湖湾不同类型围隔的挡藻效果

本研究于巢湖西湖湾马家渡外开展围隔类型挡藻效果比较试验，围隔实验布设位置和方向如图 7-16 所示。实验围隔 1 按照可隐没式智能围隔运行，在偏南微风（<4 m/s）引起蓝藻向北岸漂移集聚时启用，由安装在马家渡桥下控制平台上的电瓶组+直流气泵+低压储气罐 1 000 L+压力断路器组成控制系统通过水下气管来操控智能围隔的浮沉。实验围隔 2 与实验围隔 1 完全相同，差别仅在于一直处在工作状态，由一个微型直流增氧泵和低压气囊维持其工作。实验围隔 1 和围隔 2 分别称为隐没式悬浮围隔和固定式悬浮围隔。对照围隔则完全固定，无须操控。

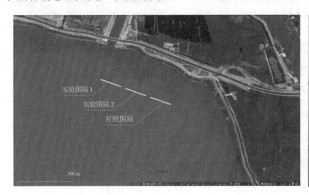

图 7-16　围隔实验布设位置和方向

实验阶段以东南风或西南风为主，迎风方向为大湖面，逆风方向为近岸区。对 3 种围隔内外及沿风向不同位置 Chla 含量进行分析，比较不同类型的挡藻和导藻效率。结果可得，8：00—18：00，虽然蓝藻具有垂直迁移特征，但不同水深下 2 种悬浮围隔和对照全封闭固定围隔的挡藻效率相当，悬浮围隔的幅宽仅为全封闭围隔的一半，采用悬浮围隔更为经济。实验阶段风速为 1.6～3.9 m/s，3 种围隔均可以拦挡迎风方向的蓝藻。实验围隔沿东西方向布设，与实验期间主导的东南风向和西南风向具有一定夹角，水流带动藻体沿围隔下风向聚集。沿风向观测围隔导藻效果，围隔的迎风向 Chla 浓度均高于上风向，说明围隔具有较好的导藻富集作用。

实验期间围隔迎风向聚集了大量蓝藻，开始腐烂，形成湖靛，而围隔逆风向一侧未发现蓝藻聚集现象（附图 8）。

实验持续运行半年时间，时值台风期间，可隐没式围隔在风浪大时放气隐没到湖底，而固定围隔保持在水面上。实验结束时，可隐没式围隔仍完好，固定式围隔均遭到台风不同程度破坏，验证了可隐没式围隔抗风浪性能和持久性（表 7-2 和表 7-3）。

表 7-2　不同类型围隔不同水深挡藻效率比较（Chla）

| 采样时间 | | 2014 年 6 月 7 日 8：00 | | | 2014 年 6 月 7 日 11：00 | | |
|---|---|---|---|---|---|---|---|
| | | 迎风/（μg/L） | 逆风/（μg/L） | 去除率/% | 迎风/（μg/L） | 逆风/（μg/L） | 去除率/% |
| 对照围隔 | 表层 | 540.35 | 126.19 | 76.65 | 7 229.69 | 33.33 | 99.54 |
| | 中层 | 211.70 | 37.97 | 82.06 | 3 413.99 | 46.90 | 98.63 |
| | 底层 | 254.37 | 90.61 | 64.38 | 452.18 | 52.42 | 88.41 |
| 隐没悬浮围隔 | 表层 | 1 409.47 | 77.86 | 94.48 | 3 106.86 | 41.09 | 98.68 |
| | 中层 | 2 191.31 | 33.11 | 98.49 | 2 593.40 | 353.41 | 86.37 |
| | 底层 | 1 141.34 | 94.28 | 91.74 | 8 034.65 | 42.81 | 99.47 |
| 固定悬浮围隔 | 表层 | 4 224.15 | 5.98 | 99.86 | 2 243.40 | 22.72 | 98.99 |
| | 中层 | 3 444.12 | 10.09 | 99.71 | 25 325.20 | 94.54 | 99.63 |
| | 底层 | 5 282.86 | 82.81 | 98.43 | 3 614.71 | 111.55 | 96.91 |
| 采样时间 | | 2014 年 6 月 6 日 15：00 | | | 2014 年 6 月 6 日 18：00 | | |
| | | 迎风/（μg/L） | 逆风/（μg/L） | 去除率% | 迎风/（μg/L） | 逆风/（μg/L） | 去除率% |
| 对照围隔 | 表层 | 782.90 | 112.78 | 85.59 | 893.75 | 125.48 | 85.96 |
| | 中层 | 551.63 | 114.95 | 79.16 | 971.29 | 356.78 | 63.27 |
| | 底层 | 447.71 | 48.54 | 89.16 | 2 177.76 | 156.97 | 92.79 |
| 隐没悬浮围隔 | 表层 | 1 313.63 | 20.51 | 98.44 | 140 554.70 | 1 237.45 | 99.12 |
| | 中层 | 1 367.43 | 39.52 | 97.11 | 16 533.06 | 3 707.98 | 77.57 |
| | 底层 | 1 237.44 | 212.27 | 82.85 | 11 947.95 | 1 138.77 | 90.47 |
| 固定悬浮围隔 | 表层 | 6 500.08 | 479.01 | 92.63 | 13 072.19 | 50.95 | 99.61 |
| | 中层 | 7 148.11 | 566.41 | 92.08 | 24 073.58 | 461.20 | 98.08 |
| | 底层 | 6 655.91 | 50.98 | 99.23 | 11 441.91 | 570.77 | 95.01 |

表 7-3　不同风情条件下不同类型围隔导藻效率比较（Chla）

| 采样时间 | | 2014 年 6 月 7 日 8：00 | | | 2014 年 6 月 7 日 11：00 | | |
|---|---|---|---|---|---|---|---|
| 水文气象条件 | | 东南风，风速 3.9 m/s；浪大，流速 0.09 m/s | | | 西南风，风速 2 m/s；浪较大，流速 0.07 m/s | | |
| | | 迎风/（μg/L） | 逆风/（μg/L） | 去除率% | 迎风/（μg/L） | 逆风/（μg/L） | 去除率% |
| 对照围隔 | 上风向 | 660.92 | 172.79 | 73.86 | 667.54 | 44.38 | 93.35 |
| | 风向中端 | 540.35 | 126.19 | 76.65 | 7 229.69 | 33.33 | 99.54 |
| | 下风向 | 710.86 | 261.78 | 63.17 | 1 115.81 | 204.90 | 81.64 |
| | 富集率/% | 7.02 | 34.00 | | 40.17 | 78.34 | |
| 隐没悬浮围隔 | 上风向 | 1 161.39 | 47.74 | 95.89 | 1 583.69 | 315.32 | 80.09 |
| | 风向中端 | 1 409.47 | 77.86 | 94.48 | 3 106.86 | 41.09 | 98.68 |
| | 下风向 | 2 600.86 | 207.31 | 92.03 | 9 557.24 | 158.89 | 98.34 |
| | 富集率/% | 55.35 | 76.97 | | 83.43 | −98.45 | |
| 固定悬浮围隔 | 上风向 | 880.96 | 74.40 | 91.55 | 2 230.27 | 113.78 | 94.90 |
| | 风向中端 | 4 224.15 | 5.98 | 99.86 | 2 243.40 | 22.72 | 98.99 |
| | 下风向 | 11 304.09 | 123.40 | 98.91 | 8 864.22 | 50.95 | 99.43 |
| | 富集率/% | 92.21 | 39.71 | | 74.84 | −123.33 | |
| 采样时间 | | 2014 年 6 月 6 日 15：00 | | | 2014 年 6 月 6 日 18：00 | | |
| 水文气象条件 | | 东南风，风速 2.8 m/s；有波浪，流速 0.06 m/s | | | 东风，风速 1.6 m/s；无浪，流速 0.034 m/s | | |
| | | 迎风/（μg/L） | 逆风/（μg/L） | 去除率% | 迎风/（μg/L） | 逆风/（μg/L） | 去除率% |
| 对照围隔 | 上风向 | 134.31 | 30.51 | 77.28 | 1 113.29 | 410.84 | 63.10 |
| | 风向中端 | 782.90 | 112.78 | 85.59 | 893.75 | 125.48 | 85.96 |
| | 下风向 | 592.53 | 160.30 | 72.95 | 4 397.03 | 45.58 | 98.96 |
| | 富集率/% | 77.33 | 80.97 | | 74.68 | −801.32 | |
| 隐没悬浮围隔 | 上风向 | 424.52 | 184.19 | 56.61 | 5 661.50 | 165.02 | 97.09 |
| | 风向中端 | 1 313.63 | 20.51 | 98.44 | 140 554.70 | 1 237.45 | 99.12 |
| | 下风向 | 1 908.93 | 503.35 | 73.63 | 8 909.34 | 167.36 | 98.12 |
| | 富集率/% | 77.76 | 63.41 | | 36.45 | 1.40 | |
| 固定悬浮围隔 | 上风向 | 674.59 | 168.68 | 75.00 | 3 562.97 | 49.83 | 98.60 |
| | 风向中端 | 6 500.08 | 479.01 | 92.63 | 13 072.19 | 50.95 | 99.61 |
| | 下风向 | 3 903.14 | 1 412.89 | 63.80 | 278 529.91 | 629.49 | 99.77 |
| | 富集率/% | 82.72 | 88.06 | | 98.72 | 92.08 | |

# 参考文献

[1]　Hu C. A Novel Ocean Color Index to Detect Floating Algae in the Global Oceans[J]. Remote Sensing of Environment，2009，113：2118-2129.

[2] Zhang Y，Ma R，Duan H，et al. A Novel Algorithm to Estimate Algal Bloom Coverage to Subpixel Resolution in Lake Taihu[J]. IEEE Journal of Selected Topics in Applied Earth Observations and Remote Sensing，2014（7）：3060-3068.

[3] 孔繁翔，马荣华，高俊峰，等. 太湖蓝藻水华的预防、预测和预警的理论与实践[J]. 湖泊科学，2009，21：314-328.

[4] 黄明. 巢湖水质富营养化综合评价方法探讨[J]. 皖西学院学报，2012，28：23-25.

[5] 王起峰，李超，王守峰，等. 巢湖富营养化的时间变化规律分析[J]. 安徽农业科学，2011，39：19324-19324.

[6] 朱余，王凤. 巢湖流域水质状况与环境目标可达性分析[J]. 环境监测管理与技术，2005，16：22-23.

[7] 蒙仁宪，刘贞秋. 以浮游植物评价巢湖水质污染及富营养化[J]. 水生生物学报，1988，12：13-26.

[8] 李印霞，饶本强，汪志聪，等. 巢湖藻华易堆积区蓝藻时空分布的研究[J]. 长江流域资源与环境. 2012，21（S2）：25-31.

[9] 余涛. 巢湖浮游植物群落结构研究[D]. 合肥：安徽大学，2010.

# 第8章　巢湖西湖湾藻体仿生收集与生物内源控制

巢湖西湖湾为迎风湾区，大湖面蓝藻极易堆积腐烂，严重污染生态环境，造成水质恶化，局部甚至会出现腥臭味，适宜应用高效率、低能耗、无药剂添加的仿生方式对湖泊藻体进行收集。仿生式除藻设备是本项目研发的一类高效清除高密度藻体的装备，它可使控藻模式实现从蓝藻成灾被动处置到蓝藻灾害积极防御的转变，并进行复苏期蓝藻密度削减、暴发期蓝藻应急打捞、衰亡期蓝藻种源清除，以期控制水体蓝藻密度，降低蓝藻水华暴发强度，减轻蓝藻水华造成的水环境灾害。

## 8.1 巢湖蓝藻易聚湖湾物化性质与水质变化

### 8.1.1 高密度蓝藻衰亡中水体物理感官及指标变化

在一定的气象条件下，蓝藻大量堆积在湖湾内，不易受到风或水流的影响，浓厚的蓝藻堆积甚至可以抑制水流和风浪，且蓝藻堆积达一定厚度时系统内部受到氧的扩散影响极小。蓝藻在厌氧条件下死亡分解，释放大量营养盐及有毒有害物质并散发恶臭，导致水质严重恶化。高密度蓝藻堆积死亡产生的氮、磷等营养盐一部分随细胞碎屑沉积到底泥中，另一部分会停留在水体中为更多藻类的生长提供营养条件，并且随堆积密度的增大，营养盐释放浓度也随之增加。因此，蓝藻死亡分解会显著改变水体中的物理特性及营养盐和有机物的含量，会影响湖泊水质。

在实验室内模拟蓝藻堆积时的厌氧分解过程，初始蓝藻密度由低到高设置为 $2.23 \times 10^{12}$ cells/L、$1.19 \times 10^{13}$ cells/L、$4.47 \times 10^{13}$ cells/L，分别用 $D_L$、$D_M$ 和 $D_H$ 表示。3 组藻液在 12 小时内 DO 分别从 6.76 mg/L（$D_L$）、8.04 mg/L（$D_M$）、7.05 mg/L（$D_H$）降至 0.50 mg/L以下，经过短暂的好氧降解过程后进入厌氧降解阶段。以 Chla 指示蓝藻的降解得到的速率常数分别为 0.074/d（$D_L$）、0.133/d（$D_M$）和 0.081/d（$D_H$）。试验开始时，各组试验瓶中藻类均呈绿色，且漂浮于水体表层，水体较清澈；24 小时后，蓝藻逐渐沉降到瓶底。$D_L$和 $D_M$ 组蓝藻逐渐变黄色；$D_H$ 组试验瓶中蓝藻未明显变黄色，但藻液从 48 小时开始逐渐变为蓝紫色，可能是因为蓝藻细胞破裂释放出大量藻蓝素，且其释放速率远高于降解速率。在自然衰亡过程中，蓝藻会释放藻蓝素，颜色逐渐由绿色变为黄绿色，再变为浅黄色，最后变为白色残体；周围水体可能会出现蓝紫色。

由于蓝藻细胞内有机质含量较高，厌氧分解产生有机酸，所以 3 组蓝藻藻液 pH 均呈酸性。在实验过程中，pH 先降低后升高，这可能是因为实验前期生成大量有机酸使 pH 降低；实验后期，随着有机氮的降解产生 $NH_4^+$ 而导致 pH 回升。以往研究报道出现"黑水团"的水域，电导率达 774 μS/cm，并且有机物和氮、磷，尤其是 $NH_4^+$-N 浓度急剧升高，与蓝藻腐败分解密切相关。这与实验室内模拟高密度蓝藻厌氧分解水体电导率达到 949 μS/cm 的结果一致。蓝藻厌氧分解释放大量有机酸和无机盐离子，使水体电导率大幅升高。可见，高密度蓝藻厌氧分解会改变水体的 DO、pH、Eh 等物理性质，使水体中有机物含量升高，导致湖泊水环境恶化。

### 8.1.2 高密度蓝藻聚集水体有机物和氮、磷变化

湖泊蓝藻水华发生后，紧接着就会发生藻体大量衰亡，并影响水质状态。已有的研究表明，大量蓝藻细胞分解释放的有机态和无机态氮、磷是水体营养盐的重要内负荷来源。针对巢湖湖湾蓝藻的易聚性和内负荷影响，实验室模拟了高密度蓝藻（$4.47 \times 10^{13}$ cells/L）降解过程，发现厌氧培养 168 小时后，释放到水体中的 TDN 和 TDP 浓度分别达 81.03 mg/L 和 44.47 mg/L，并释放出大量 $NH_4^+$-N（浓度为 59.41 mg/L）。

一般认为，蓝藻堆积死亡分解过程中，细胞破裂释放出的大量颗粒有机氮（PON）逐渐通过微生物活动转化为 DON，并进一步分解为 DIN。当水体中含有 DO 时，PON 在好氧微生物作用下分解产生 $NH_4^+$-N，同时硝化细菌使一部分 $NH_4^+$-N 经硝化作用转化为 $NO_3^-$-N。随着氧气的消耗，PON 在厌氧微生物的作用下直接由氨化作用生成 $NH_4^+$-N 或先生成 DON 后逐渐矿化为 $NH_4^+$-N，另有部分 $NO_3^-$-N 也可通过氨异化作用被还原成 $NH_4^+$-N[11]。$NO_3^-$-N 和 $NO_2^-$-N 在反硝化作用或硝酸盐异化还原作用的系列反应中被还原，产生气态的 $N_2$ 和 $N_2O$ 释放到大气中，造成一定的 N 损耗[2]，从而使系统内 TDN 浓度呈先升高后略微降低的趋势。$N_2O$ 是温室气体，但目前富营养化湖泊逸散的 $N_2O$ 气体尚无定量研究。蓝藻分解速率远高于一般水生高等植物残体，因此短期内可能会有更大比例的营养物质以溶解态营养盐的形式留在水体中[3]。试验结果表明，蓝藻堆积 48 小时即造成水源区水质严重下降，TP、TN 和 $NH_4^+$-N 浓度高于地表水环境质量Ⅲ类水标准限值（GB 3838—2002）。蓝藻厌氧分解过程中水体 $NH_4^+$-N 含量占绝对优势，可为藻类再生长提供营养条件，导致蓝藻水华持续暴发。

蓝藻堆积死亡过程中，水体中 $COD_{Cr}$ 持续升高，表征芳香性有机物的 $UV_{254}$ 呈先升高后降低趋势，并且蓝藻密度越高，$UV_{254}$ 在水体中累积时间越长。在蓝藻厌氧分解过程中，先产生的是分子量较大的有机碎片，随后逐渐分解为小分子有机物。这是由于厌氧分解可使蓝藻细胞内碳水化合物、蛋白质、脂肪等复杂的有机物质水解和发酵转化为单糖、氨基酸、肽等，并进一步分解成分子量更小的物质。蓝藻厌氧分解释放的挥发性硫化物、二甲基三硫等硫醚类物质与底泥中的重金属化合形成致黑物质在风浪作用下悬浮，导致水体发黑，会引发"黑水团"现象，并伴有刺激性异味气体产生[4, 5]。2009 年前后，在巢湖塘西河至南淝河河口水体黑臭事件经常发生。蓝藻水华产生的黑臭现象可用黑臭指数 $I$ 表征，当 $I > 5$ 时，表明水质发生异臭。在试验 48 小时后，三组实验系统 $I > 5$，水体均出现异臭现象。另外，部分水华蓝藻可产生具有霉臭味的次生代谢产物，如土臭素、二甲基异莰醇等，蓝藻衰亡时这些臭味物质从细胞内大量释放至水体中，进一步加剧湖泊异味问题。可见，高密度蓝藻厌氧降解会严重影响湖泊感官性状并释放大量有机物至水体中。

### 8.1.3 高密度蓝藻分解对湖湾水质的影响

水华蓝藻在适当的温度、光照和风力条件下易在湖泊局部水域大量堆积，活性藻的呼吸和底泥的参与会造成水体中 DO 大幅下降并趋于零，形成厌氧条件反过来又会导致蓝藻

更大范围的死亡和分解。高密度蓝藻堆积死亡产生的大量氮、磷释放至水体中，会加剧湖泊富营养化并危害饮用水安全。尽管目前还没有关于饮用水中 $NH_4^+$-N 危害人体健康的报道，但自来水中高浓度的 $NH_4^+$-N 可通过硝化反应产生大量 $NO_3^-$-N，并与氯发生反应，使自来水消毒剂的用量大大增加，产生令人厌恶的臭味。另外，藻类及其降解产物在氯化消毒过程中还会产生危害人体健康的消毒副产物。水中 DON 化合物是含氮消毒副产物（N-DBPs）主要前驱物[6]，近年来 N-DBPs 在饮用水中不断被检出，尽管含量远低于常规消毒副产物，但其危害却远高于后者。

## 8.2　仿生控藻对巢湖蓝藻生长及水质的影响

在蓝藻水华暴发季节，静风条件下蓝藻会向水体表层垂直上浮，形成可移动的水华表层。水体表层的蓝藻易受到盛行风的驱动，水平迁移至下风向区域形成大量藻体聚积，造成严重的水华灾害。蓝藻聚积时，水体 DO 大量消耗，蓝藻死亡散发恶臭并释放有毒有害物质，水质恶化严重，严重威胁当地取水安全。另外，部分聚积蓝藻在秋季会下沉至湖底休眠越冬，作为"种子库"增大了来年蓝藻水华暴发的可能性。因此，有效控制湖岸带蓝藻聚积不但可以改善水质、带来良好社会经济效益，还潜藏着巨大的生态效益。

蓝藻水华的控制方法主要包括物理方法、化学方法和生物方法。在夏秋蓝藻暴发期间，需要对聚积蓝藻进行应急控制。对大水面藻类生物量的控制主要还是将藻体适时打捞出湖体，其中包括打捞方式的创新和打捞是否高效。仿生式水面蓝藻清除设备由中国科学院南京地理与湖泊研究所于 2010 年依托巢湖水专项研制成功，研制过程和工艺选择涉及大量的室内外模拟和效果评估，重点研究仿生除藻对巢湖蓝藻生长及水质的影响[7, 8]。

### 8.2.1　湖湾仿生控藻原位实验

实验设置在富营养化水平较高、蓝藻频繁暴发的巢湖西北半湖近岸（图 8-1），综合前期对该区域水下地形的调查，设置了 3 个 2 m×2 m×1 m 的小型防水围隔，分别记为 1#、2#、3# 围隔。向湖中打入 8 根钢管，围隔的四角用绳牵引在钢管上加以固定。此围隔用聚氯乙烯涂塑布经高温热合机接合而成，韧性及防水性能强，为防止风浪将湖水涌入围隔，围隔边缘用帆布包裹浮球，保证了实验期间围隔水体与外界水体无交换作用。

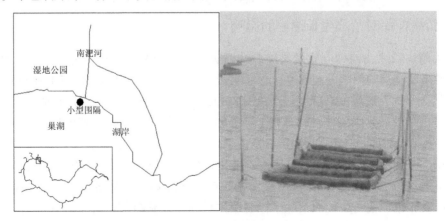

**图 8-1　围隔位置及其布置方式**

实验选择在秋季（2014 年 9 月 24 日至 10 月 18 日）进行，共 24 天。实验开始前，向每个围隔中注入等体积的原位湖水，用浮游生物网采集巢湖水华蓝藻，并等质量加入到 3 个围隔中。经藻细胞计数，实验期间围隔水体中 95% 以上蓝藻（生物量）为微囊藻。9 月 24 日（第 0 天）用单片鳃式过滤器（图 8-2）对 1# 和 2# 围隔进行仿生打捞清除。模拟鱼鳃对藻颗粒（群体）滤除是仿生控藻所运用的主要原理。单片鳃式过滤器由 400 目特制不锈钢筛网制成，用水泵将含藻水抽送至过滤器上端，藻水自流而下，清水透过筛网自流进入池中，藻体截留在筛网表面顺势进入收集槽，每个围隔仿生打捞时间约为 2.5 小时。1#、2# 围隔中浮游植物密度由 $4.0×10^8$ cells/L 和 $4.4×10^8$ cells/L 分别下降至 $2.3×10^8$ cells/L 和 $2.6×10^8$ cells/L，平均下降 41.7%。3# 围隔为对照组，未进行蓝藻打捞。

图 8-2　单片鳃式过滤器运行现场

为监测仿生控藻后蓝藻 24 小时原位生长速率，考察仿生控藻对蓝藻短期恢复生长的影响，于 9 月 25 日 14：00 至 9 月 26 日 12：00 每隔 2 小时采样（0：00～4：00 未进行采样），所采样品装入 1 L 聚乙烯瓶中，现场用 15 mL 鲁格试剂固定。

按时间序列采样考察仿生控藻后蓝藻生长状况及水体营养盐、有机物的变化规律。未进行仿生控藻之前记为 0 天，仿生控藻后第 1 天记为 1 天，以此类推，分别在 0 天、1 天、2 天、3 天、5 天、7 天、9 天、14 天、19 天和 24 天的 10：00—12：00 进行采样。

### 8.2.2　仿生控藻对蓝藻生长速率的影响

对蓝藻生长速率的抑制就是对藻源性内负荷产生控制的直接体现。仿生控藻的对照组、打捞组微囊藻的细胞分裂频率（$f$）值分别在 2.5%～5.5% 和 3.2%～7.1% 波动，且均在 14：00 达到最大，凌晨左右降至最小（图 8-3）。这是因为凌晨光照条件较弱，有效细胞分裂趋于停止；白天光照条件较好有利于藻类的光合作用，细胞分裂速度也较快[9]。打捞组的 $f$ 值显著高于对照组（$p<0.01$），这是由于仿生控藻后蓝藻解除了"密度制约"，对照组因未打捞，微囊藻密度较高，种群密度不能进行自我调节，个体之间出现拥挤和竞争；而打捞组中通过仿生控藻使种群密度减小，在一定程度上减轻了拥挤与竞争[10]。周贝贝等人通过室内实验也证明仿生控藻消除了微囊藻生长的密度制约[11]。对照组中的 $f$ 值与理化因子（外因）之间均没有显著相关性，而打捞组的 $f$ 值与温度、pH 和 ORP 存在显著相关性

（表 8-1），这表明处于聚积状态的微囊藻在仿生打捞之后种群更易受到外因的影响，而不是受内因（种群密度）的制约。由式（4-3）计算得到对照组和打捞组微囊藻原位生长速率分别为 0.18/d 和 0.27/d。此结果与 Yamamoto 等人在日本 Hirosawa-no-ike 水库（与本实验所处纬度、水深接近）秋季测得的数据接近[12]。由此表明，仿生打捞有利于促进藻细胞分裂，增强藻细胞的生长活力，从而可减缓藻源性有机物的释放。但是当蓝藻并非处于聚积状态时，不存在"密度制约"现象，打捞可能反而破坏了蓝藻快速增殖的环境，造成生长速率降低[13]。

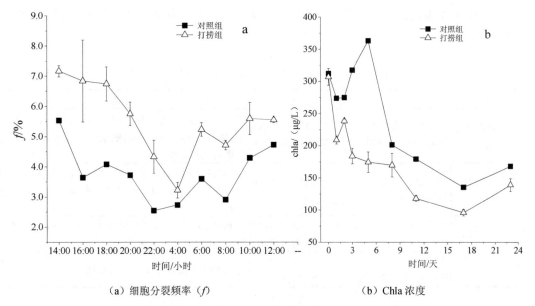

（a）细胞分裂频率（$f$）　　　（b）Chla 浓度

**图 8-3　对照组与打捞组 24 小时微囊藻细胞随时间的变化**

**表 8-1　对照组与打捞组理化因子与 $f$ 值的相关性**

| | DO/（mg/L） | T/℃ | pH | ORP/mV | 电导率/（mS/cm） | 浊度/NTU |
|---|---|---|---|---|---|---|
| 对照组 $f$ 值 | 0.065 | 0.472 | 0.229 | −0.367 | −0.204 | −0.315 |
| 打捞组 $f$ 值 | 0.527 | 0.849** | 0.675* | −0.643* | −0.370 | −0.368 |

注：**表示在 0.01 水平（双侧）上显著相关；*表示在 0.05 水平（双侧）上显著相关。

应用单片鳃式过滤方式仿生控藻对蓝藻生长趋势的影响采用 Chla 浓度表征。在长时间水平上，对照组与打捞组均出现水体逐渐由蓝绿色向黄绿色转变，并且实验前期表层漂浮蓝藻较多而后期相对较少。这与周贝贝等人[11]在圆桶模拟打捞，孙小静等人[14]在室内玻璃箱中所观察到的现象类似。初始围隔水体 Chla 浓度为（309.5±3.7）µg/L，实验过程中，对照组的 Chla 浓度变化为 135.4～363.2 µg/L，打捞组 Chla 的浓度变化为 95.8～306.9 µg/L，打捞组 Chla 浓度水平显著低于对照组（$p<0.05$），说明在本实验周期内，打捞对蓝藻生物量的控制有显著效果。对照组 Chla 浓度总体上呈先波动上升再下降的趋势，打捞组打捞之后虽因解除"密度制约"出现生长小峰值，但并没有遏制蓝藻秋季衰亡的趋势（图 8-3）。由实验期间 Chla 浓度趋于下降及蓝藻的颜色变化可定性表明蓝藻生长处于稳定期并趋于衰亡。在秋季，水温随着时间逐渐下降，低于微囊藻生长最适宜温度范围（25～35℃）[15]，

且秋季湖区生态因子的改变、围隔中可利用营养盐的限制及蓝藻生理特性的改变等均可能导致 Chla 浓度的下降。

### 8.2.3　高密度藻体打捞对水体有机物的消减

藻体打捞对水体有机物的控制表现为通过打捞减少藻源性有机物的释放。荧光光谱特性是表征天然水体中的有机质及评估其来源的重要参数。通过计算所得水样荧光参数值结合其表征意义（表 8-2）可知，实验周期内水体 HIX<4、BIX>1、FI>1.8，表明围隔水体的 DOM 主要为内源贡献。本实验模拟蓝藻聚积，外源有机物输入可忽略，蓝藻衰亡分解释放的藻源性有机物成为水体 DOM 变化的主要来源。

表 8-2　荧光光谱参数、紫外—可见光谱参数描述[16, 17]

| 参数 | 定义 | 意义 |
| --- | --- | --- |
| 腐殖质指数（HIX） | 荧光光谱激发波长为 254 nm 时，HIX=$\sum$(F435→F480) / $\sum$(F300→F345) | HIX 值较高（10～16）时，表征溶解性有机物（DOM）为陆源输入的腐殖质；当 HIX<4 时，有机物为内源贡献 |
| 自生源指数（BIX） | 310 nm 激发波长下，发射波长 380 nm 与 430 nm 处荧光强度的比值 | 当 BIX>1 时，表明 DOM 主要为内源且为新近产生，BIX 在 0.6～0.7 表明自然水体 DOM 生产力较低 |
| 荧光指数（FI） | 激发波长在 370 nm 下，发射波长分别在 470 nm、520 nm 光谱强度的比值 | 当 FI<1.1 时，DOM 以陆源为主；当 FI>1.8 时，DOM 以微生物活动及藻源为主 |
| 光谱斜率比值（$S_R$） | $S_R=S_{275-295}/S_{350-400}$；光谱斜率（$S$）根据所在波段的吸光度值非线性拟合所得 | $S_R$ 与 DOM 相对分子质量成反比，与含量无关 |

藻体打捞对 $COD_{Mn}$ 具有极显著的控制效果（$p<0.01$）。巢湖多年的 $COD_{Mn}$ 平均浓度为 5.6～7.0 mg/L，而本实验模拟蓝藻聚积时，水体 $COD_{Mn}$ 高于 20 mg/L，这反映了局部蓝藻聚积导致的水体有机物污染十分严重。长期来看，$COD_{Mn}$ 呈缓慢下降的趋势，这主要是由于实验前期蓝藻漂浮在水体表层，水中藻体对 $COD_{Mn}$ 有很大贡献，随藻体逐步沉降使 $COD_{Mn}$ 来源减少，但蓝藻衰亡分解过程中有藻源有机质的释放，两者综合作用促使 $COD_{Mn}$ 缓慢下降。打捞对控制 DOC 的效果不显著（$p>0.05$）（图 8-4a），本实验对照组与打捞组都出现了 DOC 浓度缓慢增加并趋于平衡的趋势。在蓝藻水华发生期间及发生后，藻类代谢及衰亡分解的 DOC 成为水体 DOC 的主要来源，易造成 DOC 积累[18]，Minor 等人还发现 DOC 浓度随着秋季 Chla 浓度的下降而升高[19]，这与本实验结论一致。由于打捞组中藻体数量减少，后期 DOC 浓度得到一定控制。

研究表明，$S_R$ 值与有机物的分子量成反比[20]，因此藻体打捞对水体有机质分子量的影响可通过 $S_R$ 值的变化表示（图 8-4b）。打捞组与对照组的 $S_R$ 值均呈波动式起伏并趋于下降，这与实验期间蓝藻分解释放的高分子藻源性有机物的降解有关[16]。打捞组 $S_R$ 值显著高于对照组（$p<0.05$），说明打捞使藻源性大分子有机物更易降解为小分子有机物。Helms 等人的研究表明，光化学作用会导致 $S_R$ 值增加，微生物作用会减小 $S_R$ 值[20]。本实验为原位实验，DOM 的降解可能会受光化学与微生物的共同作用。对照组中蓝藻聚积可能会导致水体遮光效应，使 DOM 的降解以微生物作用为主，而打捞在一定程度上解除了遮光效应，增强了 DOM 光化学作用，导致打捞组的 $S_R$ 值显著升高。

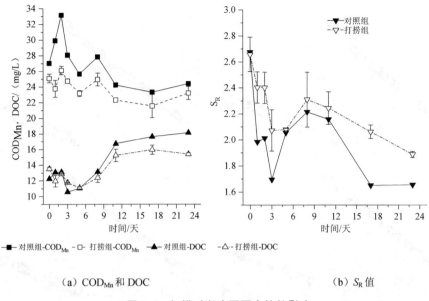

（a）CODMn 和 DOC                    （b）$S_R$ 值

**图 8-4　打捞对湖湾围隔水体的影响**

通过分析三维荧光光谱图中荧光峰值类型及强度，可以得到水中荧光有机物的来源、组成及性质[21]。实验第 0 天、第 8 天、第 23 天的三维荧光图（图 8-5）表明，实验水体有 4 类荧光峰：类蛋白 B 峰（$\lambda E_X/\lambda E_m$=260～290 nm/300～310 nm）、类蛋白 D 峰（$\lambda E_X/\lambda E_m$=220～230 nm/330～350 nm）、紫外可见类富里酸 A 峰（$\lambda E_X/\lambda E_m$=230～250 nm/400～450 nm）和可见类富里酸 C 峰（$\lambda E_X/\lambda E_m$=310～350 nm/380～460 nm），其中类蛋白 D 峰为最强峰，为生物降解来源的酪氨酸形成的荧光峰，代表与微生物降解产生的芳香性蛋白类结构有关的荧光基团，此结果与宋晓娜等人[22]在太湖、刘菲菲等人[15]在巢湖水华期间的研究结果一致。B 峰、D 峰为藻源性的荧光物质，A 峰、C 峰为外源性输入腐殖质与富里酸。由于本实验模拟蓝藻聚积，陆源有机质的输入可忽略，A 峰、C 峰的荧光强度均不大且变化不明显，而蓝藻的微生物作用使 D 峰为最强峰。未打捞之前，两实验组水体 D 峰的等高线均很密集，但第 8 天两实验组的 D 峰出现显著差异，打捞组 D 峰的等高线明显比对照组 D 峰的等高线稀疏，表明仿生控藻对控制藻源性有机物的释放具有显著效果。第 23 天，两组 D 峰的等高线疏密趋于接近，并比第 0 天明显稀疏，这可能与荧光物质的降解有关。结合图 8-4 与图 8-5 可知，本实验荧光强度的变化趋势与 DOC 浓度的变化趋势不一致。有研究表明[22]，DOM 的荧光强度与 DOC 浓度之间没有显著相关性，不能用荧光强度表征 DOC 浓度，这可能与 DOM 样品中含有一些不能发射荧光的天然有机质以及与环境因素有关（表 8-3）。

**表 8-3　实验期间不同处理围隔水体荧光参数的变化比较**

| 时间 | HIX | | BIX | | FI | |
|---|---|---|---|---|---|---|
| | 对照组 | 打捞组 | 对照组 | 打捞组 | 对照组 | 打捞组 |
| 第 0 天 | 2.42 | 2.30 | 1.13 | 1.12 | 2.07 | 2.06 |
| 第 1 天 | 2.29 | 1.99 | 1.13 | 1.15 | 2.10 | 2.03 |
| 第 7 天 | 2.40 | 2.29 | 1.17 | 1.11 | 1.98 | 2.04 |
| 第 23 天 | 2.55 | 2.53 | 1.04 | 1.04 | 1.97 | 1.95 |

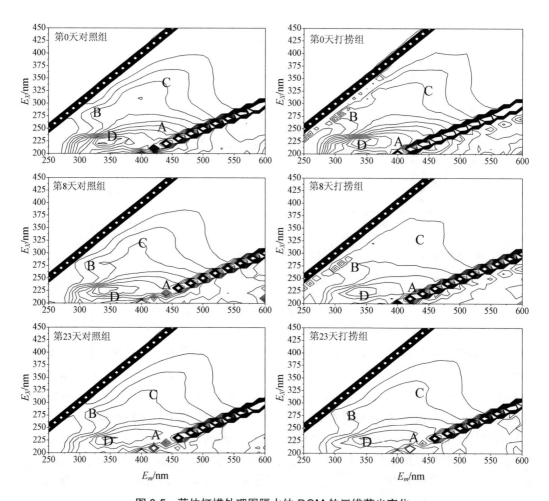

图 8-5　藻体打捞处理围隔水体 DOM 的三维荧光变化

因此，打捞控藻对水体初级生产力、蓝藻生物量有长效的控制作用，打捞后在短期内解除"密度制约"，可增强藻细胞生长活力，减少藻源污染物的释放，高效的打捞控藻将会大大减少蓝藻水华的二次暴发。蓝藻聚积水体中氮、磷主要集中在藻体内，藻体打捞成为减少富藻水体氮、磷负荷的主要途径。蓝藻聚积使水体有机物多为藻源性，对藻源性有机物的控制有显著效果，且打捞使藻源性大分子有机物更易降解为小分子有机物。

## 8.2.4　藻体打捞对水体营养盐的控制

控藻的目的不仅仅是为了抑制湖湾的藻类生物量，更主要是要控制氮、磷等内负荷并改善湖湾的水质。巢湖近几十年来水质的恶化主要体现在营养盐含量的居高不下，因此分析藻体打捞对水质改善的效果可通过重点跟踪观察控藻后对氮、磷营养性污染物含量的变化。

藻体打捞对 TN、PN、TON 浓度有极其显著的控制效果（$p < 0.01$）（图 8-6a）。对照组 PN 浓度占 TN 浓度的比例为 66.4%～90.2%，打捞组 PN 浓度占 TN 浓度的比例为 37.7%～82.2%，说明富藻水体中氮主要存在于藻体中，利用仿生控藻技术清除蓝藻可有效控制水

体中的氮负荷。未打捞前围隔水体 TN 浓度为（3.32±0.14）mg/L，通过打捞，对打捞组中 TN 浓度的削减率为 27.02%。打捞组的 3 种形态氮在打捞后 2 天内出现显著性下降，而后略有上升，8 天后迅速下降，并在 17 天达到最低值；对照组前 8 天的 3 种形态氮浓度波动较小，而后与打捞组的趋势相同；第 23 天，两实验组 3 种形态氮均出现大幅上升。稳定期的蓝藻开始趋于衰亡分解，同时部分蓝藻会下沉至湖底休眠。实验初期漂浮藻体较多，分解与沉降可以维持一段时间的动态平衡，而随着分解过程中颗粒、胶体之间的凝聚作用逐渐增强，凝聚体的体积和质量不断增大，使凝聚体更易趋向沉降[14]，使水体中 TN、PN、TON 浓度在 8 天之后开始显著下降。第 23 天由于风浪较大，下沉的颗粒发生再悬浮现象导致 3 种形态氮突然升高，这与文献中报道的在浅水湖泊水体中 TN、TP 浓度随风浪的变大而升高的结论一致[14]。

　　藻体打捞对 TP、PP 浓度具有较为显著的控制效果（$p<0.05$）。在打捞后 2 天内，TP、PP 浓度均降至最小值，而对照组 TP、PP 浓度与初始值相比变化不大（图 8-6b）。对照组与打捞组中的 PP 浓度占 TP 浓度的比例均在 90% 以上，表明富藻水体中的磷大量集中于藻体中，清除藻体成为减少水体磷负荷的主要途径。未打捞前围隔水体 TP 浓度为（0.30±0.04）mg/L，通过打捞，对打捞组中 TP 浓度的削减率为 26.4%。与氮形态变化趋势不同，对照组 TP、PP 浓度在 3 天之后就开始下降，主要是因为蓝藻衰亡释放的磷浓度很低，DTP 浓度比 TP 浓度小 2 个数量级（数据未展出），分解所释放至水中的磷不足以抵消因沉降作用所携带的磷。

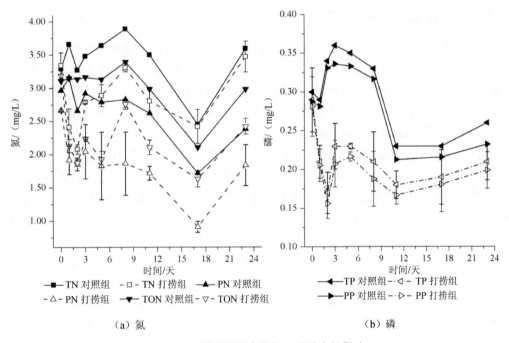

（a）氮　　　　　　　　　　　　　　　　（b）磷

图 8-6　打捞对围隔水体氮、磷浓度的影响

　　由此可知，在大型浅水湖泊对聚积蓝藻及时打捞清除能有效控制藻密度，降低沉降的蓝藻种源，减少氮、磷、有机物负荷，对蓝藻水华控制大有裨益。

## 8.3 聚积性水华藻体高效收集及内负荷控制效果

鉴于蓝藻团粒的胶体性状，无法用一般的固-液分离方法将其分离，往往要添加药剂使其变性，这不仅存在污染水体的风险，并且在蓝藻含量较低时效率太低。仿效鲢鱼滤食藻类的原理研发鳃式过滤结构，在水介质和动力学过程中实现了无压过滤藻-水分离，并通过高度密集的鳃式结构集成庞大的过滤面积，实现了低含量藻水的大流量低能耗过滤（图 8-7）。

图 8-7 仿生式蓝藻清除设备

### 8.3.1 仿生式蓝藻清除设备的工作原理

鲢（包括白鲢和花鲢）是淡水生态系统中著名的滤食者，以微小的浮游藻类和浮游动物为食。其体重的大半在头部（又称大头鲢），进食时缓慢游弋于浮游生物聚集的温暖浅水层，张开宽阔的大嘴吞入湖水，通过层层叠叠的两鳃将清水挤出，将过滤出的浮游生物吞入腹中；经过消化后以黏膜包裹残渣排出体外，包裹体在水面随风飘移进入湖岸湿地，从而实现将蓝藻从湖体清除的目的。

仿生式蓝藻清除设备模仿鲢滤食浮游生物原理，以组装式内陆水体水上工作平台（ZL 02258481.1）为载体，宽幅分离铲分离富含蓝藻水层，多分支汲藻泵管系统从分离铲中汲取含藻湖水，鳃式过滤器滤除大部分水分，再经摇振筛等浓缩设备进一步脱水成藻浆，藻浆袋装后漂浮拖运（附图 9）。分离铲宽度为 10 m，水平悬挂在工作平台前方，可以任意调节高度以精确分离富含蓝藻的表水层，最大作业时速为 5 km/h，一个工作日（按照 10 小时计）可以清扫湖面 0.5 km²。泵管系统形若章鱼，由一条主管、10 条分支管及末端潜水泵组成，10 台潜水泵均匀分布在分离铲中汲取藻水。鳃式过滤器是类似鲢鱼鳃结构的高度密集化重力斜筛过滤系统，200 个单元筛以 100 mm 的间隔安装在两个并列的框架上，可以整体调节倾斜度，总过滤面积 600 m²，过滤能力 >1 000 m³/h，滤过水落入湖面，浓藻水被羽状沟槽系统回收。浓缩设备承接来自鳃式过滤器的浓藻水，经过摇振筛等进一步浓缩后藻浆落入缓存池。以藻浆泵抽吸缓存池中的藻浆，灌入悬挂在工作平台侧面的大型漂浮囊袋中，囊袋装满后封口锚定在湖面待运。工作平台采用调频式电动挂浆后驱动，电子精确调速，前置喷水推进器辅助转向。中央动力系统为 50~80 kW 的发电机组，同时为推进和作业提供动力。DGPS 精确导航，侧扫声呐探测水下地形和障碍物，中心驾驶室操作。

## 8.3.2　仿生式蓝藻清除设备的技术特性

仿生式蓝藻清除设备具有良好的水体环境的适应性，适用于湖泊、水库、河流等内陆水体，最小作业水深为 0.3 m，尤其适用于沿岸带浅滩环境上聚集蓝藻的清除。

该设备由 200 个单元筛以 100 mm 的间隔安装在两个并列的框架上，可以整体调节倾斜度，总过滤面积高达 600 m²；设备最大汲取藻水流量为 1 000 m³/h，整台设备由一台 40 kW 柴油发电机组提供动力，每立方米藻水处理成本约为 0.05 元。

该仿生式蓝藻清除设备装配有发电机组、水泵、推进器等电气设备，收集的藻浆袋装储运，通过更换藻浆袋可实现连续作业和运行。

仿生式蓝藻清除设备控制水域面积广，适用于 10～100 km² 的水面范围，分离铲宽度 10 m，水平悬挂在工作平台前方，可以任意调节高度以精确分离富含蓝藻的表水层，最大作业时速为 5 km/h，一个工作日（按照 10 小时计）可以清扫 0.5 km² 湖面。

## 8.3.3　仿生式蓝藻清除设备的除藻控污效果

### 1. 对生物量及悬浮颗粒的去除效果

Chla 是表征水体浮游生物量的重要可靠指标。设备除藻实验监测结果显示，仿生式蓝藻清除设备（以下简称设备）进水的 Chla 浓度在 23.12～7 336.01 μg/L 时，出水浓度为 6.71～43.76 μg/L，出水浓度均小于 50 μg/L（图 8-8），表明出水 Chla 浓度不但受进水波动影响较小，且随进水 Chla 浓度增加，去除率升高并趋于稳定。值得注意的是，在进水 Chla 浓度＜30 μg/L 时，平均出水浓度仅为 10.87 μg/L，Chla 浓度去除率为 58.11%，说明设备对低浓度藻水依然具有较高的处理能力，这为蓝藻水华早期预防提供了一个重要手段。在富藻水体中，浮游植物藻体占水体 SS 很大比重，由图 8-9 可知，当设备进水 SS 浓度在 11.00～1 688.37 mg/L 时，出水 SS 浓度随进水浓度变化很小，相应的变化范围为 8.31～63.69 mg/L，并且随进水 SS 浓度增加，去除率升高并趋于稳定。通过 SS、Chla 进水浓度与去除率的指数拟合可知，当进水 Chla 浓度＞145 μg/L 时，除藻设备对 Chla 的去除率超过 95%；当进水 SS 浓度＞124 mg/L 时，对 SS 的去除率超过 90%。已有研究表明，SS 与水体透明度有较高相关性，降低 SS 可以有效提高水体透明度，进而提高水下的光照条件，这对浅水湖泊水生植物的生长至关重要，因此该设备也可在湖岸带生态修复工程中发挥作用。

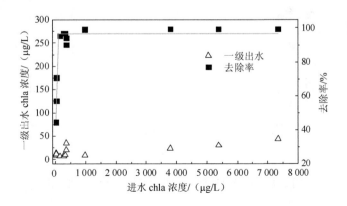

图 8-8　出水 Chla 浓度及去除率随进水浓度的变化

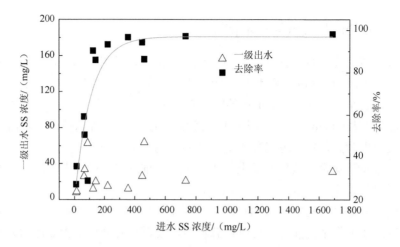

图 8-9　出水 SS 浓度及去除率随进水浓度的变化

**2．对营养盐的去除性能**

藻细胞是氮、磷营养元素的主要载体，蓝藻水华期间，藻体所含氮、磷占水体 TN、TP 很大比重，因此藻体打捞可有效降低水体富营养化程度。在设备除藻实验中，进水 TP 浓度为 0.07～5.12 mg/L，TN 浓度为 0.19～29.44 mg/L，设备出水中 TP 的浓度变化为 0.05～0.60 mg/L，TN 的浓度变化为 0.09～8.94 mg/L。除藻设备对 TN、TP 浓度去除率均随进水浓度的增加而增加。当 TN、TP 浓度分别大于 3.56 mg/L、0.40 mg/L 时，除藻设备对水体 TN、TP 的去除率分别大于 80% 和 60%（图 8-10 和图 8-11）。氮、磷营养盐是造成湖泊水体富营养化的元凶，该实验结果表明，设备清除蓝藻的同时可有效削减水体中的氮、磷含量，为富营养化湖泊管理和整治提供了一个新的思路。

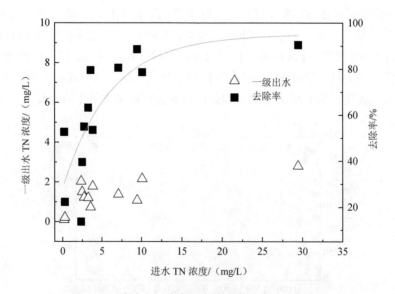

图 8-10　出水 TN 浓度及去除率随进水浓度的变化

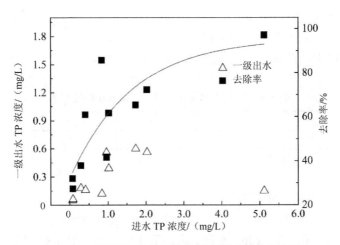

图 8-11　出水 TP 浓度及去除率随进水浓度的变化

### 3. 对有机物的去除性能

在蓝藻聚积期间，蓝藻生物量大小直接影响了湖区有机污染状况。一方面，蓝藻藻体直接贡献了水体有机物总量；另一方面，蓝藻细胞分泌的胞外有机物及死亡后释放的有机物使水体中溶解性有机物的含量升高。$COD_{Mn}$ 是表征水体有机物污染的重要综合指标，进水 $COD_{Mn}$ 的变化范围在 5.70~129.13 mg/L，经设备处理后，出水的 $COD_{Mn}$ 浓度范围在 4.10~8.48 mg/L，出水 $COD_{Mn}$ 受进水浓度的影响很小。通过进水 $COD_{Mn}$ 与去除率的指数拟合表明，$COD_{Mn}$ 的去除率随着进水浓度增加而增加，当进水 $COD_{Mn}$ 浓度>19.00 mg/L 时，$COD_{Mn}$ 去除率>68%（图 8-12）。上述结果表明，设备清除蓝藻可有效降低水华蓝藻暴发期水体有机物污染水平。

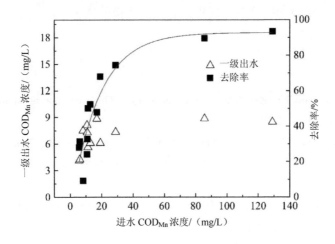

图 8-12　出水 $COD_{Mn}$ 浓度及去除率随进水浓度的变化

### 4. 对藻团的去除性能

仿生式蓝藻清除设备鳃式过滤器的鳃网孔径为 38 μm，即理论上可以有效去除直径>38 μm 的浮游生物及悬浮颗粒物。在实际运行过程中，在悬浮颗粒物及浮游植物网捕、黏附等作用下，有些直径小于 38 μm 的藻团也能被鳃网拦截。对巢湖不同湖区水体中藻团粒径的调查结果显示，巢湖 8—9 月的藻团粒径多大于 38 μm（表 8-4），对设备过滤出水镜检时未发现明显藻团，设备对蓝藻藻团的去除率近 100%。

表 8-4　实验进水藻团粒径 $d<38$ μm 粒径频率

| 采样序号 | E1 | E2 | W1 | W2 | W3 | W4 |
|---|---|---|---|---|---|---|
| $f_{(d<38\mu m)}$ | 0.025 | 0.025 | 0.084 | 0.020 | 0.012 | 0.031 |

注：E1~E2 位于巢湖东半湖湖岸带，W1~W4 位于巢湖西半湖湖岸带。

### 5. 对不同蓝藻密度的除藻效率

在水体蓝藻浓度不同的湖区作业，除藻设备总体去除效果良好、出水澄清，不含肉眼可见的藻团。原水高藻浓度，Chla 去除率达到了 90% 以上（图 8-8），除藻设备适用于西部汇流湾区高密度蓝藻的清除。而且水体中蓝藻密度较低的条件下（Chla 为 20 mg/m³），除藻设备的除藻效率仍能削减 50% 左右藻细胞（图 8-8）。因此，在蓝藻水华发生前水体蓝藻密度较低的条件下，及时清除水体蓝藻、削减水体蓝藻种源有利于控制蓝藻水华发生。同时，除藻设备通过富集收集水体藻类可移除水体藻生物量，并对水体 TN、TP、COD 具有一定的去除率（图 8-10～图 8-12），从而削减水体的营养盐浓度。

通过对水体高密度蓝藻清除效率分析，仿生式蓝藻清除设备在巢湖西湖湾实现高浓度蓝藻的快速分离和收集示范，削减了局部水域氮、磷内负荷。

在湖泊外源污染没有得到根本遏制的情况下，削减内源污染负荷不失为减轻湖泊污染的重要途径。蓝藻聚积期间氮、磷主要赋存在藻体中，因此与化学方法（金属絮凝，除藻药剂）及其他物理方法（超声波控藻、曝气充氧、吸附剂促沉等）相比，基于物理过滤的仿生式蓝藻清除技术除了具有经济、高效、无二次污染等优点，通过将污染物赋存载体与湖水分离，在实现污染负荷的削减方面也具有无可比拟的优越性。

## 参考文献

[1] Downes M T. Aquatic Nitrogen Transformations at Low Oxygen Concentrations[J]. Appl Environ Microbiol, 1988, 54: 172-175.

[2] Kalff J. Limnology-Inland Water Ecosystems[M]. New Jersey: Prentice-Hall, 2002.

[3] 李柯, 关保华, 刘正文. 蓝藻碎屑分解速率及氮磷释放形态的实验分析[J]. 湖泊科学, 2011, 23（6）: 919-925.

[4] 刘国锋, 何俊, 范成新, 等. 藻源性黑水团环境效应: 对水—沉积物界面处 Fe、Mn、S 循环影响[J]. 环境科学, 2010, 31（11）: 2652-2660.

[5] 盛东, 徐兆安, 高怡. 太湖湖区"黑水团"成因及危害分析[J]. 水资源保护, 2010, 26（3）: 41-44.

[6] Westerhoff P, Mash H. Dissolved Organic Nitrogen in Drinking Water Supplies: A Review[J]. Aqua, 2002, 51: 415-448.

[7] 陈丙法, 冯慕华, 尚丽霞, 等. 秋季聚积蓝藻打捞对蓝藻生长及水质影响的原位实验[J]. 湖泊科学, 2016, 28（2）: 253-262.

[8] 陈丙法，冯慕华，尚丽霞，等. 聚积蓝藻不同打捞强度下藻源污染物释放特征研究[J]. 环境科学学报，2016，36（11）：4077-4086.

[9] 吴晓东，孔繁翔. 水华期间太湖梅梁湾微囊藻原位生长速率的测定[J]. 中国环境科学，2008，28（6）：552-555.

[10] Odum E P，Barrett G W. 生态学基础[M]. 陆健健，王伟，王天慧，等，译. 北京：高等教育出版社. 2009.

[11] 周贝贝. 蓝藻打捞对水中氮磷及藻类生长的影响[D]. 南京：南京师范大学，2012.

[12] Yamamoto Y，Tsukada H. Measurement of in Situ Specific Growth Rates of Microcystis（cyanobacteria）from the Frequency of Dividing Cells[J]. Journal of Phycology，2009，45（5）：1003-1009.

[13] 徐宪根. 巢湖水源区蓝藻水华发生规律及控制响应[D]. 南京：中国科学院南京地理与湖泊研究所，2014.

[14] 孙小静，秦伯强，朱广伟. 蓝藻死亡分解过程中胶体态磷、氮、有机碳的释放[J]. 中国环境科学，2007，27（3）：341-345.

[15] 刘菲菲，冯慕华，尚丽霞，等. 温度对铜绿微囊藻（*Microcystis aeruginosa*）和鱼腥藻（*Anabaena* sp.）生长及胞外有机物产生的影响[J]. 湖泊科学，2014，26（5）：780-788.

[16] Zhang Y，Van Dijk M A，Liu M，et al. The Contribution of Phytoplankton Degradation to Chromophoric Dissolved Organic Matter（CDOM）in Eutrophic Shallow Lakes：Field and Experimental Evidence[J]. Water Research，2009，43（18）：4685-4697.

[17] 叶琳琳，史小丽，张民. 巢湖夏季水华期间水体中溶解性碳水化合物的研究[J]. 中国环境科学，2012，32（2）：318-323.

[18] Huguet A，Vacher L，Relexans S，et al. Properties of Fluorescent Dissolved Organic Matter in the Gironde Estuary[J]. Organic Geochemistry，2009，40（6）：706-719.

[19] Minor EC，Simjouw JP，Mulholland MR. Seasonal Variations in Dissolved Organic Carbon Concentrations and Characteristics in a Shallow Coastal Bay[J]. Marine Chemistry，2006，101：166-179.

[20] Helms JR，Stubbins A，Ritchie JD，et al. Absorption Spectral Slopes and Slope Ratios as Indicators of Molecular Weight，Source，and Photobleaching of Chromophoric Dissolved Organic Matter[J]. Limnology and Oceanography，2008，53（3）：955-969.

[21] 陈小锋，揣小明，刘涛，等. 江苏省西部湖泊溶解性有机物光谱学特征和来源解析[J]. 湖泊科学，2012，24（2）：259-266.

[22] 宋晓娜，于涛，张远，等. 利用三维荧光技术分析太湖水体溶解性有机质的分布特征及来源[J]. 环境科学学报，2010，（11）：2321-2331.

# 第9章 巢湖西湖湾底泥多目标疏浚及生态效应

巢湖西湖湾是长期以来巢湖污染状况最为严重、内源负荷最为突出的区域，各类污染源的长期汇入使湖湾底泥面临着营养盐、重金属、持久性有机物等多种污染物的复合污染，亟须进行整治。底泥环保疏浚技术自20世纪60年代出现以来，一直被作为底泥内负荷首选控制技术。由于其能将底泥中富集的各类污染物快速、直接地移除，在世界范围内多个污染河流、湖泊等水体的治理中得到了广泛应用。然而，长期以来环保疏浚对内源负荷的控制效果一直存在着诸多争议，其中最为重要的原因即大量疏浚工程存在着目标单一性问题，通常仅针对某种单一污染物，同时也鲜有考虑到水体颗粒污染物持续输入对疏浚效果的影响。项目选取了巢湖西湖湾污染突出区域开展室内模拟研究及野外工程示范，以此为湖泊底泥内源污染负荷的控制提供理论及技术支撑。

## 9.1 巢湖西湖湾污染底泥多目标疏浚量的确定及示范应用

### 9.1.1 污染底泥疏浚深度及范围的确定

根据本书第5章对湖湾底泥内源污染的研究，湖湾底泥中存在一定的有毒有害重金属及POPs污染，因此在对湖湾底泥进行疏浚清除时，应先考虑将这些有潜在生态风险的有毒有害污染物予以取出。根据前述研究结果，Cd、Hg、Zn、Ace（苊）和Fle（芴）是湖湾区最典型的有毒有害污染物，针对这些有害污染物，对各点位各有害污染物的风险深度进行了判定，见表9-1，各点位有害污染物风险深度最大达到22 cm，在疏浚深度确定过程中，各点位疏浚深度需要达到风险深度以上。

表 9-1 西湖湾底泥中典型有毒有害物污染深度　　　单位：cm

| 采样点位 | 1 | 2 | 3 | 4 | 7 | 10 | 12 | 13 | 16 | 17 |
|---|---|---|---|---|---|---|---|---|---|---|
| Cd | 14 | 14 | 8 | 14 | 18 | 18 | 8 | —[a] | 14 | N[b] |
| Hg | 20 | 14 | 10 | 14 | 22 | 22 | 18 | — | 18 | 14 |
| Zn | 18 | 14 | 8 | 14 | 22 | 18 | 10 | — | 18 | 10 |
| Ace | 4 | — | 4 | 16 | 16 | — | 4 | 16 | 4 | 4 |
| Fle | 16 | — | 4 | 16 | 16 | — | 4 | 16 | 16 | 16 |

注：—[a]：无垂向数据；N[b]：无风险深度。

对于营养盐类污染物，疏浚的主要目的应集中在对内源释放的削减。鉴于西湖湾内氮、磷整体相似的污染特征，选择氮、磷含量均较高的湖湾中心区域点位进行模拟疏浚工作，以确定能够控制氮、磷释放的最佳疏浚深度。由于大部分柱状样的氮、磷含量在10~

18 cm 深度变化最大，因而最低模拟疏浚深度设置为 15 cm。通过对疏浚刚结束及一年后的 $NH_4^+$-N 和 $PO_4^{3-}$-P 释放通量变化分析可见（图 9-1）：15 cm 及以上的疏浚可对 $PO_4^{3-}$-P 释放达到有效控制，其原因可能是 15 cm 以下的底泥中有效态磷和间隙水中 $PO_4^{3-}$-P 的浓度均显著下降（图 9-2）。然而，疏浚刚结束后 $NH_4^+$-N 释放通量不仅未能得到控制甚至有所上升，这一现象与之前的一些研究结果相符[1, 2]，其原因则为在 15 cm 以下底泥中弱结合态 $NH_4^+$-N 和间隙水中 $NH_4^+$-N 的浓度依然处于较高水平，下层间隙水中 $NH_4^+$-N 的浓度普遍高于上层间隙水中的浓度（图 9-2）。在疏浚结束一年后，$NH_4^+$-N 释放得到了控制，其原因可能是新生泥水界面处氧化还原状况的逐渐改善[1]，上层底泥中自由态 $NH_4^+$-N 含量已大幅下降。因此，15 cm 及以上深度的疏浚均可以将湾区底泥由营养盐污染的"源"转为"汇"，可以有效控制底泥内源氮、磷释放。

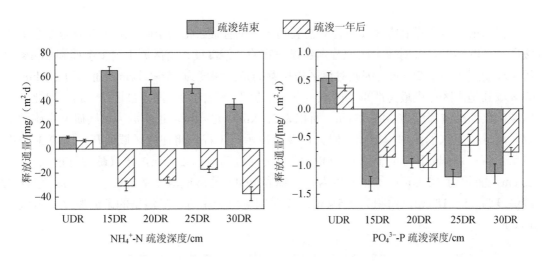

图 9-1　模拟疏浚后 $NH_4^+$-N 和 $PO_4^{3-}$-P 释放通量变化

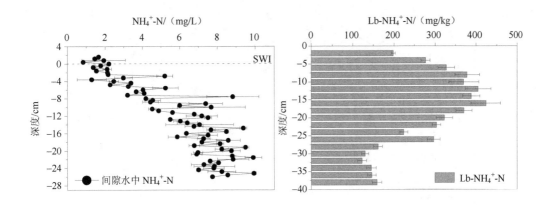

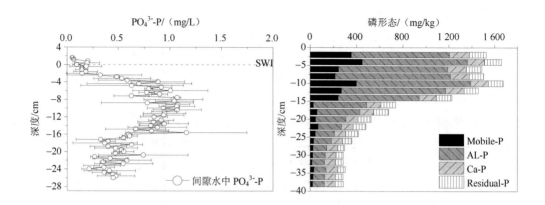

图 9-2　模拟疏浚柱样间隙水中 $NH_4^+$-N、$PO_4^{3-}$-P 以及底泥中氮、磷形态垂向分布

　　根据前述对有毒有害物质及营养盐类污染物的控制，将整个研究湾区划分为 5 个拟疏浚区域（图 9-3），并对每个区域分别建议适宜的疏浚深度：①区域 Ⅰ 内重金属和 POPs 的污染深度基本小于 20 cm，因此对该区域推荐的疏浚深度为 15～20 cm，面积为 2.7 km²；②区域 Ⅱ 是湾区污染最为严重的区域，部分点位重金属的污染深度接近 25 cm，因此对此区域建议的疏浚深度为 20～25 cm，面积为 2.1 km²，这一区域也将成为后续研究实施的主要区域，接下来的室内模拟疏浚研究以及疏浚示范工程均将在此区域展开（图 9-3 中虚线所示）；③区域Ⅲ内重金属和 POPs 的污染深度为 18～20 cm，建议疏浚深度为 18～20 cm，面积为 2.3 km²；④区域Ⅳ内重金属和 POPs 的污染深度基本低于 18 cm，建议疏浚深度为 15～18 cm，面积为 1.5 km²；⑤区域 Ⅴ 位于岸边，受污染的淤泥厚度基本低于 15 cm。

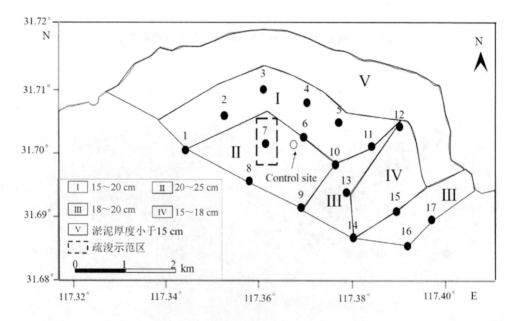

图 9-3　汇流湾区疏浚深度及范围划分

### 9.1.2　西湖湾污染底泥疏浚工程示范

为了研究西湖湾底泥疏浚对内源污染负荷的控制效果，以野外工程示范方式，根据前述确定的疏浚深度及面积，在湖湾中污染最为严重的区域开展了疏浚工程示范，具体位置如图 9-3 中虚线方框所示。示范工程面积约为 0.25 km²，平均疏浚深度为 25 cm，所用疏浚方式为绞吸式疏浚（附图 10）。2014 年 7—9 月，在示范区域内进行了疏浚施工。工程疏浚挖出的污染底泥经管道输送至岸边的堆场进行了脱水和固化处理。

为保证准确、定量完成疏浚工作，在疏浚前（2014 年 1 月）和疏浚后（2014 年 9 月）分别在示范工程实施区域进行了淤泥厚度勘测工作，结果如图 9-4 所示。疏浚工作对示范区域内淤泥厚度的削减基本在 20～30 cm，完成了预定的疏挖目标。在疏浚工程刚结束时，于示范区内均匀布置了 10 个采样点（SJ1～SJ10），通过调研发现（图 9-5），疏浚刚结束时的底泥含水率和孔隙度相比于疏浚前均有显著下降，尤其是在 5 cm 以下的底泥中，含水率及孔隙度下降更为明显，说明疏浚后暴露出的原下层底泥较为密实。而表层 0～5 cm 的底泥仍有部分具有较高的含水率和孔隙度，其原因可能是疏浚后的残留底泥。研究表明，表层 0～10 cm 较为松软的底泥较容易在疏浚的过程中残留在表层处[3]，这也成为影响疏浚工程质量的重要因素。

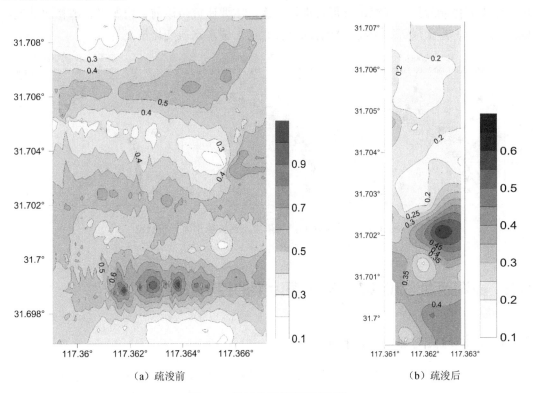

（a）疏浚前　　　　　　　　　　　　（b）疏浚后

**图 9-4　疏浚前后淤泥厚度变化**

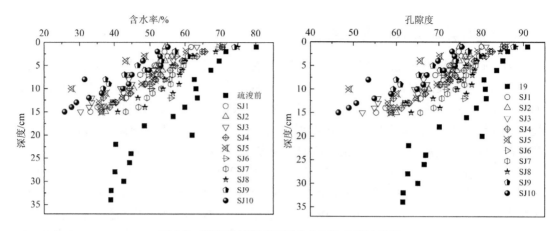

图 9-5　疏浚刚结束时底泥含水率和孔隙度变化

　　在疏浚示范工程开始前，对疏浚示范区底泥污染状况进行了跟踪调查研究，同时在距示范区约 500 m 的对照点（图 9-3）进行同步调查。根据前期对疏浚点和对照点的研究，2 个点位的营养盐以及重金属（$p = 0.309$）等污染状况极为相似，污染物剖面分布状况较为相近（图 9-6）。因此，在疏浚前后，对这 2 个点位进行跟踪调查以评估疏浚工程对底泥内源污染的控制效果。跟踪调查每月进行一次，主要研究疏浚前后内源氮、磷释放情况，底泥氮、磷、重金属等污染物分布情况以及底层上覆水水质变化情况等。

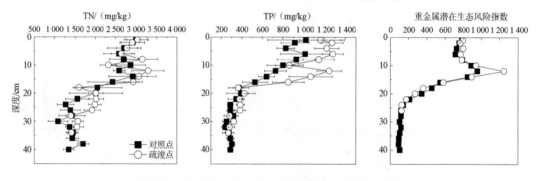

图 9-6　疏浚前对照点与疏浚点污染物剖面分布状况

## 9.2　巢湖西湖湾底泥疏浚对内源污染的控制效果

### 9.2.1　底泥疏浚对氮的内源控制效果

　　在疏浚示范工程刚结束时，对示范区底泥疏浚后 $NH_4^+$-N 释放通量进行了研究。结果发现（图 9-7a），在调查的 10 个点中，仅 SJ9 点 $NH_4^+$-N 释放速率有显著下降，其他点位 $NH_4^+$-N 释放速率依然处于较高的水平，其中部分点位甚至高于疏浚前的水平，这一研究结果与室内模拟实验的研究结果是一致的（5.3 节）。对表层底泥营养盐含量的监测情况表明（图 9-8），在疏浚刚结束时（2014 年 9 月），疏浚点表层底泥中氮含量有显著下降，但随后呈明显的回升趋势。这可能与疏浚工程进行过程中的残留底泥及风浪搅动造成的回淤有关。在疏浚工程刚结束时发现了表层底泥中有残留的迹象,这可能是表层底泥氮含量回升的原因之一。然而,进一步对疏浚点和对照点底泥氮含量的垂向分布情况进行研究表明(图 9-8),在疏浚工程结束后约半年时(2015 年 4 月),疏浚点和对照点底泥中氮含量在 0～25 cm 均已十分接近。这一现象的出现可能与区域内风浪较大造成的疏浚后污染底泥回淤有关。由于疏浚示范区较为狭长,而示范区周边的底泥依然处于较重的污染状态,且这些底泥较为松散。在风浪作用下,疏浚区周边的松散污染底泥向疏浚区回淤,造成在疏浚结束半年后底泥重新呈现氮污染状态。

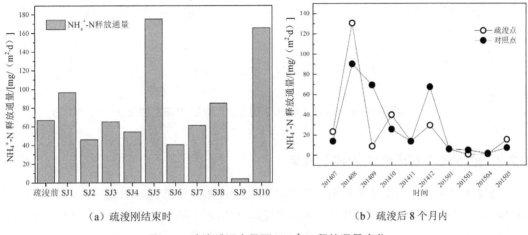

（a）疏浚刚结束时　　　　　　　　　（b）疏浚后 8 个月内

**图 9-7　疏浚后泥水界面 NH₄⁺-N 释放通量变化**

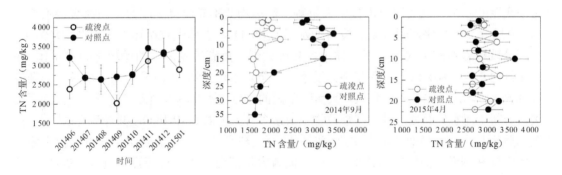

**图 9-8　疏浚点与对照点表层及垂向氮含量变化**

从疏浚后泥水界面处氮的交换情况来看,在 2014 年 8 月,疏浚点间隙水中 $NH_4^+$-N 浓度(图 9-9)及泥水界面的释放通量(图 9-7b)均高于对照点,说明在疏浚过程中 $NH_4^+$-N 释放通量出现回升。在 2014 年 9—10 月,疏浚点 $NH_4^+$-N 间隙水浓度及释放通量相对低于对照点,然而 2014 年 11 月以后,疏浚点与对照点 $NH_4^+$-N 间隙水浓度及释放通量均已较为接近,间隙水剖面分布特征无显著差异。由于疏浚示范区附近底泥的回淤导致底泥中氮含量的上升及泥水界面 $NH_4^+$-N 释放通量的回升。以上结果说明,底泥疏浚后短期内新生界面 $NH_4^+$-N 释放通量会保持在较高的水平,随着界面氧化还原环境的改善,$NH_4^+$-N 通量逐渐下降,但示范工程区底泥回淤及外源输入颗粒物沉降等因素导致界面 $NH_4^+$-N 通量回升。

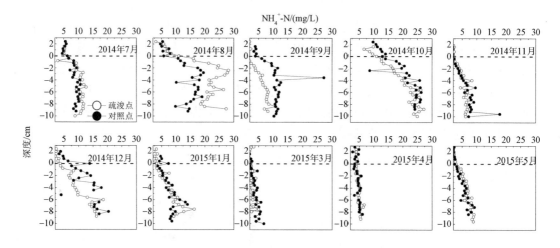

图 9-9　疏浚点与对照点底泥间隙水 $NH_4^+$-N 浓度变化

## 9.2.2　底泥疏浚对磷的内源控制效果

疏浚刚结束时新生泥水界面处 $PO_4^{3-}$-P 的释放速率变化趋势与 $NH_4^+$-N 截然不同，示范区内所有点位的 $PO_4^{3-}$-P 释放速率在疏浚后均有显著下降，大部分点位的 $PO_4^{3-}$-P 释放速率接近于零或为负值（图9-10），说明疏浚对底泥内源磷的释放可以快速达到较好的控制效果，这也与前述室内模拟实验和其他研究结果相符[4]。然而，随着疏浚工程结束后附近污染底泥的回淤，以及湖湾水体中大量颗粒污染物的不断沉降，底泥中的磷含量不断增加，表层底泥含量快速回升到疏浚前的水平（图9-11）。水体中磷循环以沉积型循环为主，大部分磷以颗粒态形式存在于水体中。我国太湖、巢湖等湖泊中的颗粒态磷占水体 TP 的比例通常高达80%以上，在藻类暴发季节甚至可以达到95%以上[5]。本书所关注的湖湾区域各入流河道污染输入流量大，大量吸附磷的颗粒物不断输入至湖湾区域，并沉降至疏浚后的新生泥水界面处，且这些颗粒物中通常含有大量的 Fe-P 和 Org-P 等活性磷[6, 7]，在沉降后极易在泥水界面环境发生改变时释放至上覆水体。从调研结果来看，由于外源颗粒沉降和回淤等原因，疏浚8个月后底泥磷含量剖面已经与对照点相近（图9-11），疏浚点和对照点底泥中磷含量在0～25 cm 均已十分接近。与此同时，间隙水中磷酸盐浓度也呈现出显著的回升趋势（图9-12），造成以上结果的主要原因，一方面，可能是疏浚面积过小，疏浚后的示范区在湖中形成了沟槽，周边原有污染底泥大量回淤至疏浚区域；另一方面，汇流湖湾区域几条重污染入湖河道持续输入大量污染物，不断以颗粒物形式在湾区沉降。已有研究表明，外源输入是导致疏浚后内源污染负荷回升的重要原因[7]，且这些外源输入的污染物多以颗粒态形式向底泥中不断沉降，最终导致内源负荷回升至疏浚前的水平。

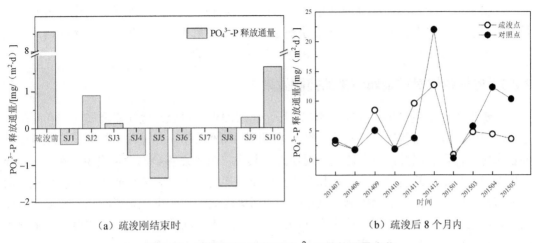

（a）疏浚刚结束时　　　　　　　　　　（b）疏浚后 8 个月内

图 9-10　疏浚后泥水界面 $PO_4^{3-}$-P 释放通量变化

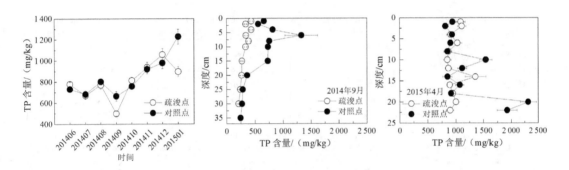

图 9-11　疏浚点与对照点表层及垂向氮含量变化

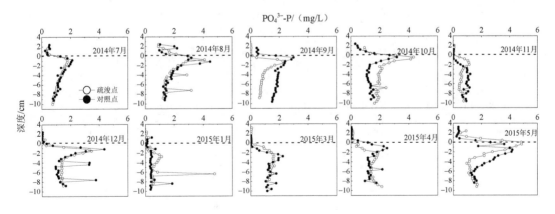

图 9-12　疏浚点和对照点底泥间隙水 $PO_4^{3-}$-P 浓度变化

综合以上疏浚工程对内源氮、磷负荷的控制效果可见，底泥疏浚后对氮、磷的短期控制效果存在显著的差异，即磷的释放可以得到快速的控制，而新生界面氮的释放则可能会出现短时间的加剧。在五里湖疏浚工程中也发现了类似的现象，在疏浚半年内 $NH_4^+$-N 都可能呈现释放现象，随着泥水界面氧化还原环境的改善，$NH_4^+$-N 释放逐渐减缓或转为氮的吸收状态；而 $PO_4^{3-}$-P 的释放通量则通常在疏浚后快速降低[8]。然而，对底泥内源释放长期的控制则在很大程度上依赖外源污染的控制程度，尤其是大量颗粒污染物的输入和沉降，可能对疏浚后泥水界面氮、磷的交换产生极为重要的影响。

### 9.2.3　底泥疏浚对重金属污染的控制效果

在疏浚工作结束半年后（2015 年 3 月），对疏浚点和对照点底泥重金属含量和间隙水重金属浓度进行了监测研究，结果如图 9-13 和图 9-14 所示。在疏浚半年后，疏浚点底泥各金属含量已显著回升，甚至略高于对照点。其中，疏浚点各金属含量出现了在 0～2 cm 处先下降随后上升的现象，疏浚点和对照点的重金属含量普遍在 10 cm 处较高，与疏浚前的分布情况较为类似。由此推测，疏浚区周边污染底泥的回淤可能是影响疏浚效果的重要因素。从底泥间隙水重金属浓度来看（图 9-14），疏浚点间隙水各重金属浓度同样出现了回升，与对照点较为相近或高于对照点，其趋势与底泥重金属含量类似。

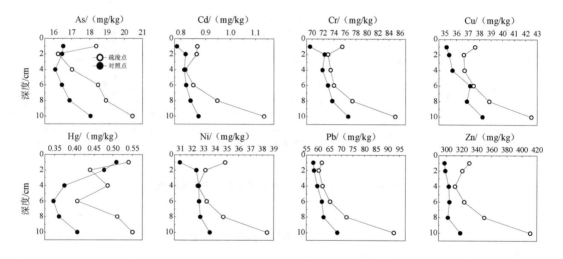

图 9-13　疏浚半年后疏浚点与对照点底泥重金属含量

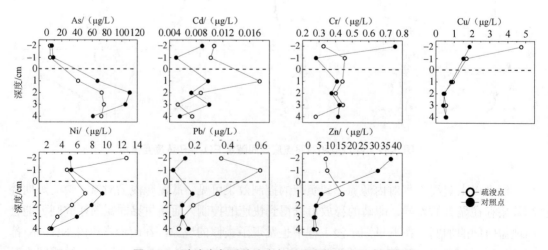

图 9-14　疏浚半年后疏浚点与对照点间隙水重金属含量

### 9.2.4　底泥疏浚后微生物群落结构变化

在疏浚半年后，对疏浚点和对照点表层底泥中微生物群落恢复情况进行了研究，发现2 个点底泥中微生物组成情况相似（$p = 0.546$，图 9-15），主要组成为拟杆菌门、变形菌门、浮霉菌门、硝化螺旋菌门、厚壁菌门、酸杆菌门等。这一结果说明，在野外疏浚结束后表层底泥微生物也很快得到了恢复。

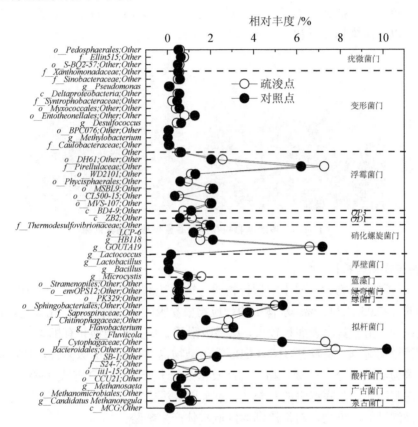

图 9-15　疏浚半年后表层底泥微生物群落分布情况

## 9.3　颗粒物沉降对巢湖西湖湾环保疏浚效果的影响

水体中污染物可通过扩散、对流、颗粒沉降等形式进入底泥中，增加底泥内源负荷。其中，颗粒物是水体中氮、磷等污染物的主要赋存形式，尤其是在重度富营养化的湖湾区域，河流输入性颗粒物及湖湾内生性颗粒物的聚积使湖湾通常具有较高的沉降通量，大量颗粒物沉降将对新生泥水界面产生重要影响。前述示范工程的研究结果表明，底泥疏浚后外源污染物的输入是导致内源污染回升的主要原因，而这些颗粒污染物的不断沉降则可能是导致新生泥水界面污染物交换发生改变的重要原因。为了研究颗粒物沉降对湖湾环保疏浚效果的影响，本研究在湖湾河口区域布设点位，进行为期一年的持续捕获、观测，同时在室内研究其对疏浚新生泥水界面污染物交换的影响。

### 9.3.1 沉降颗粒物污染特征及年内变化

#### 1．沉降颗粒物捕获方法

针对汇流湖湾区域特征，在南淝河河口区域设置了沉降颗粒物捕获点位，使用多通道颗粒物捕获装置[9]进行为期一年的捕获调研。捕获装置中每通道为内径 8.5 cm、高 50 cm 的有机玻璃捕集管，管上部覆盖尼龙网（孔径 1 cm）以防止大型水生动植物及残体或垃圾进入其中。每月初将捕获装置投放至南淝河河口（图 9-16），月末对装置内捕获的颗粒物进行回收，以供污染物分析和室内培养实验所用。

**图 9-16　多通道颗粒物捕获装置投放及捕获效果**

#### 2．颗粒物物理特征

湖湾内沉降颗粒物大多属于细颗粒物质，粒径基本处于 63 μm 以下（图 9-17），占总粒径分布的（97.05±4.34）%。水体中的颗粒物极易吸附各类污染物，尤其是粒径在 63 μm 以下的颗粒物，由于其比表面积较大，极易吸附重金属类污染物和有机质[10, 11]。高含量的有机质使颗粒物对氮、磷及 PAHs、PCBs 等污染物也具有极大的吸附性，且颗粒物中吸附的污染物多为活性组分，如颗粒物中的磷及重金属多处于弱结合态或 Fe/Mn 氧化物结合态。由于南淝河河水及底泥中的营养盐、重金属等污染物含量较高[12-14]，势必会导致颗粒物中吸附高浓度的污染物，对汇流湖湾区域水体产生威胁。

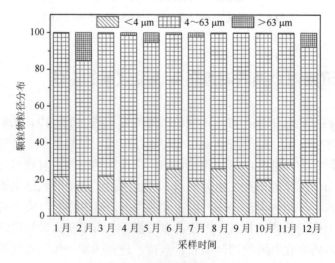

**图 9-17　悬浮颗粒物粒径分布**

此外，新鲜颗粒物的含水率较高，均值为（70.11±6.86）%，孔隙率均值为（85.14±3.83）%，与疏浚前表层 0～2 cm 处底泥的含水率及孔隙度接近，而疏浚后的新生表层底泥通常较为密实、孔隙度较低。这些较为松散且粒径较小的颗粒物在浚后新生泥水界面处的不断累积势必会对新生界面的物理特征产生影响，从而可能影响一些污染物质在界面处的迁移及转化。

### 3. 颗粒物营养盐污染特征

颗粒物中弱结合态 $NH_4^+$-N 和 TN 含量均值分别为 67.90 和 2 439.23 mg/kg，略低于汇流湖湾区域表层底泥中弱结合态 $NH_4^+$-N 和 TN 含量均值（248.09 mg/kg 和 2 750.84 mg/kg），TN 含量的年际变异系数为 0.11，较为稳定（表 9-2）。

表 9-2　悬浮颗粒物中氮、磷、铁及有机质的年内变化

| 采样时间 | Lb-$NH_4^+$-N/(mg/kg) | TN/(mg/kg) | 磷形态/(mg/kg) | | | | TP/(mg/kg) | Fe/(g/kg) | LOI/% |
|---|---|---|---|---|---|---|---|---|---|
| | | | Mobile-P | Al-P | Ca-P | Residual-P | | | |
| 1 月 | 53.8±0.35 | 2 758.37±213.35 | 583.90±44.24 | 2 384.72±149.38 | 172.09±44.66 | 164.97±30.67 | 3 305.67±15.08 | 34.25±0.83 | 8.99±0.07 |
| 2 月 | 102.9±10.75 | 2 006.36±27.77 | 307.05±19.28 | 2 203.16±67.64 | 106.24±7.89 | 45.27±18.92 | 2 461.72±16.92 | 21.91±0.65 | 7.61±0.05 |
| 3 月 | 49.61±4.56 | 2 659.55±318.15 | 348.37±13.52 | 2 241.80±38.01 | 106.69±2.55 | 110±0.95 | 2 570.01±22.08 | 28.17±0.93 | 7.45±0.05 |
| 4 月 | 40.36±1.63 | 2 758.52±631.02 | 423.70±72.17 | 2 599.71±314.08 | 135.10±12.67 | 132.45±6.72 | 3 090.96±20.46 | 32.76±0.57 | 8.8±0.01 |
| 5 月 | 63.86±20.63 | 2 613.48±110.73 | 424.96±5.75 | 2 288.43±16.36 | 123.22±5.27 | 83.72±2.22 | 2 590.25±18.64 | 28.45±0.49 | 7.42±0.01 |
| 6 月 | 74.49±1.10 | 2 703.72±7.30 | 389.36±5.07 | 665.71±10.02 | 122.62±5.62 | 90.96±3.11 | 1 268.64±19.05 | 36.63±0.71 | 9.05±0.01 |
| 7 月 | 53.11±1.29 | 2 564.52±54.88 | 347.83±27.56 | 1 489.99±118.49 | 110.29±3.42 | 69.78±3.04 | 1 917.89±18.43 | 31.82±0.65 | 8.31±0.06 |
| 8 月 | 78.66±7.75 | 2 103.52±0.66 | 357.18±11.25 | 1 397.66±45.33 | 116.98±6.77 | 72.91±3.24 | 1 944.72±16.72 | 36.79±0.29 | 9.76±0.06 |
| 9 月 | 89.23±16.53 | 2 280.68±14.58 | 317.89±9.77 | 763.58±39.75 | 168.11±1.60 | 152.57±2.88 | 1 352.77±8.94 | 37.43±0.41 | 9.59±0.08 |
| 10 月 | 36.88±2.25 | 2 297.44±119.05 | 449.51±13.90 | 1 096.76±4.18 | 154.98±11.01 | 126.45±5.04 | 1 661.49±9.01 | 33.01±0.90 | 8.02±0.04 |
| 11 月 | 91.83±0.95 | 2 315.09±50.84 | 476.28±8.36 | 825.85±6.83 | 177.39±14.63 | 158.19±4.50 | 1 530.74±10.64 | 37.78±0.82 | 11.11±0.06 |
| 12 月 | 80.09±1.52 | 2 209.46±65.09 | 397.42±62.82 | 2 358.62±236.12 | 222.23±42.10 | 99.83±36.22 | 2 445.52±11.06 | 28.49±0.64 | 6.53±0.02 |
| 均值 | 67.90±21.43 | 2 439.23±266.61 | 401.96±77.43 | 1 693.00±727.05 | 142.99±36.14 | 108.92±38.44 | 2 178.37±667.19 | 32.29±4.81 | 8.55±1.26 |

颗粒物中 TP 含量均值为 2 178.37 mg/kg，远高于汇流湾区表层底泥中 TP 含量均值（1 137.58 mg/kg），且有效态磷的含量（401.96 mg/kg）也远高于湾区表层底泥中有效态磷含量均值（109.16 mg/kg），其中最主要的有效态磷为 Fe-P 和 Org-P，且颗粒物中磷含量的

月度差异性较大（变异系数 0.31），1—5 月及 12 月（冬季和春季）含量较高，其他月份相对较低，其原因一方面可能是夏秋季雨水较多，南淝河水量较大稀释所致；另一方面也可能是由于冬春季巢湖风浪较大、再悬浮颗粒物量大。颗粒物中 Fe 与 P 含量的比值范围在 8.9~28.9（均值 16.7），小于湾区表层底泥中 Fe∶P 质量比（33.4），不利于对底泥中磷的固定[15]，其大量沉降后极可能导致内源磷释放的加剧。此外，颗粒物中有机质含量较高，烧失量（LOI）均值为（8.55±1.26）%，高于湖湾区域表层底泥中 LOI 均值[（6.92±1.65）%]。

**4. 颗粒物重金属污染特征**

使用潜在生态风险指数法（*RI*）对颗粒物中重金属含量及生态风险进行了评价（表 9-3），结果发现除了 2 月，其他月份颗粒物中重金属含量均具有严重潜在生态风险，且 *RI* 值远高于汇流湾区表层底泥重金属 *RI* 值（见 5.2 节）。与湾区底泥类似的是，Hg 和 Cd 依然是潜在生态风险指数最高的 2 种金属。

表 9-3　颗粒物重金属潜在生态风险指数

| 采样时间 | $E_r^i$ | | | | | | | | *RI* | 风险等级 |
|---|---|---|---|---|---|---|---|---|---|---|
| | As | Cd | Cr | Cu | Hg | Ni | Pb | Zn | | |
| 1 月 | 17.66 | 307.51 | 2.51 | 12.11 | 823.36 | 5.13 | 13.98 | 11.18 | 1 193.44 | 严重 |
| 2 月 | 9.91 | 129.52 | 1.25 | 5.78 | 315.42 | 2.72 | 6.53 | 6.02 | 477.15 | 重 |
| 3 月 | 12.52 | 192.47 | 1.97 | 8.68 | 369.32 | 4.10 | 9.18 | 9.00 | 607.23 | 严重 |
| 4 月 | 15.91 | 287.18 | 2.47 | 13.46 | 854.00 | 5.08 | 12.28 | 12.08 | 1 202.47 | 严重 |
| 5 月 | 12.86 | 216.14 | 2.06 | 10.77 | 704.41 | 4.01 | 9.61 | 8.29 | 968.14 | 严重 |
| 6 月 | 15.51 | 186.53 | 2.86 | 9.74 | 408.48 | 6.25 | 10.38 | 5.99 | 645.74 | 严重 |
| 7 月 | 13.85 | 208.09 | 2.51 | 10.72 | 704.24 | 5.05 | 10.97 | 7.98 | 963.41 | 严重 |
| 8 月 | 18.34 | 228.73 | 3.73 | 12.61 | 732.06 | 6.40 | 12.97 | 8.39 | 1 023.23 | 严重 |
| 9 月 | 18.92 | 161.69 | 3.47 | 8.45 | 956.63 | 6.17 | 9.71 | 4.90 | 1 169.94 | 严重 |
| 10 月 | 27.62 | 218.93 | 3.50 | 10.79 | 860.82 | 5.46 | 12.41 | 8.08 | 1 147.60 | 严重 |
| 11 月 | 18.95 | 168.62 | 3.60 | 8.86 | 438.77 | 6.73 | 10.59 | 5.82 | 661.93 | 严重 |
| 12 月 | 17.79 | 674.59 | 2.74 | 14.13 | 442.64 | 5.32 | 334.91 | 8.29 | 1 500.40 | 严重 |
| 均值 | 16.65 | 248.33 | 2.72 | 10.51 | 634.18 | 5.20 | 37.79 | 8.00 | 963.39 | 严重 |
| 风险等级 | 低 | 重 | 低 | 低 | 严重 | 低 | 低 | 低 | 严重 | |

从各金属的总含量来看（图 9-18），除 As 的含量（均值 14.99 mg/kg）略低于湾区表层底泥中 As 含量（17.53 mg/kg）外，其他金属的含量均高于湾区表层底泥中的含量。使用 BCR 连续提取法[16]对颗粒物中金属形态的分析结果发现，Cr 和 Ni 的主要形态为残渣态（F4，分别达到 74.5% 和 66.7%），As 和 Cu 的可转化态（F1、F2 和 F3）与残渣态含量相当。而 Cd、Pb 和 Zn 则主要表现为可转化态（分别为 94.6%、76.4% 和 89.4%），且可转化态含量均超出了各自的 TEL 值，Zn 甚至超出了 PEL 值。其中，Cd 和 Zn 主要为可交换态（F1），分别达到 49.3% 和 58.3%；Pb 则主要为 Fe/Mn 氧化物结合态（F2），达到 60.4%。根据前期对南淝河底泥重金属的污染状况研究，Cd、Pb 和 Zn 是其中污染较为突出的 3 种金属[14]，再悬浮的污染细颗粒底泥可能是组成河源性输入颗粒物的重要部分。此外，由于收集到的颗粒物粒径较小且有机质含量较高，较容易吸附水体中的重金属，从而使颗粒物

中重金属的活性组分较高，而较小的粒径也使这些污染颗粒物更加容易被底栖动物及其他水生生物利用，可能会加剧对水体的威胁。

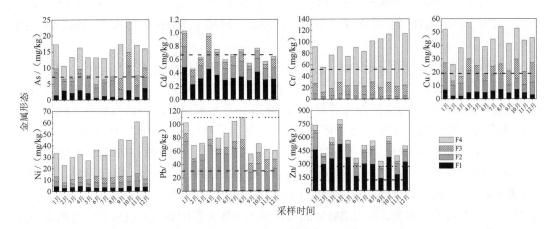

图 9-18 悬浮颗粒物中金属形态年内变化（虚线和点线分别代表 TEL 和 PEL 值）

**5. 颗粒物有机毒性物质污染特征**

对颗粒物中 PAHs、OCPs、PBDEs 和 PCBs 等 POPs 进行分析发现（图 9-19），颗粒物中 PAHs、OCPs、PBDEs 和 PCBs 在一年内的均值分别为（3 373.2±1 497.8）ng/g、（57.377±21.452）ng/g、（25.666±13.249）ng/g 和（1.315±0.676）ng/g。其中，PBDEs 的含量低于世界范围内河口及沿岸区域底泥中 PBDEs 的常见含量（50 ng/g）及中国和世界多个湖泊底泥中的 PBDEs 含量[17]；PCBs 含量也远低于其 ERL 值（22.7 ng/g）[18]；PAHs 和 OCPs 为颗粒物中最典型的两类 POPs 污染物质，其含量已高于巢湖大部分区域及长江中下游多个浅水湖泊底泥中 PAHs 和 OCPs 的含量[19]。

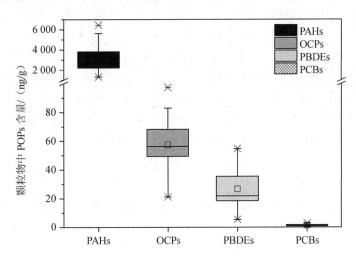

图 9-19 颗粒物中 POPs 含量

（1）PAHs 的污染特征

环境中大量存在的 PAHs 不利于生物的生长，并对人体具有致癌作用，通常主要来源于有机物的不完全燃烧或高温热解，其中化石燃料的大量使用是造成 PAHs 排放的重要原因。据报道[20]，1980—2003 年，我国 16 种优先控制 PAHs 的排放量由 18 000 t 增至 25 000 t。相较于目前已受到严格控制的 PCBs 和 OCPs 污染物，PAHs 在环境中可能更难降解，且由于其疏水性而容易在底泥中富集。因此，环境中 PAHs 的污染受到越来越多的重视。

本书所关注的汇流湖湾区域底泥本身即具有较高的 PAHs 污染（第 5.3 节），而颗粒物收集区域处于南淝河河口附近，由于该河口是巢湖的主要航道之一，航运过程中的化石燃料泄漏及合肥市的大量污染源均可能产生 PAHs 并排放至河道中。本研究所收集的颗粒物中 16 种优先控制 PAHs 主要分布于四环 PAHs，其次为五环、六环和三环（图 9-20）。其中，Ace、Fle、BaA 和 Chr 为最主要的 PAHs 污染物，均值分别达到（105.42±48.89）ng/g、（125.08±51.97）ng/g、（263.47±116.46）ng/g 和（406.22±188.38）ng/g，均高于相应的 ERL 值（表 9-4）。此外，从 PAHs 的年内变化情况来看，12 月至次年 4 月的枯水期 PAHs 含量明显高于 6—9 月的丰水期，说明 PAHs 的含量受入湖流量影响较大，也从另一方面说明入流河道是 PAHs 的主要来源。为了进一步研究颗粒物中 PAHs 的来源，对 Ant/（Ant+Phe）和 Fle/（Fle+Pyr）的比值进行了分析，结果表明 Ant/（Ant+Phe）比值范围为 0.11～0.21 [均值（0.17±0.15）]，全部大于 0.1；而 Fle/（Fle+Pyr）比值范围为 0.21～0.31 [均值（0.25±0.22）]，均小于 0.4。这些结果说明，颗粒物中 PAHs 的来源主要为化石燃料[21]。

表 9-4　颗粒物中 16 种 USEPA 优先控制 PAHs 含量（ng/g）

| 采样时间 | Nap | Acy | Ace | Fle | Phe | Ant | Flu | Pyr | BaA | Chr | BbF | BkF | BaP | IcdP | DahA | BghiP | ∑PAH |
|---|---|---|---|---|---|---|---|---|---|---|---|---|---|---|---|---|---|
| 1 月 | 71.06 | 24.01 | 209.80 | 219.79 | 219.38 | 42.75 | 360.82 | 776.27 | 496.66 | 817.11 | 639.93 | 256.78 | 93.09 | 343.12 | 101.36 | 405.79 | 6 455.10 |
| 2 月 | 59.29 | 25.64 | 82.02 | 106.78 | 122.78 | 26.03 | 174.43 | 411.65 | 349.28 | 496.40 | 438.75 | 171.48 | 69.15 | 177.77 | 66.18 | 234.73 | 3 893.40 |
| 3 月 | 70.05 | 19.42 | 91.77 | 138.13 | 189.21 | 24.06 | 161.73 | 370.56 | 249.13 | 398.13 | 338.03 | 127.94 | 47.60 | 171.53 | 55.80 | 215.12 | 3 438.00 |
| 4 月 | 98.04 | 29.34 | 173.59 | 212.73 | 206.44 | 42.40 | 272.20 | 644.71 | 413.46 | 659.23 | 515.86 | 189.49 | 67.56 | 243.28 | 88.21 | 312.08 | 5 626.40 |
| 5 月 | 106.72 | 19.66 | 106.97 | 131.14 | 135.70 | 27.91 | 177.54 | 426.47 | 287.47 | 449.57 | 364.97 | 137.67 | 51.95 | 164.86 | 59.12 | 216.46 | 3 759.30 |
| 6 月 | 37.34 | 12.64 | 48.22 | 59.54 | 61.89 | 14.84 | 91.12 | 207.25 | 169.59 | 248.29 | 227.21 | 89.78 | 34.86 | 104.69 | 36.57 | 141.60 | 2 059.60 |
| 7 月 | 19.61 | 13.26 | 73.46 | 87.33 | 79.14 | 19.68 | 106.82 | 267.50 | 190.12 | 286.43 | 238.08 | 90.97 | 35.50 | 114.17 | 39.97 | 153.21 | 2 367.60 |
| 8 月 | 10.26 | 5.96 | 52.48 | 60.51 | 53.29 | 12.30 | 61.97 | 143.88 | 101.06 | 156.33 | 127.05 | 49.18 | 16.77 | 64.37 | 21.44 | 84.85 | 1 314.30 |
| 9 月 | 20.38 | 12.25 | 72.35 | 84.71 | 76.10 | 16.29 | 91.38 | 209.50 | 153.30 | 237.72 | 207.36 | 81.17 | 32.10 | 107.62 | 35.88 | 141.43 | 2 075.90 |
| 10 月 | 61.03 | 20.87 | 142.82 | 153.17 | 118.99 | 32.02 | 159.04 | 384.59 | 289.52 | 418.25 | 353.16 | 135.42 | 55.72 | 168.59 | 61.29 | 225.86 | 3 595.90 |
| 11 月 | 29.05 | 13.04 | 91.22 | 113.60 | 90.91 | 17.64 | 105.85 | 255.23 | 165.12 | 277.39 | 244.04 | 96.78 | 36.24 | 119.39 | 41.17 | 166.34 | 2 395.40 |
| 12 月 | 47.67 | 18.71 | 120.31 | 133.56 | 108.06 | 28.91 | 169.78 | 421.39 | 296.94 | 429.86 | 348.80 | 133.26 | 51.13 | 156.04 | 57.32 | 202.83 | 3 497.60 |
| 均值 | 52.54 | 17.90 | 105.42 | 125.08 | 121.82 | 25.40 | 161.06 | 376.58 | 263.47 | 406.22 | 336.94 | 129.99 | 49.31 | 161.29 | 55.36 | 208.36 | 3 373.20 |
| ERL | 160 | 44 | 16 | 19 | 240 | 85.3 | 600 | 665 | 261 | 384 | NA | NA | 430 | NA | 63.4 | NA | 4 022 |
| ERM | 2 100 | 640 | 500 | 540 | 1 500 | 1 100 | 5 100 | 2 600 | 1 600 | 2 800 | NA | NA | 1 600 | NA | 260 | NA | 44 792 |

注：NA，无可用参考值。

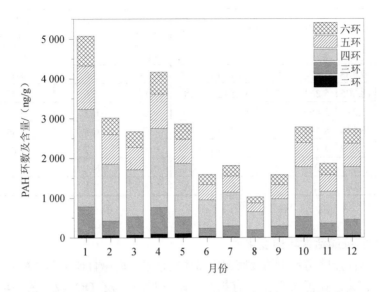

图 9-20 颗粒物中 16 种 USEPA 优先控制 PAHs 环数分布

（2）OCPs 的污染特征

OCPs 主要来源于有机氯农药的使用，由于其在环境中的难降解性和对生物的危害性而受到广泛关注。自 20 世纪 70 年代开始，包括中国在内的世界主要国家逐渐禁止 DDT 等有机氯农药的生产和使用。然而，曾经大量使用的有机氯农药使大量 OCPs 污染物依然存在于环境中。在水环境中，OCPs 由于其疏水性而大量富集于底泥中，对水生态系统形成威胁。研究表明[19]，我国长江中下游湖泊底泥中富集的 DDT 等 OCPs 污染物大多为历史累积。对湖湾捕获的颗粒物 OCPs 污染物的分析结果表明（表 9-5），颗粒物中 DDD、DDE 和 DDT 类污染物含量均超出了相应的 ERL 值，其中 DDD 的含量甚至超出了其 ERM 值（20 ng/g）。颗粒物中 OCPs 含量高于我国太湖、鄱阳湖、洞庭湖等湖泊底泥中的含量[19]。此外，颗粒物中 $p,p'$-DDD/$p,p'$DDE 比值为（5.7±1.0），说明 $p,p'$-DDT 主要通过生物转化为厌氧代谢物 $p,p'$-DDD；$p,p'$-DDT/总 DDT 比值均小于 0.5，说明颗粒物中的 DDT 主要来源于历史残留，无新的 DDT 排放[19]；$\gamma$-氯丹/$\alpha$-氯丹比值大多大于 1.0，说明氯丹也主要为历史残留，仅有少量新生氯丹污染物。由此可见，颗粒物中虽有较高含量的 OCPs 污染物，但大多为历史残留物，这与有机氯农药的广泛禁止有重要关系。

表 9-5 颗粒物中典型 OCPs 含量 单位：ng/g

| 时间 | 总 HCH | DDD | DDE | DDT | 总 DDT | $\gamma$-氯丹 | $\alpha$-氯丹 | $p,p'$-DDD/$p,p'$DDE | $p,p'$-DDT/总 DDT | $\gamma$-氯丹/$\alpha$-氯丹 |
|---|---|---|---|---|---|---|---|---|---|---|
| 1 月 | 8.791 | 26.899 | 5.868 | 7.873 | 40.640 | 0.365 | 0.484 | 4.8 | 0.11 | 0.75 |
| 2 月 | 8.496 | 35.683 | 7.199 | 6.073 | 48.955 | 0.346 | 0.377 | 4.7 | 0.10 | 0.92 |
| 3 月 | 4.775 | 21.824 | 5.020 | 7.208 | 34.053 | 0.486 | 0.491 | 4.5 | 0.17 | 0.99 |
| 4 月 | 5.923 | 27.669 | 5.836 | 6.408 | 39.913 | 0.912 | 0.836 | 5.3 | 0.10 | 1.09 |
| 5 月 | 5.539 | 25.294 | 5.286 | 5.423 | 36.003 | 0.594 | 0.449 | 5.0 | 0.11 | 1.32 |
| 6 月 | 5.231 | 20.006 | 2.898 | 4.880 | 27.785 | 0.121 | 0.071 | 6.8 | 0.18 | 1.69 |
| 7 月 | 3.134 | 15.684 | 2.974 | 3.862 | 22.520 | 0.232 | 0.303 | 5.8 | 0.17 | 0.77 |

| 时间 | 总 HCH | DDD | DDE | DDT | 总 DDT | γ-氯丹 | α-氯丹 | *p,p*'-DDD/ *p,p*'DDE | *p,p*'-DDT/ 总 DDT | γ-氯丹/ α-氯丹 |
|------|--------|------|------|------|--------|--------|--------|-------------------------|----------------------|------------------|
| 8 月 | 1.754 | 7.166 | 1.310 | 0.475 | 8.951 | 0.152 | ND[a] | 7.9 | 0.05 | ND |
| 9 月 | 6.134 | 17.806 | 3.374 | 1.979 | 23.160 | 0.150 | 0.229 | 5.6 | 0.09 | 0.66 |
| 10 月 | 5.788 | 28.805 | 5.261 | 1.775 | 35.842 | 0.283 | 0.282 | 5.6 | 0.05 | 1.00 |
| 11 月 | 3.463 | 12.210 | 2.460 | 0.166 | 14.836 | ND | ND | 6.2 | 0.01 | ND |
| 12 月 | 5.926 | 26.134 | 4.443 | 1.124 | 31.702 | 0.290 | 0.373 | 6.5 | 0.04 | 0.78 |
| 均值 | 5.413 | 22.098 | 4.327 | 3.937 | 30.363 | 0.357 | 0.389 | 5.7 | 0.10 | 1.00 |
| ERL | NA[b] | 2 | 2 | 1 | 3 | NA | NA | NA | NA | NA |
| ERM | 100 | 20 | 15 | 7 | 350 | NA | NA | NA | NA | NA |

注：ND[a]，未检测到相应物质；NA[b]，无可用标准值。

### 6. 颗粒物特征酶活性年内变化

FDA 酶的活性能够指示土壤及底泥中微生物活性，而碱性磷酸酶（APA）则与湖泊的富营养化状态有关，在污染严重、有机质与磷含量较高及 DO 较低的环境中，底泥中 APA 的含量通常较高。在研究过程中，将采集到的颗粒物与汇流湾区中距疏浚示范区 500 m 的对照点底泥中的微生物活性及 APA 进行对比发现（图 9-21），颗粒物中的微生物活性与 APA 均显著高于（$p < 0.01$）湖湾区域底泥，这可能与颗粒物中含量较高的有机质和磷有关。微生物活性的升高及 APA 的增长均会造成底泥间隙水中磷浓度的上升，从而提高内源释放通量，因此这些颗粒物源源不断地汇入疏浚后的底泥表层，很可能对新生底泥界面产生负面影响。

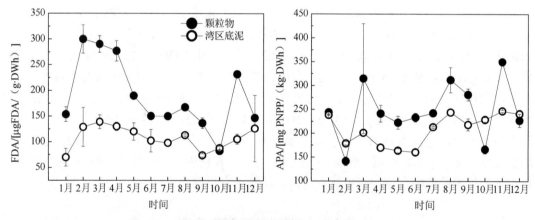

图 9-21　颗粒物及湾区原位底泥中 APA 与 FDA 酶活性

## 9.3.2　颗粒物沉降对营养盐在底泥新生界面交换的影响

### 1. 模拟研究方法

鉴于颗粒物沉降对新生泥水界面可能产生的强烈影响，以模拟实验的形式研究颗粒沉降对底泥疏浚后新生泥水界面环境变化及各类物质交换的影响。采集汇流湖湾区域污染最为严重区域点位底泥柱样，按照 25 cm 的模拟疏浚深度，使用上顶法将上部 25 cm 的柱状样转移至空的采样柱（φ110 mm × L350 mm）中，上部 25 cm 原位柱状样即为未疏浚样品，剩余部分则为疏浚样品。根据对湖湾疏浚深度的研究，这一疏浚深度可将大部分有害的重金属、POPs 污染物去除，同时可有效抑制内源营养盐的释放。在进行了模拟疏浚操作后，将所有疏浚和未疏浚的柱状样品置于不锈钢水槽（4 m × 1 m × 1 m）中进行为期一年的常温培养，水槽中的湖水每月使用原位湖水置换一次，置换过程中滤去水中大型颗粒物及浮游动植物。实验过程中使用曝气维持水槽内 DO 水平，使其与研究区域上覆水中的 DO 水平相近（图 9-22，$p = 0.298$）。

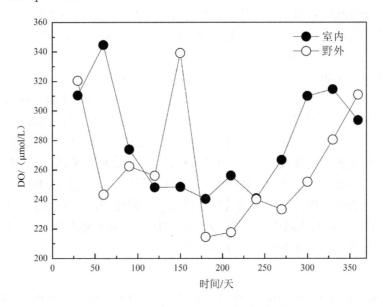

图 9-22　实验过程中室内与野外上覆水体 DO 变化

实验中共设置了 6 个处理组：① U，未疏浚底泥，不添加颗粒物；② U+DP，未疏浚底泥中添加烘干、灭菌后的颗粒物；③ U+FP，未疏浚底泥中添加刚采集的新鲜颗粒物；④ D，疏浚后的底泥，不添加颗粒物；⑤ D+DP，疏浚后的底泥中添加烘干、灭菌后的颗粒物；⑥ D+FP，疏浚后的底泥中添加刚采集的新鲜颗粒物。其中，烘干灭菌颗粒物的处理方法是将新鲜的颗粒物经 60℃烘干 24 小时、于高压灭菌锅中 121℃灭菌 30 分钟后研磨至粉末。泥水界面处微生物的活性对有机物的降解及氮、磷等物质在底泥—间隙水—上覆水之间的迁移、转化具有重要作用。微生物的呼吸作用及对有机质的降解均会消耗氧，而界面处氧的消耗则可能导致 Fe-P 的分解，致使泥水界面处磷扩散通量的上升[22]；即使在好氧环境下，一些微生物依然可能通过分解 Fe-P 而加剧磷的释放。此外，界面处碱性磷酸酶的活性也有可能对磷通量产生影响。因此，本研究在实施过程中设置了添加灭菌颗粒物的实验组以探讨微生物在疏浚后界面污染物迁移、转化中可能存在的作用。无论是灭菌的颗粒物还是新鲜的颗粒物，其添加至底泥柱状样中的方法均是将颗粒物与原位采集的湖水充分混匀后，根据湖湾区域的沉降速率（约 6 mm/a）[23]添加至柱状样后，使其自然沉降至表层底泥处。

**2. 颗粒物沉降对疏浚后界面氧穿透的影响**

DO 在泥水界面处的分布情况是反映界面氧化还原状况的重要指标，也是影响多种污染物在界面处迁移、转化的重要因素，如界面处 DO 的消耗可促进 Fe-P 的溶解，从而促进底泥中磷的释放,增加内源磷负荷;界面氧化还原环境的变化还可能影响某些金属的溶解性,氧化条件较差时将促进 As 的溶解。

在疏浚刚结束时,各处理组的 DO 剖面分布情况相似,DO 穿透深度(Oxygen Penetration Depth,OPD)均较小(图 9-23)。其中,未疏浚组的 DO 穿透情况与实验开始时野外原位底泥中的情况相近,OPD 大约在 2 mm。造成该区域内未疏浚底泥中 OPD 较低的原因可能是该区域内底泥中有机质含量较高,有机质的降解消耗了界面处的氧。而疏浚刚结束后的底泥中 OPD 较低的原因则可能是新生的表层底泥孔隙度较低,不利于氧的穿透,且新生底泥本身为下层底泥,在疏浚前一直处于厌氧状态中。在实验进行 30 天后,D 和 D+DP 组的 OPD 快速上升,在 240 天后已达到 8~10 mm,远高于未疏浚各组。而添加了新鲜颗粒物的 D+FP 组的 OPD 却一直与未疏浚组相近,基本保持在 2~4 mm。此外,未疏浚组及 D+FP 组中 OPD 的变化具有较为明显的季节特征,即在夏季(实验 120~210 天)较低,冬季略高于夏季。导致 D+FP 组底泥中 OPD 较低的原因可能是颗粒物的添加导致表层底泥中有机质含量显著上升,微生物对有机质的降解及微生物本身的呼吸作用大量消耗氧气,导致界面处氧的迅速降低。实验中发现表层底泥中 LOI 与 OPD 呈现显著的负相关关系($p = 0.006$,图 9-24)。而 D+DP 组 OPD 在实验过程中要显著高于 D+FP 组($p < 0.05$),其原因应是添加至 D+DP 组底泥中的颗粒物均经过了灭菌处理,其底泥微生物活性显著低于 D+FP 组,对氧的消耗相应减少。而 D+DP 组 OPD 在春末至夏末低于 D 组的原因是底泥中有机质含量及微生物活性在此期间有所上升。

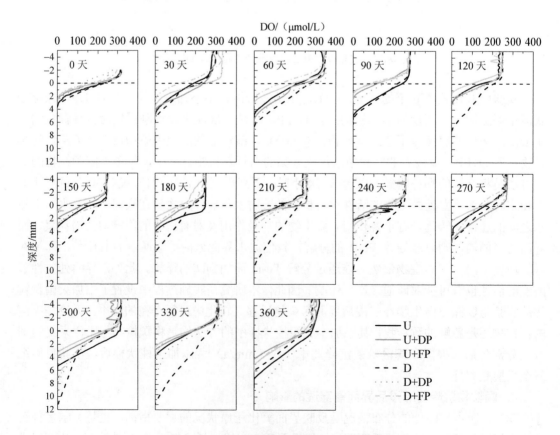

**图 9-23　实验过程中泥水界面 DO 剖面变化**

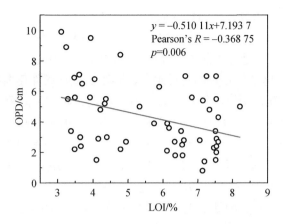

图 9-24　表层底泥中 LOI 与 OPD 关系

### 3. 颗粒物沉降对疏浚后界面氮交换的影响

（1）表层底泥氮含量及形态变化

疏浚各组在新生表层底泥中的 TN 含量显著低于未疏浚各组（图 9-25），然而新生表层底泥中弱结合态氮的含量却略高于未疏浚组，这一结果与疏浚后暴露出的下层底泥中弱结合态 $NH_4^+$-N 含量较高有关。在疏浚后，随着颗粒物质在新生界面处的不断累积，D+DP 和 D+FP 组新生表层底泥中 TN 的含量不断上升，分别在 330 天和 210 天后与未疏浚各组 TN 含量相近。而由于颗粒物中 TN 含量仅略低于未疏浚组表层底泥的 TN 含量，因此未疏浚各组表层底泥中 TN 含量在实验过程中无明显差异（$p = 0.926$）。然而，表层底泥中弱结合态氮的含量变化却与 TN 含量变化有显著差别。疏浚后泥水界面处的氧化条件逐渐改善，在 0～60 天表层底泥中弱结合态 $NH_4^+$-N 的含量逐渐降低，部分 $NH_4^+$-N 可能氧化为 $NO_3^-$-N。随后，由于温度的上升，在 60～150 天弱结合态氮的含量不断上升，并在经历峰值后再次降低直至实验结束。在整个实验过程中，颗粒物质在新生界面处的累积并没有对疏浚后表层底泥中弱结合态 $NH_4^+$-N 的含量产生显著影响（$p = 0.146$）。其原因可能是颗粒物中弱结合态 $NH_4^+$-N 的含量本身低于底泥中的含量，无法对新生表层底泥中的弱结合态 $NH_4^+$-N 造成显著改变。可见，颗粒物在浚后新生泥水界面处的累积主要造成了表层底泥中 TN 含量的上升，而对一些较易释放的形态氮含量没有显著影响。

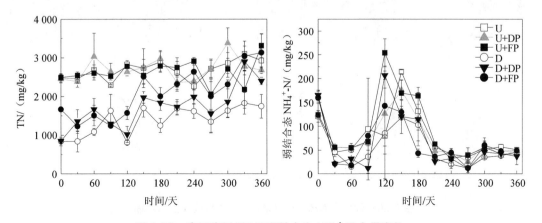

图 9-25　表层底泥 TN 及弱结合态 $NH_4^+$-N 含量变化

（2）间隙水 NH$_4^+$-N 浓度及界面扩散通量变化

在疏浚刚结束时（0 天），疏浚组（D、D+DP、D+FP）间隙水中 NH$_4^+$-N 浓度高于未疏浚组（图 9-26），其原因是疏浚前 15 cm 以下底泥间隙水中的 NH$_4^+$-N 浓度较高。随后，由于新生界面暴露在氧化条件较好的上覆水中，界面处氧化条件逐渐改善，使疏浚各组间隙水中 NH$_4^+$-N 浓度逐渐降低[24]。在 30～90 天疏浚组与未疏浚组间隙水 NH$_4^+$-N 浓度相近，120 天后疏浚组间隙水中 NH$_4^+$-N 浓度已显著低于（$p<0.01$）未疏浚组。随后，疏浚各组间隙水中 NH$_4^+$-N 浓度一直处于较低水平，而未疏浚各组间隙水中 NH$_4^+$-N 浓度却在夏季（180 天，7 月）至冬初（330 天，12 月）显著高于疏浚各组。这可能是因为未疏浚各组泥水界面的氧化条件在夏秋季较差，从而促进了底泥中弱结合态 NH$_4^+$-N 向间隙水及上覆水体中溶解和释放。从泥水界面处 NH$_4^+$-N 的扩散通量来看（图 9-27），未疏浚各组 NH$_4^+$-N 扩散通量在夏秋季呈显著上升趋势，其中以 U+FP 组尤为突出。而 U+FP 组在这段时间中氧穿透深度（OPD）也较小（图 9-27），NH$_4^+$-N 扩散通量与 OPD 之间存在着显著的负相关关系（$p<0.001$）。然而，D+FP 组虽然在实验过程中由于新鲜颗粒物的加入导致表层泥水界面处 OPD 的降低，但其 NH$_4^+$-N 扩散通量仅在 60～150 天略有上升，180 天后即与 D 和 D+DP 组无明显差异（$p<0.05$）。其原因，一是颗粒物中所含有的弱结合态 NH$_4^+$-N 不高，并不能对表层底泥中弱结合态 NH$_4^+$-N 含量造成显著影响（图 9-25）；二是因为在 60～150 天下层间隙水中 NH$_4^+$-N 浓度仍处在较高水平，而 180 天后则显著低于未疏浚各实验组，使其扩散通量下降并显著低于未疏浚各组。

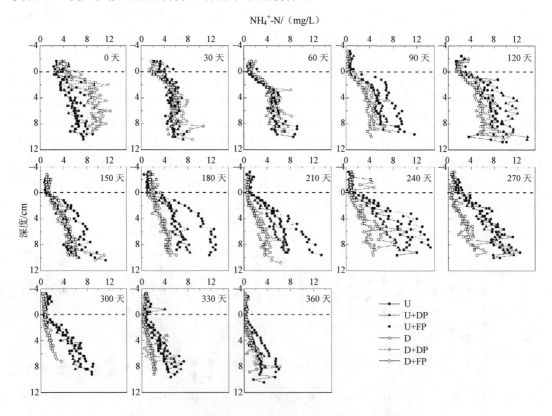

图 9-26　间隙水 NH$_4^+$-N 剖面变化（虚线代表泥水界面）

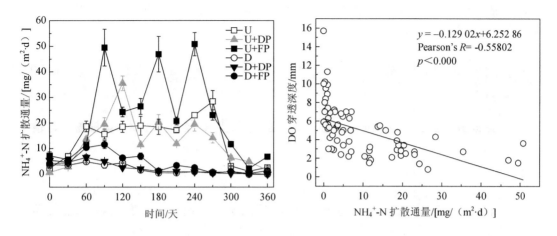

图 9-27　泥水界面 $NH_4^+$-N 扩散通量及其与 DO 穿透深度的关系

（3）泥水界面氮交换对颗粒沉降的响应

颗粒物沉降在一年的周期内对泥水界面处氮的影响主要体现在其导致疏浚后新生表层底泥中 TN 含量的上升，且由于颗粒物中活性较大的弱结合态氮含量低于未疏浚及疏浚后表层底泥中的含量，因而并未造成疏浚后新生表层底泥中弱结合态氮的显著上升。此外，无论是从疏浚后新生表层底泥弱结合态氮的含量还是从疏浚刚结束时底泥间隙水中 $NH_4^+$-N 的浓度考虑，疏浚工作刚结束时对内源氮的控制效果均不佳，这与原有下层底泥中较差的氧化条件有着直接关系。而在疏浚后随着新生界面处氧化条件的逐渐改善，才使间隙水中的 $NH_4^+$-N 浓度及 $NH_4^+$-N 扩散通量呈下降趋势，这一过程在本模拟实验中约需要 180 天时间，与已有研究十分相似，多个研究[1, 8]均表明疏浚工作对内源氮释放的控制具有滞后性，钟继承等人[1]曾发现在疏浚刚结束后的 4 个月内氮的释放通量甚至比未疏浚前还要高。这一滞后效应在疏浚工作中须得到重视，在以内源氮控制为主要目的之一的疏浚工程中，疏浚的时间最好选择在冬季，此时温度较低，泥水界面处氧化条件相对较好，弱结合态氮向间隙水中的溶解及向上覆水体的扩散量相对较小，由此可减小疏浚刚结束后内源氮释放增加可能对上覆水体造成的负面影响。此外，由于对氮控制效果的滞后性及颗粒物本身弱结合态氮含量较小，在一年的周期内颗粒物无法对疏浚后界面的氮交换产生显著的影响，这些污染颗粒物可能需要在新生界面处经过更长时间、更大量的累积才会导致内源氮负荷的回升。

**4．颗粒物沉降对疏浚后界面磷交换的影响**

（1）表层底泥磷含量及形态变化

由于颗粒物中磷的含量较高，D+DP 组和 D+FP 组表层底泥磷的含量随着颗粒物的累积而不断上升（图 9-28）。然而，D+FP 组表层底泥磷含量却显著高于 D+DP 组（$p<0.001$），尤其是在 90 天后，两组之间的差距逐渐加大。其原因是 D+DP 组表层底泥孔隙度在 60 天后即明显低于 D+FP 组，其表层底泥比 D+FP 组更加密实，由此导致表层 1 cm 底泥中颗粒物所占的体积比明显低于 D+FP 组。因此，D+FP 组表层底泥因含有更多的颗粒物而导致磷的含量显著高于 D+DP 组，在 150 天后即与未疏浚组磷含量相近。此外，D+DP 组和 D+FP 组中增加的磷主要为有效态磷和 Al-P，其中有效态磷的增加又以 Fe-P 和 Org-P 为主。造

成这一现象的原因主要是颗粒物中有效态磷和 Al-P 的含量较高，远高于疏浚前表层底泥中的有效态磷和 Al-P 含量。

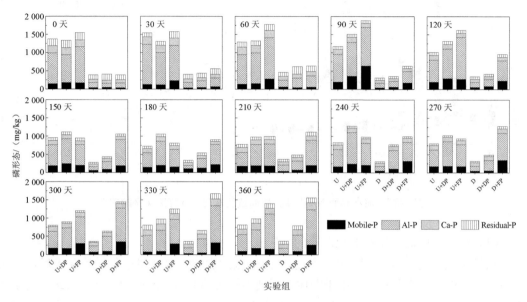

图 9-28　实验过程中表层底泥磷形态变化

（2）间隙水 $PO_4^{3-}$-P 浓度及界面扩散通量变化

未疏浚各组间隙水 $PO_4^{3-}$-P 浓度一直处于相对较高的水平（图 9-29），而疏浚各组间隙水 $PO_4^{3-}$-P 浓度在 0～30 天显著低于未疏浚各组，各组之间剖面情况相近（$p>0.05$）。随后，D 组和 D+DP 组间隙水 $PO_4^{3-}$-P 浓度在整个实验周期中一直处于较低水平，且两组间隙水 $PO_4^{3-}$-P 剖面情况在实验中无显著差异（$p>0.05$）。然而，D+FP 组间隙水 $PO_4^{3-}$-P 浓度在 60 天后却有显著上升且高于 D 组和 D+DP 组（$p<0.05$），且在 0～1 cm 间隙水中的上升尤为突出，甚至与未疏浚各组相近。在 1 cm 以下的间隙水中，D+FP 组 $PO_4^{3-}$-P 浓度依然显著低于未疏浚各组，尤其是在夏季。

从泥水界面 $PO_4^{3-}$-P 扩散通量变化可以看出（图 9-30），D 组和 D+DP 组新生泥水界面磷扩散通量一直处于较低水平，两组之间无显著差异（$p=0.862$），这也与两组间隙水分布情况相符。而 D+FP 组 $PO_4^{3-}$-P 扩散通量则显著高于 D 组和 D+DP 组（$p<0.001$），且有显著回升趋势。与间隙水分布状况相似，D+FP 组 $PO_4^{3-}$-P 扩散通量在 60 天后开始显著上升，新鲜颗粒物在疏浚后新生界面处的累积使内源磷通量不断上升，且这种回升在夏季温度较高时（120～270 天）显得尤为突出。但 D+FP 组内源磷通量在一年的周期中尚未能恢复至疏浚前的水平，其原因是 1 cm 以下间隙水中 $PO_4^{3-}$-P 浓度依然显著低于未疏浚各组，使泥水界面处 $PO_4^{3-}$-P 的扩散速率小于未疏浚各组。

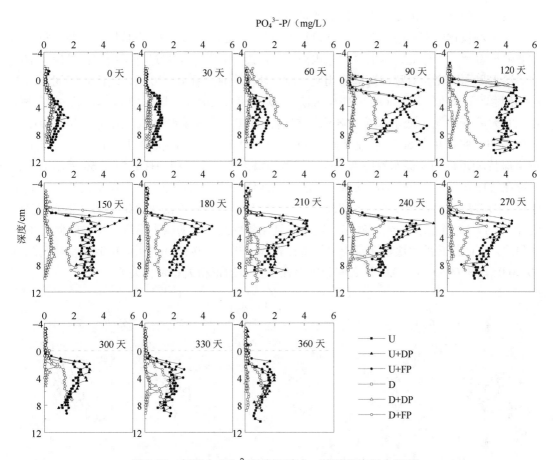

图 9-29　间隙水 $PO_4^{3-}$-P 剖面变化（虚线代表泥水界面）

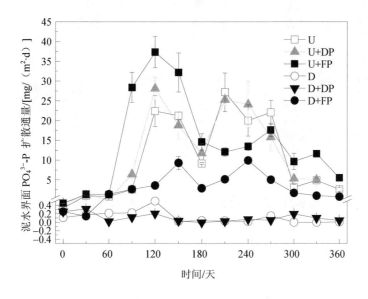

图 9-30　泥水界面 $PO_4^{3-}$-P 扩散通量变化

（3）间隙水 $Fe^{2+}$ 浓度及界面扩散通量变化

由于颗粒物中有效态磷含量较高，且大部分为 Fe-P 和 Org-P，均是加剧内源磷负荷的重要磷形态[22, 25]。因此，本书对间隙水内 $Fe^{2+}$ 浓度及其扩散通量进行了研究，以便了解疏浚后泥水界面磷交换对颗粒沉降的响应机制。研究发现，在 0～30 天，疏浚各组间隙水中 $Fe^{2+}$ 浓度高于未疏浚各组（图 9-31），随后，D 组和 D+DP 组间隙水中 $Fe^{2+}$ 浓度逐渐下降，在 120 天后开始显著低于未疏浚各组。然而，D+FP 组间隙水中 $Fe^{2+}$ 浓度一直保持在相对较高的水平，并在 60 天后显著高于 D 组和 D+DP 组，其在实验过程中总体上与未疏浚组保持相近。而从泥水界面处 $Fe^{2+}$ 的扩散通量来看，D 组和 D+DP 组在 60 天后即一直保持在较低水平（图 9-32），其原因可能是这两组中底泥的孔隙度一直保持较低，而氧化条件又随着疏浚后时间增加而逐渐改善，低孔隙度和表层良好的氧化条件均可能抑制 $Fe^{2+}$ 的释放。D+FP 组松散的表层底泥、较差的氧化条件及较高的微生物活性均可能促进 $Fe^{2+}$ 的释放，从而使其扩散通量在实验中保持在较高水平（图 9-32），$Fe^{2+}$ 的扩散通量与孔隙度（$p<0.05$）和 OPD（$p<0.01$）之间分别存在着显著的正相关和负相关关系。

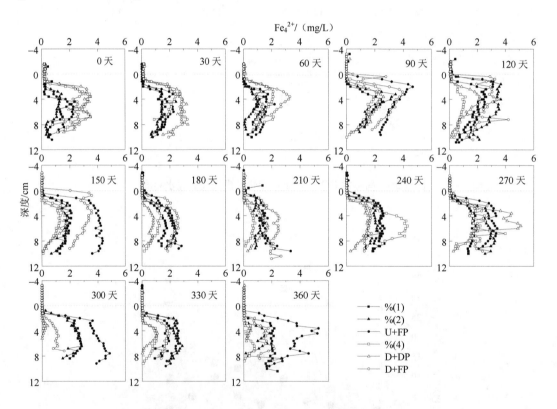

图 9-31 间隙水 $Fe^{2+}$ 剖面变化（虚线代表泥水界面）

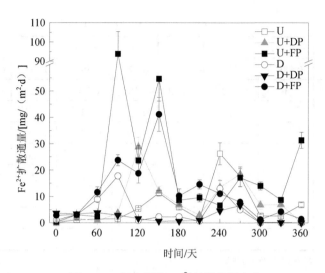

图 9-32　泥水界面 $Fe^{2+}$ 扩散通量变化

**（4）表层底泥碱性磷酸酶活性变化**

在疏浚刚结束后的 0～30 天，疏浚各组表层底泥中碱性磷酸酶的活性（APA）比未疏浚各组有显著下降（图 9-33）。在 30～60 天，上覆水体中持续较好的氧化条件使各组 APA 均有下降，但未疏浚各组依然显著高于疏浚各组。随后，D 组 APA 一直保持在较低水平，D+DP 组 APA 则仅有小幅上升，其上升原因可能是灭菌后的颗粒物中含有的大量有机质促进了疏浚后表层底泥中 APA 的上升。而 D+FP 组表层底泥的 APA 则在 60 天后迅速上升，其上升原因一方面是新鲜颗粒物本身的 APA 较高，在 60 天后 D+FP 组表层底泥孔隙度的迅速上升表明表层 1 cm 底泥中颗粒物的含量越来越大，由此导致其 APA 迅速上升；另一方面则是颗粒物中高含量的有机质及高微生物活性导致泥水界面处氧化条件变差，从而也可能导致 APA 的上升。研究发现，APA 与底泥中的 LOI 和总微生物活性均存在着极显著的相关性（$p < 0.01$，表 9-6）。D+FP 组 APA 在 210 天后已与未疏浚各组无显著差异，由此可能促进其底泥中 Fe-P 和 Org-P 的溶解从而加剧内源磷负荷的上升。

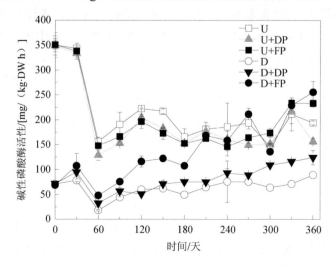

图 9-33　表层底泥碱性磷酸酶活性变化

表 9-6  磷通量与其他各指标间的相关性

| | 磷通量 | Fe²⁺通量 | Mobile-P | APA | OPD | 孔隙度 | LOI | 温度 | 微生物活性 |
|---|---|---|---|---|---|---|---|---|---|
| 磷通量 | 1 | $0.586^{**}$ | $0.527^{**}$ | $0.271^{*}$ | $-0.524^{**}$ | $0.552^{**}$ | $0.457^{**}$ | $0.482^{**}$ | $0.556^{**}$ |
| Fe²⁺通量 | | 1 | $0.550^{**}$ | 0.053 | $-0.382^{**}$ | $0.241^{*}$ | 0.209 | $0.269^{*}$ | $0.387^{**}$ |
| Mobile-P | | | 1 | $0.441^{**}$ | $-0.411^{**}$ | $0.650^{**}$ | $0.599^{**}$ | 0.218 | $0.770^{**}$ |
| APA | | | | 1 | $-0.184$ | $0.799^{**}$ | $0.759^{**}$ | $-0.256^{*}$ | $0.580^{**}$ |
| OPD | | | | | 1 | $-0.371^{**}$ | $-0.263^{*}$ | $-0.158$ | $-0.464^{**}$ |
| 孔隙度 | | | | | | 1 | $0.913^{**}$ | 0.081 | $0.822^{**}$ |
| LOI | | | | | | | 1 | $-0.047$ | $0.718^{**}$ |
| 温度 | | | | | | | | 1 | 0.222 |
| 微生物活性 | | | | | | | | | 1 |

注：$^{*}$和$^{**}$分别表示显著性水平为 $p<0.05$ 和 $p<0.01$。

（5）泥水界面磷交换对颗粒物沉降的响应

模拟疏浚采用的 25 cm 疏浚深度可以有效地控制内源磷的释放。然而，大量具有复合污染特征的悬浮颗粒物的累积使新生泥水界面产生了一系列变化：在物理上提升了表层底泥的孔隙度，在化学组成上增加了表层底泥中磷（尤其是有效态磷）和有机质的含量，而在生物化学上又提升了表层底泥中微生物和碱性磷酸酶的活性，降低了界面处氧的穿透深度。这一系列的变化均可能对疏浚后底泥内源磷负荷的回升产生影响。

研究发现，D 组的磷通量一直处在较低水平（接近于 0 或为负值），说明在没有外源存在的情况下疏浚对内源磷负荷具有较好的控制效果。造成 D 组磷负荷降低的原因是疏浚去除了大量的有效态磷和有机质，新生的表层底泥孔隙度较低，且氧化条件在疏浚后逐渐改善，而新生底泥中 Fe∶P（质量比）较高，这些因素均可能抑制疏浚后内源磷的释放。然而，悬浮颗粒物在新生界面的累积却改变了新生界面的磷交换。D+DP 组和 D+FP 组内源磷通量具有显著的差异（$p<0.01$）。颗粒物中有效态磷主要为 Fe-P 和 Org-P，其中 Fe-P 更容易受氧化还原环境的改变而释放。磷与 Fe²⁺的扩散通量具有十分显著的正相关关系（$p<0.001$），说明二者可能存在着同步释放现象。然而，灭菌因素使 D+DP 组和 D+FP 组泥水界面处 OPD 和 APA 具有显著差异。灭菌后的颗粒物加入 D+DP 组之后虽然造成了表层底泥有机质含量的上升，但由于灭菌使有机质的降解速率低于 D+FP 组，微生物耗氧也远少于 D+FP 组，因此其 OPD 显著高于 D+FP（$p<0.001$），抑制了 Fe-P 的溶解；灭菌同时使 D+DP 组 APA 显著低于 D+FP 组，也抑制了 Org-P 的溶解。此外，D+DP 组表层底泥较为密实，孔隙度较低也可能是造成其磷扩散通量小于 D+FP 组的原因，实验发现磷扩散通量与孔隙度之间也存在着显著的正相关性（$p<0.01$）。

根据以上论述，颗粒物的高有机质和有效态磷含量及高微生物和碱性磷酸酶活性等特征可能是造成疏浚后新生泥水界面内源磷负荷回升的主要原因，这些特征也是与新生界面磷通量密切正相关的因子（图 9-34）。颗粒物中高含量的磷在疏浚后新生表层底泥中的累积首先导致了表层底泥中磷（尤其是有效态磷）含量的增长。同时，大量有机质促进了微生物的生长及对有机质的降解，从而消耗了泥水界面处的氧并促进了 APA 的上升。随后，界面氧的消耗和 APA 的上升促进了表层底泥中过量 Fe-P 和 Org-P 的溶解，从而导致疏浚后内源磷负荷的回升。此外，内源磷负荷的回升在夏季温度较高时尤为突出。由于 1 cm 以下间隙水及底泥中磷的含量较低，D+FP 组内源磷通量依然低于未疏浚各组，但根据其增长趋势，在颗粒物不断的累积后可能很快回升至疏浚前的水平。

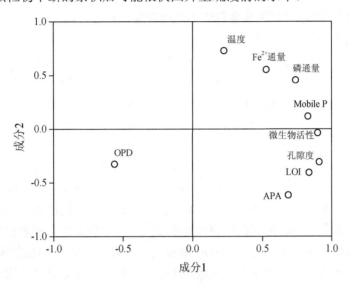

图 9-34　影响内源磷通量的各因子载荷

### 5. 新生界面氮、磷通量对颗粒物沉降的响应差异

根据前述研究，疏浚工作可以快速控制底泥中磷的释放，然而在疏浚刚结束时，氮的释放在短期内无法得到控制，甚至出现比未疏浚时更高的释放通量。这些现象与已有研究结果十分相似[1, 2]。下层底泥由于长期处于还原环境，通常弱结合态 $NH_4^+$-N 的含量较高，由此导致间隙水中 $NH_4^+$-N 浓度较高。因而，在疏浚刚结束时，新暴露出的泥水界面由于和上覆水体之间 $NH_4^+$-N 的浓度差而造成 $NH_4^+$-N 扩散通量在短期内的上升。由于磷在下层底泥中长期累积后的成岩作用，下层底泥中有效态磷及间隙水中 $PO_4^{3-}$-P 浓度均处于较低水平，因此可通过疏浚去除上层污染底泥后快速控制磷的释放。

随着污染颗粒物在新生界面的不断累积，表层底泥中有效态磷的含量及间隙水中 $PO_4^{3-}$-P 浓度均有显著回升，这主要源于颗粒物本身的污染状况。随着污染颗粒物的不断累积，$PO_4^{3-}$-P 在泥水界面处的扩散通量呈显著回升趋势，尤其是在夏季温度较高时。Kleeberg 和 Kohl[26]的研究表明，在外源未截断的情况下，疏浚对内源磷释放仅有短暂的控制效果，随后内源磷负荷将回升至疏浚前水平。Liu 等人[8]在五里湖持续 15 年的野外观测结果也表明，外源输入是造成疏浚后内源负荷回升的主要因素之一。然而，泥水界面 $NH_4^+$-N 的交换在模拟研究过程中却未受到颗粒物的显著影响。由于疏浚结束后新生界面处的氧化条件逐渐提升，弱结合态 $NH_4^+$-N 的含量也逐步降低，这在一定程度上抑制了 $NH_4^+$-N 的释放。因而，疏浚各组泥水界面 $NH_4^+$-N 扩散通量在疏浚结束后逐渐降低。而新沉降的颗粒物中弱结合态 $NH_4^+$-N 的含量并不高，且由于界面氧化条件较好，疏浚各组 $NH_4^+$-N 扩散通量在 180 天后一直保持在较低水平。根据界面处氮、磷交换对颗粒物沉降的这一不同响应结果可以推测，在有外源存在的情况下，疏浚工作对氮的中长期控制效果可能要优于磷。Liu 等人在五里湖的长期野外观测结果也表明，从中长期效果来看，疏浚对水体氮的控制效果要优于磷[8]。

### 9.3.3 沉降颗粒物对疏浚后有毒有害污染回升的影响

#### 1. 沉降作用下疏浚后底泥重金属生态风险变化

（1）重金属含量及潜在生态风险

由于颗粒物沉降对底泥中重金属含量的影响主要在表层 0~1 cm 处，因而在实验过程中主要对表层底泥中重金属的生态风险变化进行了研究。未疏浚各组表层底泥中各重金属含量在实验过程中无显著变化（图 9-35），其中 Zn 和 Cu 在未疏浚各组间差异较大，其原因是颗粒物中 Zn 和 Cu 的含量远高于未疏浚的表层底泥中的含量。D 组表层底泥中各重金属含量在实验过程中也无大幅变化，基本保持在疏浚刚结束后的较低水平，且大多都低于相应的 TEL 值[27]。其中，Ni 的含量在疏浚后略高于其 TEL 值，其原因是研究区域内底泥中 Ni 的背景含量较高[28]。而 D+DP 组和 D+FP 组由于颗粒物在表层底泥中不断累积，其中重金属的含量也不断增高。D+FP 组表层底泥中重金属含量的增加速度明显快于 D+DP 组。由于 D+FP 组中添加的新鲜颗粒物含水率较大、孔隙度较高，其表层 0~1 cm 底泥中含有的颗粒物体积及质量比相对于 D+DP 组较大，吸附着大量重金属的颗粒物导致 D+FP 组中重金属含量骤增。在 360 天的模拟实验后，D+FP 组中各金属含量均达到甚至略高于疏浚前的水平。其中，As 和 Pb 的含量在 360 天后略低于疏浚前的水平，其原因是这 2 种金属在颗粒物中的含量略低于或近于疏浚前表层底泥中相应的含量（9.3.1 节）。

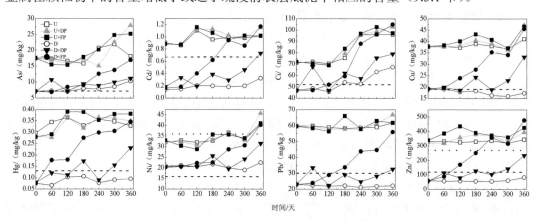

图 9-35　表层底泥重金属含量变化

从各金属的阈值效应浓度来看，颗粒物在疏浚后表层底泥中的累积导致各金属含量均超出了相应的 TEL 值，其中 Ni 和 Zn 的含量甚至超出了各自的 PEL 值（图 9-35）。而从各金属的潜在生态风险状况来看（图 9-36），虽然颗粒物在新生表层底泥中的累积导致所有金属潜在生态风险增加，但 Cd 和 Hg 依然是潜在生态风险最大的 2 种金属，在实验进行 360 天后基本都达到了重度至严重生态风险的级别（图 9-37）。因而，吸附着大量重金属污染物的颗粒物在疏浚后表层底泥中的不断累积导致疏浚后表层底泥重金属含量及潜在生态风险骤增。而对于本研究所在的汇流湖湾区域，底泥中 Cd、Hg、Ni、Zn 的污染回升状况尤为突出。

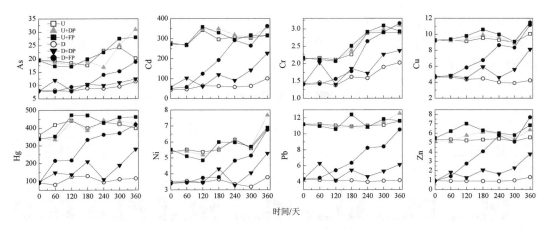

图 9-36　表层底泥各重金属潜在生态风险变化

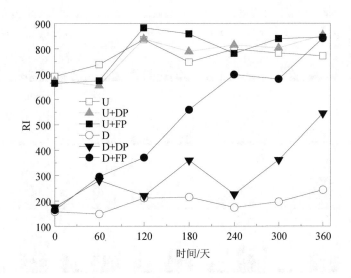

图 9-37　表层底泥重金属总潜在生态风险变化

（2）表层底泥重金属形态

前述表层底泥中重金属含量的变化说明，颗粒物在疏浚后新生表层底泥中的累积导致其中重金属含量的快速回升，达到了疏浚前的水平。进一步对颗粒物金属形态的分析表明，颗粒物所吸附的金属中 As、Cu、Cd、Pb 和 Zn 的可转化态（F1、F2 和 F3）含量较高，其中 Cd、Pb 和 Zn 主要为可转化态。根据图 9-38，各实验组表层底泥中 Cr 和 Ni 主要呈现残渣态（F4），Cu 和 As 的可转化态与残渣态含量相近，而 Cd、Pb 和 Zn 则主要为可转化态，Zn 的弱酸可提取态（F1）甚至已经高于其 TEL 值。这些形态分布情况与颗粒物中各金属形态分布情况相近（图 9-18）。而从疏浚后表层底泥中重金属含量的增长情况来看，无论是 D+DP 组还是 D+FP 组，表层底泥中重金属含量的增加均为可转化态的增加（图 9-38）。其中，D+FP 组各重金属含量增加的大小依次为 Zn（482.98%）＞Cd（261.07%）＞Pb（152.54%）＞Cu（87.57%）＞As（63.64%）＞Cr（55.85%）＞Ni（41.18%），这一顺序与各金属可转化态的比例大小次序相近，进一步说明疏浚后表层底泥中重金属含量的增加主要为可转化态。同时，这可能也是疏浚各组表层底泥中 Ni、Cr、As 和 Cu 含量在疏浚刚结束时即与 TEL 值相近的原因，这些高背景含量的金属在疏浚后底泥中多以残渣态的形式存在。

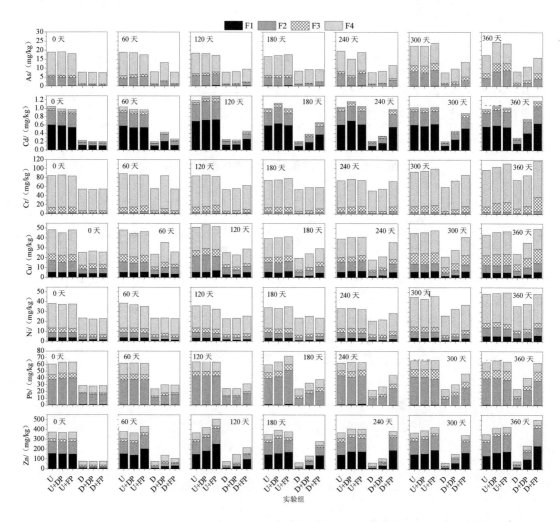

**图 9-38　表层底泥重金属形态分布**

疏浚后表层底泥的 Eh 处于较高水平，大多为 400 mV 左右，这阻止了酸可挥发性硫化物（Acid-Volatile Sulfide，AVS）的产生，从而使表层底泥中的金属更容易成为铁锰氧化物结合态（F2）。因而，在大多金属（除 Cr 外）的可转化态中，F1 和 F2 为主要形态。相对较高的 Eh 值使 F3（可还原态）的含量较低。而较高的 Eh 值也可能是 D+DP 组和 D+FP 组表层底泥中重金属含量增加部分主要为可转化态的原因之一，另一原因则是颗粒物本身较小的粒径、较高的有机物含量而使其吸附的金属更具生物可利用性。

（3）间隙水中重金属浓度及其释放风险

表层底泥通常对氧化还原状况的变化较为敏感。在本研究中，表层底泥的 Eh 较高，从而可能促进金属硫化物的氧化，使底泥中的金属更容易溶解至间隙水中，由此导致金属的活性更高，更具生物可利用性。然而，实验中发现不同处理及不同金属之间间隙水浓度具有较大差异（图 9-39）。不同处理组间隙水中 As（$p<0.001$）、Ni（$p<0.001$）和 Zn（$p<0.05$）的浓度具有显著的差异性，未疏浚各组间隙水中 As、Ni 和 Zn 的浓度在实验过程中明显高于疏浚各组，而这 3 种金属在 D+DP 组和 D+FP 组间隙水中的浓度也呈明显上升趋势，说明颗粒物的累积导致了间隙水中这 3 种金属浓度的上升。

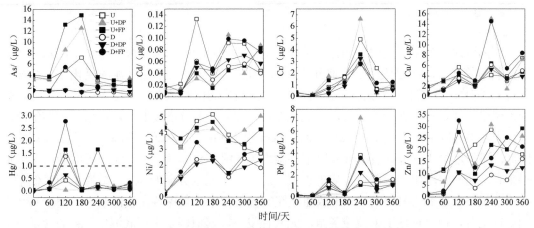

图 9-39　表层底泥间隙水中重金属浓度变化

此外，这 3 种重金属在间隙水中浓度的上升与弱酸可提取态（F1）含量的增加呈显著的正相关性（表 9-7）。而 Cd、Cr、Cu、Pb 这几种金属的浓度差异性较小。实验过程中，表层底泥的 pH 多维持在 7.0 以上，这一 pH 范围不利于 Cd、Cr、Cu 和 Pb 的溶解，使这些金属在底泥和间隙水之间的溶解平衡可在较低浓度下达到，因而这些金属在疏浚和未疏浚各组中的差异并不显著。然而，从所有金属在间隙水中浓度水平来看，各金属在间隙水中的浓度均不高，相对低于已有研究所提出的间隙水中金属的风险浓度值。Strom 等人的研究表明，当间隙水中 Cu 的浓度低于 10 μg/L 时对底栖生物基本没有暴露风险[29]，而本研究间隙水中 Cu 的浓度基本都低于这一限值。间隙水中 As、Cd、Cr、Cu、Pb 和 Zn 的浓度均低于我国地表水Ⅲ类标准限值（分别为 50 μg/L、5 μg/L、50 μg/L、1 000 μg/L、50 μg/L 和 1 000 μg/L）（GB 3838—2002）。而间隙水中 Hg 的浓度在 120 天和 240 天时曾超出地表水Ⅴ类标准限值（1 μg/L），但总体上大多低于地表水Ⅲ类标准限值（0.1 μg/L）。因而，总体来看，间隙水中各金属的浓度依然处于较低的水平。

表 9-7　间隙水金属浓度与其他变量相关性

| 变量 | As | Cd | Cr | Cu | Ni | Pb | Zn |
|---|---|---|---|---|---|---|---|
| F1 | 0.818** | 0.401* | −0.257 | 0.235 | 0.549** | −0.102 | 0.586** |
| F2 | 0.340 | 0.402* | 0.441* | 0.153 | 0.578** | 0.099 | 0.564** |
| F3 | 0.058 | 0.388* | 0.107 | 0.287 | 0.739** | 0.241 | 0.463* |
| F4 | 0.419* | −0.187 | −0.041 | 0.114 | 0.456* | −0.148 | 0.334 |
| F1+F2 | 0.365 | 0.403* | 0.420* | 0.194 | 0.571** | 0.095 | 0.582** |
| F1+F2+F3 | 0.292 | 0.406* | 0.169 | 0.278 | 0.623** | 0.132 | 0.579** |
| 总金属含量 | 0.317 | 0.429* | 0.464* | 0.331 | 0.667** | 0.119 | 0.567** |

| 变量 | As | Cd | Cr | Cu | Ni | Pb | Zn |
|---|---|---|---|---|---|---|---|
| LOI | 0.358 | 0.364 | 0.100 | 0.333 | 0.714** | 0.202 | 0.511** |
| pH | −0.026 | −0.181 | −0.422* | −0.358 | −0.003 | −0.279 | −0.094 |
| Eh | −0.200 | 0.321 | −0.222 | 0.129 | 0.083 | −0.086 | −0.069 |

注：* $p < 0.05$；** $p < 0.01$。

从间隙水中各金属垂向剖面分布情况来看（图 9-40），大部分金属呈由上覆水向间隙水扩散的趋势，即底泥依然是大部分金属的"汇"，这可能与下层底泥的氧化还原状况较差有关，金属很可能与 $S^{2-}$ 结合。然而，As 却呈明显的由间隙水向上覆水扩散的趋势。As 的溶解受氧化还原条件影响较大，在氧化条件下 As 的溶解度较低，还原条件下溶解度较大。表层 0～1 cm 底泥的 Eh 较高，而在 1 cm 以下 Eh 逐渐降低，逐渐转变为还原环境。因而，间隙水中 As 的浓度在 1 cm 以下逐渐增大（图 9-41）。从 As 在泥水界面处的扩散通量来看，所有实验组的扩散通量均为正值。疏浚各组泥水界面的 As 扩散通量明显低于未疏浚各组，D 组和 D+DP 组 As 扩散通量在实验过程中一直保持在较低水平，而 D+FP 组则略有上升，但仍远低于未疏浚各组，尤其在夏季，其原因是下层底泥中 As 的含量及下层间隙水中 As 的浓度依然远低于未疏浚组，使扩散通量相对较低。此外，未疏浚各组 As 扩散通量也呈现明显的季节变化特征（图 9-41），在夏季有显著的上升趋势，其原因可能是夏季温度较高，微生物活性较大，底泥氧化条件较差。总体来看，疏浚后各实验组无论是底泥间隙水中各金属浓度，还是各金属在泥水界面处的扩散通量都处于较低水平。因而，颗粒物在疏浚后的泥水界面处的累积主要造成了金属含量及潜在生态风险的上升，对间隙水中重金属的生态风险及其通量未产生显著影响。

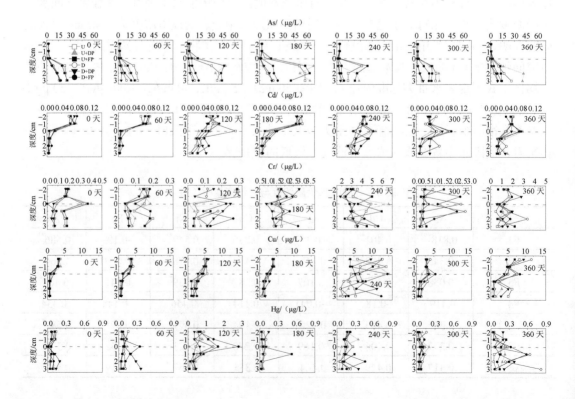

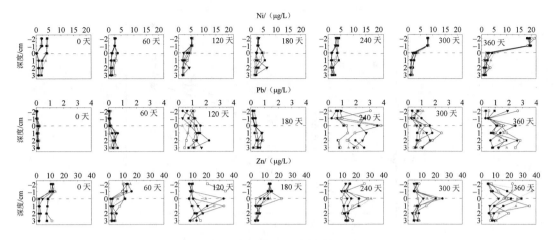

图 9-40　间隙水中重金属剖面特征

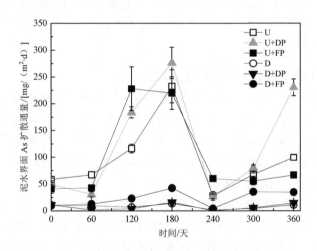

图 9-41　泥水界面处 As 扩散通量

（4）沉降影响下疏浚后表层底泥重金属的累积

为了进一步研究重金属在疏浚后表层底泥中的累积速率，将更能体现实际情况的 D+FP 组表层底泥中各金属含量与 U 组和 U+SPM 组进行了比较研究（图 9-42）。根据已有研究[23]，本研究所在区域的理论沉降速率约为 6 mm/a，因此在一年的实验过程中，表层底泥内颗粒物所占的理论体积比变化如图 9-42 中 $V_{SPM}/V_{SD}$ 线条所示。同时，将 D+FP 组中各重金属含量与 U 组和 U+FP 组中相应金属含量进行比值分析。结果发现，相比于 U 组和 U+FP 组，D+FP 组表层底泥中各金属含量的累积速率与颗粒物的理论沉降速率相近。其中，$C_{D+FP}/C_U$ 要略大于 $C_{D+FP}/C_{U+FP}$，其原因是颗粒物中大部分重金属的含量要略高于未疏浚表层底泥中的含量。由此可见，当沉降颗粒物中金属含量近似于或略高于未疏浚表层底泥中金属含量时，这些重金属将在疏浚后的新生表层底泥中迅速累积，其累积速率与区域内的沉降速率相近。这一现象对相似区域内底泥重金属的疏浚控制措施将具有重要意义，在类似区域内，若含有大量重金属的颗粒沉降物质无法得到有效控制，疏浚对重金属的去除效果将受到极大限制。

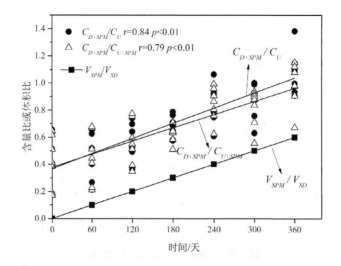

**图 9-42　D+FP 组与 U 组和 U+FP 组表层底泥重金属含量比**

注：$C_U$、$C_{U+FP}$、和 $C_{D+FP}$ 分别代表 U 组、U+FP 组和 D+FP 组表层底泥各重金属含量；$V_{SPM}/V_{SD}$ 表示颗粒物在表层 0～1 cm 底泥中所占理论体积比。

### 2. 沉降作用下疏浚后底泥 POPs 生态风险变化

根据第 5 章的研究，湾区底泥中最为典型的 Ace 和 Fle 等 POPs 的风险深度（超 ERL 值）基本在 16 cm 以下。模拟研究过程中为综合考虑多种污染物，疏浚深度为 25 cm，基本去除了上层具有 POPs 风险的污染底泥。然而，前述分析表明疏浚后沉降的颗粒物中含有大量的 PAHs 和 OCPs，这些颗粒物在疏浚后新生泥水界面的累积势必导致疏浚后表层底泥中持久性有机污染风险的上升。

由表 9-8 可见，D 组表层底泥中 PAHs 和 OCPs 的含量在 360 天后依然处于较低水平，与疏浚前相应深度底泥中的含量相近甚至更低（2.3.3 节）。可见，若无外源污染的存在，疏浚可以有效地控制底泥中持久性有机污染的风险。然而，随着污染颗粒物在疏浚后新生界面的不断累积，D+DP 组和 D+FP 组表层底泥中 PAHs 和 OCPs 的含量相比 D 组有显著的提升，尤其是 D+FP 组，由于含有的颗粒物体积比较高，其 PAHs 和 OCPs 含量已高于 U 组，与 U+FP 组相近。其中，Ace、Fle、DDE、DDD 和 DDT 等有害污染物的含量已显著高于相应的 ERL 值，使疏浚后表层底泥中 POPs 的风险显著回升。具有复合污染特征的颗粒物在疏浚后新生泥水界面的不断累积不仅造成了表层底泥中有毒有害金属风险的上升，也造成了 POPs 生态风险的回升。

**表 9-8　实验结束时表层底泥 PAHs 和 OCPs 含量**　　　　　　　　单位：ng/g

| 实验组 | U | U+DP | U+FP | D | D+DP | D+FP | ERL | ERM |
|---|---|---|---|---|---|---|---|---|
| Nap | 8.98 | 57.91 | 47.76 | 8.22 | 15.38 | 56.96 | 160 | 2 100 |
| Acy | 10.04 | 22.03 | 17.74 | 0.66 | 5.01 | 15.45 | 44 | 640 |
| Ace | 34.86 | 60.13 | 82.53 | 3.22 | 11.52 | 92.07 | 16 | 500 |
| Fle | 42.82 | 89.98 | 92.72 | 5.86 | 18.26 | 103.07 | 19 | 540 |
| Phe | 42.29 | 77.67 | 81.99 | 7.34 | 22.80 | 88.49 | 240 | 1 500 |

| 实验组 | U | U+DP | U+FP | D | D+DP | D+FP | ERL | ERM |
|---|---|---|---|---|---|---|---|---|
| Ant | 13.82 | 24 | 23.82 | 0.71 | 5.03 | 22.44 | 85.3 | 1 100 |
| Flu | 79.00 | 139.04 | 126.61 | 7.95 | 37.52 | 107.13 | 600 | 5 100 |
| Pyr | 167.86 | 302.83 | 281.43 | 18.98 | 91.91 | 236.45 | 665 | 2 600 |
| BaA | 138.18 | 257.50 | 226.05 | 9.68 | 67.79 | 181.67 | 261 | 1 600 |
| Chr | 182.60 | 336.78 | 360.24 | 14.00 | 81.12 | 186.59 | 384 | 2 800 |
| BbF | 211.96 | 390.82 | 331.20 | 20.53 | 131.10 | 273.09 | NA[a] | NA |
| BkF | 83.53 | 148.85 | 122.33 | 8.01 | 45.59 | 98.65 | NA | NA |
| BaP | 29.48 | 62.86 | 51.25 | 2.15 | 17.28 | 42.86 | 430 | 1 600 |
| IcdP | 93.67 | 189.99 | 168.97 | 13.58 | 82.12 | 149.52 | NA | NA |
| DahA | 34.40 | 69.15 | 60.47 | 3.45 | 24.85 | 51.02 | 63.4 | 260 |
| BghiP | 124.51 | 251.24 | 220.68 | 16.41 | 106.14 | 194.43 | NA | NA |
| ∑PAH | 1 697.21 | 3 296.29 | 3 009.84 | 179.09 | 1 051.99 | 2 526.67 | 4022 | 44 792 |
| 总 HCH | 5.103 | 6.893 | 9.750 | 0.570 | 2.101 | 3.934 | NA | 100 |
| DDD | 21.901 | 35.549 | 37.068 | 2.238 | 11.562 | 21.979 | 2 | 20 |
| DDE | 3.707 | 6.613 | 6.078 | 0.503 | 1.959 | 4.255 | 2 | 15 |
| DDT | 1.654 | 3.628 | 5.195 | 2.047 | 2.217 | 3.230 | 1 | 7 |
| 总 DDT | 27.262 | 45.789 | 48.340 | 4.787 | 15.737 | 29.465 | 3 | 350 |
| γ-氯丹 | ND[b] | 0.091 | 0.205 | ND | 0.058 | 0.250 | NA | NA |
| α-氯丹 | 0.189 | 0.300 | 0.921 | 0.095 | 0.728 | 1.003 | NA | NA |

注：NA[a]，无可用标准值；ND[b]，未检测到相应物质。

### 9.3.4　沉降颗粒物对疏浚后底泥微生物群落结构的影响

#### 1. 沉降颗粒物对表层底泥菌群多样性的影响

　　为研究颗粒物的累积对疏浚后表层底泥中菌群多样性的影响，本研究使用了 Chao1 指数、ACE 指数、Simpson 指数及 Shannon 指数等指标对表层底泥中菌群多样性进行了评价，结果如图 9-43 所示。测序覆盖率（coverage）基本在 98% 以上，且各组之间覆盖率无明显差别。在 0～90 天，未疏浚各组的 Chao1 指数和 ACE 指数均显著高于 D 组，说明在疏浚后 0～90 天表层底泥中物种总数要小于未疏浚组。此外，D 组表层底泥的 Simpson 指数和 Shannon 指数在 0～90 天分别高于和低于未疏浚组，这也说明疏浚刚结束后的 3 个月内，D 组表层底泥菌群多样性有所下降。90 天后，D+FP 组菌群多样性有显著回升，其次是 D+DP 组和 D 组，在 180 天后，疏浚各组菌群多样性与未疏浚各组已较为相近，从实验过程中表层底泥中物种数统计表（表 9-9）中也可以看出，在 0～90 天未疏浚组表层底泥物种数略高于疏浚组，在 90 天后物种数已十分接近。

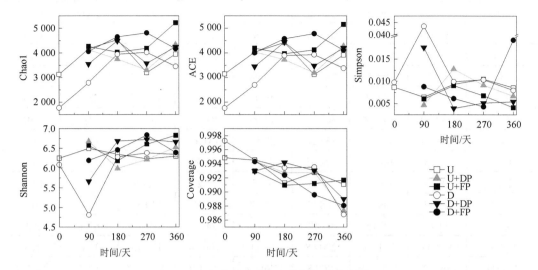

图 9-43 表层底泥生物多样性指数变化

表 9-9 表层底泥中物种数统计

| 时间/天 | 实验组 | 门 | 纲 | 目 | 科 | 属 |
|---|---|---|---|---|---|---|
| 0 | U | 54 | 127 | 188 | 189 | 167 |
| | D | 45 | 114 | 177 | 179 | 170 |
| 90 | U | 55 | 137 | 196 | 209 | 187 |
| | U+DP | 55 | 133 | 195 | 203 | 185 |
| | U+FP | 56 | 135 | 194 | 206 | 193 |
| | D | 51 | 131 | 193 | 182 | 165 |
| | D+DP | 55 | 138 | 203 | 192 | 195 |
| | D+FP | 60 | 141 | 205 | 202 | 201 |
| 180 | U | 52 | 139 | 193 | 209 | 191 |
| | U+DP | 49 | 126 | 186 | 183 | 162 |
| | U+FP | 52 | 131 | 188 | 197 | 196 |
| | D | 56 | 145 | 202 | 211 | 207 |
| | D+DP | 60 | 148 | 209 | 210 | 220 |
| | D+FP | 61 | 141 | 201 | 211 | 212 |
| 270 | U | 50 | 135 | 183 | 191 | 183 |
| | U+DP | 48 | 128 | 181 | 178 | 171 |
| | U+FP | 53 | 137 | 197 | 207 | 200 |
| | D | 53 | 147 | 211 | 215 | 215 |
| | D+DP | 51 | 140 | 204 | 203 | 178 |
| | D+FP | 59 | 149 | 204 | 207 | 199 |
| 360 | U | 50 | 136 | 192 | 198 | 185 |
| | U+DP | 52 | 141 | 190 | 194 | 186 |
| | U+FP | 59 | 152 | 203 | 214 | 207 |
| | D | 50 | 138 | 191 | 182 | 175 |
| | D+DP | 55 | 150 | 205 | 208 | 202 |
| | D+FP | 56 | 139 | 192 | 199 | 184 |

### 2. 沉降颗粒物对表层底泥微生物群落结构变化的影响

使用非度量多维标度（NMDS）法对实验过程中表层底泥中微生物群落结构差异性变化进行了研究，结果如图 9-44 所示。在 90～180 天，未疏浚各组（U、U+DP、U+FP）表层底泥中微生物群落较为接近，然而，从 90～360 天，U+FP 组与 U 组和 U+DP 组的差异性逐渐变大，可见未灭菌新鲜颗粒物的加入对表层底泥中原有微生物群落结构产生了一定的影响。疏浚的各组中，D 组和 D+DP 组在实验过程中的微生物群落结构较为接近，然而 D+FP 组在实验 90 天后即与 D 组和 D+DP 组有较大差异，且在实验过程中有逐渐接近未疏浚组的趋势。因而，新鲜颗粒物的加入对疏浚后表层底泥微生物群落结构产生了较为显著的影响，加速了其群落结构的恢复。

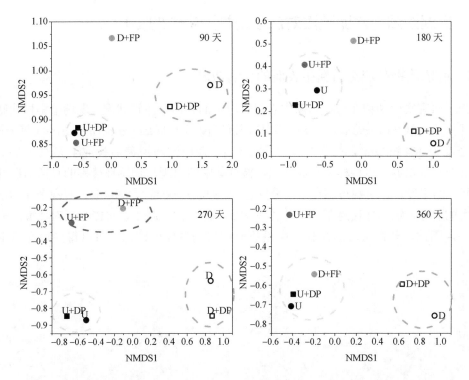

**图 9-44　非度量多维标度分析法对不同处理组表层底泥微生物群落结构聚类分析**

本研究将测序结果在生物分类学水平上从门（Phylum）到属（Genus）进行分类，以研究颗粒物在表层底泥的累积对微生物菌群组成及分布情况的影响。其中，相对丰度最高的 6 个门依次是变形菌门（*Proteobacteria*）、拟杆菌门（*Bacteroidetes*）、浮霉菌门（*Planctomycetes*）、硝化螺旋菌门（*Nitrospirae*）、酸杆菌门（*Acidobacteria*）和疣微菌门（*Verrucomicrobia*）。其中，变形菌门在多数处理组中均占有较高比例。在疏浚刚结束时（0 天），拟杆菌门和浮霉菌门的相对丰度有显著降低，而变形菌门和硝化螺旋菌门的相对丰度却有所上升。前述研究表明，在疏浚刚结束时底泥及间隙水中 $NH_4^+$-N 含量较高，疏浚结束后表层底泥氧化条件逐渐改善，而硝化螺旋菌的存在将有助于促进表层底泥中硝化作用的进行，从而促进 $NH_4^+$-N 的转化，实验中也发现疏浚后表层底泥及间隙水中 $NH_4^+$-N 含量呈现了逐渐降低的趋势。而硝化螺旋菌的相对含量在实验过程中呈现逐渐降低的趋势，在 270 天后，疏浚各组中的相对丰度已显著低于疏浚刚结束时，这也与 $NH_4^+$-N 含量在疏浚后的持续降低是一致的。在疏浚工作进行之后，表层底泥中菌群组成在短期内（180 天）确实会有所改变，然而随着时间的变化，疏浚后的菌群组成及物种分布情况会逐渐与未疏浚组相近。这一结果与已有研究结果较为相似，Newell 等人的研究表明，疏浚会在短期内对底泥中微生物组成产生影响，但微生物的多样性将很快恢复[30]。Sánchez-Moyano 等人在西班牙 Algeciras 湾的疏浚中也发现了类似现象[31]。而颗粒物的加入并未在物种分布上对疏浚后的表层底泥产生显著影响，其影响主要表现在微生物的群落结构及表层底泥中总微生物活性上，虽然各组物种组成相近，但添加新鲜颗粒物的实验组微生物活性显著高于 D 组和 D+DP 组，这也是它们的微生物群落结构差异较大的原因。

## 9.4　巢湖西湖湾底泥疏浚对底栖动物适生性的影响

### 9.4.1　底栖动物在疏浚后新生表面的存活情况

为了研究底栖动物在疏浚后新生表层底泥中的存活与改造状况，现场采集柱状底泥样品，并投加河蚬（*Corbicula fluminea*）与铜锈环棱螺（*Bellamya aeruginosa*）（每个柱样 2 只，密度为 364 ind./m²，每种生物 7 个平行），使用滤网覆盖后投放至湖底（图 9-45）。经过 2 个月的培养，将柱样从水底取出，检查其中的河蚬与铜锈环棱螺的存活情况并测定其体重。结果发现，河蚬与螺存活率分别达到 79%与 100%（图 9-46）。河蚬个体均出现自重增大的现象，铜锈环棱螺部分个体体重增加，部分出现减小，可能与其对环境适应及繁殖有关。因此，若在疏浚后沉积物中投放河蚬与铜锈环棱螺，则可以得到很好的生存与发展。

图 9-45　底栖动物新生表面存活率野外实验过程

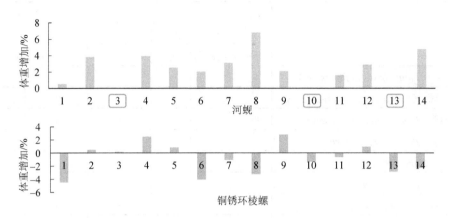

图 9-46 河蚬与铜锈环棱螺的存活情况

### 9.4.2 疏浚后残存底栖动物的发展和种群变化

在疏浚工程实施前进行了 2 次监测，分别为 2013 年 12 月与 2014 年 5 月。疏浚后进行了 4 次监测，分别为疏浚刚结束（2014 年 9 月）、疏浚后 3 个月（2014 年 12 月）、疏浚后 9 个月（2015 年 6 月）、疏浚后 15 个月（2015 年 12 月）。疏浚区与示范区底栖动物主要由寡毛纲（10 种）与摇蚊科（9 种）组成（表 9-10）。常见种有指鳃尾盘虫、正颤蚓、霍甫水丝蚓、巨毛水丝蚓、中国长足摇蚊，优势种为霍甫水丝蚓与中国长足摇蚊幼虫。疏浚 3 个月后，各底栖动物组成基本恢复。在疏浚前进行的 2 次调查中，采用 Shannon-Wiener 多样性指数（H′）评价底栖动物的生物多样性评价，用 Pielou 均匀度指数（J）分析底栖动物种类均匀情况。2013 年 12 月，疏浚区底栖动物密度是对照区的 22%，生物量是对照区的 23%；2014 年 5 月，疏浚区底栖动物密度是对照区的 109%，生物量是对照区的 118%（图 9-47）。疏浚在 2014 年 6—9 月进行，疏浚刚结束时疏浚区底栖动物密度与生物量分别比对照区高 140% 与 585%。疏浚后 3 个月（2014 年 12 月）疏浚区底栖动物密度与生物量小于对照区，分别为对照区的 83% 与 38%。到 2015 年 6 月，即疏浚后 9 个月时，疏浚区底栖动物密度再次表现为高于对照区，密度比对照区高出 88%。到疏浚 15 个月时（2015 年 12 月），疏浚区底栖动物密度与生物量均高于对照区，分别高出 56% 与 93%（图 9-47）。疏浚区 4 次监测的生物密度与生物量平均值分别为 737 ind./m²、2.18 g/m²，分别比对照区 4 次平均值 531 ind./m²、1.34 g/m² 高出 38.9% 与 62.0%。

表 9-10 疏浚前后底栖动物组成变化（2013—2015 年）

|  | 2013 年 | 2014 年 | | | 2015 年 | |
| --- | --- | --- | --- | --- | --- | --- |
|  | 12 月 | 5 月 | 9 月 | 12 月 | 6 月 | 12 月 |
|  | 疏浚前 | 疏浚前 | 疏浚中 | 疏浚后 3 月 | 疏浚后 9 月 | 疏浚后 15 月 |
| 指鳃尾盘虫（*Dero digitata*） | + | + | + | + | + | + |
| 正颤蚓（*Tubifex tubifex*） | + | + | + | + | + | + |
| 多毛管水蚓（*Aulodrilus* sp.） |  | + | + |  |  |  |
| 厚唇嫩丝蚓（*Teneridrilus mastix*） | + | + | + |  |  |  |

| | 2013 年 | 2014 年 | | | 2015 年 | |
| --- | --- | --- | --- | --- | --- | --- |
| | 12 月 | 5 月 | 9 月 | 12 月 | 6 月 | 12 月 |
| | 疏浚前 | 疏浚前 | 疏浚中 | 疏浚后 3 月 | 疏浚后 9 月 | 疏浚后 15 月 |
| 霍甫水丝蚓（*Limnodrilus hoffmeisteri*） | + | + | + | + | + | + |
| 克拉泊水丝蚓（*Limnodrilus claparedeianus*） | | | | | + | + |
| 巨毛水丝蚓（*Limnodrilus grandisetousus*） | + | + | + | + | + | + |
| 苏氏尾鳃蚓（*Branchiura sowerbyi*） | + | + | | | + | + |
| 头鳃蚓属（*Branchiodrilus* sp.） | | | | | | + |
| 参差仙女虫（*Nais variabilis*） | | | | | | |
| 小摇蚊（*Microchironomus* sp.） | + | | + | + | + | |
| 多足摇蚊（*Polypedilum* sp.） | + | + | + | | | |
| 羽摇蚊（*Chironomus plumosus*） | + | + | + | | + | + |
| 中国长足摇蚊（*Tanypus chinensis*） | + | + | + | + | + | + |
| 菱跗摇蚊（*Clinotanypus* sp.） | + | + | | + | | |
| 菱跗摇蚊（*Clinotanypus* sp.） | | | | + | | + |
| 恩非摇蚊（*Enfeldia* sp.） | | | | | + | |
| 红裸须摇蚊（*Propsilocerus akamusi*） | | | | | | + |
| 拟摇蚊（*Parachironomus* sp.） | | | | | | + |

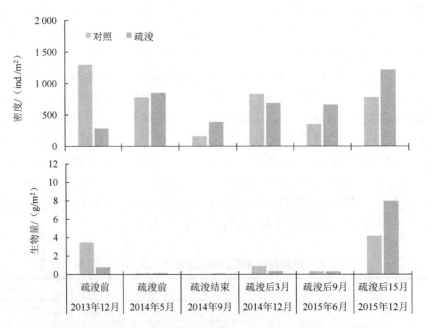

图 9-47　疏浚区与对照区底栖动物密度与生物量在疏浚前后变化

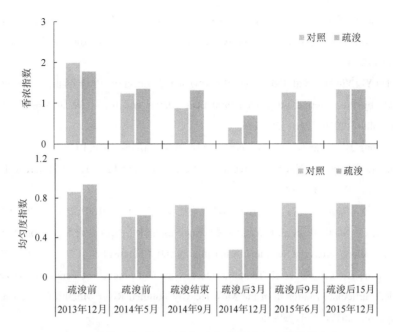

图 9-48　疏浚区与对照区底栖动物多样性在疏浚前后变化

　　从不同时间在疏浚区获得的结果来看，同在 12 月，疏浚后 3 个月（2014 年 12 月）、疏浚后 15 个月（2015 年 12 月）底栖动物密度与生物量分别比疏浚前（2013 年 12 月）高出 1.4 倍与 3.3 倍。因此，疏浚没有显著减少底栖动物数量，并且在整体上增加了底栖动物密度与生物量。生物多样性的计算结果表明，疏浚前疏浚区、对照区底栖动物香农指数与均匀度指数基本相当。疏浚刚结束时与疏浚后 3 个月时疏浚区香农多样性指数明显高于对照区（图 9-48），随后疏浚区与对照区的多样性指数趋于基本相当。以上结果表明，疏浚没有显著减少底栖动物数量，并且在整体上增加了底栖动物密度与生物量。疏浚结束初期，疏浚区香农多样性指数高于对照区，随后与对照区趋于相当。

## 参考文献

[1]　钟继承，刘国锋，范成新，等. 湖泊底泥疏浚环境效应：Ⅱ. 内源氮释放控制作用[J]. 湖泊科学，2009，31：335-344.

[2]　Liu C，Shao S，Shen Q，et al. Use of Multi-objective Dredging for Remediation of Contaminated Sediments：a Case Study of a Typical Heavily Polluted Confluence Area in China[J]. Environ Sci Pollut Res，2015，22：17839-17849.

[3]　Bridges T S，Gustavson K E，Schroeder P，et al. Dredging Processes and Remedy Effectiveness：Relationship to the 4 Rs of Environmental Dredging. Integr. Environ. Assess[J]. Manage. 2010（6）：619-630.

[4]　钟继承，刘国锋，范成新，等. 湖泊底泥疏浚环境效应：Ⅰ. 内源磷释放控制作用[J]. 湖泊科学，2009，21：84-93.

[5]　朱广伟，邹伟，国超旋，等. 太湖水体磷浓度与赋存量长期变化（2005—2018 年）及其对未来磷控制目标管理的启示[J]. 湖泊科学，2020，32：21-35.

[6] Liu C，Shao S，Shen Q，et al. Effects of Riverine Suspended Particulate Matter on the Post-dredging Increase in Internal Phosphorus Loading Across the Sediment-water Interface[J]. Environ. Pollut.，2016，211：165-172.

[7] Liu C，Du Y，Yin H，et al. Exchanges of Nitrogen and Phosphorus Across the Sediment-Water Interface Influenced by the External Suspended Particulate Matter and the Residual Matter After Dredging[J]. Environ. Pollut，2019，246：207-216.

[8] Liu C，Zhong J，Wang J，et al. Fifteen-year Study of Environmental Dredging Effect on Variation of Nitrogen and Phosphorus Exchange Across the Sediment-water Interface of an Urban Lake[J]. Environ. Pollut，2016，219：639-648.

[9] 刘成，杜奕衡，陈开宁，等. 一种湖泊细颗粒物捕获装置：CN201821307131.4[P]. 2019-02-19.

[10] Liu C，Fan C，Shen Q，et al. Effects of Riverine Suspended Particulate Matter on Post-dredging Metal Re-contamination Across the Sediment–water Interface[J]. Chemosphere，2016，144：2329-2335.

[11] Liu C，Zhang L，Fan C，et al. Temporal Occurrence and Sources of Persistent Organic Pollutants in Suspended Particulate Matter from the Most Heavily Polluted River Mouth of Lake Chaohu，China[J]. Chemosphere，2017，174，39-45.

[12] Zhang L，Liao Q，Shao S，et al. Heavy Metal Pollution，Fractionation，and Potential Ecological Risks in Sediments from Lake Chaohu（Eastern China）and the Surrounding Rivers[J]. Int. J. Env. Res. Public Health，2015（12）：14115.

[13] Zhang L，Shao S，Liu C，et al. Forms of Nutrients in Rivers Flowing Into Lake Chaohu：a Comparison Between Urban and Rural Rivers[J]. Water，2015（7）：4523-4536.

[14] Shao S，Xue L，Liu C，et al. Assessment of Heavy Metals in Sediment in a Heavily Polluted Urban River in the Chaohu Basin，China[J]. Chin. J. Oceanol. Limnol.，2016，34：526-538.

[15] Jensen H S，Kristensen P，Jeppesen E，et al. Iron：Phosphorus Ratio in Surface Sediment as an Indicator of Phosphate Release from Aerobic Sediments in Shallow Lakes[J]. Hydrobiologia，1992，235：731-743.

[16] Ure A，Quevauviller P，Muntau H，et al. Speciation of Heavy Metals in Soils and Sediments. An Account of the Improvement and Harmonization of Extraction Techniques Undertaken Under the Auspices of the BCR of the Commission of the European Communities[J]. Int. J. Environ. Anal. Chem.，1993，51：135-151.

[17] Mai B，Chen S，Chen S，et al. Distribution of Polybrominated Diphenyl Ethers in Sediments of the Pearl River Delta and Adjacent South China Sea[J]. Environ. Sci. Technol，2005，39：3521-3527.

[18] Long E R，MacDonald D D，Smith S L，et al. Incidence of Adverse Biological Effects Within Ranges of Chemical Concentrations in Marine and Estuarine Sediments[J]. Environ. Manage，1995，19：81-97.

[19] Zhao Z，Zhang L，Wu J. Polycyclic Aromatic Hydrocarbons（PAHs）and Organochlorine Pesticides（OCPs）in Sediments from Lakes Along the Middle-lower Reaches of the Yangtze River and the Huaihe River of China[J]. Limnol. Oceanogr.，2015，61：47-60.

[20] Xu S，Liu W，Tao S. Emission of Polycyclic Aromatic Hydrocarbons in China[J]. Environ. Sci. Technol.，2006，40：702-708.

[21] Yunker M B，Macdonald R W，Vingarzan R，et al. PAHs in the Fraser River Basin：a Critical Appraisal of PAH Ratios as Indicators of PAH Source and Composition[J]. Org. Geochem.，2002，33：489-515.

[22] Hupfer M，Lewandowski J. Oxygen Controls the Phosphorus Release from Lake Sediments－a Long-Lasting Paradigm in Limnology[J]. Int. Rev. Hydrobiol，2008，93：415-432.

[23] 屠清瑛，顾丁锡，尹澄清，等．巢湖：富营养化研究[M]．北京：中国科学技术大学出版社，1990.

[24] Liu C，Chen K，Wang Z，et al. Nitrogen Exchange Across the Sediment-water Interface After Dredging：The Influence of Contaminated Riverine Suspended Particulate Matter[J]. Environ. Pollut.，2017，299C：879-886.

[25] Liu C，Gu X，Chen K，et al. Nitrogen and Phosphorus Exchanges Across the Sediment-water Interface in a Bay of Lake Chaohu[J]. Water Environ. Res.，2018，90：1956-1963.

[26] Kleeberg A，Kohl J G. Assessment of the Long-term Effectiveness of Sediment Dredging to Reduce Benthic Phosphorus Release in Shallow Lake Müggelsee（Germany）. Hydrobiologia，1999，394：153-161.

[27] Hübner R，Astin K B，Herbert R J. Comparison of Sediment Quality Guidelines（SQGs）for the Assessment of Metal Contamination in Marine and Estuarine Environments[J]. J. Environ. Monit.，2009，11：713-722.

[28] Liu E，Shen J，Yang X，et al. Spatial Distribution and Human Contamination Quantification of Trace Metals and Phosphorus in the Sediments of Chaohu Lake，a Eutrophic Shallow Lake，China[J]. Environ. Monit. Assess，2012，184：2105-2118.

[29] Strom D，Simpson S L，Batley G E，et al. The Influence of Sediment Particle Size and Organic Carbon on Toxicity of Copper to Benthic Invertebrates in Oxic/suboxic Surface Sediments[J]. Environ. Toxicol. Chem.，2011，30：1599-1610.

[30] Newell R，Seiderer L，Hitchcock D. The Impact of Dredging Works in Coastal Waters：A Review of the Sensitivity to Disturbance and Subsequent Recovery of Biological Resources on the Sea Bed. Oceanogr. Mar. Biol. Annu. Rev.，1998，36：127-178.

[31] Sánchez-Moyano J，Estacio F，Garcia-Adiego E，et al. Dredging Impact on the Benthic Community of an Unaltered Inlet in Southern Spain. Helgol. Mar. Res.，2004，58：32-39.

# 第10章　巢湖滨岸基底适生性修复及对底泥内负荷控制

　　湖滨带是湖泊流域水生态系统与陆地生态系统间非常重要的生态过渡带，它具有拦截径流污染物的缓冲功能、维持湖泊生物多样性并提供水生动植物栖息地的生态功能、稳定湖岸控制土壤侵蚀的护岸功能[1]。湖滨带是湖泊的一道保护屏障，因为在非生物生态因子的环境梯度及地形和水文学过程的作用下，矿物质、营养物质、有机物质和有毒物质必须通过各种物理、化学和生物过程穿过湖滨带才能从流域进入湖泊水体。生态退化的湖滨带往往造成植被破坏、生物多样性下降、湖岸侵蚀、水质恶化和景观美学价值降低等生态环境问题。

　　巢湖西湖湾湖滨带是巢湖污染最严重的地区之一，自湖湾东北部的忠庙起向西经六家畈、长临河、施口直至塘西河口，营养程度多处于重富营养状态，水生植物基本消失[2]。在这些问题中，湖岸基底的侵蚀会影响到大型水生植物的着生和适度生物量的聚集及生物类型的多样性。另外，生物修复技术可以通过促进植物生理活动、强化微生物代谢分解、改善沉积物理化环境、抑制底泥再悬浮等来减少或去除污染物对环境的危害[3]。水生植物都具有从根部向底泥中吸收氮、磷营养物的能力，因此基底的不稳状态还会影响到湖滨带根生水生植物对底泥内负荷的控制效果。

## 10.1　湖湾底泥的污染退化与改良方法

### 10.1.1　巢湖滨岸带底泥污染与退化特征

　　近30年来，巢湖水污染和富营养化问题日趋严重，湖泊生态系统的良性循环遭到一定程度的破坏，湖滨带退化现象十分严重。在诸多类型的湖滨岸带中，迎风湖湾岸带，尤其以巢湖西部沿岸湖滨带作为其中一种典型代表的滨湖带湿地，因其常年受主导风向影响而汇聚了大量污染物，且受风浪扰动、侵蚀等频繁作用而致迎风岸带区表层软底泥受到严重冲刷，使岸基处仅留下硬质底泥，导致迎风湖湾岸带区较其他类型湖滨带湿地污染更重，而且严重限制了本土植物生长、植物恢复性栽种及植物原位净化水质措施的应用。巢湖是长江中下游地区典型的大型浅水湖泊，湖滨带湿地，尤其是迎风岸带的湿地恢复是改善湖滨带生态系统结构和功能可供选择的举措之一；适宜的湖滨带基底条件是湖滨带湿地恢复的前提条件和重要物质基础，因地制宜地进行物理基底的适当改良和修复是湖滨带湿地修复的关键[4]。

　　紧邻巢湖市忠庙区的巢湖西北部区域是巢湖污染最重的地区之一，处于重富营养状态，水生植物消失殆尽。在 2009—2010 年通过对巢湖水向湖滨的调查分析[2]，湖滨带底泥和土壤营养物含量在 0.12～0.27 mg/kg 变动，堤岸附近水向湖滨带底泥速效磷、TP、无机磷和有机磷含量均明显高于其他区域，堤岸对外源营养的拦截能力很弱；农田附近水向湖滨带底泥中的有机磷和有机质含量明显高于土壤中的相应值，经农田湖滨带土壤的磷主要转化为有机形态；草地湖滨带土壤中磷的各种形态和有机质含量均高于底泥中的相应值，反映巢湖滨岸区草地对营养的削减和阻滞作用明显。崩岸和垒石湖滨带底泥和土壤中的各种形态磷差别不大，对营养的截留效果一般；湿地型湖滨带中的植被对营养物具有很好的吸收利用作用。因此，在巢湖西湖湾岸边区适当种植水生植物将是控制水体营养物含量、改善水质的可行方法。

由于风浪淘蚀或人为严重破坏，巢湖岸线多构建为直立或斜立的垒石和水泥岸线，有少量崩岸；西湖区滨岸陆上虽人工进行了修复，但近岸区水下和岸边底质普遍处于退化或劣质化状态（图 10-1）。巢湖南岸存有部分土堤岸线，以天然草地、农田、树林、湿地等类型为主。目前，巢湖岸线主要存在 2 个问题：①污染削减能力差，硬质岸线没有植被甚至被土壤覆盖，对污染的缓冲能力几乎为零，且由于回浪作用，周边底质硬化，不利于植物生长，其他岸线植被的种类单一、搭配不尽合理，土壤吸附污染物的能力几近饱和，拦截污染能力也有限；②物理结构不稳，除崩岸区外，部分垒石岸线的基质土壤被风浪淘蚀严重，易发生坍塌。巢湖近岸底质由于风浪冲刷形成，底部不少出现裸露的硬底，在这些区域一般不适合构建水生植被群落。另外，导致巢湖水向湖滨带植被退化的原因还有水利工程改变了巢湖自然水位波动节律，影响了水生植被的生存与发育；围湖造田与堤坝建设致使湖滨滩地生境丧失，湿生和挺水植被面积减少；蓝藻水华堆积导致 DO 和透明度下降，沉水植物死亡等。

图 10-1　巢湖西湖湾人工化岸带及底质退化远景

## 10.1.2 迎风湖湾滨岸硬质化底质适生性修复方法

就湖泊底质植物适生性修复而言，主要采用物理、化学和生物等手段来消除和控制底质对水体和生物构成的污染。物理手段主要有底泥疏浚、吹填、底质物理覆盖[5]、底层充氧、基底构筑等技术[6]。其中，底质物理覆盖技术作为湖泊底质物理修复的重要手段之一，常通过将清洁无污染的土壤覆盖到受污染的湖泊底泥上，抑或直接覆盖于硬质底质上形成缓坡浅滩，改善湖泊滨岸植被生长的底质环境条件。底质植物适生性物理覆盖技术曾被成功应用于云南滇池和太湖五里湖水生植被恢复工程中。

物理底质修复的设计主要包括物理底质稳定性设计和物理基底地形、地貌的改造。一般湖滨带的基底作简单整理即可用于恢复湖滨带水生植物群落，因此主要工作内容是清除人类活动留下的杂物和漂浮物，消除人为形成的不利于恢复湖滨带的硬质田埂、陡坎。根据上下游自然岸坡，恢复和营造适合于湖滨带生态恢复与生态交错带持续演替与发展的岸坡，保持平缓渐变、自然高低错落。在湖滨带植物刚补植时，需要加以必要的人工临时保护措施，待湖滨带植物数量达到一定规模时，利用植物体对水流结构的改变可抵挡一部分波浪和水流的影响[7]，从而控制风浪对滨岸的侵蚀。在补植的湖滨带植物外侧散落布置土石坝，用于消浪，以防水土流失[8]。

在湖滨带基底退化修复中，需要先对修复区的水下地形、岩土层性质、分布规律及形成时间与原因进行调查。对于湖底存有较厚的淤泥和淤泥质粉质黏土、底质稳定性较差的问题，可通过生态工程技术，利用消浪装置的拦截作用从径流控制入湖营养物质的输入，以土著植物种类中的优势群落进行植被恢复，以促进该区再悬浮底泥的再沉降过程[9]。针对湖滨带风浪湖流干扰强度较大的特点，采用混凝土桩和竹排布设于防御区外围，以抵御特大风浪的干扰，其中消浪竹排可以通过波浪产生破碎消除波浪，从而降低湖岸带的风浪影响，控制底泥再悬浮，为水生植物恢复提供良好的底质环境条件。还可以采用竹排消浪技术和浮毯式生物消浪带技术，再结合刚性结构的人工堤岸对抗风浪强烈和频繁的反射作用，以为退化基底营造适生性环境。

在湖滨带风浪作用得到较好的控制后，如何进行滨岸带底质环境条件改善，更好地为水生植被恢复提供良好的底泥状态至关重要。对于硬质基底修复，可以将湖泊内环保疏浚底泥吹至修复区内，沿湖泊大堤堤脚向外形成浅滩，植物恢复在硬质基底修复区的地形稳定后种植挺水植物。这种方法可有效利用循环资源，无二次污染，具有方法构建简单、效果明显、生态系统维持费用和管理费用低、生态景观稳定性和持久性好的特点。利用疏浚底泥进行恢复滨岸区，底泥的重污染性可能会影响到植物的生长。在这种情况下，针对大型水生植物重建的问题，将含氧土壤用来对沉水植物种芽包衣用于污染底泥上的沉水植物修复。首先将湖泊流域土壤去除氮、磷和有机物，通过加氧处理使固液界面负载氧用作包衣剂，以改善底泥的氧化还原环境，提高底层水体的氧含量，为沉水植物种芽提供独立的生长底泥微环境。经过不同加氧方式的包衣剂在种子萌发初期缓慢释放氧，可为植物提供氧气且对植物体无损伤；同时，还可以提高根际孔隙率，抵抗外界不利条件的影响，为水生植物种子的快速萌发、生长、建群并最终达到植物重建提供有力保障。

对于其他修复技术而言，底质覆盖技术被认为是更加环保和经济代价小的措施，它能够有效地保护栖息在污染生态系统里的底栖动物和植物群落。底质覆盖主要包括3个方面的作用：①将污染物质隔离在水生生态系统的底部基质中；②能够有效地稳定污染底泥，阻止污染物通过再悬浮或迁移进入其他区域；③降低从污染底质中向上覆水体释放污染物质的风险。此外，覆盖的清洁土壤还能为水生植物的生长发育提供固定基质和营养物质来源。目前，运用物理覆盖对底质进行修复，材料多以沙子（日本 Biwa 湖）、粉煤灰、粉粒（希腊 Olvi and Koronia 湖）、黏土（美国 Huron 湖）、砾石（芬兰 Jamsanvesi 湖），以及清洁无污染土壤等为基本材料。从前期的水生植物恢复工程实践来看，不同厚度的客土和洁净疏浚湖泥的物理覆盖，具有隔离底泥中的污染物、阻止其迁移的作用，较好地实现了湖泊滨岸带的植被恢复与水质控制[10, 11]。

　　湖泊生态恢复是一项复杂的系统工程，单纯采取湖泊内源污染控制的手段或者盲目强调水生植物种植本身，很难使湖泊治理工作取得理想的恢复效果；相反，通过有效改善湖泊底质环境条件，结合水生植被恢复手段，逐步使水体生态系统向良性的状态转变，才是使湖泊水体实现生态修复的指导策略。结合前期工程实践，通过客土覆盖方式来改良湖滨带植物适生性退化的基底，从而重建和恢复水生植被，同时控制底泥污染物质向上覆水体释放，可以最终达到对湖泊水质的控制。底质物理覆盖是一种操作简单、经济方便的底质物理修复方式[12]。因此，通过对退化湖泊底质进行植物适生性物理覆盖修复，研究底质改良后在水生植物—底质相互作用下底泥营养物质（碳、氮和磷）的变化过程，可进一步加深对湖泊污染与退化湿地生态修复的认识。

### 10.1.3　风浪扰动对挺水植物促淤固基影响的分析

　　以巢湖西湖湾为代表的迎风岸带区，受主导风向影响，污染物易汇聚、水体污染严重，风浪冲刷剧烈，以水生植被为主的生态恢复措施多难以奏效。针对以上现状，采用以本土植物芦苇等为主的迎风岸带处水生植物的种植，可以有效地消减风浪冲刷，同时也能有效地沉降悬浮物。沉降下来的悬浮物不但可以固持岸基，且其中携带的大量营养盐也可为植物生长提供营养物质，从而实现风浪消减和水体净化的双重目标。利用不同水动力扰动强度及植物覆盖密度，系统研究不同植物栽种密度对风浪消减效果及底泥再悬浮的抑制情况，探讨不同栽种密度的水生植物对风浪消减和对底泥再悬浮抑制的影响效果，可为实际迎风岸带处水生植物以合适的密度栽种提供理论依据。

#### 1. 实验装置与模拟条件

　　实验采用自主设计、加工的电机带动螺旋式鼓浪水槽（图 10-2），水槽全长 21 m、高 1.5 m、宽 0.6 m；主体由不锈钢板材制成，厚度为 4 mm；外部用三角铁进行固定（图 10-3）。电动机型号为 Y160M2-2 型电动机，额定功率 22 kW，转速为 0～3 000 r/min，用此电动机连接上定做的扇叶型螺旋桨来模拟制造风浪；电动机安置在水槽一端；在水槽底部铺上从巢湖西湖湾中试工程实验区采集的底泥，在离水槽靠电动机一端的 4～20 m 内栽种水生植物；静置 15 天后使水体、上覆水与植物达到动态平衡后开展实验。在植物种植区前端设置 1# 采样点，此后每隔 4 m 设一个采样点，共 4 个采样点（1#、2#、3#、4#，图 10-2），从 1# 采样点到 4# 采样点距离为 12 m。实验采用多功能检测系统（DJ800 型）采集波浪波高数据，调频调节电动机运转转速控制波浪发生高度（cm）。

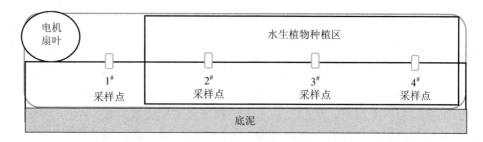

图 10-2　实验水槽、电机及采样点分布

波浪对底泥再悬浮影响实验（高密度植物）

挺水植物密度影响模拟实验（局部）

波高在线测定

图 10-3　波浪对底泥再悬浮影响实验主要条件及装备

试验所用底泥为巢湖表层底泥，于 2014 年 9 月 15 日从巢湖西湖湾十五里河河口外中试工程实验区采集。将底泥均匀铺设在水槽底部，缓慢加水使水深达 70 cm，待静置约 15 天后进行模拟试验。于巢湖周边采集植物体完整的代表性挺水植物（芦苇）若干作为试验植株。于实验水槽内栽种不同密度的芦苇（按照 75 株/m² 为高密度、50 株/m² 为中密度、25 株/m² 为低密度）分别在大风、中风、小风下进行实验（波高小于 5 cm 为小风、波高在 5～10 cm 为中风、波高大于 10 cm 为大风）。实验开始时，运转、调整电机转速来控制风速，电动机转动带动水流形成风浪，当风浪的初始波高符合实验要求后稳定运转电动机半个小时，以确保整个水槽内的波浪达到稳定条件后开始实验。在每个采样点固定上 DJ800 型多功能检测系统的检测感应器，将 DJ800 型多功能检测系统连接到计算机上设置采样参

数，每隔 0.002 秒采集一次波浪高度，每批实验平行 3 次。每次实验之后，让水槽静置 3 天后再进行下一批实验。

**2. 大风条件下植物不同密度对波高的影响**

自然水体的主要能动力来自动力势能的转化，水流速度的变化主要来自外界对水体本身的阻尼作用，其分布规律遵从对数原则[13]。当水槽中种植芦苇后，风浪流动受到明显的阻滞，芦苇的存在在很大程度上阻碍了水流的向前运动。对护岸植物的消浪实验也表明，当植物密度与波浪运动规律达到某一频率时，植物的摇动趋势与波浪运动趋势同步，此时植物对风浪的消浪效果几乎消失。

对大风（高波浪）条件下的试验表明（图 10-4），在无挺水植物（芦苇）空白对照下，大风扰动时，波浪高度从第一个采样点（1#采样点）起点的 9 cm 到 4#采样点的 5 cm，仅下降 4 cm；在高密度种植芦苇下，大风扰动的浪高从 1#采样点的 9 cm 到 2#采样点下降 4.5 cm，在 3#采样点下降 3 cm，4#采样点仅下降 2.5 cm；中密度情况下，从 1#采样点的 9 cm 降至 4#采样点时，波高也仅 2.8 cm；低密度时到 4#采样点虽下降得较少（约 4 cm），但对挺水植物而言对风浪已经产生了较明显的影响（表 10-1）。动力影响的模拟实验结果还表明，芦苇以低密度生长时，即使消浪带宽度超过 20 m，其拦截、消减波浪的效果还是有限的；在中高密度种植芦苇下，植物拦截带在 15 m 后即可获得较显著的波浪消减作用，在一定程度上会减轻波浪造成的冲刷影响。同时，植物拦截带可有效降低水体中悬浮物含量，为植物生长提供富含营养盐的生长基质。在有植物种植下，植物可以削减风浪扰动强度、波浪高度，而且随着植物栽种密度的增加，其对波浪高度的消减效果越明显。在自然状态、无植物影响下，波浪的高度、扰动强度的变化幅度不大。这也表明植物栽种密度越高，越能有效地削减风浪。

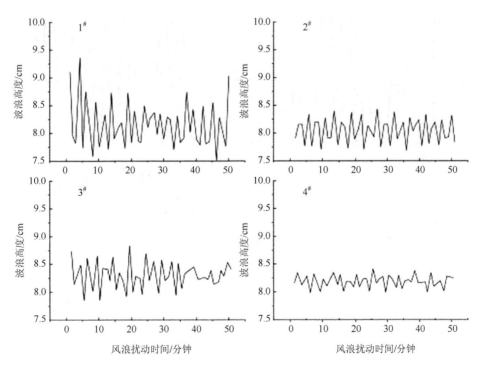

（a）对照

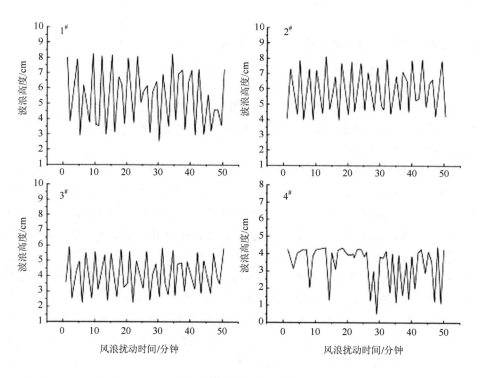

（b）低密度

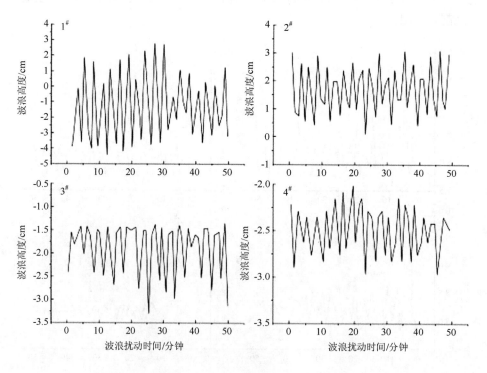

（c）中密度

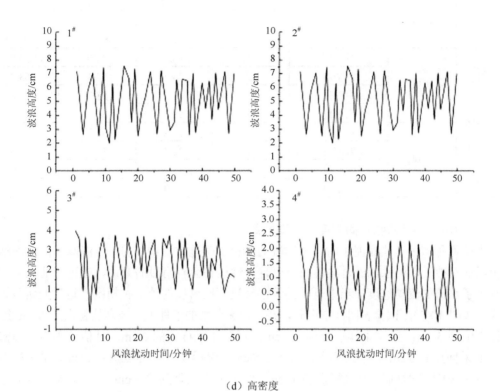

（d）高密度

**图 10-4　大风（高波浪）时芦苇不同密度下波高沿程变化解析**

**表 10-1　植物不同密度对不同风力强度波浪高度及削减率**

| 模拟风力 | | 模拟植物密度 | 采样位置及植株幅宽 | | | |
|---|---|---|---|---|---|---|
| | | | 1#<br>（0 m） | 2#<br>（4 m） | 3#<br>（8 m） | 4#<br>（12 m） |
| 波高/<br>cm | 小风 | 对　照 | 4 | 2.7 | 1.8 | 0.8 |
| | | 低密度 | 4 | 2.4 | 1.6 | 0.7 |
| | | 中密度 | 4 | 1.8 | 0.9 | 0.4 |
| | | 高密度 | 4 | 1.2 | 0.5 | 0.2 |
| | 中风 | 对　照 | 6 | 5.0 | 4.5 | 3.0 |
| | | 低密度 | 6 | 3.8 | 2.8 | 2.2 |
| | | 中密度 | 6 | 3.5 | 2.5 | 1.8 |
| | | 高密度 | 6 | 2.5 | 2.0 | 1.0 |
| | 大风 | 对　照 | 9 | 7.4 | 6.1 | 5.0 |
| | | 低密度 | 9 | 7.0 | 5.5 | 4.0 |
| | | 中密度 | 9 | 6.0 | 4.0 | 2.8 |
| | | 高密度 | 9 | 4.5 | 3.0 | 2.5 |
| 波高<br>削减率/<br>% | 小风 | 对　照 | 0 | 32.5 | 55.0 | 80.0 |
| | | 低密度 | 0 | 40.0 | 60.0 | 82.5 |
| | | 中密度 | 0 | 55.0 | 77.5 | 90.0 |
| | | 高密度 | 0 | 70.0 | 87.5 | 95.0 |

| 模拟风力 | 模拟植物密度 | 采样位置及植株幅宽 | | | |
|---|---|---|---|---|---|
| | | 1#（0 m） | 2#（4 m） | 3#（8 m） | 4#（12 m） |
| 波高削减率/% | 中风 对照 | 0 | 16.7 | 25.0 | 50.0 |
| | 低密度 | 0 | 36.7 | 53.3 | 63.3 |
| | 中密度 | 0 | 41.7 | 58.3 | 70.0 |
| | 高密度 | 0 | 58.3 | 66.7 | 83.3 |
| | 大风 对照 | 0 | 17.8 | 32.2 | 44.4 |
| | 低密度 | 0 | 22.2 | 38.9 | 55.6 |
| | 中密度 | 0 | 33.3 | 55.6 | 68.9 |
| | 高密度 | 0 | 50.0 | 66.7 | 72.2 |

### 3. 中风条件下植物不同密度对波高的影响

当植物种植于水槽底泥中时，水体流动的速度明显被植物减弱，波浪原本的内部结构因植物而有改变。当水流经过柔性植物时，柔性植物会有明显的弯曲，这种弯曲很大程度地减小了水流的流动速度。当中风时的波浪经过不同密度的芦苇种植区，这种减缓效果依然明显（图 10-5）。试验表明，中风时，在空白无芦苇的条件下，波高从起点的 6 cm 到 2#采样点降到 5 cm，到 3#采样点降到 4.5 cm，直至 4#采样点的 3 cm。种植芦苇后，高密度时从 1#采样点的 6 cm 到 2#采样点已降到 2.5 cm，然后在 3#采样点降到 2 cm，4#采样点降至 1 cm；中密度时则从 1#采样点的 6 cm 到 2#采样点降到 3.5 cm，到 3#采样点降低为 2.5 cm，4#采样点降至 1.8 cm；低密度时从 1#采样点的 6 cm 到 2#采样点降至 3.8 cm，3#采样点降至 2.8 cm，4#采样点降至 2.2 cm（表 10-1）。同大风时波浪变化相似，而从图 10-5 中也能看出，高密度和中密度时风浪下降的速率比较快且降幅很大，而低密度是以微幅的速率下降。

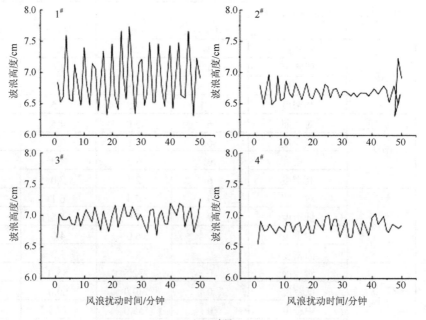

（a）对照

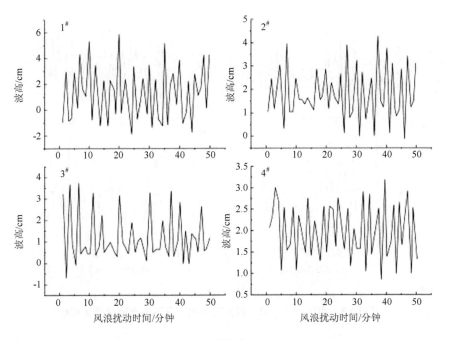

（b）低密度

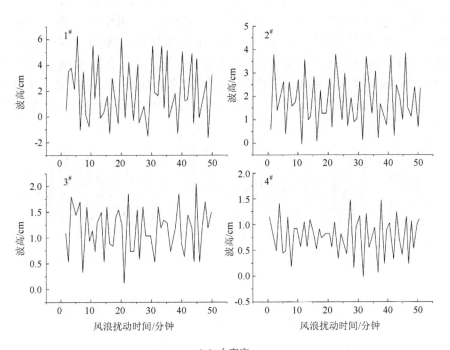

（c）中密度

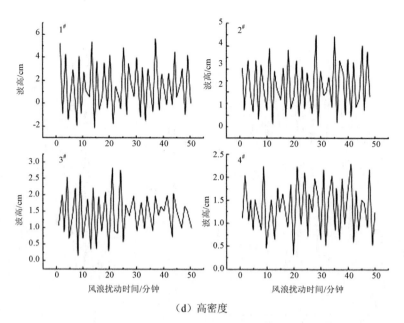

（d）高密度

**图 10-5　中风（中波浪）时芦苇不同密度下波高沿程变化解析**

### 4. 小风条件下植物不同密度对波高的影响

图 10-6 反映的是在空白无芦苇的小风条件下，波浪高度从起点 1# 采样点的 4 cm 降至 2# 采样点的 2.7 cm，此后降到 1.8 cm（3# 采样点）、0.8 cm（4# 采样点）。而在种植芦苇之后，小风条件下，高密度时从 1# 采样点的 4 cm 到 1.2 cm（2# 采样点），然后在 3# 采样点降至 0.5 cm，到 4# 采样点位置时水面已进入平复状态。中密度下，从 1# 采样点的 4 cm 到 2# 采样点降至 1.8 cm，到 3# 采样点则降至 0.9 cm，到 4# 采样点时则降至 0.4 cm；低密度下由 1# 采样点的 4 cm 到 2# 采样点时为 2.4 cm，到 3# 采样点降至 1.6 cm，到 4# 采样点降至 0.7 cm（表 10-1）。

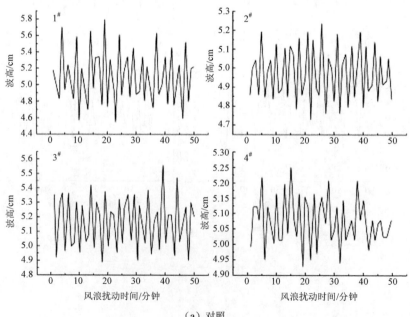

（a）对照

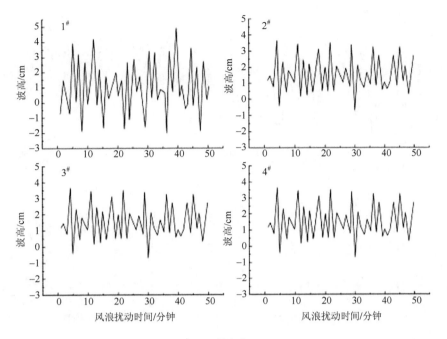

（b）低密度

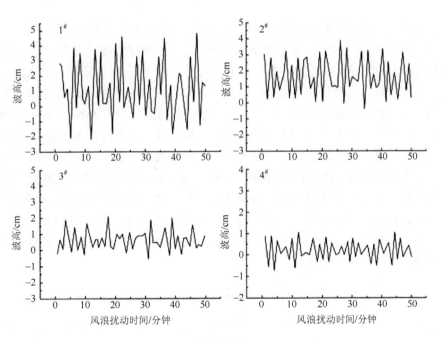

（c）中密度

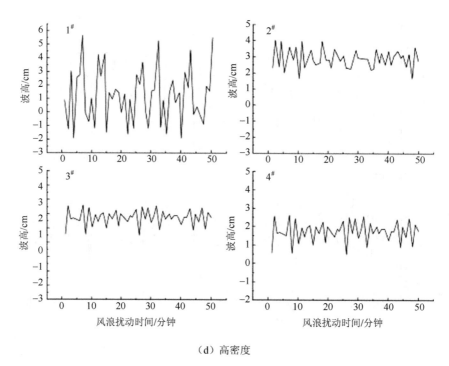

（d）高密度

**图 10-6  小风（小波浪）时芦苇不同密度下波高沿程变化解析**

对以上大风、中风和小风下的结果综合分析，虽然风力的大小所产生的起始（1#点位）波高不同（大风 9 cm、中风 6 cm 和小风 4 cm），岸区栽种植物后对波浪均会出现削减作用，但不同密度的削减作用差异较大（表 10-1）。从 1#采样点到 4#采样点的 12 m 波浪穿越距离内，高密度挺水植物对小风、中风和大风的波高在 12 m 植物宽度内分别可削减 95%、83% 和 72.2%，中密度植物对小、中、大风波高的削减率分别为 90%、70% 和 68.9%，低密度植物则相对分别为 82.5%、63.3% 和 55.6%，即从风浪强度的削减率而言，挺水植物同样密度的水生植物，风速越小削减率越大，风速越大削减率越低。湖滨岸带的宽度一般有 50 m 以上，实验中采用植株的 3 种幅宽（4 m、8 m、12 m）对波浪的削减差异各不相同，植物群落的幅宽越宽，对风浪的抑制效果越好。考虑到中小风情是常态，大风相对出现概率较小，因此根据表 10-1，在考虑控制岸边常态波高为 3 cm 对挺水植物生长影响不大的情况下，巢湖岸边水生植物生长密度达到中密度水平，基本可以控制巢湖西湖湾（迎风）波浪对岸边底质和底泥的侵蚀性影响。

### 10.1.4  水生植物对不同风力作用下底质固基作用

近岸区底泥再悬浮的最主要驱动力是风浪等带动的向堤岸的水流冲击，对于迎风向这种冲击还会因波的强烈反射对堤岸形成冲刷和掏蚀，包括波浪引起再悬浮常见作用的叠加，巢湖西湖湾近岸带区域是底泥再悬浮的主要发生区。再悬浮形成的高含量水体悬浮颗粒物通过对光线的阻挡和散射等，影响水体透明度和光的穿透性，对水生植物的生长和恢复产生影响。

高等水生植物，特别是挺水植物和漂浮植物等同时处在水面之下和水面之上，可以通过消减掠过水面的风的速度来减少水体底泥表面的胶体颗粒物、悬浮颗粒物的再悬浮。另外，水生植物十分发达的根系组织能够形成较大的柱体接触区域，当底层水流推动着固体胶粒、固体悬浮颗粒物时，一部分颗粒经过这些接触区时会因植物根系的阻尼作用或吸附作用而沉淀，从而降低水体的悬浮物含量，对自然水体起到物理净化作用；同时，由于植物发达的根系紧紧地扎根于底泥之中，还能够增强底质的稳定性[13, 14]。另外，水生植物的叶片组织可以有效地减小上覆水流速，增大其阻尼和减缓风浪的扰动作用，生长在底泥和水面之间形成植物林带，不但可以让微生物等水生生物能更好地生存，还促进了悬浮物的沉积。

针对巢湖西湖湾迎风区退化滨岸带风浪冲刷频繁、基底底泥无法固着、水草无法生长等不良环境条件，采用当地底泥，并在改良后种植水生植物，以通过削减风浪、降低风浪对岸边冲刷、将沉降下来的悬浮物作为植物生长的基底和营养来源等方式，达到促于固基、保护岸堤、改善迎风岸带水生植物生境条件的目的。实验通过室内模拟水生植物不同种植密度和不同风浪扰动下底泥再悬浮变化特征，测定悬浮物的实时浓度，明确不同风浪及水生植物不同种植密度下底泥再悬浮特征，从而探讨在有效削减风浪扰动、底泥再悬浮含量下基底改良和水生植物适宜的种植密度。

### 1. 小风条件下 SPM 变化

采用如图 10-1 所示的螺旋式鼓浪水槽设备，在水槽底部铺实验泥样，在离水槽靠电动机一端的 4～20 m 栽种水生植物，采样点及其他条件与 10.1.3 一致。试验开始后，随着在底泥上方产生持续的紊动相切水流推力而形成的波浪作用，水体悬浮颗粒物（SPM）含量开始增加，质量浓度逐渐上升。一段时间后，波浪强度趋于恒定，SPM 值也趋于稳定。

由图10-7可以看出，在小风条件下，低密度时的SPM曲线与空白线变化几乎一致，从1#采样点的456 mg/L到4#采样点仅降低了92 mg/L，说明低密度对底泥物质的悬浮控制作用较弱；中密度作用下则出现了较为显著的现象，从1#采样点的441 mg/L到2#采样点降到358 mg/L，到3#采样点达到266 mg/L，到4#采样点达到231 mg/L，总共降低了210 mg/L；继续加高植物密度到高密度，SPM含量又有了较大的降低，从1#采样点的456 mg/L到4#采样点（157 mg/L）已降低了299 mg/L。

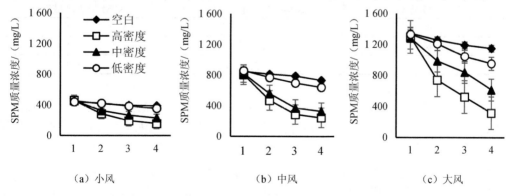

图 10-7  不同风浪及植物密度条件底泥 SPM 含量变化

### 2. 中风条件下 SPM 变化

在中风条件下,高密度从1#采样点 SPM 初始含量的806 mg/L 到2#采样点降到471 mg/L,到3#采样点达到288 mg/L,到4#采样点为243 mg/L(图10-7);中密度从1#采样点的819 mg/L 到2#采样点降到558 mg/L,到3#采样点为371 mg/L,到4#采样点达到329 mg/L;低密度时,从1#采样点858 mg/L 到2#采样点降到769 mg/L 左右,到3#采样点为697 mg/L,到4#采样点在641 mg/L 左右趋于稳定;无植物时,从847 mg/L 在2#采样点达到812 mg/L,到3#采样点为788 mg/L,到4#采样点为732 mg/L,趋于稳定。中风条件与小风相似,低密度控制作用小,中密度和高密度控制效果明显。

### 3. 大风条件下 SPM 变化

在大风条件下,SPM 初始值(1#采样点)都在 1 300 mg/L 左右时,高密度在 2#采样点降到 874 mg/L,在 3#采样点达到 625 mg/L,在 4#采样点达到 417 mg/L;中密度时,在 2#采样点降到 1 057 mg/L,在 3#采样点达到 842 mg/L,在 4#采样点达到 716 mg/L;低密度时,在 2#采样点降到 1 211 mg/L 左右,在 3#、4#采样点在 1 100 mg/L 左右趋于稳定;无植物时,在 2#采样点达到 1 259 mg/L,在 3#采样点为 1 047 mg/L,在 4#采样点为 954 mg/L,趋于稳定。

植物存在能够降低底泥再悬浮幅度的原因是高等水生植物可以通过消减掠过水面的风速,从而减少水体底泥表面的胶体颗粒物、悬浮颗粒物的再悬浮。同时,由于水生植物发达的根系紧紧地扎根于底泥之中,还能够增强底质的稳定性。另外,水生植物的叶片组织可以有效地减小上覆水流速,增大其阻尼和减缓风浪的扰动作用,生长在底泥和水面之间形成植物林带,不但可以让微生物等水生生物更好地生存,也促进了植物代谢产物和悬浮物的沉淀和积累。

从不同风力条件和不同密度条件下 SPM 质量浓度的变化可以看出,无论风浪大小,高密度的情况下,SPM 质量浓度值都是下降最快的,降幅最大。由此可见,种植水生植物时对 SPM 的降低有着显著性的效果;不同密度对 SPM 的削减效果不同,密度越高,效果越明显,最高削减率达到 75.5%,低密度达到 28.4%;中风时,高密度削减率达到 69.5%,低密度有 25.2%;小风时,高密度削减率达到 65.7%,低密度时为 19.2%,见表 10-2。

表 10-2　不同风力条件下 SPM 质量浓度的削减率

| 风浪情况 | SPM 最大削减率/% | SPM 最小削减率/% |
| --- | --- | --- |
| 大风 | 75.5 | 28.4 |
| 中风 | 69.5 | 25.2 |
| 小风 | 65.7 | 19.2 |

从表 10-2 中可以看出,水生植物对滨岸浅水区 SPM 的削减是有效果的,且密度越大,效果越好。一方面,水生植物的存在降低了水流的动态势能,减缓了水流的速度,从而使底泥表面的冲击力减小,降低了底泥再悬浮的可能性;另一方面,水生植物会增大底泥表面摩擦力,通过降低水体动能,改变水流的结构,降低水流流速,从而降低水体胁迫底泥悬浮物的能力,在很大程度上降低了固体颗粒物再悬浮的可能性。另外,芦苇植株个株体积较大,排列种植整齐,能够很好地形成防护屏障,防止悬浮颗粒物的大批量经过而扩散,从而促进了悬浮颗粒物的沉降。

## 10.2　客土和改良剂覆盖修复下底质的团聚结构及水稳性

土壤结构是土壤功能的一个重要影响因素，它能够为植物和动物提供基质和栖息场所，并提供适合的土壤环境（土壤碳和水质）。土壤团聚体颗粒组是土壤最基本的物质和功能单元，它的化学结构特征和组成成分将对土壤物理、化学过程起到关键的调控作用。同时，团聚体结构与功能的稳定性是作为土壤结构好坏的一个重要衡量指标[15, 16]。土壤团聚体的形成是一个非常复杂的过程，包含一系列物化和生物过程，主要是通过颗粒间的重新排列、絮凝作用和黏结架桥作用。该过程主要受有机碳、生物反应、各种有机无机胶结物质的调控。

基于底泥内负荷控制且兼具岸边水生植物重建目的覆盖材料，既需要具有一定的密实性，以减少材料的孔隙度，加大游离态污染物（如铵态氮和 $PO_4^{3-}-P$）在覆盖材料中的曲扰度，同时还需要这些材料使植物容易生根和扎根，并有足够的营养物供给。对于风浪影响较大的岸边区，对覆盖材料的固基能力可能更为重要，它涉及在动态环境下是否能稳定处于覆盖状态的问题。由于湖泊的基质修复是完全在水下进行的，因此覆盖材料是否在水中具有稳定性（水稳性）并可支撑这种水稳性的内在成团物化特征（团聚结构）是底泥内源控制和植物适生性所必须考虑的。

客土是指来自别处的土壤，一般是质地好的壤土或人工土壤，但往往不具有较好的适生性。壤土中的有机碳组分和团聚体颗粒含量通常较低。另外，虽然多数壤土有较好的密实度，但粉砂含量较大的壤土其水稳性有可能不能满足固基要求。鉴于基质修复初期客土普遍存在泥性和适生性不足等问题，研究客土的改良就成了底泥内负荷控制和适生性修复中最重要的工作。

### 10.2.1　客土修复中底泥团聚体特征及分布变化

#### 1．底泥水稳性团聚体颗粒组分布

不同覆盖处理下层位的不同底泥团聚体颗粒组尺寸分布的特征变化见表10-3，所有覆盖处理的微团聚体（250～53 μm 和＜53 μm 团聚体颗粒组）含量显著大于大团聚体（＞250 μm）颗粒组含量（$p<0.001$）。总体来看，250～53 μm 和＜53 μm 粒径的团聚体分布最多，其中以＜53 μm 粒径颗粒组为最大，而2 000～250 μm 粒径的团聚体含量分布最少。从团聚体粒径从大到小排列，不同覆盖处理下粒径不同的团聚体含量分布差异未达到显著水平（$p>0.05$），在2 000～250 μm 粒径团聚体含量分布上，覆盖5 cm＞覆盖10 cm＞CK＞覆盖2 cm＞覆盖18 cm。

表 10-3　不同覆盖处理底泥团聚体颗粒组的分布特征

| 处理 | 颗粒组 | 底泥层位 | | | |
|---|---|---|---|---|---|
| | | 0～5 cm | 5～10 cm | 10～15 cm | 15～25 cm |
| CK | 2 000～250 μm | 14.77±1.61 | 15.28±2.23 | 11.20±1.62 | 11.55±2.66 |
| | 250～53 μm | 32.54±1.04 | 38.68±1.04 | 28.6±0.96 | 31.77±1.51 |
| | ＜53 μm | 48.55±0.92 | 48.55±0.92 | 41.3±0.73 | 52.78±4.95 |

| 处理 | 颗粒组 | 底泥层位 | | | |
|------|--------|----------|------|------|------|
| | | 0～5 cm | 5～10 cm | 10～15 cm | 15～25 cm |
| 覆盖 2 cm | 2 000～250 μm | 13.91±0.42 | 12.26±2.89 | 7.43±0.54 | 9.65±1.19 |
| | 250～53 μm | 29.96±0.79 | 33.11±2.56 | 33.70±7.01 | 34.68±5.18 |
| | <53 μm | 51.23±0.18 | 51.33±5.61 | 54.41±4.77 | 51.82±5.73 |
| 覆盖 5 cm | 2 000～250 μm | 23.30±1.26 | 19.57±0.12 | 22.04±1.51 | 19.01±5.53 |
| | 250～53 μm | 22.70±1.63 | 29.89±5.32 | 34.08±2.56 | 31.96±0.91 |
| | <53 μm | 46.00±2.61 | 45.26±4.69 | 40.71±4.16 | 46.02±5.13 |
| 覆盖 10 cm | 2 000～250 μm | 17.28±1.03 | 13.93±1.37 | 17.43±1.06 | 23.31±2.13 |
| | 250～53 μm | 29.30±3.25 | 29.18±0.45 | 37.56±2.84 | 30.81±2.76 |
| | <53 μm | 46.19±6.78 | 50.82±2.86 | 41.14±2.31 | 39.73±2.93 |
| 覆盖 18 cm | 2 000～250 μm | 11.51±0.31 | 8.31±0.19 | 7.83±1.80 | 29.02±1.63 |
| | 250～53 μm | 31.43±3.72 | 33.18±4.93 | 28.34±0.36 | 27.97±1.75 |
| | <53 μm | 49.68±8.25 | 51.04±4.65 | 58.26±3.19 | 37.34±7.87 |

不同覆盖处理下深度不同的底泥水稳性团聚体含量规律如下：一方面，CK 和覆盖 2 cm 略大于其他处理，其中覆盖 18 cm 处理各层位底泥水稳性团聚体含量均较低；另一方面，不同覆盖处理下深度不同的底泥团聚体的平均重量直径（MWD）的变化则与水稳性团聚体含量略有不同，除了 15～25 cm 层位、覆盖 18 cm 处理的底泥 MWD 大于其他处理组分，其余处理中基本上是 CK 和覆盖 2 cm 大于其他处理。

土壤团聚体是土壤结构的基本单元，它的粒径分布不仅影响土壤的孔隙分布，还决定着孔隙的数量搭配和形态特征及对外界应力的敏感性，因此也是影响土壤侵蚀的重要因素。团聚体稳定性越高，土粒抵抗径流分散、悬浮和机械破坏的能力也越强，抗蚀性越大。在土壤团聚体的形成过程中，土壤黏粒、粉砂粒和砂粒通过硅铝酸盐胶体、有机无机复合体和有机质黏合成团聚体，进而土壤砂粒大小颗粒结合到土壤团聚体内形成大团聚体。通过湿筛法测定的巢湖客土覆盖植物修复后水稳性团聚体的结果表明，覆盖 5 cm、10 cm 和 18 cm 处理能增大底泥大团聚体含量，分别比对照增加了 7.8%、4.8% 和 1.0%（表 10-3）。覆盖后芦苇生长促进表层底泥大颗粒组团聚体含量的原因可能是植物根系的作用。根系能够固着并重排土壤颗粒，同时释放分泌物质，将通过改变土壤物理、化学和生物环境而影响土壤的团聚。团聚性随着根系长度、密度、微生物、球囊霉素及覆盖率增大而使土壤团聚体的稳定性加强[17]。通常芦苇大量须根能增加大团聚体的含量。

底泥有机碳在团聚体颗粒组中的分布多少可反映出有机碳的作用。在巢湖污染底泥的不同层位上实施不同厚度的客土覆盖表明（图 10-8），底泥有机碳含量变化，对照（CK）为 8.43～8.71 g/kg、覆盖 2 cm 为 6.93～7.97 g/kg、覆盖 5 cm 为 5.43～9.25 g/kg、覆盖 10 cm 为 4.78～8.15 g/kg、覆盖 18 cm 为 4.58～6.53 g/kg。统计分析反映，CK 显著大于覆盖 5 cm 和覆盖 18 cm 处理。此外，在不同覆盖处理下，底泥不同粒径团聚体颗粒组有机碳含量变化明显。不同覆盖处理下层位不同的底泥有机碳含量在不同粒径中的分布为 2 000～250 μm＞250～53 μm＞小于 53 μm（表 10-4）。

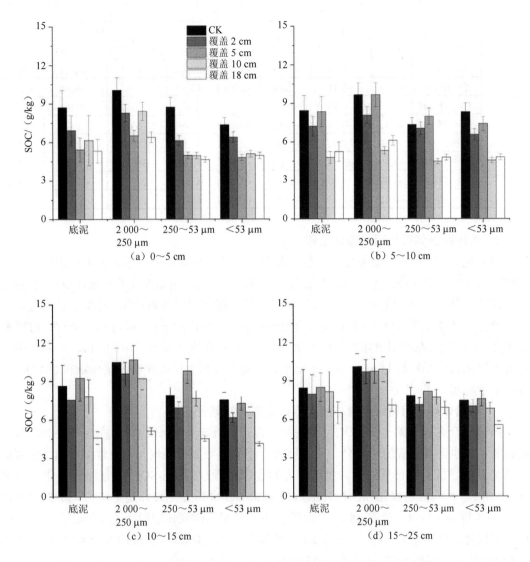

图 10-8　不同覆盖处理不同深度底泥和团聚体颗粒组 SOC 含量

表 10-4　不同覆盖处理与对照相比底泥和团聚体颗粒组有机碳含量变化

| 客土覆盖厚度 | 底泥层位 | SOC 含量变化/（g/kg） | | | | SOC 含量变化的幅度/% | | | |
| --- | --- | --- | --- | --- | --- | --- | --- | --- | --- |
| | | | 团聚体颗粒组/μm | | | | 团聚体颗粒组/μm | | |
| | | 底泥 | 2 000~250 | 250~53 | <53 | 底泥 | 2 000~250 | 250~53 | <53 |
| 2 cm | 0~5 cm | −1.78 | −1.77 | −2.61 | −0.96 | −20.43 | −17.65 | −29.86 | −13.01 |
| | 5~10 cm | −1.21 | −1.59 | −0.29 | −1.76 | −14.38 | −16.44 | −4.01 | −21.11 |
| | 10~15 cm | −1.09 | −0.92 | −0.97 | −1.38 | −12.60 | −8.80 | −12.22 | −18.28 |
| | 15~25 cm | −0.51 | −0.40 | −0.69 | −0.42 | −5.96 | −3.97 | −8.80 | −5.68 |
| 5 cm | 0~5 cm | −3.29 | −3.54 | −3.76 | −2.55 | −37.72 | −35.22 | −43.08 | −34.75 |
| | 5~10 cm | −0.09 | 0.00 | 0.64 | −0.91 | −1.07 | 0.02 | 8.76 | −10.98 |
| | 10~15 cm | 0.60 | 0.17 | 1.90 | −0.27 | 6.95 | 1.65 | 24.10 | −3.63 |
| | 15~25 cm | 0.04 | −0.36 | 0.33 | 0.14 | 0.44 | −3.58 | 4.22 | 1.90 |

| 客土覆盖厚度 | 底泥层位 | SOC 含量变化/（g/kg） | | | | SOC 含量变化的幅度/% | | | |
|---|---|---|---|---|---|---|---|---|---|
| | | 底泥 | 团聚体颗粒组/μm | | | 底泥 | 团聚体颗粒组/μm | | |
| | | | 2 000～250 | 250～53 | ＜53 | | 2 000～250 | 250～53 | ＜53 |
| 10 cm | 0～5 cm | −2.56 | −1.64 | −3.78 | −2.26 | −29.40 | −16.31 | −43.31 | −30.80 |
| | 5～10 cm | −3.65 | −4.34 | −2.86 | −3.77 | −43.32 | −44.94 | −38.98 | −45.28 |
| | 10～15 cm | −0.84 | −1.30 | −0.23 | −0.98 | −9.68 | −12.39 | −2.94 | −12.96 |
| | 15～25 cm | −0.32 | −0.22 | −0.12 | −0.63 | −3.79 | −2.18 | −1.48 | −8.38 |
| 18 cm | 0～5 cm | −3.38 | −3.66 | −4.09 | −2.40 | −38.85 | −36.42 | −46.85 | −32.67 |
| | 5～10 cm | −3.20 | −3.55 | −2.55 | −3.52 | −37.98 | −36.75 | −34.75 | −42.25 |
| | 10～15 cm | −4.07 | −5.40 | −3.38 | −3.42 | −47.02 | −51.37 | −42.82 | −45.35 |
| | 15～25 cm | −0.92 | −1.90 | −22.91 | −29.6 | −11.77 | −25.50 | −1.94 | −3.00 |

### 2. 底泥团聚体颗粒组易氧化态碳分布

易氧化态碳（LOC）是稳定性较弱、易受氧化的有机碳组分。不同覆盖处理底泥和团聚体颗粒组底泥的 LOC 含量差异不显著（$p>0.05$），随着覆盖厚度的增加，LOC 含量在底泥和团聚体颗粒组中逐步降低。另外，不同粒径底泥团聚体颗粒组 LOC 含量因粒径大小而分异，基本呈现 2 000～250 μm＞250～53 μm＞小于 53 μm。但对同一处理，对照和覆盖 2 cm 处理底泥和团聚体颗粒组 LOC 含量差异变化则极显著（$p<0.01$），对照组表层底泥不同团聚体颗粒组 LOC 含量大于底层，但覆盖处理表层底泥和团聚体颗粒组 LOC 含量则小于底层。

### 3. 团聚体颗粒组钙键结合态和铁铝结合态有机碳分布

钙键结合态有机碳（Ca-SOC）和铁铝结合态有机碳（Fe/Al-SOC）在泥土中的含量一般较低，但也是其组成的一部分。研究结果，不同覆盖处理底泥和团聚体颗粒组 Ca-SOC 含量绝对值较低，统计反映不同处理底泥和团聚体颗粒组 Ca-SOC 含量差异变化不显著（$p>0.05$）。不同处理底泥和团聚体颗粒组 Ca-SOC 含量变化规律是 CK＜覆盖 5 cm＜覆盖 2 cm＜覆盖 10 cm＜覆盖 18 cm。此外，不同底泥和团聚体颗粒组 Ca-SOC 含量在不同粒径团聚体的分布不同，CK、覆盖 2 cm 和覆盖 5 cm 团聚体颗粒组 Ca-SOC 含量大小为 2 000～250 μm＞250～53 μm＞小于 53 μm。

不同覆盖处理底泥铁铝键结合态有机碳（Fe/Al-SOC）变化，底泥中含量仅为 0.50～3.06 g/kg。统计分析表明，除了＜53 μm 粒径团聚体，不同覆盖处理下层位不同的底泥团聚体颗粒组 Fe/Al-SOC 含量变化达到显著水平，排序为 CK＜覆盖 2 cm＜覆盖 5 cm＜覆盖 10 cm＜覆盖 18 cm。在不同团聚体颗粒组中，CK 和覆盖 2 cm 处理底泥团聚体颗粒组 Fe/Al-SOC 含量变化为 2 000～250 μm＞250～53 μm＞小于 53 μm。然而，其他覆盖处理底泥团聚体颗粒组（Fe/Al-SOC）含量变化为 2 000～250 μm＞250～53 μm＞250 μm＞小于 53 μm。对于同一处理，不同层位底泥团聚体颗粒组 Fe/Al-SOC 含量变化为，除了覆盖 10 cm 处理，表层底泥团聚体颗粒组 Fe/Al-SOC 含量大于底层含量。

## 10.2.2 植物生长对客土修复底泥团聚体及碳组分的影响

### 1. 植物生长对客土中团聚体形成的影响

植物的根和根系对土壤的团聚状态和有机碳的含量影响较大。根系除能固着并重排土壤颗粒的作用外，同时释放分泌物质，并通过改变土壤物理、化学和生物环境影响土壤团聚。在团聚体黏合形成过程中，植物的根系分泌物也会提供重要的有机物质参与团聚体的形成[18]。

用湿筛法测定客土水稳性团聚体的结果表明，覆盖 5 cm、覆盖 10 cm 和覆盖 18 cm 处理能增大底泥大团聚体含量，分别比对照增加了 7.8%、4.8%和 1.0%，然而覆盖 2 cm 表层底泥大团聚体含量却减少了（表 10-3）。覆盖后芦苇生长促进表层底泥大颗粒组团聚体含量的主要原因可能为植物的根和根系对土壤团聚的影响。根系土壤稳定性大于非根系土壤，主要来自根系分级、根生物量、根密度、大小分布、根周转、根长及菌丝的生长等因素[19]。根系固持大量的生物，而这些生物能有效增强 SOC 团聚。植物的根会分泌一种叫聚伴乳糖醛酸，该酸有增加黏结、降低浸水、增加团聚体稳定性的作用[20]。根系还会加速干—湿循环，对于适当的黏土类型则会增加稳定性。不同的根系系统的黏结机制不同，与不同的根系特征、分泌物质和功能有关。另外，根还能够改变根际离子和渗透平衡，通过营养物质吸收、根沉降等过程，加强团聚作用。总之，在水生植物中生物量较大须根的芦苇，在客土上生长后能够增加大泥土中团聚体的含量[21]。

植物生长对客土修复实验后，表层土壤中大团聚体含量分别较底层增加了 4.1%、3.1%、1.6%和 3.4%（表 10-3）。芦苇生长到一定时段后，其根系和真菌菌丝会形成缠绕作用，不同类型的真菌和根系会明显增加稳定性团聚体的含量，促进芦苇根系黏结客土中矿物颗粒和数量尚不多的有机物，逐步形成较大的团聚体。研究结果表明，植物根系分泌物为底泥水稳性团聚体的形成提供了胶黏剂。

**2. 植物生长对客土中团聚体颗粒组有机碳的影响**

在土壤团聚体的形成过程中，有机、无机胶结物质和有机无机复合体起着重要作用，土壤水稳性团聚体的形成主要依赖于土壤有机质[22]。覆盖处理的不同，团聚体有机碳含量呈现的规律也就不同，但不同覆盖厚度处理底泥团聚体颗粒组有机碳含量均低于对照处理。底泥理化特性对水生高等植物生长有重大影响，除了具有固持作用，还为水生植物提供大量的氮、磷等营养元素和微量元素。芦苇不断生长，从底泥中吸收有机碳作为营养物质，但是芦苇根系生长也是由浅入深，尽可能地从底泥富有机质环境中吸收养分。另外，由于覆盖的表层客土（黄土）有机碳含量只有下层巢湖西湖湾污染底泥的 50%左右，所以覆盖后的表层底泥有机碳较底层明显较低（表 10-4）。

土壤有机碳参与团聚体形成的机制有有机无机胶结作用、黏粒包裹作用、根系和菌丝等缠绕作用，以及有机物填充作用[23]。芦苇在污染底泥覆盖的客土上生长后，底泥团聚体颗粒组大团聚体有机碳含量大于微团聚体（表 10-5），土壤有机碳主要向 2 000～250 μm 粒径聚集，这是因为较高层位的大团聚体是由较低层位的团聚体黏合有机物等胶结剂而形成，有机碳含量随着团聚体粒径的增加而增加，因此大团聚体比小团聚体含有更多新成有机物[16]。而且，水生植物（芦苇）根系的分泌物也促使底泥微团聚体向大团聚体转化，从而使粗团聚体的周转降低，并使底泥有机碳包裹在微团聚体中，进而形成更多的粗团聚体。

表 10-5　覆盖处理底泥和团聚体颗粒组 Fe/Al-SOC 占 TOC 的百分比　　　单位：%

| 处理 | 底泥层位 | 底泥 | 团聚体颗粒组 | | |
|---|---|---|---|---|---|
| | | | 2 000～250 μm | 250～53 μm | <53 μm |
| CK | 0～5 cm | 7.72 | 11.49 | 5.11 | 5.67 |
| | 5～10 cm | 5.94 | 4.83 | 6.93 | 6.34 |
| | 10～15 cm | 7.74 | 6.67 | 8.97 | 7.93 |
| | 15～25 cm | 13.66 | 14.95 | 16.34 | 9.08 |
| 覆盖 2 cm | 0～5 cm | 16.01 | 17.27 | 15.50 | 14.89 |
| | 5～10 cm | 14.24 | 12.27 | 16.91 | 13.80 |
| | 10～15 cm | 11.35 | 9.55 | 11.64 | 13.83 |
| | 15～25 cm | 13.18 | 11.68 | 16.68 | 11.68 |
| 覆盖 5 cm | 0～5 cm | 33.59 | 26.17 | 46.56 | 30.22 |
| | 5～10 cm | 11.21 | 10.07 | 11.50 | 12.40 |
| | 10～15 cm | 11.08 | 8.81 | 13.09 | 11.70 |
| | 15～25 cm | 11.14 | 12.02 | 9.96 | 11.29 |
| 覆盖 10 cm | 0～5 cm | 28.03 | 15.73 | 46.44 | 30.45 |
| | 5～10 cm | 63.93 | 64.87 | 99.41 | 27.97 |
| | 10～15 cm | 19.35 | 18.49 | 23.43 | 15.77 |
| | 15～25 cm | 17.15 | 13.34 | 17.23 | 22.55 |
| 覆盖 18 cm | 0～5 cm | 55.73 | 48.89 | 42.66 | 76.82 |
| | 5～10 cm | 35.04 | 28.24 | 41.62 | 37.13 |
| | 10～15 cm | 39.35 | 46.10 | 38.94 | 31.42 |
| | 15～25 cm | 38.44 | 23.06 | 73.29 | 14.75 |

不同覆盖处理底泥中 LOC 和 LOC/SOC 值小于对照处理，与有机胶结作用和根系分泌物的黏粒包裹也有关。首先，LOC 和 LOC/SOC 值在底泥大团聚体数值大于微团聚体，小团聚体中有机碳比大团聚体中的有机碳老化[24]。土壤团聚体的形成过程对有机碳具有物理保护作用，在团聚体内部颗粒有机碎屑与分泌物和黏土颗粒包裹在一起，使有机质被封闭起来，从而免遭微生物的分解，形成相对稳定的（客土）土壤有机质。其次，C/N 比是有机物腐殖化程度的一个指标，C/N 越高，有机物的腐解程度越低。实验中覆盖 2 cm、覆盖 10 cm 和覆盖 18 cm 处理组的 C/N 比大于对照组，佐证了覆盖处理的腐殖化程度较低。最后，除了覆盖 10 cm 处理，对照和其他处理大团聚体颗粒组 C/N 小于小团聚体颗粒组。

### 3. 客土/底泥界面团聚体有机碳的形成及底质的稳定性

不同覆盖处理底泥团聚体颗粒组 Ca-SOC 含量均大于对照处理，粗团聚体中的 Ca-SOC 含量主要为有机碳的活性成分，一般团聚体中 Ca-SOC 含量和 LOC 含量成正相关，说明客土覆盖处理底泥团聚体颗粒组活性有机碳大于对照，但该结果与不同覆盖处理底泥 LOC 和 LOC/SOC 值小于对照处理形成矛盾，这主要是由于不同覆盖处理底泥团聚体颗粒组，Ca-SOC 含量的绝对数值较小。相反，Fe/Al-SOC 较 Ca-SOC 有更强的络合亲和力，Fe/Al-SOC 的热稳定性高于 Ca-SOC。客土覆盖巢湖底泥团聚体颗粒组 Fe/Al-SOC 含量的绝对值则显著大于 Ca-SOC 含量，而且铁铝氧化态碳含量，Fe/Al-SOC/SOC 大于对照处理。

不同覆盖处理表层底泥团聚体颗粒组 Ca-SOC 和 Fe/Al-SOC 含量显示，CK、覆盖 2 cm 和覆盖 5 cm 表层底泥团聚体 Fe/Al-SOC 含量大于底层，但覆盖 10 cm 和覆盖 18 cm 则相反，这种现象在大团聚体中尤其明显。引入覆盖的粉粒状黄土将带入铁锰氧化物，加之水生植物能通过体内发达的通气组织将氧气向根区分泌，水生植物可以运输约 90% 的氧气到根系周围[25]，在根系周围形成好氧环境，从而促进有机碳与铁锰氧化物黏合成团聚体。此外，表层底泥有机碳在芦苇根系的活化作用下，加上部分芦苇凋落叶片在底泥表层积累，腐败后与胶结物质逐渐形成大团聚体。随着团聚体中 Fe/Al-SOC 含量的富集，底泥表层有机碳倾向于与铁铝氧化物相结合，降低易氧化态有机碳含量、易氧化态有机碳与土壤有机碳比值，也就是积累的有机碳与铁铝氧化物的结合过程反映了底泥表层有机碳含量稳定性的化学机制[26]。铁铝氧化物与腐殖质黏合的主要机理可能是阴离子交换、表面配位交换、酚羟基相互作用，熵效应、氢键及阳离子键桥等多个过程[27]。

土壤团聚体颗粒组的粗团聚体对土壤颗粒组有机碳的保护仍然是不稳定的，土壤团聚体碳过程应该还与团聚体更新的转化与化学稳定密切相关[26]。化学结合机制作为土壤有机碳稳定机制的主要过程之一，通过有机矿质相互黏合作用来抵制微生物对有机碳的分解，有效控制有机碳的周转速率，促进土壤有机碳的有效积累。

从水稳性团聚体平均重量直径（MWD）来看，除了覆盖 18 cm 处理，其他覆盖厚度均增大了土/泥界面团聚体 MWD 值，表明覆盖改良能有效增强界面下湖泥的稳定性。这与上述的不同覆盖处理后对表层团聚体 Fe/Al-SOC 含量相一致，即不同覆盖处理表层底泥团聚体颗粒组 Ca-SOC 和 Fe/Al-SOC 含量显示，CK、覆盖 2 cm 和覆盖 5 cm 表层底泥团聚体 Fe/Al-SOC 含量大于底层，但覆盖 10 cm 和覆盖 18 cm 则相反（表 10-5），这种现象在大团聚体中尤其明显。

从底泥和大团聚体在土/泥界面处的变化来看，覆盖 2 cm 和覆盖 5 cm 处理使界面下湖泥和团聚体中 Fe/Al-SOC 含量分别增加 0.44 g/kg、0.28 g/kg 和 0.45 g/kg、0.50 g/kg，这表明芦苇植生有效增强土/泥界面下湖泥的稳定性。覆盖处理促进芦苇根系生物量的增加，势必会对界面下湖泥的稳定性起到加强作用。植物的根系能够固着并重排土壤颗粒，通过释放分泌物质，并改变土壤物理、化学和生物环境从而影响土壤团聚。团聚性随着根系长、密度、微生物以及覆盖率增大而加强土壤团聚体的稳定性。

### 10.2.3　不同改良剂对硬质底泥水稳性团聚体的影响

土壤紧实度是衡量土壤紧实性或密实性程度的指标，多用容重表示。土壤紧实度对植物地上部分的生长具有重要影响。多数研究表明，生长在紧实度高的土壤中，植物无论是株高还是地上部干物质量都较生长在紧实度低的土壤中更低。湖泊滨岸紧实度人的底质往往被认为是底泥的劣质化现象，底泥的容重越大，劣质化程度就越高，对根生水生植物的生长和繁殖构成的胁迫作用也就越明显。巢湖西湖湾近岸区受沿岸流和反射波的影响较大，不少区域软性底泥覆盖程度较低，有些区域甚至呈现坚硬的第四纪土层裸露于水底。对于软性底泥覆盖程度较低的泥区，适合植物根系生长的软泥层若太薄，底泥的容量也会变大、硬度也会变高，需要进行适当改良，使其上部具有一定的水稳性以适应水生植物和底栖生物等生长。

环巢湖周边湖积软土普遍具有高含水量、高压缩性、易蠕变，承载力低及埋藏浅等特征。汇流入巢湖西湖湾的南淝河、派河等河流上游地区的成土母质主要为下蜀黄土，流域内所包含的土壤类型相对复杂，但在巢湖沿岸及主要河流的沿岸两侧基本分布的是储育型水稻土。为研究不同改良剂对硬质底泥水稳性团聚体的影响，以特征明显的黑土（H）和白土（B）为主要土质，结合泥炭（N）和生物炭（S）的改良等形成不同改良剂，对硬质底泥的水稳性团聚体进行模拟实验和分析。

### 1. 改良剂对硬质底泥水稳性团聚体构成的影响

质地较细的土壤更容易紧实，水分和空气在其中的运移较慢，会对植物根系的形成和扩张产生阻碍。黏土比例高的土壤，即使外界不施加作用力也能形成紧实层。一般认为，不同土壤质地抗紧实能力顺序为砂土＞沙质壤土＞壤质砂土＞壤土＞黏壤土＞壤质黏土＞黏土。黏土和壤土能保持更多的土壤水分，发生紧实的可能性较大，水分含量是影响土壤紧实过程的最重要因素。土壤含水量较多时水分充满孔隙，土壤颗粒间的内聚力增强，此时土壤中的水分像润滑剂一样，使土壤颗粒"滑"到一起发生紧实。不同土层的土壤含水量大小受紧实威胁也不同，研究表明，7.5～15 cm 土层的土壤含水量接近田间持水量时，对土壤造成的压实最为明显。

对于含水饱和的湖底底泥而言，其紧实程度主要来自底泥的中下层，表层底泥一般含水率大于 80%（对于纯裸露土层的除外）。由于近岸区底泥往往是水生植物的着生基质，因此同陆上植物一样，水生植物的根或根系对底泥也有紧实度要求。另外，湖区风浪易发生对湖滨底泥的侵蚀作用，因此底泥在水底的稳定性也非常重要。一般认为，土壤团聚体的数量和稳定性是衡量土壤可蚀性的重要指标，由于底泥也同土壤一样有团聚体组分，因此，测定和调节底泥的团聚体稳定性可间接地量化和改善湖泊底泥的可蚀性。根据团聚体形成的多级团聚理论，一般把湿筛法获得＞0.25 mm 的团聚体称为土壤水稳性团聚体结构，水稳性团聚体对保持土壤结构的稳定性有重要的贡献。土壤平均重量直径（MWD）与＞0.25 mm 的水稳性团聚体含量之间呈极显著正相关关系（$p<0.01$）[28]。

以黑土（H）和白土（B）为淹水实验土壤，改良剂选用生物质炭（S）、泥炭（N）和聚丙烯酰胺（J）及其之间的组合，即生物质炭与聚丙烯酰胺（ST）和泥炭与聚丙烯酰胺（NJ），制作成不同改良结构的泥土，其底泥粒度见表10-6，共设置 3 种含水量处理。大于0.25 mm 土壤水稳性团聚体含量和平均重量直径（MWD）的大小顺序是黑土（H）淹水＞干湿交替＞18%含水量，白土（B）淹水＞18%含水量＞干湿交替。

表 10-6　不同结构改良剂添加后底泥粒度分析　　　　　单位：%

| | | 黑土 | | | | | | 白土 | | | | | |
| --- | --- | --- | --- | --- | --- | --- | --- | --- | --- | --- | --- | --- | --- |
| | | 细黏粒 | 粗黏粒 | 细粉粒 | 粗粉粒 | 细砂粒 | 粗砂粒 | 细黏粒 | 粗黏粒 | 细粉粒 | 粗粉粒 | 细砂粒 | 粗砂粒 |
| 干湿交替 | S | 10.82 | 27.07 | 19.41 | 37.86 | 3.81 | 1 | 2.53 | 6.04 | 3.63 | 72.24 | 10.48 | 5.05 |
| | SJ | 11.29 | 26.20 | 20.07 | 42.07 | 0.35 | 0 | 2.51 | 6.11 | 3.62 | 74.54 | 10.65 | 1.20 |
| | N | 11.73 | 28.60 | 20.65 | 38.78 | 0.21 | 0 | 2.99 | 5.55 | 3.41 | 80.33 | 7.70 | 0 |
| | NJ | 11.57 | 28.16 | 20.64 | 39.39 | 0.21 | 0 | 2.81 | 5.61 | 3.29 | 80.94 | 7.32 | 0 |
| | J | 13.59 | 33.49 | 22.43 | 30.40 | 0.07 | 0 | 2.62 | 6.29 | 3.31 | 80.95 | 6.81 | 0 |

| | | 黑土 | | | | | | 白土 | | | | | |
|---|---|---|---|---|---|---|---|---|---|---|---|---|---|
| | | 细黏粒 | 粗黏粒 | 细粉粒 | 粗粉粒 | 细砂粒 | 粗砂粒 | 细黏粒 | 粗黏粒 | 细粉粒 | 粗粉粒 | 细砂粒 | 粗砂粒 |
| 18%含水量 | S | 10.41 | 26.03 | 18.99 | 37.89 | 3.75 | 2.90 | 2.42 | 7.06 | 4.76 | 70.52 | 11.04 | 4.17 |
| | SJ | 10.86 | 26.49 | 19.49 | 40.52 | 1.65 | 0.97 | 2.32 | 5.63 | 3.38 | 68.80 | 9.10 | 10.74 |
| | N | 11.48 | 28.27 | 20.81 | 39.20 | 0.21 | 0 | 2.85 | 5.77 | 3.36 | 80.74 | 7.26 | 0 |
| | NJ | 11.44 | 27.86 | 20.77 | 39.68 | 0.22 | 0 | 2.91 | 5.27 | 3.30 | 80.80 | 7.69 | 0 |
| | J | 13.88 | 32.93 | 21.22 | 31.82 | 0.12 | 0 | 2.59 | 6.43 | 3.40 | 80.90 | 6.65 | 0 |
| 淹水 | S | 10.34 | 25.84 | 21.92 | 37.17 | 4.29 | 0.40 | 2.08 | 5.25 | 3.80 | 65.25 | 10.42 | 13.17 |
| | SJ | 10.67 | 25.19 | 19.57 | 42.42 | 2.12 | 0 | 2.22 | 5.51 | 3.89 | 68.84 | 10.68 | 8.83 |
| | N | 11.39 | 27.31 | 23.28 | 37.76 | 0.23 | 0 | 2.84 | 5.71 | 3.29 | 79.85 | 8.55 | 0.01 |
| | NJ | 11.57 | 27.97 | 23.38 | 36.85 | 0.22 | 0 | 2.82 | 5.23 | 3.79 | 79.49 | 8.64 | 0 |
| | J | 13.17 | 32.32 | 25.2 | 29.2 | 0.09 | 0 | 2.56 | 6.32 | 3.32 | 80.45 | 7.32 | 0 |

结果显示，不同改良剂对硬质底泥水稳性团聚体影响明显（图 10-9），两种湿地土壤均是淹水处理团聚体含量最高。淹水处理能增加更多 >0.25 mm 团聚体的含量，提高平均重量直径，对促进大粒级团聚体的形成有更好的效果。白土（B）在 18%含水量的处理中 >0.25 mm 团聚体含量最低的空白（CK）处理与最高的 SJ（生物质炭+聚丙烯酰胺）相差约 30%，而在淹水时含量最高的处理 J 已经达到 68.47%，比最少的 CK 多了 67.49%。干湿交替处理的团聚体数量要少于淹水和 18%含水量。黑土（H）在 18%含水量的处理中最高的也是 J，为 27.00%；最低的是 CK6.6%，相差大约 20%。而淹水处理最高的 J>0.25 mm 的团聚体含量比最低 CK 大约多 40%。在淹水处理中白土（B）的团聚体含量最高的处理 J，其 MWD 值的大小为 1.2，另外两种水分处理 18%含水量和干湿交替，其团聚体含量最高的是 SJ，其 MWD 值分别为 0.42 和 0.29，仅为淹水处理 J 的 35% 和 24.2%，团聚体含量为 J 的 46.4%和 34.6%。

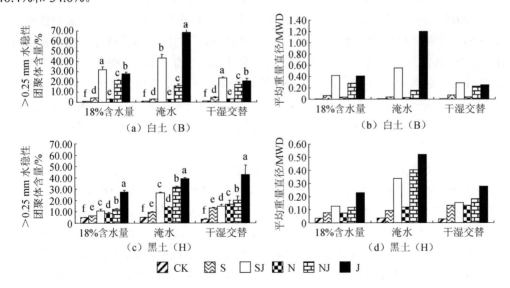

图 10-9　不同改良剂对硬质底泥水稳性团聚体影响

黑土（H）MWD 值和团聚体含量最高的均为 J，淹水 J 的 MWD 值为 0.52，干湿交替和 18%含水量分别为 0.28、0.23。为淹水的 53.8%和 44.2%，团聚体含量分别占到淹水的 86.7%和 69.2%。淹水比 18%含水量和干湿交替更能形成大粒级的团聚体。所以，水分处理对改良剂的改良效果有重要影响。对所有处理>0.25 mm 的水稳性团聚体含量与 MWD 值进行相关性分析，两者之间也呈极显著正相关（$p<0.01$），相关系数为 0.962。显然大于 0.25 mm 的水稳性团聚体含量，直接影响土壤平均重量直径（MWD）值，土壤中>0.25 mm 的水稳性团聚体越多，平均重量直径（MWD）的值越大。

同种水分处理下，大于 0.25 mm 土壤水稳性团聚体含量和平均重量直径（MWD）大小分别为 18%含水量，白土（B）SJ>J>NJ>S>N>CK，黑土（H）J>NJ>SJ>N>S>CK；淹水处理时，黑土（H）J>NJ>SJ>N>S>CK，白土（B）是 J>SJ>NJ>S>N>CK；干湿交替处理时，黑土为 J>NJ>N>SJ>CK，白土为 SJ>J>NJ>S>N>CK。

聚丙烯酰胺（PAM）是可用于农业行业的一种絮凝剂、增稠剂和液体减阻剂，是一类环境友好的水溶性聚合材料。研究添加 PAM 与不添加 PAM 对土壤团聚体的含量分析差异显著。几种改良剂虽然都能够增加>0.25 mm 的水稳性团聚体含量，但单独添加泥炭和生物炭的效果并不好，除了泥炭对黑土（H）能够起到增加一定数量的团聚体作用，对白土（B）几乎不起作用。

白土（B）中添加 PAM 后，土壤水稳性团聚体含量及其稳定性均有不同程度的提高，与不添加 PAM 的泥炭、生物炭之间差异显著。淹水（饱和水分）处理的 SJ、NJ 比 S、N>0.25 水稳性团聚体含量分别多 40.2%和 13.5%，平均重量直径（MWD）分别大 0.51、0.12；18%含水量团聚体含量分别多 27.4%和 18.2%，MWD 分别大 0.35、0.25；干湿交替团聚体含量分别多 18.9%、14%。MWD 分别大 0.22、0.19。黑土（H）在淹水处理下添加 PAM 比不添加 PAM 的团聚体含量、稳定性均有所提高，淹水处理的 SJ、NJ 比 S、N>0.25 水稳性团聚体含量分别多 17%、18.4%，平均重量直径（MWD）分别大 0.25、0.28；对于 18%含水量和干湿交替两种水分处理而言，添加 PAM 与不添加 PAM 差异并不显著。18%含水量 SJ、NJ 比 S、N 团聚体含量分别多 4.4%、3.8%，平均重量直径（MWD）分别大 0.05、0.04，干湿交替 SJ、NJ 比 S、N 团聚体含量分别多 1.8%、3.7%。MWD 分别大 0.02、0.05。说明在这些改良剂中，对土壤中>0.25 mm 的团聚体形成起主要作用的还是 PAM。另外，添加剂对黑土和白土形成团聚体的粒级大小存在较大差别，白土的平均重量直径（MWD）显著大于黑土，其中 J、SJ 处理 MWD 最大，团聚体增加的更多是大粒级的，尤其是>2 mm 的团聚体，其他粒级的团聚体含量则无明显提高。而黑土在添加改良剂后增加的主要是>0.25 mm 和 0.25~0.5 mm 的小粒级的团聚体。干湿交替水分处理无论是黑土还是白土，增加的主要都是中小粒级。

泥炭（N）和生物炭（S）对黑土和白土的改良效果存在显著差异。白土（B）的几种处理>0.25 mm 水稳性团聚体含量和平均重量直径（MWD）均是 SJ>NJ，S>N。淹水处理>0.25 mm 水稳性团聚体含量 SJ 比 NJ 多 27.3%，MWD 大 0.4。18%含水量团聚体 SJ 比 NJ 多 10.6%，MWD 大 0.14。干湿交替 SJ 比 NJ 团聚体含量多 6.8%，平均重量直径 SJ 比 NJ 大 0.07。黑土（H）的几种处理除 18%含水量>0.25 mm 水稳性团聚体含量和平均重量直径差别较小外，淹水和干湿交替均是 NJ>SJ，N>S，淹水处理>0.25 mm 水稳性团聚体含量 NJ 比 SJ 多 5.8%，MWD 大 0.16。18%含水量团聚体多干湿交替多 5.1%，MWD

大 0.03。黑土（H）在干湿交替处理中 N 已经超过了 SJ，白土（H）在 18%含水量和干湿交替处理中 SJ 的团聚体含量和 MWD 已经超过 J。总体来看，生物炭更适合白土（H），而泥炭更适合黑土（H）。

泥土团聚体稳定性主要受泥土性质（如有机质、黏土矿物、质地、碱化度、电介质浓度和铁铝氧化物等）和外部因素（气候、生物因素、管护等）控制。实验研究表明，生物炭对白土（B）的改良效果好于泥炭，而黑土（H）则是泥炭的效果好于生物炭。土壤团聚体的数量和稳定性也是衡量泥土可蚀性的重要指标，团聚体稳定性的测定可间接地量化泥土可蚀性。

### 2. 硬质底泥改良的抗风浪效应

底质的水稳性与其中的团聚体性质有关，而对于易受风浪影响的湖滨区，底泥的抗悬浮性是底泥立地能力的重要指标。

研究 3 种扰动频率（20 Hz、50 Hz 和 80 Hz）所对应的扰动强度下，不同改良剂对泥土上覆水体悬浮物浓度（SS）的影响（图 10-10），包括 CK 在内的 4 种处理下，风浪扰动下，CK、NJ 处理体系中悬浮物浓度含量较高，SS 随高度呈先增加后减小的趋势，悬浮物浓度也随扰动强度增大而增大。一般认为，浅水湖泊水动力作用导致的底泥悬浮，会使得底泥中的污染物释放。底泥稳定性越强，抗扰动能力也越强，向上覆水体释放悬浮物的风险也越小。图 10-11 显示，原始土壤（CK）再悬浮后水体单位面积悬浮物总量显著高于添加改良剂（NJ、J、SJ）的土壤，NJ 高于 J、SJ，J 比 SJ 略高。结果分析表明，扰动强度为 20 Hz 时，CK 的单位面积悬浮物总量达到 2 248.4 $g/m^2$，而 NJ、J 处理分别 413.2 $g/m^2$、72.56 $g/m^2$，占 CK 的 18.4%、3.2%，SJ 处理最少，只有 11.38 $g/m^2$，仅为空白（CK）处理的 0.51%。当扰动强度增加到 50Hz 时，CK 上升达到 5 416.2 $g/m^2$，NJ、J、SJ 处理，虽也有上升，但仅分别为 1 201.9 $g/m^2$、254.7 $g/m^2$、34.44 $g/m^2$，分别占 CK 的 22.2%、4.7%、0.64%。当扰动强度增加到 80 Hz 时，CK 含量为 9 130.8 $g/m^2$，NJ、J、SJ 分别占 CK 的 22.2%、5.2%、0.98%。

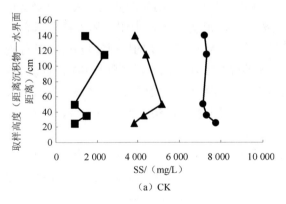

（a）CK

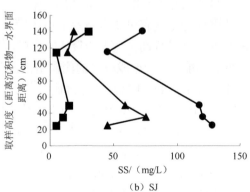

（b）SJ

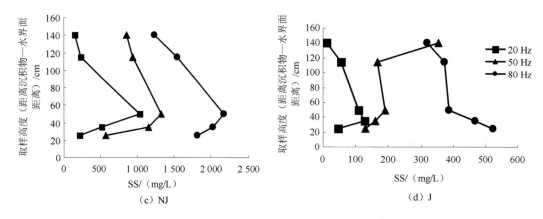

图 10-10　动力作用下不同改良处理底质上悬浮物（SS）垂向变化

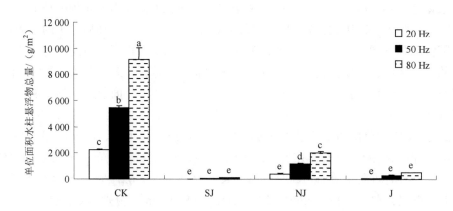

图 10-11　动力作用下不同改良处理单位面积水柱悬浮物总量

　　自然状态下土壤团聚体的形成时间较长，通常是数年才有明显的变化，大于 0.25 mm 大团聚体与土壤有机质含量高低有关[29]。另外，土壤肥力越大，大团聚体含量也越高，PAM 能够迅速提高土壤大团聚体的含有量[30]。使用 PAM 改良土壤的机理就是 PAM 具有较好的黏结能力，能形成较多的团粒结构，这样能够提高土壤入渗率，增强土壤抗侵蚀能力。施用中分子量 PAM 抗侵蚀能力最好[31]，且 PAM 与水混合效果较好。3 种改良剂（J、SJ、NJ）添加后，土壤＞0.25 mm 的水稳性团聚体含量分别提高了 56.42%、45.96%、32.16%，平均重量直径（MWD）分别提高了 0.67、0.47 和 0.28。

　　在风浪扰动下，底泥发生再悬浮，导致上覆水体 SS 升高。试验湿地土壤添加改良剂（NJ、J 和 SJ）后，与原始土壤（CK）相比，水稳性大团聚体数量显著增加，土壤抗侵蚀能力也相应增强，悬浮物质释放量大大减少[32]。SS 最低的处理是 SJ，其单位面积悬浮物总量仅为 CK 的 0.51%～0.98%，且受扰动强度影响最小。J 悬浮物质释放量也较低，与 SJ 相差较小。NJ 仅次于 CK，显著大于 J、SJ。悬浮物含量随扰动强度的增大而增大。NJ 随扰动强度的变化较 J、SJ 更为剧烈，从图 10-11 可以看出，NJ 在扰动强度为 20Hz 时，SS 较低，但到 50Hz 时迅速升高，这说明小的扰动强度对 NJ 影响较小，但大的扰动强度则对 NJ 影响较大。

## 10.3 巢湖滨岸底质客土—植物联合修复对氮、磷污染的控制

氮、磷营养盐（特别是磷）被广泛认为是水生生态系统水体富营养化和藻华发生的主要限制因子之一。对于湖泊而言，水体中的氮、磷主要来自外源和底泥内源，在我国富营养化湖泊中，来自底泥内源氮、磷的负荷可达到 10%～50%。据研究，当外源磷输入得到有效控制后，内源营养盐负荷能够使湖泊水体在很长一段时间内处于富营养化状态。水生植物种植和客土覆盖均是浅水湖泊底泥内负荷控制的重要手段，两者分别利用的是生物学和物理学原理。由于植物可以生长在客土基质上，因此这种组合性修复对底泥内源的控制将起叠加作用，一般也会更有效[6]。因此，在巢湖污染底泥之上覆以黄土形成底质，再种植水生植物后，将会有助于强化对氮、磷等营养性污染物的内负荷控制。本研究采集巢湖西湖湾滨岸区污染底泥，模拟 5 种不同覆盖厚度（0 cm、2 cm、5 cm、10 cm、18 cm）客土和以此为基质的水生植物（芦苇）生长发育过程，重点研究底质客土—植物修复组合性修复对底泥磷污染控制，以期为巢湖湖滨岸带及人工景观水体的基底改良和水生植被重建与富营养化水体治理提供理论依据。

### 10.3.1 联合修复中的底泥物理环境和植物效应

#### 1. 客土覆盖-植物联合修复模拟实验及分析

将采集到的巢湖西湖湾底泥和粉状黄土分别在水槽中充分混匀，用采样管（$\Phi 180$ mm× 350 mm）将匀化的底泥分装，放置于 40 cm 水深的水槽（长×宽×高分别为 2 200 mm× 1 100 mm×750 mm）中培养，为期 15 天。调整底泥表层所处刻度一致性，将匀化好的黄土用同样的方法添加到经过预培养的玻璃管中，再进行 15 天培养，培养结束后，调整泥柱统一于 25 cm 高度。

客土（黄土）厚度分 5 个处理：①0 cm（直接用湖泥添加到 25 cm）；②覆盖 2 cm； ③覆盖 5 cm；④覆盖 10 cm；⑤覆盖 18 cm。每个处理设置 3 个重复，一次实验共需 15 根泥柱，整个实验采集 6 批，共培养 90 根泥柱。

将长势相似的芦苇（*Phragmites australis*）幼苗种植到有机玻璃管中，种植密度为 80 株/m²，芦苇扦插深度一律为水土界面以下 5 cm。芦苇刚栽植后，保持培养水槽的水位高于底泥约 2 cm，考虑补种及缓苗，于 30 天后正式实验（图 10-12）。整个实验过程模拟水深 40 cm，每 30 天更换一次取自巢湖西湖湾的水，分别于 0 天、15 天、30 天、45 天、 60 天、90 天和 120 天分层分析底泥的有机碳、TN、TP，测定芦苇在整个生活史过程中的植物形态（叶长、叶宽、株高、根系）、光合荧光特征及地上和地下部分的生物量等。

培养结束时，从各处理组随机抽取 3 个平行样，测定植物生长和光合荧光特征指标，排干上覆水，剪除地上部分芦苇；微电极（Unisense）测定底泥 DO 和 pH 剖面、底泥含水率、容重和孔隙率。于芦苇根系近处插入微型 Peeper，分析平衡 48 小时后的底泥间隙水二价铁、$NH_4^+$-N 和磷酸盐含量。按 0～5 cm、5～10 cm、10～15 cm 和 15～25 cm 分 4 层取底泥样。冷冻干燥、研磨过筛（100 目），测定底泥 TOC、TN、TP 含量，以及形态磷和形态氮。

（a）第 0 天

（b）第 60 天

（c）第 90 天

（d）第 120 天

图 10-12 客土覆盖适生性修复期植物生长状况

将风干的约 2 mm 粒径的上述泥土过 5 mm、2 mm、1 mm、和 0.25 mm 套筛并收集，团聚体颗粒组的分离提取主要采用 Cambardella and Elliott[33]和 Six 等人[15]的方法，计算得到 0.25～2、0.053～0.25 和 <0.053 mm 粒径团聚体，其中 <0.053 mm 组分包括 <0.002 mm 的黏粒和 0.000 2～0.053 mm 的粉粒。将 >0.25 mm 粒级的土壤团聚体称为水稳性"大团聚体"，而小于 0.25 mm 粒级的团聚体称为水稳性"微团聚体"。

底泥各团聚体颗粒组有机碳采用酸性重铬酸钾氧化法[34]，易氧化态碳（Labile Organic Carbon，LOC）采用 333 mmol/L KMnO$_4$ 氧化法，根据每消耗 1 mmol KMnO$_4$ 相当于氧化 9 mg 碳[35]；钙键结合态有机碳（Ca-SOC）用 Na$_2$SO$_4$ 提取后，用 TOC 仪测定[36]；铁铝键结合态有机碳（Fe/Al-SOC）以 NaOH 和焦磷酸钠混合提取后，接 TOC 仪测定[36]。

**2. 底泥中的 DO 和 pH**

底泥中的 DO 和 pH 环境是磷的存在形态重要的外在环境影响因素。实验开始时，对照（0 cm）和不同覆盖处理底泥氧穿透深度变化差异不显著（$p$=0.792），但实验结束时，不同覆盖处理底泥氧穿透深度显著大于对照（$p$=0.000，图 10-13）。在试验第 120 天，覆盖 10 cm 和覆盖 5 cm 处理氧穿透深度增加尤其明显。对于 pH 剖面而言，不同覆盖处理显著大于对照（$p$=0.000；图 10-13），且对照底泥趋向于酸性环境，而覆盖处理趋向于碱性环境。

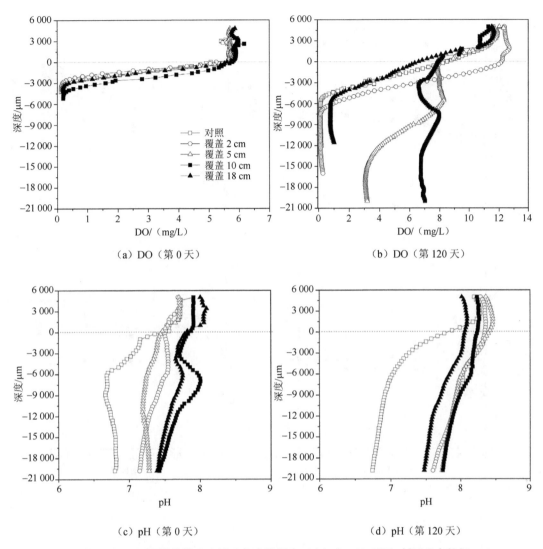

图 10-13　不同覆盖处理底泥 DO 穿透深度（上）与 pH（下）剖面分布特征

### 3．形态指标及生物量

从图 10-13 可以看出，植物生长参数（株高、总生物量、叶长、叶宽），除覆盖 18 cm 客土在总生物量和叶宽外，其他在 120 天内几乎都呈增加趋势或在后期处于稳定趋势，反映客土覆盖并没有阻碍水生植物（芦苇）的正常生长。进一步分析还发现，较小的客土覆盖厚度（2 cm 和 5 cm），其水生植物的生长状况在后期有可能好于对照处理；5 cm 覆盖处理几乎在植物全生长期的所有 4 个生长参数方面，都好于对照（图 10-14）。随着培养时间的延长，芦苇株高、叶长和叶宽总体变化趋势相一致（$p < 0.05$，图 10-14a，图 10-14c 和图 10-14d），而覆盖 10 cm 组分差异变化不显著（$p > 0.05$），基本呈先增加而后逐渐趋于平衡，并可分为生长期和稳定期两个阶段。

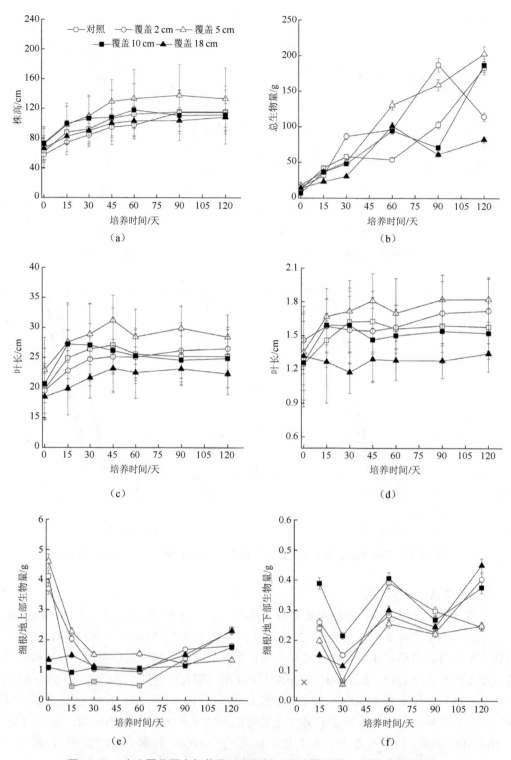

图 10-14　客土覆盖厚度与芦苇形态指标及生物量关系（×表示数据缺失）

　　在实验培养期间，覆盖 5 cm 组分芦苇株高、叶长和叶宽均处于最佳，最大值为对照的 121%，118%和 114%；在芦苇快速生长期（0～60 天），覆盖 2 cm 组分芦苇株高均最小；

在稳定期（60～120 天），覆盖 18 cm 组分芦苇株高最小。从不同覆盖厚度处理下的植物生长状况分析，随着植物生长时间的延长，不同处理组芦苇生物量与地下/地上部生物量，以及细根/地下部生物量变化差异越不显著（$p > 0.05$，图 10-14b、图 10-14e 和图 10-14f）。当生物量逐渐增加到 180 天时，覆盖 5 cm 和覆盖 18 cm 芦苇生物量分别为对照的 110% 和 45%，覆盖 2 cm 在第 90 天达到极大值，为 181.7 g。对照芦苇地下/地上部生物量在初始 15 天急剧降低，为初始值的 11%，覆盖 2 cm 和覆盖 5 cm 组分在第 30 天分别为初始值的 27% 和 32%；而覆盖 10 cm 和 18 cm 组分在第 15 天分别为初始值的 84% 和 111%，地下/地上部生物量比值的降低，说明植生初期泥下根系部分的生长还不能与泥上部分的生长速度同步。但随着芦苇根系在客土和泥中逐步扎根、生长和根系扩张，约从 60 天起至 120 天泥下部分生物量的增速超过了泥上部分。以覆盖 5 cm 组为例，芦苇的地下/地上生物量开始下降，在 180 天其比值为对照的 57%；而其他处理组逐步增大，在 180 天时覆盖 18 cm 达到极大值，为对照的 98%。对于细根/泥下部生物量的比值，虽然呈波动性变化（图 10-14b、图 10-14e 和图 10-14f），且均在 30 天所有处理组都处于最小值，但在 180 天时，覆盖 2 cm、覆盖 10 cm 和覆盖 18 cm 则达到最大值，其比值分别为 0.404、0.376 和 0.450；对照和覆盖 5 cm 处理，则是在第 60 天达到最大值。

在整个培养期间，芦苇生物学特征、根形态特征及根系活力指标随不同覆盖处理的变化如图 10-15 所示。统计分析表明，不同覆盖处理与对照组，芦苇地下部生物量、细根生物量、总根长、总根尖数、根系活力和总根表面积均达到极显著水平（$p < 0.01$）。不同覆盖处理下、芦苇地下部生物量变化与总生物量变化趋势相类似。在整个生长周期内，芦苇地下生物量基本上呈不断增加的变化趋势，其中覆盖 2 cm 处理在第 90 天达到极大值，而其他处理均是在第 120 天才达到极大值。在第 60 天，芦苇地下部生物量和总生物量变化是完全一致的。相比芦苇总生物量和地下部生物量，芦苇细根生物量变化则略微不同，而且也未反映总根长、总根尖数和根表面积的变化特征（图 10-15），说明细根生物量对根系形态的影响还比较小。

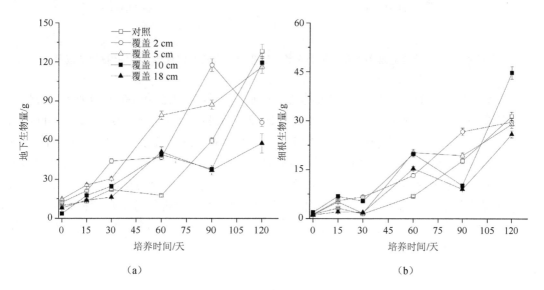

（a）　　　　　　　　　　　　　　　　（b）

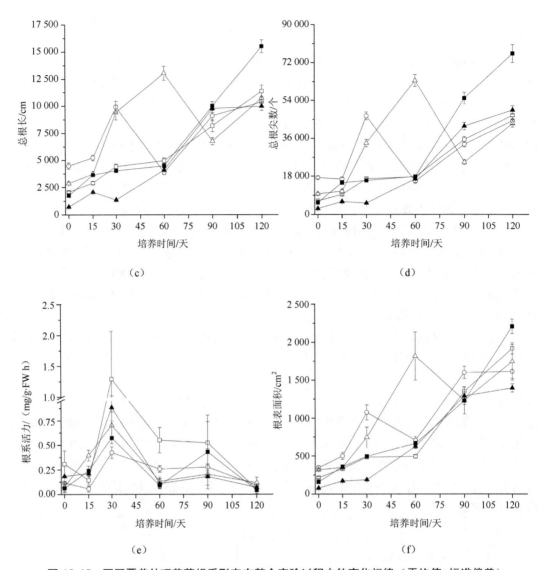

图 10-15　不同覆盖处理芦苇根系形态在整个实验过程中的变化规律（平均值±标准偏差）

在实验期内所有生物量均呈增大趋势，特别是从第 30 天到第 60 天增加幅度最快，而后呈波动式增加，所有处理组均是在第 120 天（实验结束时）达到最大值。不同覆盖处理，芦苇总根长变化波动比较大，覆盖 2 cm 处理在第 30 天达到极大值，而覆盖 5 cm 则在第 60 天达到极大值，其他处理均是逐渐增大，在第 120 天达到最高。在培养试验期间，不同覆盖处理芦苇总根尖数和总根表面积随时间的变化规律与总根长相一致。最后，不同处理芦苇根系活力随时间变化基本呈现双峰型，所有处理组分中芦苇根系活力均是在第 30 天达到最大值，其中对照的数值显著大于其他处理，而覆盖 2 cm 则最小，在第 120 天达到了极小值。

### 10.3.2　联合修复对底泥磷污染的控制

#### 1. 底泥磷形态变化与活化

采用分级提取法[37]对底泥中不同磷形态含量进行测定,以分析松散结合态磷(loose-P)、Fe-P、Al-P、Org-P、Ca-P 和 Residual-P。图 10-16 反映了水生植物在客土覆盖处理后对其根系周边底泥中磷形态随时间变化或磷的活化而产生的潜在影响。分析土/泥界面 Fe-P 的变化,随培养时间的延长覆盖 2 cm 处理 Fe-P 含量均大于对照,在第 30 天、第 60 天和第 120 天分别比对照增大了 2.1 mg/kg、5.6 mg/kg 和 19.4 mg/kg;覆盖 5 cm 处理,在第 30 天和第 120 天分别比对照高出 7.7 mg/kg 和 6.3 mg/kg;覆盖 10 cm 处理,在第 30 天大于对照(10.7 mg/kg);覆盖 18 cm 处理,界面处底泥 Fe-P 含量均大于对照,在第 30 天、60 天和 120 天分别为 31.5 mg/kg、5.8 mg/kg 和 17.6 mg/kg。但是并非所有情况都形成所谓活化作用,如覆盖 10 cm 处理,在第 60 天和 120 天时土/泥界面 Fe-P 均小于对照。

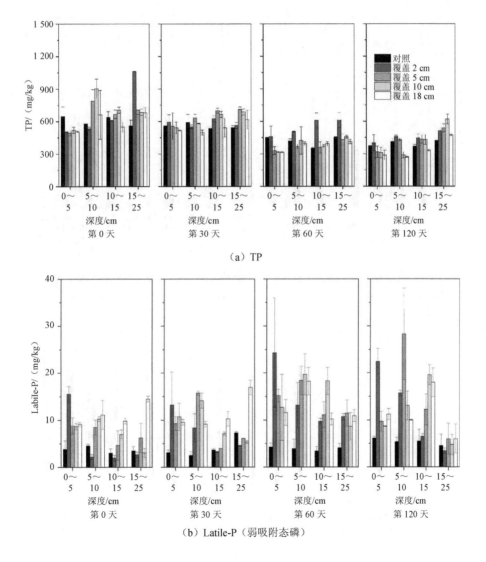

（a）TP

（b）Latile-P（弱吸附态磷）

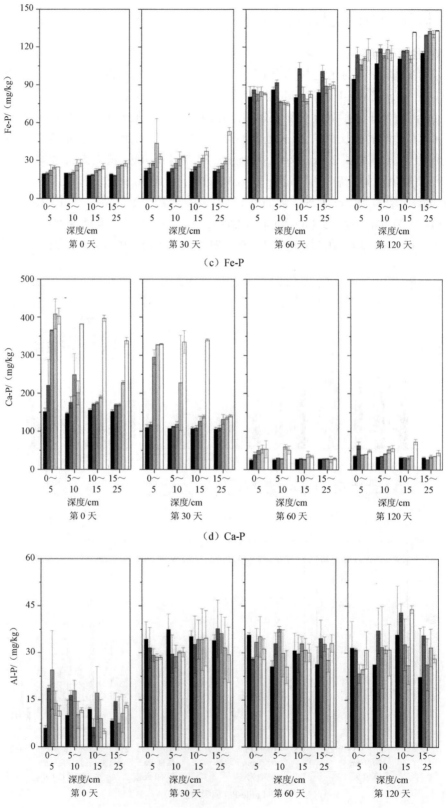

（c）Fe-P

（d）Ca-P

（e）Al-P

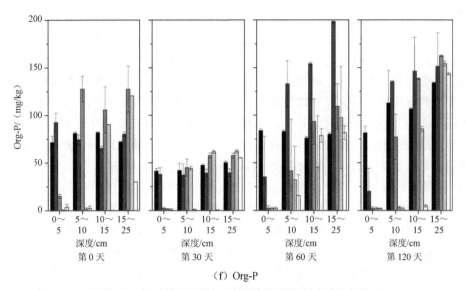

（f）Org-P

图 10-16　不同覆盖处理表层底泥磷形态随时间变化

Ca-P 是底泥中一种相对稳定的磷形态，不同厚度黄土覆盖处理后也均能明显增加土/泥界面底泥 Ca-P 的含量（图 10-16）。在第 30 天、第 60 天和第 120 天，覆盖 2 cm 分别比对照高出 8.3 mg/kg、14.5 mg/kg 和 27.0 mg/kg；覆盖 5 cm 分别比对照高 11.4 mg/kg、2.7 mg/kg、8.4 mg/kg；覆盖 10 cm 分别比对照增大了 32.1 mg/kg、13.9 mg/kg 和 5.4 mg/kg；覆盖 18 cm 分别比对照增大了 35.4 mg/kg、1.6 mg/kg 和 12.9 mg/kg。虽然增幅的大小与覆盖厚度和时间的长短并无明显的规律，但总体反映不同黄土厚度覆盖处理均能增加土/泥界面底泥 Ca-P 含量，即界面处湖泥磷的稳定性增加、活性降低。

从图 10-16 可以看出，不同覆盖处理对巢湖表层底泥磷形态的影响随时间变化各有不同，覆盖 2 cm 客土处理的芦苇植生后，黄土/底泥界面的 TP 含量高于对照，分别增加了 34.5 mg/kg、5.1 mg/kg 和 27.2 mg/kg；覆盖 5 cm 处理，在第 30 天，土/泥界面 TP 含量高出对照 42.5 mg/kg，但在第 60 天和第 90 天，界面 TP 的含量则是分别低于对照 53.5 mg/kg 和 17.5 mg/kg；覆盖 10 cm 和覆盖 18 cm 处理，界面 TP 含量均大于对照处理。

随着黄土覆盖厚度的增加，芦苇对底泥 TP 利用变化相对缓慢，主要由于覆盖的黄土 TP 含量远低于湖泥，根区与底泥的有效接触面积减少。另外，覆盖可有效提高水土界面 Eh 和 DO 穿透深度，促进芦苇根系的生长。黄土覆盖厚度越薄，芦苇根系对土/泥层的作用就越大，对土/泥界面的 TP 利用就越多。对于 18 cm 的黄土覆盖处理，因厚度太大芦苇的根基没能穿透黄土层，使芦苇根系生长明显劣于其他处理，因此底泥 TP 在 15~25 cm 层位的变化也就明显高于对照和其他覆盖厚度。

**2. 植物根系形态变化对底泥磷形态的影响**

不同覆盖处理表层25 cm底泥磷含量，以及底泥磷形态在实验过程中的变化如图10-16 所示。除了loose-P和Org-P，底泥不同磷形态含量差异不显著（$p > 0.05$），但底泥不同形态磷含量随时间变化差异却极显著（$p < 0.01$）。底泥中TP和Ca-P含量在整个实验期间随覆盖厚度的增加而逐渐降低。第30~60天，所有处理组分底泥TP和Ca-P显著降低，Fe-P含量显著增加，Org-P、Al-P和loose-P含量变化幅度较小。

芦苇植生后根长将随时间向下生长延伸，根区体积扩大，对客土覆盖厚度较薄的处理其黄土与底泥界面（土/泥接触区）将形成物化甚至生物影响，即使没有受到根系穿刺影响的土层，也会一定程度地受到外部干扰。磷是底泥中相对保守性元素，在外在环境变化下，其形态之间会产生互相转化。以巢湖西湖湾表层污染底泥在芦苇植生和不同厚度客土覆盖为例，芦苇生物量及主要根系参数与 0～5 cm 泥层中形态磷关系。由表 10-7 可知，对照处理的表层底泥即为原污染底泥，其可供磷量完全可满足芦苇生长，因此除植株和细根生物量外，形态磷没有出现与植物之间存在良好的相关性；客土覆盖 2 cm 处理，与生物量相关的参数［总生物量（TB）、植物高度（PH）和地下生物量（BB）］都与 0～5 cm 底泥中 Org-P 含量呈现极显著负相关，隐喻底泥中 Org-P 随生物量的增加而被利用或转化；对于覆盖 5 cm 客土处理，此时与地下生物量和根系参数的关联性出现大幅上升，TP、Fe-P 与须根生物量（FB）和根总表面积（TRSA）呈极显著相关。当覆盖厚度进一步加厚，Fe-P 与根活性（RA）除外的地下生物量及相关参数（FB、TRL、TRSA）均呈现显著或极显著正或负相关。由于 Fe-P 是易转化态磷、而 Ca-P 是相对惰性的磷形态，因此反映出覆盖和植物根际营造的底泥（或土/泥界面）环境，根部的生长促进了底泥中磷的活化（使 Ca-P 转化为 Fe-P），但由于上面覆盖 10～18 cm 的客土，阻隔了下部污染底泥与上覆湖水的接触，实际活化磷的释放风险仍得到了较好的控制。

表 10-7　不同覆盖处理表层底泥（0～5 cm）磷形态含量与芦苇根系形态学特征的相关性

| 处 理 | 磷形态 | 总生物量（TB） | 植株高度（PH） | 地下生物量（BB） | 细根生物量（FB） | 总根长（TRL） | 根活性（RA） | 根总表面积（TRSA） |
|---|---|---|---|---|---|---|---|---|
| 对 照 | TP | −0.866 | −0.952** | −0.782 | −0.847 | −0.903 | 0.380 | −0.774 |
| | loose-P | 0.870 | 0.581 | 0.911 | 0.967** | 0.887 | −0.813 | 0.925 |
| | Fe-P | 0.758 | 0.873 | 0.702 | 0.812 | 0.810 | −0.570 | 0.706 |
| | Ca-P | −0.641 | −0.962** | −0.524 | −0.632 | −0.700 | 0.275 | −0.517 |
| | Al-P | 0.487 | 0.887 | 0.304 | 0.318 | 0.517 | 0.364 | 0.271 |
| | Org-P | 0.308 | 0.346 | 0.356 | 0.516 | 0.367 | −0.872 | 0.389 |
| 覆盖 2 cm | TP | −0.584 | −0.344 | −0.506 | −0.761 | 0.092 | 0.810 | −0.689 |
| | loose-P | 0.558 | 0.701 | 0.564 | 0.689 | −0.238 | −0.437 | 0.805 |
| | Fe-P | 0.765 | 0.906 | 0.840 | 0.934 | 0.197 | −0.433 | 0.958* |
| 覆盖 2 cm | Ca-P | −0.938 | −0.913 | −0.838 | −0.720 | −0.228 | −0.171 | −0.916 |
| | Al-P | 0.935 | 0.817 | 0.856 | 0.617 | 0.709 | 0.478 | 0.723 |
| | Org-P | −0.994** | −0.950* | −0.951* | −0.792 | −0.589 | −0.241 | −0.898 |
| 覆盖 5 cm | TP | −0.879 | −0.710 | −0.897 | −0.951* | −0.603 | 0.688 | −0.961* |
| | loose-P | 0.355 | 0.594 | 0.384 | 0.447 | 0.704 | −0.273 | 0.526 |
| | Fe-P | 0.985* | 0.849 | 0.991** | 0.999** | 0.722 | −0.461 | 0.998** |
| | Ca-P | −0.944 | −0.924 | −0.954* | −0.961* | −0.848 | 0.363 | −0.980* |
| | Al-P | −0.072 | 0.386 | −0.053 | −0.040 | 0.593 | 0.278 | 0.049 |
| | Org-P | −0.670 | −0.926 | −0.660 | −0.574 | −0.938 | −0.396 | −0.602 |

| 处　理 | 磷形态 | 总生物量<br>（TB） | 植株高度<br>（PH） | 地下生物量<br>（BB） | 细根生物量<br>（FB） | 总根长<br>（TRL） | 根活性<br>（RA） | 根总表面积<br>（TRSA） |
|---|---|---|---|---|---|---|---|---|
| 覆盖 10 cm | TP | −0.839 | −0.670 | −0.799 | −0.852 | −0.667 | 0.625 | −0.764 |
| | loose-P | −0.071 | 0.621 | −0.175 | −0.164 | −0.359 | 0.258 | −0.277 |
| | Fe-P | 0.974* | 0.776 | 0.947 | 0.958* | 0.858 | −0.394 | 0.913 |
| | Ca-P | −0.885 | −0.822 | −0.836 | −0.864 | −0.703 | 0.422 | −0.786 |
| | Al-P | 0.387 | 0.926 | 0.292 | 0.275 | 0.126 | 0.268 | 0.188 |
| | Org-P | 0.849 | 0.934 | 0.788 | 0.793 | 0.651 | −0.198 | 0.721 |
| 覆盖 18 cm | TP | −0.942 | −0.834 | −0.984* | −0.958* | −0.864 | −0.698 | −0.913 |
| | loose-P | 0.997** | 0.896 | 0.974* | 0.876 | 0.748 | −0.543 | 0.812 |
| | Fe-P | 0.864 | 0.876 | 0.974* | 0.998** | 0.963* | −0.586 | 0.986* |
| | Ca-P | −0.981* | −0.922 | −0.995** | −0.927 | −0.825 | 0.541 | −0.878 |
| | Al-P | 0.776 | 0.952* | 0.762 | 0.643 | 0.590 | 0.098 | 0.618 |
| | Org-P | −0.263 | −0.630 | −0.272 | −0.188 | −0.231 | −0.641 | −0.212 |

芦苇对界面底泥中的 Fe-P 和 Ca-P 的活化和利用变化，与芦苇根系分泌有机酸改善土/泥界面酸碱环境，以及溶解惰性 Ca-P 的作用有重要关系。另外，植物（芦苇）根及其根系是否能穿越黄土层和延伸到土/泥界面和进入污染泥层是其基本条件。因此，泥层大小和根系的分泌能力是决定水生植物根系对土/泥界面磷活化作用的关键因素。芦苇根系对 Fe-P 的活化溶解，将会使根系周边或固持的 Fe-P 释放，底泥磷没有被充分利用，只是以 Fe-P 形态被暂时固持在底泥中。当底泥出现还原状态时，根系固持的 Fe-P 将会形成释放潜力，不过这种潜力是否能转化为磷的内源或内负荷，还需视实际环境 pH 的变化。

根系有机酸释放增加矿质磷溶解被认为是磷活化的重要机制。在野外条件下，矿质磷溶解主要归因于植物根系，同样取决于植物根系是否能够接触到磷矿石颗粒，这些植物根系的形态指标包括根长、根尖数和根毛[38]。在巢湖西湖湾底泥实验中，底质 Ca-P 含量和芦苇细根生物量、总根长、总根尖数、根系活力和总根表面积呈现负相关关系。不过底质的 pH 没有出现降低，相反还略出现增高（图 10-13），这并不意味着芦苇根系没有分泌有机酸，因为底质矿物磷溶解和后续磷吸附到铁铝氧化物上均需要消耗氢离子。底质 pH 增加可以有助于 Al-P 和 Fe-P 趋于稳定，而 Ca-P 则容易被溶解[39]。

**3. 底泥间隙水磷铁分布**

表层底泥间隙水中游离态物质的垂向分布往往通过 Fick 定律初步判断游离态物质通过泥水界面的释放潜力和释放速率。间隙水是底泥与上覆水传输游离物质的缓冲介质（溶剂），在覆盖处理芦苇植生的根区环境中，底泥中矿物磷是否处于溶解平衡主要受间隙水中包括 pH、阴离子浓度和诸如钙、铁及铝等金属阳离子的浓度控制[40]。根系分泌有机酸和氢离子对底质磷的作用也主要通过间隙水来完成。

在对巢湖西湖湾底泥进行不同覆盖处理的过程中，间隙水中溶解态反应性磷（SRP）剖面分布均呈现单峰型分布（图 10-17）。在第 0 天、第 60 天和第 120 天对照底泥间隙水，SRP 含量分别从水土界面到−40 mm、−30 mm 和 −30 mm（负值代表水土界面以下深度值）

迅速增大，然而覆盖 2 cm 处理则是从水土界面到 –50 mm、–50 mm 和 –48 mm 迅速增大，其他覆盖处理则趋近于 0，统计分析表明，在整个实验期间对照和覆盖处理间隙水 SRP 含量差异达到极显著（$p=0.000$）。

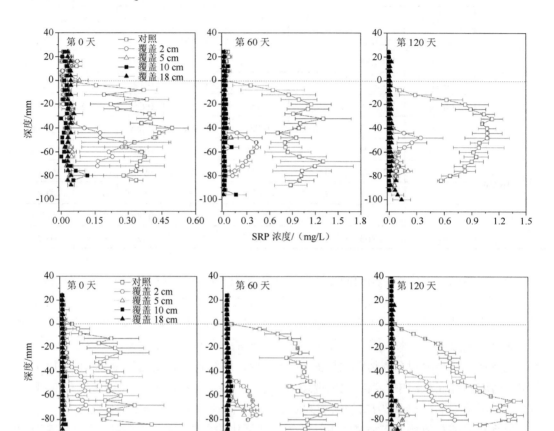

图 10-17　不同覆盖处理芦苇根际间隙水 SRP 和 Fe（Ⅱ）随时间的垂向分布

### 4. 底泥磷的内负荷变化

水生植物通过光合作用产生氧气，并经过通气组织维管束传递到根际共根系呼吸作用。在这过程中，转移的氧气能扩散到根系周围底泥，从而使根系周围形成氧化边界层[41]，将对形态磷的转换和迁移行为产生影响。从不同的底泥覆盖厚度分析，对照和覆盖 2 cm 处理在第 0 天、第 60 天和第 120 天，间隙水 SRP 和 Fe（Ⅱ）含量分布呈显著正相关（$p<0.001$；表 10-8），含量的剖面分布拐点与黄土覆盖厚度也有较明显相关性，进一步分析说明 2 cm 黄土覆盖处理后，大致在距表层 3 cm 处才有 SRP 含量增加现象，且含量远小于对照。根据 Fick 定律，释放速率大小与界面边界层两边的浓度差成正比，因此即使小至 2 cm 厚度的客土覆盖，其覆盖层仍能在与水生植物对内源释放的综合影响中得到一定的体现。

表 10-8　不同覆盖处理间隙水 SRP 与 Fe（Ⅱ）含量随时间变化相关性分析

| 处理 | 时间/天 | $r$ | $p$ |
|---|---|---|---|
| 对照 | 0 | 0.759*** | <0.001 |
| | 60 | 0.943*** | <0.001 |
| | 120 | 0.601** | <0.01 |
| 覆盖 2 cm | 0 | 0.841*** | <0.001 |
| | 60 | 0.894*** | <0.001 |
| | 120 | 0.568** | <0.01 |
| 覆盖 5 cm | 0 | −0.055 | 0.782 |
| | 60 | −0.105 | 0.608 |
| | 120 | 0.942*** | <0.001 |
| 覆盖 10 cm | 0 | 0.373 | 0.051 |
| | 60 | 0.412* | <0.05 |
| | 120 | 0.387 | 0.091 |
| 覆盖 18 cm | 0 | −0.630*** | <0.001 |
| | 60 | −0.303 | 0.104 |
| | 120 | −0.084 | 0.685 |

由图 10-17 分析可知，覆盖 2 cm 和覆盖 5 cm 处理，间隙水 SRP 垂向分布分别在表层 3 cm 和表层 5 cm 出现突然增加的现象，显示相对小的薄层覆盖尚难改变覆盖层内磷含量的分布，或对磷的内源释放构不成较大影响；覆盖 10 cm 和覆盖 18 cm 的处理，间隙水 SRP 含量垂向分布的凸出拐点已不明显，即随着培养时间的延长，随覆盖厚度的增加，间隙水 SRP 含量减小，垂向分布的拐点逐渐下移，不仅逐步控制磷在界面的浓度差，而且 SRP 离子扩散层厚度也在不断增大，显示随着覆盖厚度的增加，对底泥 SRP 释放的抑制作用将逐步增强。

除客土覆盖形成的物理阻隔外，根系生长中形成的生物作用对底泥内源释放的控制也会产生积极作用。一般客土覆盖随着芦苇根部的着生和根系的增大及泌氧作用，根区内及周边的泥土中氧含量将逐步增高（图 10-13）；另外氧的增高，低价态铁 Fe（Ⅱ）被逐渐转变为高价态 Fe（Ⅲ），使根区（甚至每条根须）周围形成一个个铁氧化物高含量小区。不同覆盖处理中，间隙水 SRP 与 Fe（Ⅱ）含量具相关性（表 10-8），而铁氧化物中的 Fe（Ⅲ）对游离态磷（$PO_4^{3-}$）具有较强的键合作用。随着芦苇根系的增长和泌氧作用增强，底泥中氧的穿透深度将逐步增长，扩大了铁氧化物对游离态磷的控制范围，从而协助客土覆盖对底泥内源磷释放的控制作用。

图 10-18 为芦苇植生和客土覆盖下，在 120 天培养时段内，不同客土覆盖处理下水土界面磷释放通量的比较。除了对照和覆盖 2 cm 处理及覆盖 10 cm 的 180 天磷释放的矢量方向是从底泥向上覆水，其他芦苇植生和客土覆盖的处理则出现了相反（负值）的变化。对比对照 120 天内磷释放逐步增加的变化趋势，充分反映芦苇植生和客土覆盖的协同作用对巢湖西湖湾底泥磷内负荷具有非常大的控制效果。

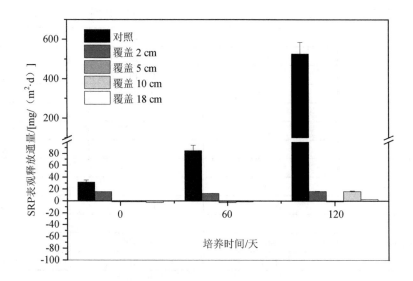

图 10-18　芦苇植生和不同覆盖处理下水土界面磷释放通量变化

### 10.3.3　联合修复对底泥氮污染的控制

#### 1. 底泥氮形态变化

巢湖西湖湾底泥上部植生和不同厚度客土覆盖处理，底泥 TN 含量随时间变化差异达到极显著水平（$p = 0.000$，图 10-19），芦苇根际底泥 TN 含量变化差异显著（$p<0.05$）。对照组底泥 TN 含量分别是覆盖 2 cm、覆盖 5 cm、覆盖 10 cm 和覆盖 18 cm 的 102%、113%、127% 和 137%，即客土覆盖处理对巢湖西湖湾底泥氮的污染也具有较好的控制作用。

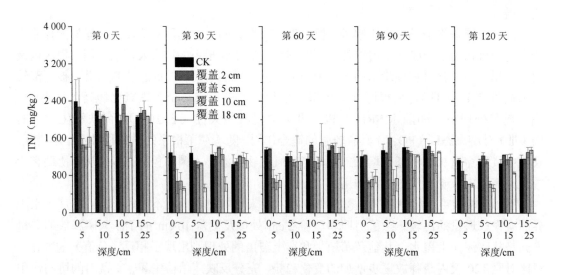

图 10-19　芦苇植生和不同覆盖处理下底泥 TN 含量变化

不同覆盖处理底泥中 3 种主要形态氮（$NH_4^+$-N、$NH_3^-$-N 和 $NO_2^-$-N）的变化的差异达到极显著水平（$p=0.000$，图 10-20），但 $NO_2^-$-N 在底泥中的平均含量在不同覆盖处理下没有显著性差异（$p > 0.05$）。从各层位底泥 $NH_4^+$-N 平均值的变化来看，对照（0 cm）＞覆盖 2 cm＞覆盖 5 cm＞覆盖 18 cm＞覆盖 10 cm，分别为 8.5 mg/kg、6.2 mg/kg、5.1 mg/kg、4.6 mg/kg 和 4.2 mg/kg，但各层位底泥 $NO_3^-$-N 和 $NO_2^-$-N 平均含量的大小顺序，则为覆盖 18 cm＞覆盖 10 cm＞覆盖 5 cm＞覆盖 2 cm＞对照。

从底泥不同无机氮含量随时间变化情况而言，同样除 $NO_2^-$-N 外，底泥中 $NH_4^+$-N 和 $NO_3^-$-N 在不同处理间的差异也达到显著水平（$p < 0.05$，图 10-19）。不同覆盖处理底泥 $NH_4^+$-N 随着时间延长，基本呈先递减而后突然增大的趋势；$NO_3^-$-N 则随时间出现逐渐递增；$NO_2^-$-N 含量则呈现波动性变化。

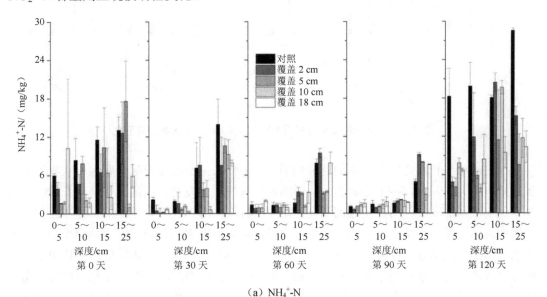

（a）$NH_4^+$-N

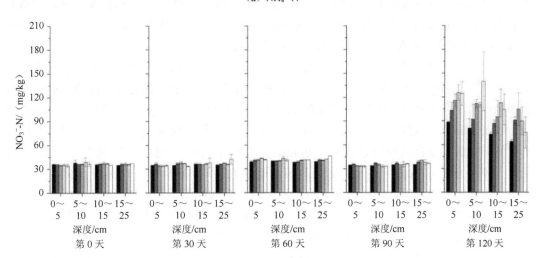

（b）$NO_3^-$-N

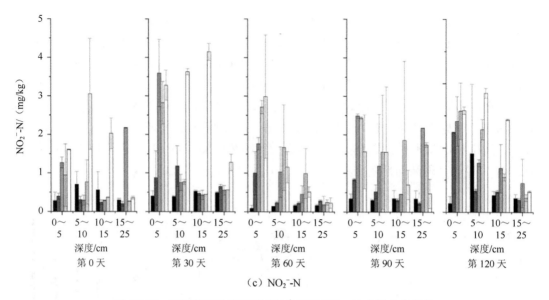

（c）NO$_2^-$-N

图 10-20　不同覆盖处理底泥 NH$_4^+$-N 和 NO$_3^-$-N 含量分布变化

水生植物生长发育需要大量的营养物质，芦苇生长主要依靠根际从底泥中吸收游离态氮（如 NH$_4^+$-N 及 NO$_3^-$-N）等氮素，从而满足自身的生长发育。在沉水植物生长的旺盛时期，由于根系的吸收作用而使底泥和间隙水中 NH$_4^+$-N 及 NO$_3^-$-N 含量相应地降低[42]。包先明等人通过采集完整底泥柱样，采用室内模拟实验研究表明，随着沉水植物生长发育和生物量增加，上部 0~5 cm 底泥垂向各层间隙水中 NH$_4^+$-N 含量逐步降低，呈现出水土界面氮释放通量与沉水植物生物量存在负相关性[43]。以巢湖西湖湾底泥芦苇植生和客土覆盖的实验也反映，虽然衰亡的水生植物残体也会沉降到底泥中成为底泥的内源氮素，导致底泥中氮素含量的增加，但总体上底泥 TN 含量与植物生物量间大致呈现负相关关系，芦苇根系从底泥中吸收 N 素供自身生长是持续和强烈的。

采用改进的底泥磷的分级浸取分离方法[44-46]，分析和比较了芦苇植生和客土覆盖底泥中，离子交换态氮（IEF-N）、碳酸盐结合态氮（CF-N）、铁锰氧化态氮（IMOF-N）、有机态和硫化物结合态氮（OSF-N）及残渣态氮或非可转化态氮（Res-N，NT）等 NO$_3^-$-N 变化。底泥不同形态氮含量变化如图 10-21 所示，统计分析结果表明，不同覆盖处理对底泥不同氮形态含量变化差异极显著（$p<0.001$）。就底泥不同氮形态平均含量而言，IEF-N 含量大小顺序为覆盖 5 cm＞覆盖 2 cm＞对照＞覆盖 18 cm＞覆盖 10 cm。由于 IEF-N 是在底泥中最为自由的氮形态，它的含量上升理论对内源释放控制不利。从第 90~120 天，所有处理底泥中的 IEF-N 突然整体出现了 2~3 倍的升高，在没有发生泥层位移和根系尺度大增的变化情况下，这种潜在增加 IEF-N 的现象应该与温度等环境以及根系微生物活性变化等有关。对照底泥 CF-N 平均含量显著小于其他覆盖处理，并且随着覆盖厚度的增加，CF-N 平均含量逐渐增加；相反，底泥 IMOF-N 平均含量则显著大于其他覆盖处理，并且随着覆盖厚度增加，IMOF-N 平均含量呈逐渐递减规律；相比于其他几种氮形态，底泥 OSF-N 平均含量的变化呈规律性，顺序为覆盖 2 cm＞覆盖 5 cm＞对照＞覆盖 10 cm＞覆盖 18 cm。

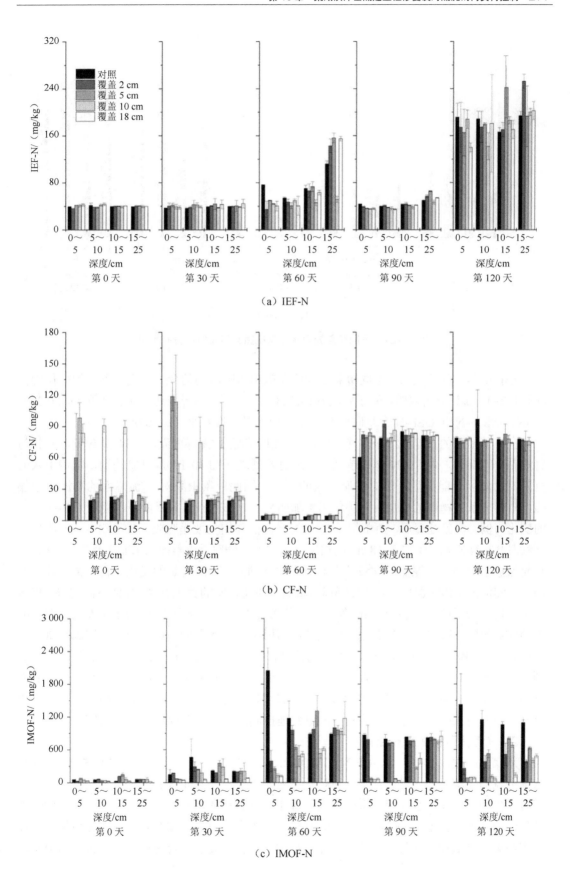

（a）IEF-N

（b）CF-N

（c）IMOF-N

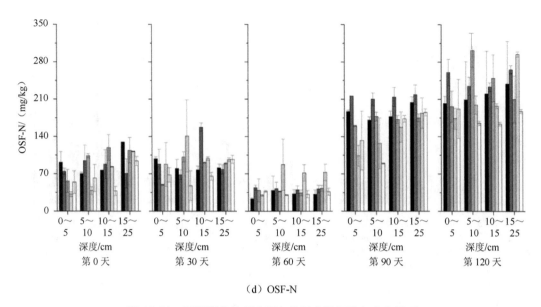

（d）OSF-N

图 10-21　不同覆盖处理底泥有机氮含量及垂向分布情况

随着培养时间的延长，不同覆盖处理底泥氮形态随时间的变化表现出不同的变化规律（图 10-21）。统计分析表明，除了底泥 IEF-N 含量时间变化差异未达到显著水平（$p>0.05$），CF-N、IMOF-N 和 OSF-N 含量时间变化差异均具显著性水平（$p<0.05$）。

在芦苇植生的土/泥接触区，黄土覆盖处理后降低土/泥界面湖泥 TN 的含量，并且随着培养时间推移，湖泥 TN 含量越来越接近对照处理（图 10-19）。试验初期，覆盖引入的黄土氮含量远不能满足芦苇对底质氮素的需求，因此芦苇根系对土/泥界面的湖泥作用加强，随着根系生物量的增加，这种作用更加明显。以 10 cm 覆盖界面下湖泥层 IEF-N 含量的变化为例，覆盖处理后，芦苇根系对土/泥界面的作用主要是吸收活性氮组分，造成界面下湖泥 IEF-N 降低；但覆盖 18 cm 则相反，这和覆盖处理后芦苇根系未能穿透黄土层相关，从而保护了界面下湖泥氮的含量。而对于界面下湖泥 CF-N 含量的变化而言，覆盖处理普遍增大湖泥的 CF-N 含量，与引入（覆盖）高含量的 CF-N 的黄土有关。界面下湖泥 IMOF-N 含量变化，表明除了覆盖 18 cm 处理，其他覆盖厚度处理均降低黄土/底泥界面下湖泥的 IMOF-N 含量，这主要是覆盖处理增强了芦苇根系对该界面的作用，吸收底层湖泥氮素。总体而言，覆盖 10 cm 和 18 cm 处理以及会影响到芦苇根系的生长，而覆盖 2 cm 和覆盖 5 cm 则能有效地促进芦苇根系对土/泥界面的作用强度，即过薄的客土覆盖难以降低土/泥界面下湖泥中氮的含量。但从另一个角度而言，采用薄层（如 2 cm 和 5 cm）覆盖处理，将更有利于芦苇对表层底泥中 TN 的利用，更好地控制底泥内负荷氮污染潜力的发挥。

2. 底泥间隙水氮分布变化

从底泥中提取的 IEF-N、CF-N、IMOF-N 和 OSF-N 氮的形态均为可转化态氮，TN 与这部分氮的差值为非可转化态氮。可转化态氮是底泥氮中真正能参与循环的部分，在底泥环境发生剧烈变化时会（绝大多数通过间隙水）重新释放出来，并参与到湖泊氮的生物地球化学循环过程。IEF-N 代表离子可交换态 N，这种 N 形态主要是可交换的无机氮，并能很容易参与到氮循环和释放到间隙水中；CF-N 代表碳酸盐结合态氮，它能较容易地参与到氮的地球化学循环过程中。然而，由于这种氮形态是与碳酸盐结合，所以对低 pH 很敏感，如果植物根区分泌足够高含量的有机酸分子，也有可以部分 CF-N 形态氮也会进入间隙水，而参与底泥的内源释放作用。

相比于磷形态而言，氮在底泥中的游离比例相对较高，即使处于结合形态，其牢固程度也较低，易于游离。对于覆盖厚度较薄的客土层，芦苇植物的根很容易穿透覆盖层而进入（污染）底泥层，吸收底泥中的可利用游离态氮源（如 $NH_4^+$-N 和 $NO_3^-$-N）。巢湖西湖湾底泥芦苇植生客土覆盖实验反映，不同覆盖厚度处理，底泥 $NH_4^+$-N 和 $NO_3^-$-N 变化差异极显著（$p<0.01$，图 10-20），其间隙水中 $NH_4^+$-N 的含量普遍高于 $NO_3^-$-N。不同覆盖处理底泥 $NH_4^+$-N 含量随时间延长，出现先逐渐递减而后在第 120 天突然增大的变化。随着植物不断生长，水生植物能通过体内发达的通气组织将氧气向根区分泌，水生植物可以运输约 90%的氧气到根系周围，在根区形成好氧环境，促进硝化细菌的生长，提高矿化速率，有效降低有机质含量[47]。底泥中氧气穿透深度剖面反映，第 60 天和第 90 天底泥 DO 穿透深度不断增大，将进一步加强底泥硝化作用（图 10-13）。

与氮有关的细菌无论是在有氧环境还是缺氧环境的作用下，都将会长时间或短暂地将间隙水作为游离态无机氮的储存库，在介质间积累或转移着氮素。如从底泥 $NO_3^-$-N 含量逐渐增加来看，表明底泥 $NH_4^+$-N 的减少主要是通过硝化作用转化为 $NO_3^-$-N 和 $NO_2^-$-N（图 10-20）。芦苇植生客土覆盖实验中底泥和间隙水中 $NH_4^+$-N 的减少不能全部归因于底泥硝化作用增强，更主要的是由于植物生长发育需要营养物质，从而通过植物根系吸收利用底泥氨态氮。沉水植物生长的旺盛时期，由于根系的吸收作用而使底泥和间隙水中 $NH_4^+$-N 及 $NO_3^-$-N 含量相应地降低，同时还能够降低 $NH_4^+$-N 和 $NO_3^-$-N 的扩散通量。

底泥或间隙水 $NH_4^+$-N 的变化还有部分原因归结于铁锰氧化物表面的吸附作用。底泥中 $NO_2^-$-N 含量随时间变化的规律性不明显（图 10-20），在间隙水中含量也较低。$NO_2^-$-N 是底泥硝化-反硝化、厌氧氨氧化过程共同作用的结果，底泥有机质矿化生成 $NH_4^+$-N 后，通过厌氧氨氧化作用使 $NH_4^+$-N 转化为氮气，这个过程同时消耗 $NO_2^-$-N 含量。芦苇根系释放氧气，在根际周围形成局部的厌氧好氧微区域，促使 $NH_4^+$-N 向 $NO_3^-$-N 转化，增加了 $NO_3^-$-N 含量，在空间较小的底泥厌氧区，反硝化作用才会得以发生而生成 $NO_2^-$-N。

研究结果反映，底泥中 IEF-N 含量随时间延长会呈逐渐增大的趋势，这表明在芦苇生长旺盛的时候，生物量增长快速，对氮等营养物质的需求较大，从而会使底泥中有机质矿化生成 $NH_4^+$-N，并通过其他氮迁移转化过程生成 $NO_3^-$-N 和 $NO_2^-$-N。其次，水生植物根系的泌氧作用改变了芦苇根际周围底泥的微环境中氮素矿化生成 $NH_4^+$。此外，植物的生长，丰富的根系为微生物的生长提供适合的生存环境，而微生物的生命代谢活动可以利用有机质，从而促进底泥有机氮的分解[48]。底泥 CF-N 出现"漏斗状"的变化规律，在第 60 天出现最低值最有可能的原因是，①硝化作用是 $NH_4^+$-N 借助氨氧化细菌（AOB）生成 $NO_2^-$-N，在由硝化细菌进一步生成 $NO_3^-$-N 的连续氧化生物过程，这个过程中会产生 $H^+$，加上植物根系的呼吸作用增加了底泥中 $H^+$ 的含量；②植物系统为了维护自身机体内环境阴阳离子的平衡会分泌出 $H^+$，造成细胞外的 $H^+$ 聚集而导致根际环境 pH 降低。同理，从第 60 天到第 120 天出现增加的趋势使芦苇从生长稳定期到衰亡期，根际的 pH 会略微增加，从而间隙水中的无机氮含量会重新结合到碳酸盐晶格中。对于底泥 IMOF-N 的变化而言，在第 60 天出现最大值，这主要是由于 IMOF-N 是铁锰氧化物结合态氮，芦苇在生长旺盛期根系的泌氧能力最强，在氧化环境下，无机氮很容易与铁锰氧化物结晶体相结合，从而IMOF-N 含量会增加。从第 60 天到第 120 天出现略微降低，说明底泥环境在芦苇后期生长过程中，一直都保持着氧化条件。底泥 OSF-N 含量主要与底泥来源密切相关，在第 60 天出现最小值，主要是由于微生物作用底泥矿化作用增强，从而使 OSF-N 含量出现降低；从第 60 天后出现迅速增加趋势，主要是在芦苇生长后期，出现了芦苇叶片的死亡凋落，这一部分凋落物应为底泥 OSF-N 含量增加的主要来源之一。值得注意的是，在芦苇生长过程中，芦苇根部会出现大量水绵伴生的情况，在芦苇生长后期，气温开始下降，所以部分水绵开始死亡，凋亡的水绵也是底泥 OSF-N 的可能来源之一。在湖泊底泥中，氮形态转化主要是微生物对营养盐的主要作用之一，牵涉许多氮转化过程，并且每个转化过程的所需要条件和转化速率都有所不同。底泥无机氮的变化以及 $NH_4^+$-N 和 $NO_3^-$-N 的变化，主要是受底泥中矿化作用、硝化作用、反硝化作用及氨氧化作用等一系列涉及氮循环的作用控制，包括游离态氮在无机胶体间的吸附—解析中平衡的结果。

客土覆盖+植物种植是一种有效的针对污染底泥的组合式修复形式[6]。在底泥直接面对上覆水的无水生植物植生和无客土覆盖情况下，间隙水中的 $NH_4^+$-N 和 $NO_3^-$-N 会在与上覆水间浓度梯度驱使下，根据 Fick 定律限定的关系与湖水间进行自由态氮物质的交换。总结客土覆盖和芦苇植生试验对底泥与上覆水间氮交换的影响，由于巢湖西湖湾底泥氮含量相对较高，间隙水中的游离态氮高于上覆水，因此客土的覆盖阻碍了 $NH_4^+$-N 和 $NO_3^-$-N 等自由态氮的迁移，在一定程度上抑制了底泥的氮释放速率，形成对氮的内负荷控制效果；植物在覆盖客土上的植生，通过根系的泌氧和游离态氮、磷的吸收等作用，强化了对游离态物质从底泥向上覆水释放的控制（图 10-22）。

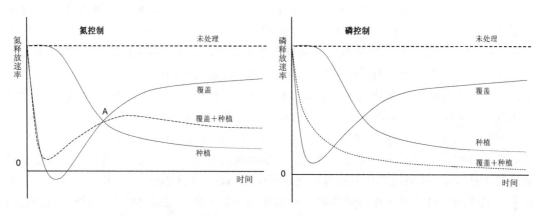

**图 10-22　组合修复措施对底泥氮、磷释放控制效果随时间变化概念[6]**

相对于单一方式（如覆盖或种植），覆盖＋种植组合所形成的环境效应应得到加强。初期的修复效果主要体现于覆盖的物理阻隔效应，通过增加自由离子的阻碍层（$\Delta Z$）或孔隙度（$\phi$）而使得间隙水中的氮、磷不易向上覆水产生释放。对太湖五里湖污染底泥的研究反映[6]，进入中后期（大致在图 10-22 中的 A 点），对于氮释放而言，覆盖＋种植组合措施对底泥的氮释放控制仍然保持较高水平，且在后期还呈一定程度的强化控制走向，但较之单一植物修复略有削弱，与单一覆盖相比，则仍有较好的控制效果；对于磷释放作用，在未疏浚沉积物上实施覆盖＋种植组合修复措施，其修复的长短效结果，要明显好于单一采用植物种植的修复措施，尤其到后期的稳定阶段，磷释放的控制已被限制在一个非常低的水平。巢湖西湖湾滨岸区底泥主要是氮、磷污染为主，且受风浪影响相对明显，因此适合采用覆盖＋种植的组合性修复技术对底泥内负荷实施有效控制。

## 参考文献

[1]　叶春，李春华. 太湖湖滨带现状与生态修复[M]. 北京：科学出版社，2014.

[2]　王洪铸，宋春雷，刘学勤，等. 巢湖湖滨带概况及环湖岸线和水向湖滨带生态修复方案[J]. 长江流域资源与环境，2012，21（Z2）：62-68.

[3]　黄小龙，郭艳敏，张毅敏，等. 沉水植物对湖泊沉积物氮磷内源负荷的控制及应用[J]. 生态与农村环境学报，2019，35（12）：1524-1530.

[4]　叶春，李春华，陈小刚，等. 太湖湖滨带类型划分及生态修复模式研究[J]. 湖泊科学，2012，24（6）：822-828.

[5]　包先明，范成新，史刚荣. 不同底质改良处理对三种挺水植物光合特性的影响[J]. 湖泊科学，2011，23（4）：541-548.

[6]　范成新，张路. 太湖沉积物污染与修复原理[M]. 北京：科学出版社，2009.

[7]　王超，张微敏，王沛芳，等. 风浪扰动条件下沉水植物对水流结构及底泥再悬浮的影响[J]. 安全与环境学报，2014，14（2）：107-111.

[8]　颜昌宙，金相灿，赵景柱，等. 湖滨带退化生态系统的恢复与重建[J]. 应用生态学报，2005，16（2）：360-364.

[9]　田自强，郑丙辉，张雷. 退化湖滨带湿地及其生态功能的恢复技术工艺：101723514[P]，2010.

[10]　陈开宁，包先明，史龙新，等. 太湖五里湖生态重建示范工程——大型围隔试验[J]. 湖泊科学，2006，18（2）：139-149.

[11]　胡小贞，许秋瑾，金相灿，等. 湖泊底质与水生植物相互作用综述[J]. 生物学杂志，2011，28（2）：73-76.

[12]　余居华，钟继承，范成新，等. 湖泊基质客土改良的环境效应：对芦苇生长及光合荧光特性的影响[J]. 环境科学，2015，36（12）：4444-4454.

[13]　杨建明. 植物消浪护岸动力机制理论分析与模型试验研究[D]. 天津：天津大学，2003.

[14]　刘晚苟，山仑，邓西平. 植物对土壤紧实度的反应[J]. 植物生理学通讯，2001，37（7）：254-259.

[15]　Six J，Elliott E T，Paustian K，et al. Aggregation and Soil Organic Matter Accumulation in Cultivated and Native Grassland Soils[J]. Soil Science Society of America Journal，1998，62（5）：1367-1377.

[16]　Six J，Elliott E T，Paustian K. Soil Macroaggregate Turnover and Microaggregate Formation：A Mechanism for C Sequestration Under No-tillage Agriculture[J]. Soil Biology and Biochemistry，2000，32（14）：2099-2103.

[17]　Rillig M C，Wright S F，Eviner V T. The Role of Arbuscular Mycorrhizal Fungi and Glomalin in Soil Aggregation：Comparing Effects of Five Plant Species[J]. Plant & Soil，2002，238（2）：325-333.

[18]　Bronick C J，Lal R. Soil Structure and Management：A Review[J]. Geoderma，2005，124（1-2）：3-22.

[19]　Haynes，RJ，Beare，MH，1997. Influence of Six Crop Species on Aggregate Stability and Some Labile Organic Matter Fractions[J]. Soil Biol. Biochem，1966，29：1647-1653.

[20] Czarnes S，Hallett P D，Bengough A G，et al. Root-and Microbial-Derived Mucilages Affect Soil Structure and Water Transport[J]. European Journal of Soil Science，2000，51（3）：435-443.

[21] Harris R F，Chesters G，Allen O N. Dynamics of Soil Aggregation[J]. Advances in Agronomy，1966，18：107-169.

[22] Adesodun J K，Mbagwu J S C，Oti N. Distribution of Carbon，Nitrogen and Phosphorus in Water-stable Aggregates of an Organic Waste Amended Ultisol in Southern Nigeria[J]. Bioresource Technology，2005，96（4）：509-516.

[23] 彭新华，张斌，赵其国. 土壤有机碳库与土壤结构稳定性关系的研究进展[J]. 土壤学报，2004，41（4）：618-623.

[24] Puget P，Chenu C，Balesdent J. Dynamics of Soil Organic Matter Associated With Particle-size Fractions of Water-stable Aggregates[J]. European Journal of Soil Science，2000，51（4）：595-605.

[25] Reddy K R，D'angelo E M，DeBusk T A. Oxygen Transport Through Aquatic Macrophytes：The Role in Wastewater Treatment[J]. Journal of Environmental Quality，1990，19（2）：261-267.

[26] 周萍，宋国菌，潘根兴，等. 三种南方典型水稻土长期试验下有机碳积累机制研究 Ⅱ. 团聚体内有机碳的化学结合机制[J]. 土壤学报，2009，46（2）：263-273.

[27] 宋国菌. 耕垦下表土有机碳库变化及水稻土有机碳的团聚体分布与结合形态[D]. 南京：南京农业大学，2005.

[28] 刘晓利，何园球，李成亮，等. 不同利用方式和肥力红壤中水稳性团聚体分布及物理性质特征[J]. 土壤学报，2008，45（3）：459-465.

[29] 杨彭年. 石灰性土壤有机矿质复合体及其团聚性研究[J]. 土壤学报，1984，21（2）：144-142.

[30] 龙明杰，张宏伟，陈志泉，等. 高聚物对土壤结构改良的研究 Ⅲ. 聚丙烯酰胺对赤红壤的改良研究[J]. 土壤通报，2002，1（33）：9-13.

[31] 于健，雷廷武，等. PAM 特性对砂壤土入渗及土壤侵蚀的影响[J]. 土壤学报，2011，48（1）：21-27.

[32] 陈星，张平究，包先明，等. 改良剂对湿地土壤团聚体及抗悬浮能力的影响试验[J]. 长江流域资源与环境. 2016，25（12）：1903-1909.

[33] Cambardella C A，Elliott E T. Methods for Physical Separation and Characterization of Soil Organic Matter Fractions[J]. Geoderma，1993，56（1-4）：449-457.

[34] 鲁如坤. 土壤农业化学分析方法[M]. 北京：中国农业科技出版社，1999.

[35] Lefroy RDB，Blair GJ，Strong WM. Changes in Soil Organic Matter with Cropping as Measured by Organic Carbon Fractions and $^{13}$C Natural Isotope Abundance[J]. Plant and Soil，1993，155/156：399-402.

[36] 徐建民，侯惠珍，袁可能. 土壤有机矿质复合体研究 Ⅷ. 分离钙键有机矿质复合体的浸提剂-硫酸钠[J]. 土壤学报，1998，4（35）：468-474.

[37] Rydin E，Welch E B. Aluminum Dose Required to Inactivate Phosphate in Lake Sediments[J]. Water Research，1998，32（10）：2969-2976.

[38] Hinsinger P，Gilkes R J. Dissolution of Phosphate Rock in the Rhizosphere of Five Plant Species Grown in an Acid，P-fixing Mineral Substrate[J]. Geoderma，1997，75（3）：231-249.

[39] Craven P A，Hayasaka S S. Inorganic Phosphate Solubilization by Rhizosphere Bacteria in a Zostera Marina Community[J]. Canadian Journal of Microbiology，1982，28（6）：605-610.

[40] Hinsinger P. Bioavailability of Soil Inorganic P in the Rhizosphere as Affected by Root-induced Chemical

Changes：a Review[J]. Plant and Soil，2001，237（2）：173-195.

[41] Moore B C，Lafer J E，Funk W H. Influence of Aquatic Macrophytes on Phosphorus and Sediment Porewater Chemistry in a Freshwater Wetland[J]. Aquatic Botany，1994，49（2）：137-148.

[42] 王圣瑞，金相灿，崔哲，等. 沉水植物对水-底泥界面各形态氮含量的影响[J]. 环境化学，2006，25（5）：533-538.

[43] 包先明，陈开宁，范成新. 沉水植物生长对沉积物间隙水中的氮磷分布及界面释放的影响[J]. 湖泊科学，2006，18（5）：515-522.

[44] Ruttenberg KC. Development of a Sequential Extraction Method for Different Forms of Phosphorus in Marine Sediments[J]. Limnology and Oceanography，1992，37（7）：1460-1482.

[45] Wang S，Jin X，Jiao L，et al. Nitrogen Fractions and Release in the Sediments from the Shallow Lakes in the Middle and Lower Reaches of the Yangtze River Area，China[J]. Water Air & Soil Pollution，2008，187（1）：5-14.

[46] 马红波，宋金明，吕晓霞，等. 渤海底泥中氮的形态及其在循环中的作用[J]. 地球化学，2003，32（1）：48-54.

[47] 吴海明，张建，李伟江，等. 人工湿地植物泌氧与污染物降解耗氧关系研究[J]. 环境工程学报，2010（9）：1973-1977.

[48] 马久远，王国祥，李振国，等. 太湖两种水生植物群落对底泥中氮素的影响[J]. 环境科学，2013，34（11）：4240-4250.

# 附　录

## 附录 1　巢湖浮游植物名录

| | 门 | 科 | 中文种名 | 拉丁文 | 3月 | 6月 | 9月 | 12月 |
|---|---|---|---|---|---|---|---|---|
| 1 | 硅藻 | 脆杆藻科 | 短线脆杆藻 | *Fragilaria brevistriata* | | + | | |
| 2 | 硅藻 | 脆杆藻科 | 钝脆杆藻 | *Fragilaria capucina* | | | + | |
| 3 | 硅藻 | 脆杆藻科 | 中型脆杆藻 | *Fragilaria intermedia* | | + | | |
| 4 | 硅藻 | 脆杆藻科 | 尖针杆藻 | *Synedra acus* | + | | + | + |
| 5 | 硅藻 | 脆杆藻科 | 近缘针杆藻 | *Synedra affinis* | | + | | |
| 6 | 硅藻 | 脆杆藻科 | 窗格平板藻 | *Tabellaria fenestrata* | | | | + |
| 7 | 硅藻 | 桥弯藻科 | 卵圆双眉藻 | *Amphora ovalis* | | + | | + |
| 8 | 硅藻 | 曲壳藻科 | 扁圆卵形藻 | *Cocconeis placentula* | | + | + | |
| 9 | 硅藻 | 双菱藻科 | 端毛双菱藻 | *Surirella capronii* | | | | + |
| 10 | 硅藻 | 圆筛藻科 | 梅尼小环藻 | *Cyclotella meneghiniana* | + | + | + | + |
| 11 | 硅藻 | 圆筛藻科 | 具星小环藻 | *Cyclotella stelligera* | | + | + | |
| 12 | 硅藻 | 圆筛藻科 | 颗粒直链藻 | *Melosira granulata* | + | + | + | + |
| 13 | 硅藻 | 圆筛藻科 | 颗粒直链藻最窄变种 | *Melosira granulata var. angustissima* | + | + | | |
| 14 | 硅藻 | 圆筛藻科 | 螺旋颗粒直链藻 | *Melosira granulata var. angustissima f. spiralis* | | + | | |
| 15 | 硅藻 | 圆筛藻科 | 星型冠盘藻 | *Stephanodiscus astraea* | | + | + | + |
| 16 | 硅藻 | 舟形藻科 | 普通肋缝藻 | *Frustulia vulgaris* | | + | | + |
| 17 | 硅藻 | 舟形藻科 | 双头舟形藻 | *Naviaula dicephala* | + | | | |
| 18 | 硅藻 | 舟形藻科 | 短小舟形藻 | *Navicula exigua* | | + | + | + |
| 19 | 硅藻 | 舟形藻科 | 最小舟形藻 | *Navicula minima* | + | | | |
| 20 | 硅藻 | 舟形藻科 | 扁圆舟形藻 | *Navicula placentula* | | | | + |
| 21 | 甲藻 | 角甲藻科 | 飞燕角藻 | *Ceratium hirundinella* | | + | + | |
| 22 | 蓝藻 | 颤藻科 | 湖泊鞘丝藻 | *Lyngbya limnetica* | + | | | |
| 23 | 蓝藻 | 颤藻科 | 美丽颤藻 | *Oscillatoria formosa* | | + | | |
| 24 | 蓝藻 | 颤藻科 | 极大螺旋藻 | *Oscillatoria maxima* | | + | + | |
| 25 | 蓝藻 | 颤藻科 | 小颤藻 | *Oscillatoria tenuis* | | + | + | |
| 26 | 蓝藻 | 颤藻科 | 小席藻 | *Phormidium tenue* | + | | + | + |
| 27 | 蓝藻 | 念珠藻科 | 水华鱼腥藻 | *Anabaena flos-aguae* | + | + | + | + |
| 28 | 蓝藻 | 色球藻科 | 静水隐杆藻 | *Aphanothece stagnina* | | + | | |
| 29 | 蓝藻 | 色球藻科 | 光辉色球藻 | *Chroococeus splendidus* | | + | + | |
| 30 | 蓝藻 | 色球藻科 | 束缚色球藻 | *Chroococeus tenax* | | + | + | + |
| 31 | 蓝藻 | 色球藻科 | 不定腔球藻 | *Coelosphaerium dubium* | | + | + | |
| 32 | 蓝藻 | 色球藻科 | 柔软腔球藻 | *Coelosphaerium kuetzingianum* | + | | | |

| | 门 | 科 | 中文种名 | 拉丁文 | 3 月 | 6 月 | 9 月 | 12 月 |
|---|---|---|---|---|---|---|---|---|
| 33 | 蓝藻 | 色球藻科 | 针状蓝纤维藻 | *Dactylococcopsis acicularis* | + | + | + | |
| 34 | 蓝藻 | 色球藻科 | 高山立方藻 | *Eucapsis alpina* | | | + | |
| 35 | 蓝藻 | 色球藻科 | 优美平裂藻 | *Merismopedia elegans* | | + | + | + |
| 36 | 蓝藻 | 色球藻科 | 铜绿微囊藻 | *Microcytis aeruginosa* | + | + | + | + |
| 37 | 绿藻 | 鼓藻科 | 微小新月藻 | *Closterium parvulum* | | | + | + |
| 38 | 绿藻 | 鼓藻科 | 扁鼓藻 | *Cosmarium depressum* | | | + | |
| 39 | 绿藻 | 鼓藻科 | 纤细角星鼓藻 | *Staurastrum gracile* | | | + | |
| 40 | 绿藻 | 胶网藻科 | 胶网藻 | *Dictyosphaerium ehrenbergianum* | | | + | |
| 41 | 绿藻 | 空星藻科 | 小空星藻 | *Coelastrum microporum* | + | | + | |
| 42 | 绿藻 | 空星藻科 | 空星藻 | *Coelastrum sphaericum* | | + | | |
| 43 | 绿藻 | 绿球藻科 | 粗刺藻 | *Acanthosphaera zachariasi* | | | + | |
| 44 | 绿藻 | 绿球藻科 | 疏刺多芒藻 | *Golenkinia paucispina* | + | + | + | + |
| 45 | 绿藻 | 绿球藻科 | 多芒藻 | *Golenkinia radiata* | | | | + |
| 46 | 绿藻 | 卵囊藻科 | 针形纤维藻 | *Ankistrodesmus acicularis* | + | + | | + |
| 47 | 绿藻 | 卵囊藻科 | 卷曲纤维藻 | *Ankistrodesmus convolutus* | + | + | | + |
| 48 | 绿藻 | 卵囊藻科 | 镰形纤维藻 | *Ankistrodesmus falcatus* | + | | | + |
| 49 | 绿藻 | 卵囊藻科 | 镰形纤维藻奇异变种 | *Ankistrodesmus falcatus var. mirabilis* | + | + | + | + |
| 50 | 绿藻 | 卵囊藻科 | 螺旋纤维藻 | *Ankistrodesmus spiralis* | | | + | |
| 51 | 绿藻 | 卵囊藻科 | 波吉卵囊藻 | *Oocystis borgei* | | + | | |
| 52 | 绿藻 | 卵囊藻科 | 波吉卵囊藻 | *Oocystis borgei* | + | | + | + |
| 53 | 绿藻 | 卵囊藻科 | 椭圆卵囊藻 | *Oocystis elliptica* | + | + | + | + |
| 54 | 绿藻 | 卵囊藻科 | 湖生卵囊藻 | *Oocystis lacustis* | + | | | |
| 55 | 绿藻 | 卵囊藻科 | 小型卵囊藻 | *Oocystis parva* | + | | | |
| 56 | 绿藻 | 卵囊藻科 | 单生卵囊藻 | *Oocystis solitaria* | + | + | + | + |
| 57 | 绿藻 | 卵囊藻科 | 浮球藻 | *Planktosphaeria gelatinosa* | + | + | + | |
| 58 | 绿藻 | 卵囊藻科 | 并联藻 | *Quadrigula chodatii* | + | | | |
| 59 | 绿藻 | 卵囊藻科 | 小箍藻 | *Trochiscia reticularis* | | | + | |
| 60 | 绿藻 | 葡萄藻科 | 葡萄藻 | *Botryococcus braunii* | | | | + |
| 61 | 绿藻 | 群星藻科 | 集星藻 | *Actinastrum hantzschii* | | + | | |
| 62 | 绿藻 | 水网藻科 | 双射盘星藻 | *Pediastrum biradiatum* | | | + | |
| 63 | 绿藻 | 水网藻科 | 短棘盘星藻 | *Pediastrum boryanum* | + | | | |
| 64 | 绿藻 | 水网藻科 | 二角盘星藻 | *Pediastrum duplex* | + | | | |
| 65 | 绿藻 | 水网藻科 | 二角盘星藻纤细变种 | *Pediastrum duplex var. gracillimum* | | + | + | |
| 66 | 绿藻 | 水网藻科 | 单角盘星藻具孔变种 | *Pediastrum simplex var. duodenarium* | | | + | |
| 67 | 绿藻 | 水网藻科 | 四角盘星藻 | *Pediastrum tetras* | + | | + | + |
| 68 | 绿藻 | 四孢藻科 | 胶四孢藻 | *Tetraspora gelatinosa* | | + | | |
| 69 | 绿藻 | 四孢藻科 | 湖生四孢藻 | *Tetraspora lacustris* | | + | + | |
| 70 | 绿藻 | 四球藻科 | 球囊藻 | *Sphaerocystis schroeteri* | | + | + | + |
| 71 | 绿藻 | 团藻科 | 空球藻 | *Eudorina elegans* | | + | + | |
| 72 | 绿藻 | 团藻科 | 实球藻 | *Pandorina morum* | + | + | + | |
| 73 | 绿藻 | 小椿藻科 | 拟菱形弓形藻 | *Schroederia nitzschioides* | + | + | + | + |
| 74 | 绿藻 | 小椿藻科 | 硬弓形藻 | *Schroederia robusta* | + | + | + | |
| 75 | 绿藻 | 小椿藻科 | 弓形藻 | *Schroederia setigera* | | + | | + |

| | 门 | 科 | 中文种名 | 拉丁文 | 3月 | 6月 | 9月 | 12月 |
|---|---|---|---|---|---|---|---|---|
| 76 | 绿藻 | 小椿藻科 | 螺旋弓形藻 | *Schroederia spiralis* | | + | + | |
| 77 | 绿藻 | 小球藻科 | 椭圆小球藻 | *Chlorella ellipsoidea* | + | + | + | + |
| 78 | 绿藻 | 小球藻科 | 蛋白核小球藻 | *Chlorella pyrenoidosa* | + | + | + | |
| 79 | 绿藻 | 小球藻科 | 小球藻 | *Chlorella vulgaris* | + | + | + | + |
| 80 | 绿藻 | 小球藻科 | 极毛顶棘藻 | *Chodatella cilliata* | + | | | |
| 81 | 绿藻 | 小球藻科 | 四刺顶棘藻 | *Chodatella quadriseta* | | | + | |
| 82 | 绿藻 | 小球藻科 | 十字顶棘藻 | *Chodatella wratislaviensis* | | | + | |
| 83 | 绿藻 | 小球藻科 | 肥壮蹄形藻 | *Kirchnericella obesa* | | + | + | + |
| 84 | 绿藻 | 小球藻科 | 并联藻 | *Quadrigula chodatii* | | | + | |
| 85 | 绿藻 | 小球藻科 | 月牙藻 | *Selenastrum bibraianum* | | | | + |
| 86 | 绿藻 | 小球藻科 | 纤细月牙藻 | *Selenastrum gracile* | + | | + | |
| 87 | 绿藻 | 小球藻科 | 小形月牙藻 | *Selenastrum minutum* | + | + | + | + |
| 88 | 绿藻 | 小球藻科 | 二叉四角藻 | *Tetraedron bifurcatum* | | + | + | |
| 89 | 绿藻 | 小球藻科 | 微小四角藻 | *Tetraedron minimum* | | | | + |
| 90 | 绿藻 | 小球藻科 | 三角四角藻 | *Tetraedron trigonum* | | | | + |
| 91 | 绿藻 | 小球藻科 | 三角四角藻小型变种 | *Tetraedron trigonum var. gracile* | | | + | |
| 92 | 绿藻 | 衣藻科 | 球四鞭藻 | *Carteria globosa* | | | + | |
| 93 | 绿藻 | 衣藻科 | 球衣藻 | *Chlamydomonas globosa* | + | | + | |
| 94 | 绿藻 | 栅藻科 | 十字藻 | *Crucigenia apiculata* | + | | | |
| 95 | 绿藻 | 栅藻科 | 华美十字藻 | *Crucigenia lauterbornei* | | | + | |
| 96 | 绿藻 | 栅藻科 | 四角十字藻 | *Crucigenia quadrata* | + | + | + | + |
| 97 | 绿藻 | 栅藻科 | 四足十字藻 | *Crucigenia tetrapedia* | + | + | + | |
| 98 | 绿藻 | 栅藻科 | 尖细栅藻 | *Scenedesmus acuminatus* | + | | | |
| 99 | 绿藻 | 栅藻科 | 弯曲栅藻 | *Scenedesmus arcuatus* | + | + | + | + |
| 100 | 绿藻 | 栅藻科 | 被甲栅藻 | *Scenedesmus armatus* | | | + | + |
| 101 | 绿藻 | 栅藻科 | 双对栅藻 | *Scenedesmus bijugatus* | + | | + | + |
| 102 | 绿藻 | 栅藻科 | 二形栅藻 | *Scenedesmus dimorphus* | + | + | + | + |
| 103 | 绿藻 | 栅藻科 | 斜生栅藻 | *Scenedesmus obliquus* | | + | | + |
| 104 | 绿藻 | 栅藻科 | 四尾栅藻 | *Scenedesmus quadricauda* | + | + | + | + |
| 105 | 裸藻 | 裸藻科 | 尾裸藻 | *Eugelena caudata* | + | + | | + |
| 106 | 裸藻 | 裸藻科 | 尖尾裸藻 | *Eugelena oxyuris* | + | | + | |
| 107 | 裸藻 | 裸藻科 | 多形裸藻 | *Eugelena polymorpha* | | + | + | |
| 108 | 裸藻 | 裸藻科 | 三棱裸藻 | *Eugelena tripteris* | | | + | |
| 109 | 裸藻 | 裸藻科 | 梭形裸藻 | *Euglena acus* | | + | | |
| 110 | 裸藻 | 裸藻科 | 长尾扁裸藻 | *Phacus longicanda* | | + | | |
| 111 | 裸藻 | 裸藻科 | 宽扁裸藻 | *Phacus pleuronectes* | | + | | + |
| 112 | 裸藻 | 裸藻科 | 扭曲扁裸藻 | *Phacus tortus* | | | + | |
| 113 | 裸藻 | 裸藻科 | 剑尾陀螺藻 | *Strombomonas ensifera* | + | + | | + |
| 114 | 裸藻 | 裸藻科 | 囊裸藻属 | *Trachelomonas* | | + | | |
| 115 | 裸藻 | 裸藻科 | 珍珠囊裸藻 | *Trachelomonas margaritifera* | | + | | |
| 116 | 隐藻 | 隐鞭藻科 | 尖尾蓝隐藻 | *Chroomonas acuta* | + | | + | + |
| 117 | 隐藻 | 隐鞭藻科 | 啮蚀隐藻 | *Cryptomonas erosa* | + | + | + | + |
| 118 | 隐藻 | 隐鞭藻科 | 卵形隐藻 | *Cryptomonas ovata* | | + | + | + |

注："+"表示有分布。

## 附录 2　巢湖浮游动物群落的种类组成

| 编号 | 科名 | 属名 | 中文种名称 | 拉丁文 | 3 月 | 6 月 | 9 月 | 12 月 |
|---|---|---|---|---|---|---|---|---|
| 1 | 鼠轮科 | 异尾轮属 | 二突异尾轮虫 | *Trichocerca bicristata* | + | + | + | |
| 2 | 鼠轮科 | 异尾轮属 | 冠饰异尾轮虫 | *T. lophoessa* | | + | | |
| 3 | 鼠轮科 | 异尾轮属 | 圆筒异尾轮虫 | *T. cylindrica* | | + | + | |
| 4 | 鼠轮科 | 异尾轮属 | 暗小异尾轮虫 | *T. pusilla* | | + | | |
| 5 | 须足轮科 | 须足轮属 | 竖琴须足轮虫 | *Euchlanis lyra* | | + | | |
| 6 | 须足轮科 | 须足轮属 | 大肚须足轮虫 | *E. dilatata* | | + | | |
| 7 | 疣毛轮科 | 多肢轮属 | 广布多肢轮虫 | *Polyarthra vulgaris* | + | + | + | + |
| 8 | 疣毛轮科 | 多肢轮属 | 小多肢轮虫 | *P. minor* | | + | | + |
| 9 | 疣毛轮科 | 皱甲轮属 | 郝氏皱甲轮虫 | *Ploesoma hudsoni* | | + | | |
| 10 | 臂尾轮科 | 龟甲轮属 | 曲腿龟甲轮虫 | *Keratella valga* | | + | + | |
| 11 | 臂尾轮科 | 龟甲轮属 | 螺形龟甲轮虫 | *K. cochlearis* | + | + | + | + |
| 12 | 臂尾轮科 | 龟甲轮属 | 矩形龟甲轮虫 | *K. quadrala* | + | + | + | + |
| 13 | 臂尾轮科 | 臂尾轮属 | 萼花臂尾轮虫 | *Brachionus calyciflorus* | + | + | + | + |
| 14 | 臂尾轮科 | 臂尾轮属 | 壶状臂尾轮虫 | *B. urceus* | | + | + | |
| 15 | 臂尾轮科 | 臂尾轮属 | 角突臂尾轮虫 | *B. angularis* | + | + | + | |
| 16 | 镜轮科 | 三肢虫属 | 长三肢轮虫 | *Filinia longiseta* | | + | + | |
| 17 | 镜轮科 | 三肢虫属 | 顶生三肢轮虫 | *F. terminalis* | | + | + | + |
| 18 | 镜轮科 | 泡轮属 | 扁平泡轮虫 | *Pompholyx complanata* | + | + | | |
| 19 | 镜轮科 | 六腕轮属 | 奇异六腕轮虫 | *Hexarthra mira* | | + | + | |
| 20 | 腔轮科 | 单趾肢虫 | 囊形单趾轮虫 | *Monostyla bulla* | | + | | |
| 21 | 晶囊轮科 | 晶囊属 | 前节晶囊轮虫 | *Asplanchna priodonta* | + | + | + | + |
| 22 | 旋轮科 | 轮虫属 | 长足轮虫 | *Rolaria neplunia* | | + | | |
| 23 | 腹尾轮科 | 无柄轮属 | 没尾无柄轮虫 | *Ascomorpha ecaudis* | | + | + | |
| 24 | 腹尾轮科 | 无柄轮属 | 舞跃无柄轮虫 | *A. saltans* | | + | | |
| 25 | 仙达溞科 | 秀体溞属 | 短尾秀体溞 | *Diaphanosoma brachyurum* | | + | + | |
| 26 | 仙达溞科 | 秀体溞属 | 长肢秀体溞 | *D. leuchtenbergianum* | + | + | + | |
| 27 | 仙达溞科 | 秀体溞属 | 寡刺秀体溞 | *D. paucispinosum* | | + | + | |
| 28 | 象鼻溞科 | 象鼻溞属 | 脆弱象鼻溞 | *Bosmina fatalis* | | + | + | + |
| 29 | 象鼻溞科 | 象鼻溞属 | 长额象鼻溞 | *B. longirostris* | + | + | + | |
| 30 | 象鼻溞科 | 象鼻溞属 | 简弧象鼻溞 | *B. coregoni* | + | + | + | + |
| 31 | 象鼻溞科 | 基合溞属 | 颈沟基合溞 | *Bosminopsis deitersi* | + | + | + | |

| 编号 | 科名 | 属名 | 中文种名称 | 拉丁文 | 3月 | 6月 | 9月 | 12月 |
|---|---|---|---|---|---|---|---|---|
| 32 | 盘肠溞科 | 尖额溞属 | 巾帼尖额溞 | *Alona virago* | | | + | + |
| 33 | 盘肠溞科 | 尖额溞属 | 秀体尖额溞 | *A. diaphana* | | | + | |
| 34 | 盘肠溞科 | 大尾溞属 | 粗刺大尾溞 | *Leydigia leydigii* | | | + | + |
| 35 | 溞科 | 低额溞属 | 老年低额溞 | *Simocephalus vetulus* | | + | | |
| 36 | 溞科 | 溞属 | 隆线溞 | *Daphnia carinata* | + | + | | |
| 37 | 溞科 | 溞属 | 僧帽溞 | *D. cucullata* | | + | | |
| 38 | 溞科 | 溞属 | 大型溞 | *D. magna* | | + | + | |
| 39 | 溞科 | 网纹溞属 | 棘爪网纹溞 | *Ceriodaphnia reticulata* | | + | + | |
| 40 | 溞科 | 网纹溞属 | 方形网纹溞 | *C.quadrangula* | + | + | + | + |
| 41 | 溞科 | 网纹溞属 | 宽尾网纹溞 | *C. laticaudata* | | + | + | |
| 42 | 裸腹溞科 | 裸腹溞属 | 微型裸腹溞 | *Moina micrura* | | + | + | |
| 43 | 镖水蚤科 | 中镖水蚤属 | 大型中镖水蚤 | *Sinodiaptomus sarsi* | | + | + | |
| 44 | 镖水蚤科 | 荡镖水蚤属 | 肥胖荡镖水蚤 | *Neutrodiaptomus tumidus* | | | + | |
| 45 | 伪镖水蚤科 | 许水蚤属 | 球状许水蚤 | *Schmackeria forbesi* | | + | + | + |
| 46 | 胸刺水蚤科 | 华哲水蚤属 | 中华哲水蚤 | *Sinocalanus sinensis* | | + | + | |
| 47 | 胸刺水蚤科 | 华哲水蚤属 | 汤匙华哲水蚤 | *S. dorrii* | | + | + | + |
| 48 | 长腹剑水蚤科 | 窄腹剑水蚤属 | 中华窄腹剑水蚤 | *Limnoithona sinensis* | | + | + | + |
| 49 | 剑水蚤科 | 真剑水蚤属 | 锯缘真剑水蚤 | *Eucyclops serrulatus* | + | + | + | + |
| 50 | 剑水蚤科 | 近剑水蚤属 | 短刺近剑水蚤 | *Tropocyclops brevispinus* | | + | + | + |
| 51 | 剑水蚤科 | 刺剑水蚤属 | 矮小刺剑水蚤 | *Acanthocyclops vernalis* | + | + | | |
| 52 | 剑水蚤科 | 中剑水蚤属 | 广布中剑水蚤 | *Mesocyclops leuckarti* | + | + | + | |
| 53 | 剑水蚤科 | 外剑水蚤属 | 胸饰外剑水蚤 | *Ectocyclops phaleratus* | + | + | | + |
| 54 | 剑水蚤科 | 剑水蚤属 | 英勇剑水蚤 | *Cyclops strenuuss* | + | + | + | |
| 55 | 短角猛水蚤科 | 矮胖猛水蚤属 | 透明矮胖猛水蚤 | *Nannopus palustris* | | | + | + |
| 56 | 短角猛水蚤科 | 湖角猛水蚤属 | 窄肢湖角猛水蚤 | *Limnocletodes angustodes* | + | | + | |

注："+"表示有分布。

## 附录 3　巢湖底栖动物群落的种类组成

| 编号 | 门 | 科 | 中文种名 | 拉丁文 | 3 月 | 6 月 | 9 月 | 12 月 |
|---|---|---|---|---|---|---|---|---|
| 1 | 环节动物 | 颤蚓科 | 尾鳃蚓 | *Branchiura sp.* | + | + | + | + |
| 2 | 环节动物 | 颤蚓科 | 水丝蚓 | *Limnodrilus sp.* | + | + | + | + |
| 3 | 环节动物 | 颤蚓科 | 颤蚓 | *Tubifex sp.* | | | + | |
| 4 | 环节动物 | 银蚕科 | 齿吻沙蚕 | *Nephthys sp.* | + | + | + | |
| 5 | 节肢动物 | 蟌科 | 莫蟌 | *Mortonagrion sp.* | | + | | |
| 6 | 节肢动物 | 螟蛾科 | 塘水螟 | *Elophila sp.* | | + | | |
| 7 | 节肢动物 | 摇蚊科 | 摇蚊 | *Chironomus sp.* | + | + | + | + |
| 8 | 节肢动物 | 摇蚊科 | 菱跗摇蚊 | *Clinotanypus sp.* | | + | + | + |
| 9 | 节肢动物 | 摇蚊科 | 隐摇蚊 | *Cryptochironomus sp.* | + | + | + | |
| 10 | 节肢动物 | 摇蚊科 | 小摇蚊 | *Microchironomus sp.* | + | + | + | |
| 11 | 节肢动物 | 摇蚊科 | 粗腹摇蚊 | *Pelopia sp.* | + | + | + | + |
| 12 | 节肢动物 | 摇蚊科 | 梯形多足摇蚊 | *Polypedilum scalaenum* | | | | + |
| 13 | 节肢动物 | 摇蚊科 | 前突摇蚊 | *Procladius sp.* | + | + | + | + |
| 14 | 节肢动物 | 摇蚊科 | 红裸须摇蚊 | *Propsilocerus akamusi* | + | + | + | |
| 15 | 软体动物 | 田螺科 | 铜锈环棱螺 | *Bellamya aeruginosa* | + | + | + | |
| 16 | 软体动物 | 蚬科 | 河蚬 | *Corbicula fluminea* | + | | | |

注：“+”表示有分布

## 附录4 巢湖高等水生植物名录

木贼科 Equisetaceae
 木贼属 Equisetum
  节节草 *Equisetum ramosissimum*
凤尾蕨科 Pteridaceae
 水蕨属 Ceratopteris
  粗梗水蕨 *Ceratopteris pteridoides*
槐叶苹科 Salviniaceae
 槐叶苹属 Salvinia
  槐叶苹 *Salvinia natans*
蓼科 Polygonaceae
 蓼属 Polygonum
  水蓼 *Polygonum hydropiper.*
  酸模叶蓼 *Polygonum lapathifolium.*
 酸模属 Rumex
  刺酸模 *Rumex maritimus*
 萹蓄属 Polygonum
  香蓼 *Polygonum viscosum*
  戟叶蓼 *Polygonum thunbergii*
  杠板归 *Polygonum perfoliatum*
  绵毛酸模叶蓼 *Polygonum*
   *lapathifolium var. salicifolium*
苋科 Amaranthaceae
 莲子草属 Alternanthera
  喜旱莲子草 *Alternanthera*
   *philoxeroides*
 青葙属 Celosia
  青葙 *Celosia argentea*
 藜属 Chenopodium
  小藜 *Chenopodium ficifolium*
莲科 Nelumbonaceae
 莲属 Nelumbo
  莲 *Nelumbo nucifera*
睡莲科 Nymphaeaceae
 芡属 Euryale
  芡实 *Euryale ferox*
千屈菜科 Lythraceae

菱属 Trapa
 菱 *Trapa bispinosa*
 四角刻叶菱 *Trapa incisa*
小二仙草科 Haloragidaceae
 狐尾藻属 Myriophyllum
  穗状狐尾藻 *Myriophyllum spicatum*
伞形科 Umbelliferae
 胡萝卜属 Daucus
  野胡萝卜 *Daucus carota*
 水芹属 Oenanthe
  水芹 *Oenanthe javanica*
睡菜科 Menyanthaceae
 荇菜属 Nymphoides
  荇菜 *Nymphoides peltata*
旋花科 Convolvulaceae
 虎掌藤属 Ipomoea
  三裂叶薯 *Ipomoea triloba*
唇形科 Labiatae
 广防风属 Epimeredi
  广防风 *Epimeredi indica*
玄参科 Scrophulariacea
 地黄属 Rehmannia
  地黄 *Rehmannia glutinosa*
葫芦科 Cucurbitaceae
 盒子草属 Actinostemma
  盒子草 *Actinostemma tenerum*
菊科 Compositae
 飞蓬属 Erigeron
  一年蓬 *Erigeron annuus*
 蒿属 Artemisia
  青蒿 *Artemisia carvifolia*
  蒌蒿 *Artemisia selengensis*
 一枝黄花属 Solidago
  加拿大一枝黄花 *Solidago*
   *canadensis*
 苍耳属 Xanthium

苍耳 *Xanthium sibiricum*

白酒草属 Conyza

　小蓬草 *Conyza Canadensis*

紫菀属 Aster

　钻叶紫菀 *Aster subulatus*

碱菀属 Tripolium

　碱菀 *Tripolium pannonicum*

鬼针草属 Bidens

　大狼杷草 *Bidens frondosa*

蓟属 Cirsium

　蓟 Cirsium japonicum

香蒲科 Typhaceae

　香蒲属 Typha

　　香蒲 *Typha orientalis*

　　水烛 *Typha angustifolia*

眼子菜科 Potamogetonaceae

　眼子菜属 Potamogeton

　　竹叶眼子菜 *Potamogeton malaianus*

　　菹草 *Potamogeton crispus*

泽泻科 Alismataceae

　慈姑属 Sagittaria

　　野慈姑 *Sagittaria trifolia*

水鳖科 Hydrocharitaceae

　水鳖属 Hydrocharis

　　水鳖 *Hydrocharis dubia*

黑藻属 Hydrilla

　轮叶黑藻 *Hydrilla verticillata*

苦草属 Vallisneria

　苦草 *Vallisneria natans*

禾本科 Gramineae

　芦苇属 Phragmites

　　芦苇 *Phragmites australis*

蔺草属 Phalaris

　蔺草 *Phalaris arundinacea*

狗牙根属 Cynodon

　狗牙根 *Cynodon dactylon*

狗尾草属 Setaria

　狗尾巴草 *Setaira viridis*

狼尾草属 Pennisetum

　狼尾草 *Pennisetum alopecuroides*

稗属 Echinochloa

　稗 *Echinochloa crusgalli*

　光头稗 *Echinochloa colonum*

　长芒稗 *Echinochloa caudata*

雀稗属 Paspalum

　双穗雀稗 *Paspalum distichum*

结缕草属 Zoysia

　结缕草 *Zoysia japonica*

千金子属 Leptochloa

　千金子 *Leptochloa chinensis*

菰属 Zizania

　菰 *Zizania latifolia*

荻属 Triarrhena

　荻 *Triarrhena sacchariflora*

芒属 *Miscanthus*

　南荻 *Miscanthus lutarioriparius*

牛鞭草属 Hemarthria

　牛鞭草 *Hemarthria altissima*

穇属 Eleusine

　牛筋草 *Eleusine indica*

黍属 Panicum

　糠稷 *Panicum bisulcatum*

莎草科 Cyperaceae

　莎草属 Cyperus

　　香附子 *Cyperus rotundus*

　　头状穗莎草 *Cyperus glomeratus*

　　旋鳞莎草 *Cyperus michelianus*

　　碎米莎草 *Cyperus iria*

三棱草属 Bolboschoenus

　荆三棱 *Bolboschoenus yagara*

水蜈蚣属 Kyllinga

　短叶水蜈蚣 *Kyllinga brevifolia*

薹草属 Carex

　丛薹草 *Carex caespitosa*

　灰化薹草 *Carex cinerascens*

浮萍科 Lemnaceae

　浮萍属 Lemna

浮萍 *Lemna minor*
雨久花科 Pontederiaceae
　凤眼莲属 Eichhornia
　　凤眼蓝 *Eichhornia crassipes*
灯心草科 Juncaceae
　灯心草属 Juncus
　　野灯心草 *Juncus effusus*
桑科 Moraceae
　桑属 Morus
　　桑 *Morus alba*
　葎草属 Humulus
　　葎草 *Humulus scandens*
大戟科 Euphorbiaceae
　乌桕属 Sapium
　　乌桕 *Sapium sebiferum*
豆科 Leguminosae
　合萌属 Aeschynomene
　　合萌 *Aeschynomene indica*
　决明属 Cassia
　　决明 *Cassia tora Linn.*
　田菁属 Sesbania
　　田菁 *Sesbania cannabina*
　鸡眼草属 Kummerowia
　　鸡眼草 *Kummerowia striata*
　大豆属 Glycine
　　[豆劳]豆 *Glycine soja*

锦葵科 Malvaceae
　苘麻属 Abutilon
　　磨盘草 *Abutilon indicum*
　马松子属 Melochia
　　马松子 *Melochia corchorifolia*
茄科 Solanaceae
　茄属 Solanum
　　少花龙葵 *Solanum photeinocarpum*
马鞭草科 Verbenaceae
　过江藤属 Phyla
　　过江藤 *Phyla nodiflora*
叶下珠科 Phyllanthaceae
　叶下珠属 Phyllanthus
　　蜜甘草 *Phyllanthus ussuriensis*
茜草科 Rubiaceae
　鸡矢藤属 Paederia
　　臭鸡矢藤 *Paederia cruddasiana*
竹芋科 Marantaceae
　水竹芋属 Thalia
　　再力花 *Thalia dealbata*
车前科 Plantaginaceae
　车前属 Plantago
　　车前 *Plantago asiatica*
夹竹桃科 Apocynaceae
　鹅绒藤属 Cynanchum
　　白前 *Cynanchum glaucescens*

## 附录5 巢湖鱼类名录

| 目 | 科 | 种 | | 频率 |
|---|---|---|---|---|
| 鲤形目 Cypriniformes | 鲤科 Cyprinidae | 戴氏红鲌 | *Erythroculeer dabry* | + |
| | | 蒙古红鲌 | *Erythroculeer mongolicus* | ++ |
| | | 翘嘴红鲌 | *Erythroculeer ilishaeformis* | +++ |
| | | 红鳍鲌 | *Culter erythropterrus* | +++ |
| | | 达氏鲌 | *Culter dabryi* | ++ |
| | | 红鳍原鲌 | *Cultrichthys erythropterus* | ++ |
| | | 细鳞斜颌鲴 | *Plagiognatjops microlepls* | + |
| | | 黄尾密鲴 | *Xenocypris davidi Bleeker* | + |
| | | 银鲴 | *Xenocypris argentea Gunther* | + |
| | | 细鳞斜颌鲴 | *Xenocypris microlepis* | + |
| | | 似鳊 | *Pseudobrama simoni* | + |
| | | 鳙 | *Aristichthys nobilis* | +++ |
| | | 鲢 | *Hypophthalmichthys molitrix* | +++ |
| | | 草鱼 | *Ctenopharyngodon idellus* | + |
| | | 青鱼 | *Mylopharygodon piceus* | + |
| | | 鲤 | *Cyprimus carpio* | +++ |
| | | 鲫 | *Carassius auratus* | +++ |
| | | 长春鳊 | *Parabramis pekinensis* | + |
| | | 团头鲂 | *Meglobrama amblycephala* | + |
| | | 三角鲂 | *Megalobrama terminalis* | + |
| | | 兴凯鱊 | *Acheilognathus chankaensis* | + |
| | | 斑条鱊 | *Acheilognathus taenianalis* | + |
| | | 吻鮈 | *Rhinogobio typus* | + |
| | | 蛇鮈 | *Saurogobio dabryi* | + |
| | | 南方马口鱼 | *Opsariichthys uncirostrisbidens* | ++ |
| | | 餐条 | *Hemiculter leucisculus* | +++ |
| | | 油餐条 | *Hemiculter bleekeri Warp* | ++ |
| | | 花鱼骨 | *Hemibarbus maculatus Bleeker* | + |
| | | 麦穗鱼 | *Pseudorasbora Paruva* | ++ |
| | | 高体鳑鲏 | *Rhodeus ocellatus* | + |
| | 鳅科 Cobitidae | 泥鳅 | *Misgurnus anguiicaudatus* | + |
| 鲇形目 Siluriformes | 鲇科 Siluridae | 鲇 | *Parasilurus asotus* | ++ |
| | 鲿科 Bagridae | 黄颡鱼 | *Pseudobagrus fulvidraco* | +++ |
| | | 光泽黄颡鱼 | *Pelteobaggrus nitidus* | + |
| | | 江黄颡鱼 | *Pseudobagrus vachelli* | + |

| 目 | 科 | 种 | | 频率 |
|---|---|---|---|---|
| 鲈形目 Perciformes | 鳢科 Ophiocephalidae | 乌鳢 | Ophiocephalus argus | + |
| | 刺鳅科 Mastacembelidae | 刺鳅 | Mastacembelus aculeatns | + |
| | 沙塘鳢科 Odontobutidae | 沙塘鳢 | Odontobutis obscurus | + |
| | 脂科 Serranidae | 斑鳜 | Siniperca scherzeri steind | + |
| | | 鳜 | Siniperca chuatsi | ++ |
| 鲱形目 Clupeiformes | 银鱼科 Salangidae | 银鱼 | Hemisalanx | +++ |
| | | 巢湖短吻银鱼 | Hemisalanx tangkuhkeli | ++ |
| | | 太湖新银鱼 | Neosalanx taihuensis | +++ |
| | | 大银鱼 | Protosalanx hyalocramius | +++ |
| | 鳀科 Engraulidae | 短颌鲚 | Coilia brachygnathus Kreyenberg | +++ |
| 颌针鱼目 Beloniformes | 鱵科 Hemisramphidae | 鱵鱼 | Hemirhamphus | +++ |
| 合鳃目 Symbranchiformes | 合鳃科 Symbranchidae | 黄鳝 | Monopterus albus | + |

# 附　图

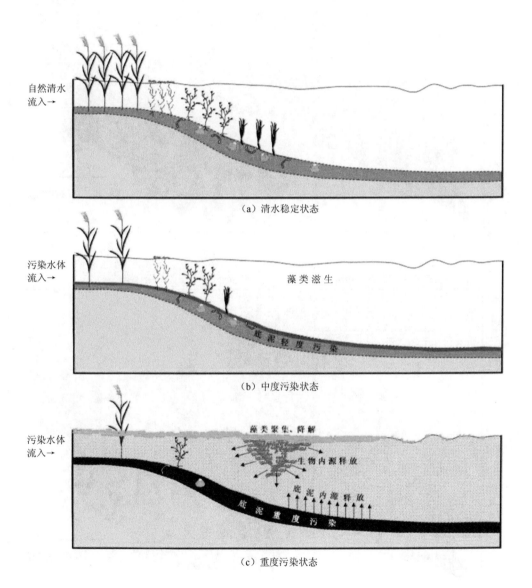

（a）清水稳定状态

（b）中度污染状态

（c）重度污染状态

附图 1　环境压力增加下入流湖湾生态环境变化及湖湾内源发生示意图

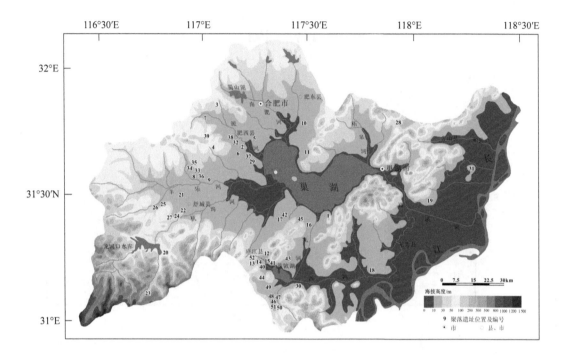

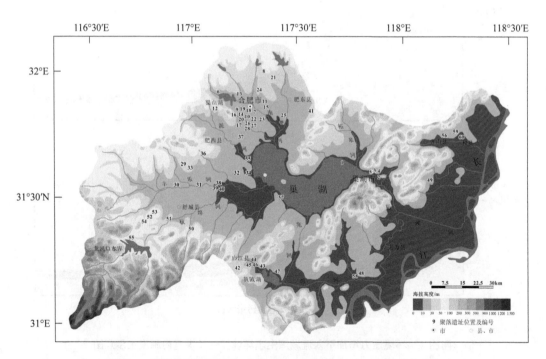

附图2 巢湖流域新石器中晚期（上）和汉代（下）聚落遗址分布

（引自吴立等，2009）

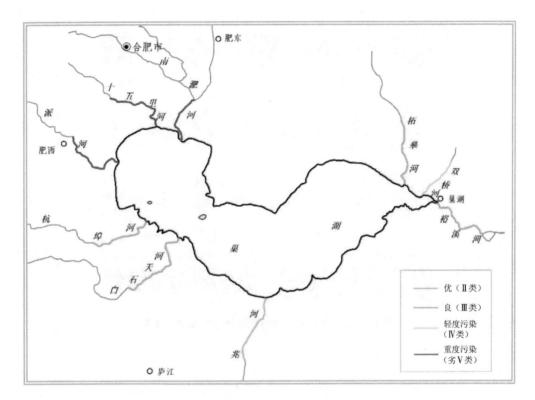

**附图 3　巢湖 2017 年主要河道水质污染示意图**

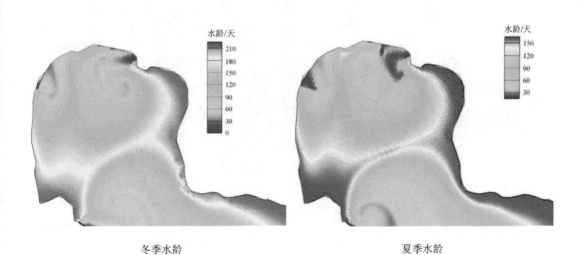

冬季水龄　　　　　　　　　　　　　　　夏季水龄

**附图 4　冬季及夏季巢湖汇流湖湾水龄分布**

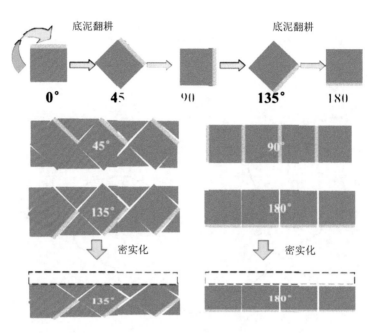

附图 5　底泥不同程度理想化翻耕-密实效果示意图

附图 6　翻压联合总成装置下放水底前的工作状态

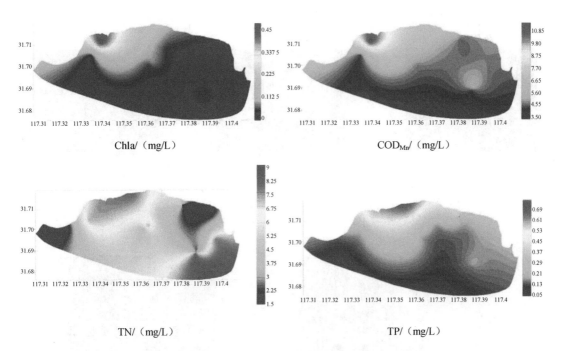

Chla/（mg/L）

$COD_{Mn}$/（mg/L）

TN/（mg/L）

TP/（mg/L）

附图 7　2014 年 6 月巢湖西湖湾主要污染物含量分布

附图 8　隐没式围隔风浪过后湖湾藻类拦挡现场状况

附图 9  仿生式蓝藻清除设备及工作流程

附图 10  绞吸式环保疏浚船及其施工过程